水声科学与技术丛书
杨德森 主编

水声学原理
（第三版）

刘伯胜　黄益旺　陈文剑　雷家煜　编著

科学出版社

北　京

内 容 简 介

　　本书讨论了声波在水中传播时的现象、规律及机理，为水声工程的科学研究、水声技术的不断发展和水声设备的性能提升提供了理论基础。本书以声呐方程为纲，除检测阈外，对方程中其余各项独立设章进行讨论。全书共 9 章，前 8 章分别讨论声呐方程、海洋的声学特性、海洋中的声传播理论、典型传播条件下的声传播、声波在声呐目标上的反射和散射、海洋中的混响、水下噪声、声传播起伏。本书最后一章简要介绍近些年来的部分水声科技进展。

　　本书可作为高等院校和科研院所水声及相关专业本科生和研究生的教材，同时可供水声及相关专业科技人员参考阅读。

图书在版编目（CIP）数据

水声学原理 / 刘伯胜等编著. —3 版. —北京：科学出版社，2019.11
（水声科学与技术丛书 / 杨德森主编）
ISBN 978-7-03-063011-7

Ⅰ. ①水…　Ⅱ. ①刘…　Ⅲ. ①水体声学　Ⅳ. ①O427

中国版本图书馆 CIP 数据核字（2019）第 250938 号

责任编辑：王喜军　高慧元　张　震 / 责任校对：严　娜
责任印制：赵　博 / 封面设计：无极书装

科 学 出 版 社 出版
北京东黄城根北街 16 号
邮政编码：100717
http://www.sciencep.com

中煤（北京）印务有限公司印刷
科学出版社发行　各地新华书店经销

*

1993 年 12 月哈尔滨工程大学出版社第一版
2010 年 3 月哈尔滨工程大学出版社第二版
2019 年 11 月第　三　版　　开本：720 × 1000　1/16
2024 年 3 月第六次印刷　　印张：25 1/2
字数：510 000

定价：76.00 元
（如有印装质量问题，我社负责调换）

"水声科学与技术丛书"编委会

丛 书 前 言

海洋面积约占地球表面积的三分之二，人类已探索的海洋面积仅占海洋总面积的百分之五左右。由于水下获取信息手段的缺乏，大洋深处对我们来说是黑暗、深邃和未知的。

新时代实施海洋强国战略，提高海洋资源开发能力，保护海洋生态环境，发展海洋科学技术，维护国家海洋权益，离不开水声科学与技术。同时，我国海岸线漫长，沿海大型城市和军事要地众多，这都对水声科学与技术的快速发展提出更高要求。

海洋强国，必兴水声。声波是迄今水下远程无线传递信息唯一有效的载体。水声技术，利用声波实现水下探测、通信、定位等功能，相当于水下装备的眼睛、耳朵、嘴巴，是海洋资源勘探开发与海军舰船及水下兵器的必备技术，是关心海洋、认知海洋、经略海洋的无可替代的手段，在各国海洋经济、军事发展中占有重要的战略地位。

从 1953 年冬在中国人民解放军军事工程学院（哈军工）创建了首个声呐专业开始，经过数十年的发展，我国已建成了由一大批高校、科研院所和企业构成的水声教学、科研和生产体系。然而与发达的海洋国家相比，我们的水声基础研究、技术研发、水声装备等还存在较大差距，需要国家持续投入更多的资源，需要更多的有志青年投入水声事业当中，实现水声技术从跟跑到并跑再到超越，不断为海洋强国发展注入新的动力。

水声之兴，关键在人。水声科学与技术是融合了多学科、多领域、复杂的声机电信息一体化的高科技领域。《全国海洋人才发展中长期规划纲要（2010—2020 年）》明确了我国海洋人才发展总目标，力争用十年左右的时间使得我国海洋人才达到400 万人。目前我国水声专业人才只有万余人，现有规模和培养规模远不能满足行业需求，水声专业人才严重短缺。

人才培养，著书为纲。书是人类进步的阶梯。推进水声领域高层次人才对学科领域的支撑是本丛书编撰的目的所在。本丛书是由哈尔滨工程大学发起，与国内相关水声技术优势单位合作，汇聚教学科研方面的精英力量，共同组织编写的。丛书力求内容全面、叙述精准、深入浅出、图文并茂，基本涵盖水声科学与技术的知识框架、技术体系、最新科研成果及未来发展可能的研究方向，包括矢量声学、水声信号处理、目标识别、侦查、探测、通信、水下对抗、传感器及声系统、计量与测试技术、海洋水声环境、海洋噪声和混响等。本丛书的出版可谓应运而生、恰逢其时，相信会对推动我国水声事业的发展发挥重要作用，为海洋强国战略的实施做出新的贡献。

在此，向 60 多年来为中国水声事业奋斗耕耘的教育科研工作者表示深深的敬意！向参与本丛书编撰出版的辛勤组织者和作者表示由衷的感谢！

中国工程院院士　杨德森

2018 年 11 月

第三版修订说明

当今世界，科学技术发展迅猛。为适应新形势下水声学科教学改革和科学研究的需要，哈尔滨工程大学水声工程学院计划编辑出版一套"水声科学与技术丛书"。学院院长殷敬伟教授嘱编者将《水声学原理（第二版）》进行修订，并亲自组织编写力量，于是就有了《水声学原理（第三版）》。在此，编者衷心感谢殷院长对修订工作的关心和支持！

近几十年来，我国的科学技术取得了飞速发展，水声科技也相应有了长足进步，涌现了不少新方法、新技术和新思想，与此相应，修订中增设了第 9 章"水声科技进展简介"，在"原理"层面上对这些进展作简要介绍，希望能对关心这些进展的读者有所帮助。本次修订中，考虑到部分读者尚未研修水声换能器课程，学习声呐方程时可能会有困难，因此新增了"水声换能器和它的指向性指数"一节。另外，本次修订还对第二版部分章节的编排顺序作了一些变动，希望由此能改善内容的系统性和可读性。

本次修订，黄益旺教授提供了宝贵建议，并撰写了"浅海海底混响的理论建模"和"三维海洋环境中的声传播"两节，陈文剑博士撰写了"北极水声学"一节，其余由刘伯胜教授编写。本次修订过程中，研究生柳荣华、吴萌、张春月做了大量的文字工作，编者向她们表示衷心的感谢！

由于水平有限，编者深感理论知识和实践经验的不足，书中难免存在不当之处，敬请使用本书的广大读者批评指正！

编　者

2019 年 2 月

第二版修订说明

根据国家国防科技工业局"十一五"教材规划的安排，编者对本书进行了修订，旨在使其更好地服务于水声工程专业本科生、硕士研究生的培养。本书第一版于 1993 年出版，至今已使用了十五年，根据使用过程中师生的反映，再考虑到近年来科学技术的飞速发展，编者深感对原书进行修订的必要性。本书的修订，得到原国防科工委有关部门的批准，也征得了原编者之一雷家煜先生的同意。

本次修订对原书作了必要的改动，主要体现于以下六个方面：

1. 力求反映近年来水声科技取得的长足进步，修订中增加了与之相适应的内容。

2. 每章增加了习题，希望能有助于读者对书中内容的理解。

3. 规范了参考文献的应用。这里需要说明，部分文献中物理量的单位不是标准计量单位。但是，考虑到读者阅读方便，修订中未作改动，仍沿用原单位，但给出了该单位与法定单位的换算公式。

4. 改正了原书中的笔误乃至错误。

5. 为帮助读者理解书中内容，书中列举了若干例子，例子中参数为随意设定，不具实际参考意义。

6. 限于篇幅，本次修订删除了原第一章"声学基础"，读者如有需要，可阅读"声学"相关专著。

西北工业大学航海学院孙进才教授、哈尔滨工程大学水声工程学院孙辉教授审阅了本书修订稿，提出了有益的意见和建议。本次修订中，得到薛睿硕士和时洁、宋海岩、张之猛博士的大力帮助。还有，在以往的教学工作中，师生们也提出了若干有益的意见。哈尔滨工程大学研究生院培养处和哈尔滨工程大学出版社的有关人员，为本书的出版做了大量工作。在此，修订者一并向他们表示衷心的感谢！

《水声学原理》涉及海洋中声传播的方方面面，内容十分丰富。水平有限，修订者深感在知识的广度和深度方面均存在不足，书中不当之处仍在所难免，敬请使用本书的广大读者批评、指正！

编　者
2009 年 6 月

第一版前言

本书是根据 1986 年 6 月全国高等院校船舶类专业教材规划会所拟定的出版计划，为适应我国目前水声工程专业本科生、硕士研究生的教学需要而编写、出版的。

"水声学原理"是水声工程专业的专业基础课。多年来，有关院校在该课程的教学中，或者采用专著或者采用译著作为教材使用。这些著作中，虽然不乏名著和权威著作，但用作本科教学的教材时，则或者显得过于偏重理论，缺乏工科特色；或者有丰富的图表曲线和实验数据，但理论分析不够，不宜用作本科教学的教材。为此，有关院校的师生热切盼望出版"水声学原理"统编教材，以满足本科教学的需要。

根据 1986 年 9 月中国船舶工业总公司教材编审室水声电子工程教材会议所确定的内容，本书在内容选择上，重点是使学生获得水声工程设计、声呐设备正确使用所必需的水声学基本知识，着重于物理概念，基本分析方法和技能，实验数据、曲线图表的正确使用等内容的叙述。限于篇幅，本书将不做过于严密的数学推导。根据上述指导思想，本书共设八章，除第一章外，其余各章涉及的均为水声学的基本内容，重点说明声信号在海水介质中传播时遵循的基本规律、出现的基本现象、形成机理以及它们对声呐设备工作的影响。第一章声学基础是考虑到部分院校不开设声学基础课程，学生们缺乏这方面的知识，学习本课程会发生困难而设置的。另外，有关声呐方程的内容，安排在绪论部分。声呐方程是本书的主干线，对其中的每个参数都设章进行专门讨论（检测阈及有关换能器的内容除外）。

本书由哈尔滨船舶工程学院水声研究所刘伯胜和东南大学无线电系水声教研室雷家煜合作编写，其中绪论、第五章、第六章和第七章由刘伯胜编写；第一章、第二章、第三章、第四章和第八章由雷家煜编写。全书由刘伯胜完稿。

本书由山东海洋大学海洋物理系包青华副教授主审，并由哈尔滨工程大学水声研究所所长杨士莪教授最后审定。编者向他们表示衷心感谢！

编者深感水平有限，教学经验也不足，书中难免有不当之处，敬请使用本书的兄弟院校师生和广大读者批评、指正。

编　者

1989 年 1 月

目　　录

绪　　论

　　水声科技是第二次世界大战期间发展起来的综合性尖端技术科学，主要研究携有某种特定信息的声波在水下的辐射、传播、接收和应用。水声学和水声工程技术是水声科技的主要研究领域，它们相辅相成，互相促进。水声学是水声科技应用的理论基础，为工程设计提供理论依据；另外，水声工程的不断发展和水声技术的广泛应用，又对水声学不断提出新的研究课题，并为水声学的研究提供新的研究手段，从而促进水声学的发展。

1. 水声学的研究对象

　　水声学的研究对象包含海水介质声学特性、声波在海水介质中的传播特性和水声目标声学特性等三个方面。海水介质声学特性主要研究海水介质及其边界（海底、海面）的声学特性，如海水介质中的声传播速度，海水中的声吸收，海洋环境噪声和海洋混响，海底、海面上声波的反射和散射特性等；声波在海水介质中的传播特性主要讨论声波在海水介质中传播的机理、现象和规律，以及它对水声设备工作的影响等内容；水声目标声学特性研究是指目标的声反（散）射特性和辐射特性等内容的研究。水声学作为近代声学的一个重要分支，有其自身的理论体系和研究内容，是一门独立的学科，但它又与水声工程有着紧密的联系，是水声工程的理论基础，为工程设计提供指导原则、方案和合理的设计参数；反过来，水声工程的实践又为水声学的研究不断提出新的研究课题，从而促进水声学的完善和发展。

　　水声学是一门理论性很强的学科，建立理论模型和进行仿真研究是水声学的基本研究方法。但水声学又是一门实验性很强的学科，它的建立和发展，离不开大量深入细致的实验研究。开展水声科学考察、进行有特定目的的各种海上试验、采集水中声场信息和海洋环境数据、各种理论模型的实验验证都是通过实验测量来完成的，因此，实验研究也成为水声学的基本研究方法。

2. 水声学的应用

　　人类社会的发展历史表明，任何一门科学的诞生和发展，总是基于社会的需要和经济、技术的发展程度，水声学也不例外，是军事上的需要引起了人们对水声学的重视，促进了水声学的发展。自然，水声学的任何新成果，也毫无例外地首先应用于军事部门。目前，声呐作为水下"耳目"，是舰艇特别是潜艇必不可少的一种观通设备。声呐设备在军事上的应用是多种多样的，如反潜、通信、导航、定位、鱼雷制导、水雷引爆等都是声呐的实际应用。

　　随着科学技术的发展和人们对海洋资源需求量的日益增加，海洋开发越来越受到关注，这就促进了声呐技术在民用方面的发展，并逐步形成了与军用声呐并列的独立体系。声呐在民用方面的用途也是多种多样的，如用于渔业的鱼探仪、用于导航的多普勒导航声呐、测量海底结构的地貌仪以及石油开采中的声波测井等。可以预见，随着海洋开发事业的日益发展，水声技术所起的作用将越来越重要，它的应用也将更加广泛。

第1章 声呐方程

声呐系统的工作，一般由三个基本环节组成，它们是：声信号发射（声源）和声信号接收处理系统；声信号传播的海水信道；被探测目标。这三个环节中的每一个，又需要用若干参数定量描述其特性，这些参数称为声呐参数。根据声呐系统的信号流程，将声呐参数有机组合起来，就得到声呐方程。声呐方程从能量角度综合了声呐参数对声呐性能的影响，它是声呐设计和声呐合理使用的依据，在水声工程中有十分重要的应用。

1.1 声呐及其工作方式

"声呐"一词是 sonar 的音译，它是英文 sound navigation and ranging 的略语。目前，声呐一词具有了更广泛的含义，凡是利用水下声信息进行探测、识别、定位、导航和通信的系统，都广义地称为声呐系统。按声呐的工作方式来区分，它通常分为主动工作系统和被动工作系统，习惯上称为主动声呐和被动声呐。图 1-1 是主动声呐的信息流程示意图。

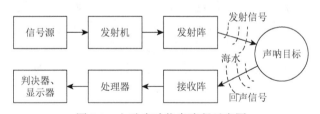

图 1-1　主动声呐信息流程示意图

主动声呐工作时，发射系统（声源）向海水中发射带有特定信息的声信号，称为发射信号，当该信号在海水中传播遇到障碍物时，如潜艇、水雷、鱼雷（它们通常被称为声呐目标）等，由于声波在障碍物上的反射和散射，就会产生回声信号。回声信号遵循传播规律在海水中传播，其中在某一特定方向上的回声信号传播到接收水听器（阵）处，并由它将声信号转换为相应的电信号，此电信号经处理器处理后传送到判决器，它依据预先确定的原则作出有无目标的判决，并在作出确认有目标的判决后，指示出目标的距离、方位、运动参数及某些物理属性，最后显示器显示判决结果。这就是主动声呐的完整信息流程。

　　图 1-2 是被动声呐的信息流程示意图。被动声呐没有专门的声信号发射系统。图 1-2 中的声源部分是指被探测目标，如鱼雷、潜艇等运动目标在航行中所辐射的噪声（所以，也有将被动声呐系统称为噪声声呐站的），被动声呐就是通过接收目标的这种辐射噪声，来实现水下目标探测、确定目标状态和性质等目标的。由此可以看出主、被动声呐在信息流程上的差异，"主动""被动"也由此而得名。被动声呐的接收阵、处理器等部分就本质而言，它和主动声呐是基本相同的，这里不再详述。

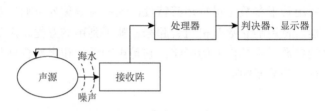

图 1-2　被动声呐信息流程示意图

1.2　水声换能器和它的指向性指数

　　由 1.1 节可知，虽然主、被动声呐的工作方式有所不同，但它们工作时的信息流程却是基本相同的，都由三个基本环节组成，这就是声信号发射和接收处理系统、声信号传播的海水信道与被探测目标。可以想见，这些基本环节的状态、特性，将直接影响声呐信息的传送、处理和判决，即影响声呐设备的工作质量。进一步分析表明，上述三个基本环节中的每一个，又都包含了若干个影响声呐设备工作的因素，工程上将这些因素进行量化处理，并将其称为声呐参数。下面，将首先给出各个声呐参数的定义，并简要说明其物理意义，然后将它们组合成声呐方程。

　　考虑到少数读者尚未研修水声换能器课程，而本章又需用到水声换能器的一些知识，为了方便阅读，本节将扼要介绍这些内容。

1.2.1　水声换能器和换能器基阵

　　水声换能器是指能在水中将电能和声能进行互相转化的设备，其中，将电能转化为声能的设备称为发射换能器，简称发射器；将声能转化为电能的设备称为接收换能器，又称水听器。在工程上，单个换能器，无论发射器还是水听器，其性能往往不能满足声呐工作的需要。因此，在实际工作中，人们将多个（少则数个，多则上千个）换能器按设计好的几何图形组合在一起，构成一个换

能器空间阵，称为换能器基阵，简称（声）基阵。这种换能器基阵，其技术性
能远优于单个换能器，因此，实际声呐的声波发射和接收，一般都是由换能器
基阵来完成的。为方便计，以下在书写中，不再注明换能器或换能器基阵，统
称为换能器。

1.2.2　换能器的指向性函数 $b(\theta,\phi)$

实际应用的声呐，为完成所承担的使命，对换能器的技术性能提出了各种
要求，指向性特性就是其中之一。对于主动声呐，为了尽可能远地探测到目标，
要求发射器辐射的声能集中在一个很狭小的空间范围内，在其他方向仅有很少
的声能量，从而形成辐射声能空间分布的不均匀。对于水听器，则要求在声波
作用下，某个方向上有很高的输出开路电压，而在其他方向上，在同一声波作
用下，其输出开路电压则要小很多，从而形成接收性能在整个空间中的不均匀
性。这种换能器性能在空间分布上的不均匀性，称为换能器的指向性，用指向
性函数 $b(\theta,\phi)$ 表示。

1. 发射器的指向性函数 $b(\theta,\phi)$

设在以发射器声中心为球心、半径为 r（满足远场条件）的球面上测量该换
能器的辐射声压，如在 (θ_0,ϕ_0) 方向上测得最大值声压 $p(\theta_0,\phi_0)$，在 (θ,ϕ) 方向上测
得声压为 $p(\theta,\phi)$，则指向性函数定义为

$$b(\theta,\phi)=\left|\frac{p(\theta,\phi)}{p(\theta_0,\phi_0)}\right| \tag{1-1}$$

式中，θ 是测量点到球心的连线与 z 轴的夹角；ϕ 是该连
线在 xOy 平面上的投影与 y 轴的夹角；θ_0 是最大值测量
点到球心的连线与 z 轴的夹角；ϕ_0 是该连线在 xOy 平面上
的投影与 y 轴的夹角。(θ_0,ϕ_0) 方向称为换能器的声轴方
向。函数 $b(\theta,\phi)$ 表示该换能器辐射声场在空间中的指向性
特性。指向性函数 $b(\theta,\phi)$ 定义了一个三维空间的曲面，称
为指向性图案。图 1-3 所示为圆平面阵的三维指向性图案。

2. 水听器的指向性函数 $b(\theta,\phi)$

水听器也有指向性。根据声场互易原理可知，同一换
能器在工作于同一频率情况下，其接收指向特性等同于发
射指向特性。

图 1-3　圆平面阵的三维
指向性图案

1.2.3　换能器的声中心

以上提到的换能器的声中心（也称等效声中心），通常理解为：有限尺寸的发射器，其辐射声场的远场，总是以球面波形式传播。因此从远场观察时，该球面波好像是由发射器上或其附近的某点发出的，这一点便称为发射器的等效声中心。对于对称性良好（球形、柱形）的发射器，其等效声中心常与对称中心相一致，如活塞式发射器，活塞面中心可看作等效声中心。一般情况下，特别是发射器尺寸大于波长，或发射器几何形状比较复杂时，其等效声中心需通过专门的测量才能确定。

1.2.4　换能器的指向性指数 DI

指向性指数 DI 作为声呐参数，在声呐工程中有重要的应用。

1. 发射器的指向性指数 DI

设以指向性发射器声中心为球心、r（满足远场条件）为半径做一个球，在球面上测量发射器辐射声场的声强，测得 (θ_0, ϕ_0) 方向上的声强最强，设为 $I_{\max}$，与其对应的声压 $p(\theta_0, \phi_0)$ 也为最大，则指向性指数 DI 定义为

$$DI = 10\lg(I_{\max} / \overline{I}) \tag{1-2}$$

特别指明，式中，$\overline{I}$ 是整个球面上声强的平均值。利用声强与声压之间的关系，式（1-2）可以写成

$$DI = 10\lg(p^2(\theta_0, \phi_0) / \overline{p^2}) \tag{1-3}$$

式中，$\overline{p^2}$ 是声压的平方在整个球面上的平均，可写成

$$\overline{p^2} = \iint_S p^2(\theta, \phi)\mathrm{d}S / (4\pi r^2) = \iint_S p^2(\theta_0, \phi_0)b^2(\theta, \phi)\mathrm{d}S / (4\pi r^2) \tag{1-4}$$

于是有

$$DI = 10\lg\left(4\pi r^2 / \iint_S b^2(\theta, \phi)\mathrm{d}S\right) \tag{1-5}$$

式中，$b(\theta, \phi)$ 是指向性函数，θ、ϕ 的定义同式（1-1）。若换能器指向性具有轴（设为 z 轴）对称性，如图 1-3 所示，则 DI 简化为

$$DI = 10\lg\left(2 / \int_{\frac{\pi}{2}}^{\pi} b^2(\theta)\mathrm{d}\theta\right) \tag{1-6}$$

由式（1-5）和式（1-6）可知，若求得换能器的指向性函数 $b(\theta, \phi)$，就可利用公式计算得到它的发射指向性指数。表 1-1 给出了几种简单几何形状换能器的 b^2 和 DI 值。

表 1-1　简单几何形状换能器的指向性指数[1]

形式	声束图案函数 b^2	$DI = 10\lg(\cdot)$
长度为 $L \gg \lambda$ 的连续线阵	$\left[\dfrac{\sin(\pi L/\lambda)\sin\theta}{(\pi L/\lambda)\sin\theta}\right]^2$	$\dfrac{2L}{\lambda}$
无限障板上直径为 $D \gg \lambda$ 的活塞	$\left[\dfrac{2J_1[(\pi D/\lambda)\sin\theta]}{(\pi D/\lambda)\sin\theta}\right]^2$	$\left(\dfrac{\pi D}{\lambda}\right)^2$
间距为 d 的 n 等间隔基元构成的线阵	$\left[\dfrac{\sin(n\pi d\sin\theta/\lambda)}{n\sin(\pi d/\lambda)\sin\theta}\right]^2$	$\dfrac{n}{1+\dfrac{2}{n}\displaystyle\sum_{\rho=1}^{n-1}\dfrac{(n-\rho)\sin(2\rho\pi d/\lambda)}{2\rho\pi d/\lambda}}$
双基元阵，间距为 $d, n=2$	$\left[\dfrac{\sin(2\pi d\sin\theta/\lambda)}{2\sin(\pi d/\lambda)\sin\theta}\right]^2$	$\dfrac{n}{1+\left[\dfrac{\sin(2\pi d/\lambda)}{2\pi d/\lambda}\right]}$

由以上分析可以看出，发射器指向性指数的物理意义是：测得指向性发射器辐射声场远场声轴上的声强级 $10\lg I_{\max}$，同功率下的无指向发射器同点上的声强级 $10\lg \overline{I}$，这两者之差就是 DI：

$$DI = 10\lg I_{\max} - 10\lg \overline{I} \tag{1-7}$$

2. 水听器的接收指向性指数 DI

同发射换能器的指向性函数一样，依据声场的互易性和换能器的互易性原理可知，同一换能器的接收指向性指数等于它的发射指向性指数。

下面将考察接收指向性指数的物理意义。设将无指向性水听器和指向性水听器放置于相同的各向同性噪声场中，无指向性水听器的接收灵敏度等于指向性水听器的轴向灵敏度，指向性水听器的声轴对准单一方向的平面波，也即完全相干信号，此时，指向性水听器输出信号的信噪比（以分贝计）高出无指向性水听器输出信号信噪比（同样以分贝计）之值，就等于指向性水听器的指向性指数，也就是说，接收指向性提高了输出信号的信噪比。

1.2.5　接收指向性指数的限制

应该指出，接收水听器的指向性指数仅适用于各向同性噪声场中的完全相干信号，但实际上，海洋噪声是各向异性的，发射的声信号也只在近距离才是完全相关的。针对这种复杂的信号和噪声条件，在实际的声呐计算中，当信号与噪声的相干性是已知的，或可通过计算得到时，就可应用参量"阵增益"来描述换能器的上述特性。

1.3 声 呐 参 数

1.3.1 主、被动声呐的声源级

1. 主动声呐的声源级 SL

1）声源级的定义

主动声呐的声源级用来描述它发射声信号的强弱，它定义为

$$SL = 10\lg \frac{I}{I_0}\bigg|_{r=1} \tag{1-8}$$

式中，I 是发射器（发射换能器或发射换能器阵）声轴方向上，离声源声中心单位距离（通常为 1m）处的声强；I_0 是参考声强。水声中，将均方根声压为 1 微帕（写为 $1\mu Pa$）的平面波的声强取作参考声强 I_0。计算中，声速取 1500m/s，密度取 1000kg/m³，它约等于 $6.67 \times 10^{-19} W/m^2$。以下如无特别说明，参考声强均指此值。

2）声源级与发射器辐射声功率的关系

发射器的声源级反映了发射器辐射声功率的大小，它们之间有着简单的函数关系。设在无吸收的介质中有一个辐射声功率为 $P_a(W)$ 的点声源，根据声学基础知识可知，距此声源声中心单位距离处的声强为

$$I_{r=1} = P_a / (4\pi)\,(W/m^2) \tag{1-9}$$

将式（1-9）代入式（1-8），并注意到 $I_0 \approx 6.67 \times 10^{-19} W/m^2$，则可得到

$$SL = 10\lg P_a + 170.77 \tag{1-10}$$

式（1-10）给出了无指向性声源辐射声功率与声源级 SL 之间的关系。

对于一个发射声功率为 P_a、指向性指数为 DI_T 的指向性发射器，根据指向性指数的定义及式（1-10），其声源级表示为

$$SL = 10\lg P_a + 170.77 + DI_T \tag{1-11}$$

由式（1-11）可知，只要知道发射器的辐射声功率和发射指向性指数，就能方便地得到该发射器的声源级。

目前，船用声呐的辐射声功率范围为几百瓦到几十千瓦，发射指向性指数为 10～30dB，相应的声源级范围为 210～240dB。

为了增大主动声呐的作用距离，一个有效途径是提高声源级，至少让声源级大到噪声背景下的作用距离不小于混响限制距离。但是，增大主动声呐的辐射声功率，除遇到这种原理上的困难外，还将受到空化效应和互作用效应的限制，详见 1.7 节。

2. 被动声呐的声源级 SL_1

由图 1-2 可知，被动声呐本身并不辐射声信号，它是接收被测目标的辐射噪声来探测该目标的，因此目标的辐射噪声就是被动声呐的声源。工程上，也用声源级来描述目标辐射噪声的强弱，它被定义为水听器声轴方向上、离目标声中心单位距离处的目标辐射噪声强度 I_N 和参考声强 I_0 之比（单位为分贝）：

$$SL_1 = 10\lg(I_N / I_0) \tag{1-12}$$

虽然 SL_1 也称为声源级，但它只适用于被动声呐。

关于声源级 SL_1，需要注意以下两点：首先，目标辐射噪声强度的测量应在目标的远场进行，并修正至目标声中心 1m 处；其次，式（1-12）中的 I_N 指的是接收设备工作带宽 Δf 内的噪声强度。如带宽 Δf 内的功率谱是均匀的，则定义量 SL_2：

$$SL_2 = 10\lg \frac{I_N}{I_0 \Delta f} \tag{1-13}$$

称为辐射噪声谱级，它也是一个广为采用的物理量。

1.3.2　传播损失 TL

海水介质是一种不均匀的非理想介质，由于介质本身的吸收、声传播过程中波阵面的扩展及海水中各种不均匀性的散射等原因，声波在传播过程中，传播方向上的声强将会逐渐减弱，传播损失 TL 定量地描述了声波传播一定距离后声强的衰减变化，它定义为

$$TL = 10\lg \frac{I_1}{I_r} \tag{1-14}$$

式中，I_1 是离声源声中心单位距离（1m）处的声强；I_r 是距声源 r 处的声强。式（1-14）定义的传播损失 TL 值通常为正值。

1.3.3　目标强度 TS

主动声呐是利用目标回波来探测该目标的。由声学基础知识可知，目标回波的特性除和声波本身的特性如频率、波形等因素有关外，还与目标自身的特性，如几何形状、组成材料等有关，也就是说，即使是在同样的入射波"照射"下，不同目标的回波也将是不一样的。这一现象反映了目标声反射特性的差异。水声技术中，用目标强度 TS 定量描述目标声反射能力的强弱，它定义为

$$TS = 10\lg \frac{I_r}{I_i}\bigg|_{r=1} \tag{1-15}$$

式中，I_i 是目标处入射平面波的强度；$I_r|_{r=1}$ 是在入射声波相反方向上、离目标等效声中心 1m 处的回声强度。

目标强度是空间方位的函数。在空间的不同方位，目标的回声强度是不一样的，因而目标强度也是不一样的。本书约定，如无特别说明，回波所指为入射方向相反方向上的回声，称为目标反向回波。

目标强度除和声波入射方向有关外，还和目标几何形状、组成材料等有关，详见第 5 章。

这里需要特别说明，工程上往往遇到 TS＞0 的情况，这并不表示回声强度大于入射声强度，其原因仅是参考距离选用 1m 所致。

1.3.4　海洋环境噪声级 NL

海水介质中，存在着大量的、各种各样的噪声源，它们各自发出的声波构成了海洋环境噪声。这种环境噪声，对声呐设备的工作通常是一种干扰。环境噪声级 NL 就是用来度量环境噪声强弱的一个量，它定义为

$$NL = 10\lg \frac{I_N}{I_0} \tag{1-16}$$

式中，I_0 是参考声强；I_N 是测量带宽内的噪声强度。如测量带宽为 1Hz，则这样的 NL 称为环境噪声谱级，它是工程上的一个常用量。

海洋环境噪声是一个随机量，为了工程上的方便，往往将其假定为平稳的、各向同性的，并具有高斯型分布函数。这仅是一种近似处理，实际的海洋环境噪声并不严格满足以上假定，详见第 7 章。

1.3.5　等效平面波混响级 RL

对于主动声呐，除了环境噪声是背景干扰外，混响也是一种背景干扰。为了定量描述混响干扰的强弱，引入参数等效平面波混响级 RL。设有强度为 I 的平面波，轴向入射到水听器上，水听器输出某一电压值；如将此水听器移置于混响场中，使它的声轴指向目标，在混响声的作用下，水听器也输出一个电压。如果这两种情况下水听器的输出恰好相等，那么，就用该平面波的声强级来度量混响场的强弱，并定义等效平面波混响级 RL：

$$RL = 10\lg \frac{I}{I_0} \tag{1-17}$$

式中，I 是平面波声强；I_0 是参考声强。

研究指出，混响也是一个随机量，但不同于环境噪声，不能近似为平稳的和各向同性的，详见第 6 章。

1.3.6 检测阈 DT

声呐设备的水听器工作在噪声环境中，既接收声呐信号，也接收背景噪声，相应地，其输出也由这两部分组成。实践表明，这两部分的比值对设备的工作有重大影响，即如果接收带宽内的信号功率与工作带宽内（或 1Hz 带宽内）的噪声功率的比值较高，则设备就能正常工作，它作出的"判决"的可信度就高；反之，上述的比值比较低时，设备就不能正常工作，它作出的"判决"的可信度就低。工程上，将工作带宽内接收信号功率与工作带宽（或 1Hz 带宽内）的噪声功率的比值（单位为分贝）称为接收信号信噪比，它被定义为

$$SNR = 10lg\frac{信号功率}{噪声功率}$$

在水声技术中，习惯上将设备刚好能完成预定职能所需的处理器输入端的信噪比称为检测阈，它定义为

$$DT = 10lg\frac{刚好完成预定职能时的信号功率}{水听器输出端上的噪声功率} \tag{1-18}$$

即信号声级高出噪声声级的分贝数。

由检测阈定义可知，对于完成同样职能的声呐，检测阈值较低的设备，其处理能力较强，性能也较好。

1.4 主动声呐方程和被动声呐方程

以上介绍的声呐参数，从能量的角度定量地描述了海水介质、声呐目标和声呐设备所具有的特性和效应，如果从声呐信息流程出发，按照某种原则将它们组合在一起，得到一个将介质、目标和设备的作用综合在一起的关系式，它综合考虑了水中声传播特性、目标的声学特性、声信号发射及接收处理性能在声呐设备的设计与应用中的作用和互相影响，这个关系式就是声呐方程，它是声呐设计和声呐性能预报的理论依据，在工程上有重要应用。

1.4.1 基本考虑

大家知道，声呐总是工作在存在背景干扰的环境中，工作时，既接收有用的

声信号，也接收背景干扰信号。当然，并非全部背景干扰都对设备的工作起干扰作用，只有设备工作带宽内的那部分背景干扰才起干扰作用。如果接收信号级与背景干扰级之差刚好等于设备的检测阈，即

$$信号级 - 背景干扰级 = 检测阈 \qquad (1\text{-}19)$$

则根据检测阈的定义可知，此时设备刚好能完成预定的职能。若式（1-19）的左端小于右端时，设备就不能正常工作。考虑到检测阈的定义，通常将式（1-19）作为组成声呐方程的基本原则。

1.4.2　主动声呐方程

根据主动声呐信息流程及式（1-19），可以方便地写出主动声呐方程。设收发合置的主动声呐辐射声源级为 SL，接收阵的接收指向性指数为 DI，由声源到目标的传播损失为 TL，目标强度为 TS，时空处理器的检测阈为 DT，背景干扰为环境噪声，在设备的工作带宽内，其声级为 NL。由图 1-4 可知，由于声传播损失，声源级 SL 的声信号到达目标时，其声级降为 SL – TL。因目标强度是 TS，在返回方向上，离目标等效声中心单位距离处的声级为 SL – TL + TS，此回声到达接收阵时的声级是 SL – 2TL + TS，它通常被称为回声信号级。另外，背景噪声也作用于水听器，但它受到接收阵接收指向性指数的抑制，起干扰作用的噪声级仅是 NL – DI。于是，得到接收信号的信噪比（单位为分贝）表达式为

$$SL - 2TL + TS - (NL - DI) \qquad (1\text{-}20)$$

根据式（1-19）所示的原则，就可得到表达式：

$$SL - 2TL + TS - (NL - DI) = DT \qquad (1\text{-}21)$$

水声中，将式（1-21）称为主动声呐方程。

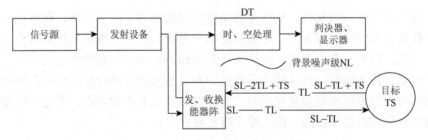

图 1-4　主动声呐信号级的变化示意图

为了正确应用式（1-21），指出以下两点是有意义的。其一，式（1-21）适用于收发合置型声呐。对于收、发换能器分开的声呐，声信号往返的传播损失一般是不

相同的，所以，不能简单地用 2TL 来表示往返传播损失。其二，式（1-21）仅适用于背景干扰为各向同性的环境噪声情况。但是，对于主动声呐，混响也是它的背景干扰，而混响是非各向同性的，因而，当混响成为主要背景干扰时，就应使用等效平面波混响级 RL 替代各向同性背景干扰（NL – DI），式（1-21）变为

$$SL - 2TL + TS - RL = DT \qquad (1\text{-}22)$$

1.4.3　被动声呐方程

被动声呐的信息流程比主动声呐略为简单，主要表现于：首先，噪声源发出的噪声不需要往返双程传播，而直接由噪声源传播至水听器；其次，噪声源发出的噪声不经目标反射，所以，目标强度级 TS 不再出现；最后，被动声呐的背景干扰一般总为环境噪声，不存在混响干扰。考虑到以上的差异，由被动声呐工作时的信息流程，可以得到被动声呐方程为

$$SL - TL - (NL - DI) = DT \qquad (1\text{-}23)$$

式中，SL 是噪声源辐射噪声的声源级，其余各参数的定义同主动声呐方程。

1.5　组合声呐参数

在以上讨论中，定义了声呐参数，但在实际工作中，往往会遇到若干个声呐参数的组合项，这些组合项具有明确的物理意义，使用也比较方便，例如，可以通过测量某几个组合声呐参数来检验设备的工作状态。工程上，通常将几个声呐参数的组合项称为组合声呐参数，表 1-2 是常用组合声呐参数一览表。

表 1-2　常用组合声呐参数一览表

名称	表达式	物理意义
回声信号级	SL – 2TL + TS	加到主动声呐接收换能器（阵）上的回声信号的声级
噪声掩蔽级	NL – DI + DT	工作在噪声干扰中的声呐设备正常工作所需的最低信号级
混响掩蔽级	RL + DT	工作在混响干扰中的主动声呐设备正常工作所需的最低信号级
回声余量	SL – 2TL + TS – (NL – DI + DT)	主动声呐回声级超过噪声掩蔽级的数量
优质因数	SL – (NL – DI + DT)	在被动声呐中，等于可允许的最大单程传播损失；在主动声呐中，TS = 0 分贝时，等于可允许的最大双程传播损失
品质因数	SL – (NL – DI)	在水听器输出端测得的声源级和噪声级之差

1.6　声呐方程的应用及注意事项

经典的声呐方程是建立在声呐信号平均能量的基础上的，而且，某些参数散布在很大的范围内，因而，它在应用上会受到一定的限制。尽管如此，经典的声呐方程以简洁、明了的形式，说明了影响声呐工作的诸因素的相互关系，物理意义十分清晰，所以，自第二次世界大战期间首次形成声呐方程以来，它在声呐设备的最佳设计和设备性能预报中得到了十分广泛的应用。

1.6.1　声呐方程的应用

声呐方程在水声工程中有许多重要应用，具体可归纳为下面两个基本应用。

（1）声呐设备性能预报。声呐方程的一个重要应用是对已有的或正在设计、研制中的声呐设备进行性能预报。这时设备的设计特点和若干参数是已知的或假设的，要求对另一些声呐参数作出估计，以检验声呐的某些重要性能。例如，在其余各参数都已知的条件下，通过声呐方程估算出所能允许的最大传播损失，当考虑到介质的声传播特性后，就能由传播损失得到声呐的最大作用距离。

（2）优化声呐设计。声呐方程的另一个应用是优化声呐设计。这时，预先规定了所设计声呐的职能及相应的各项战术技术指标，在此条件下，应用声呐方程综合平衡各参数的影响，以实现参数的合理选取和设备的最佳设计。例如，声呐工作频率的选取，若单从接收指向性指数 DI 来考虑，则选取高的工作频率显然是合适的，但从传播损失 TL 来考虑，高的工作频率则是不利于声信号远距离传播的。可见，工作频率的变化会造成两种相反的效果。这时就需要应用声呐方程，对包括 DI 和 TL 在内的各参数进行综合平衡，反复计算、再辅以设计工作者的实践经验，选取合理的工作频率。声呐的其余参数也应作类似处理，以最终实现声呐的最佳设计。

1. 声呐方程应用（例一）

扫雷舰拖曳宽带噪声源，其辐射噪声引爆音响水雷，达到扫雷的目的。设辐射噪声源谱级为 130dB，被扫水雷上水声接收机工作频带为 50~300Hz，当信号高出 4 级海况时的环境噪声 15dB 时，水雷被引爆。已知 4 级海况下 50~300Hz 频带内的环境噪声谱级约为 68dB，求此扫雷舰在多远距离上能引爆水雷。

解　本例为被动声呐作用距离预报问题。被动声呐方程为

$$SL - TL - (NL - DI) = DT$$

在本例中，声源级 SL 为

$$SL = 130 + 10\lg(300 - 50) \approx 154 \text{ (dB)}$$

因 4 级海况下 50～300Hz 频带内的环境噪声谱级约为 68dB，则 NL 为

$$NL = 68 + 10\lg(300 - 50) \approx 92 \text{ (dB)}$$

对于音响水雷，应能全方位接收，则 DI = 0，于是由题意得

$$TL \leqslant SL - (NL - DI) - 15 = 47 \text{ (dB)}$$

本例中，工作频率很低，作用距离也不远，海水吸收损失可忽略不计。当传播损失以球面波计算时，可由 $TL = 20\lg r$ 得扫雷距离最大为 224m。

2. 声呐方程应用（例二）

应用主动声呐探测 1000m 处的目标。已知目标的声压反射系数是 0.7，声呐工作频率为 20kHz，带宽为 100Hz，工作海域环境噪声谱级为 50dB，换能器接收指向性指数为 10dB，当接收信号信噪比大于等于 15dB 时，声呐能正确检测到该目标，求此主动声呐的声源级。

解　本例为主动声呐设计问题。已知噪声干扰下的主动声呐方程为

$$SL - 2TL + TS - (NL - DI) = DT$$

式中，传播损失 $TL = 20\lg r + \alpha r$，查阅资料得 $\alpha \approx 3\text{dB/km}$，则 $TL \approx 63\text{dB}$；目标强度 $TS = 20\lg 0.7 \approx -3\text{dB}$；环境噪声级 $NL = 50 + 10\lg 100 = 70\text{dB}$。

于是由声呐方程得 SL = 204dB。由此可见，要在 1000m 处探测到该目标，声呐的声源级应不小于 204dB。

以上两个例子简单说明了声呐方程的实际应用。这里说明，以上例子及假设条件具有一定的任意性，并不具有太多的现实意义。另外，工程上应用声呐方程来设计声呐，是一个复杂、烦琐的过程，需要反复多次，才能得到合适的参数，远非上述例子那样简单。

1.6.2　瞬态信号下的主动声呐方程

虽然声呐方程在水声设备的设计和性能预报中有着重要应用，但由式（1-21）和式（1-23）不难看出，声呐方程本质上是用信号强度来描述的。由声学知识可知，声强是声能流在某一时间间隔内，流过单位面积波阵面的平均值：

$$I = \frac{1}{T}\int_0^T pu\,\mathrm{d}t \tag{1-24}$$

式中，T 是时间间隔；p、u 分别是介质中的声压和介质质点的振速。但是，我们知道，当声源发射的声信号是很短的脉冲信号时，由于介质的传播效应和目标反射的物理效应等原因，接收到的回声信号波形会产生严重畸变。对于长脉冲信号，如发射脉冲宽度为 T，则回波脉冲宽度也大体等于此值，所以，式（1-24）的平

均区间可简单取为 T；但对于短脉冲信号，回声宽度与发射宽度相差甚大，且一般是不确定的，因而，平均区间就不能简单取为发射信号宽度。基于以上原因，式（1-24）所示的平均值会得到不确定的结果，所以，该式就不再适用。对于短脉冲信号，作为一种常用的近似，可以在时间区间 T 内对声波的能流密度求平均而得到声强，即将式（1-24）改写成

$$I = \Sigma / T \tag{1-25}$$

式中，Σ 是能流密度，定义为

$$\Sigma = \int_0^\infty p(t)u(t)\mathrm{d}t \tag{1-26}$$

文献[2]研究了短脉冲信号下声呐方程是否还适用的问题，指出声呐方程的强度形式仍然适用，但要将声源级改写成如下形式：

$$SL = 10\lg \Sigma - 10\lg \tau_e \tag{1-27}$$

式中，Σ 是离声源单位距离处的能流密度；τ_e 是以秒为单位的回声脉冲宽度，它由发射脉冲宽度 τ_0、声传播多途效应引起的信号展宽 τ_t 和目标回波过程引起的展宽 τ_m 三部分组成，即

$$\tau_e = \tau_0 + \tau_m + \tau_t \tag{1-28}$$

有关 τ_t 和 τ_m 的讨论，将在第 4 章和第 5 章中进行，表 1-3 是有关它们数量级的典型值。

表 1-3　回声宽度各部分典型值[1]

项目	内容	典型值/ms
τ_0	近距离上的发射脉冲宽度	爆炸：0.1
		声呐：100
τ_t	由多途效应引起的宽度	深海：1
		浅海：100
τ_m	由潜艇目标反射引起的宽度	正横方向：10
		艏艉方向：100

1.6.3　主动声呐的背景干扰

前面已经指出，声呐发射信号引起的混响和环境噪声都是主动声呐的干扰背景。虽然从原则上讲，这两种干扰总是同时存在，但它们对声呐设备工作的影响，则视具体场合而有所不同。在某些使用条件下，两者强度相差甚大，以致可以将弱者忽略不计。所以，应用主动声呐方程，首先需要确定背景干扰的类型。对此，

通常的做法是画出声呐使用环境下的回声信号级、混响掩蔽级和噪声掩蔽级随距离变化的曲线，如图 1-5 所示，再由图中曲线确定起主要作用的干扰的种类。

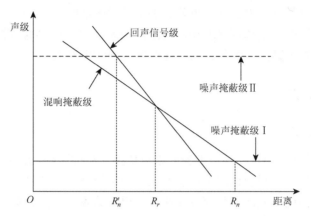

图 1-5 回声信号级、混响掩蔽级、噪声掩蔽级随距离变化曲线

图 1-5 中，混响确定的距离是 R_r，当距离 $r > R_r$ 时，声呐设备受混响限制而不能正常工作。对噪声掩蔽级 I 来说，它允许的最大工作距离是 R_n。因为 $R_r < R_n$，所以声呐作用距离受混响限制，混响是声呐工作的主要干扰背景。如果由于某种原因，噪声掩蔽级由 I 变为 II，则噪声限制距离将由 R_n 变为 R'_n，它小于 R_r，所以，作用距离就变为受噪声限制，环境噪声成为声呐工作的主要干扰背景。针对以上两种情况，应该选用不同背景干扰下的主动声呐方程。由此可见，对声呐设计者和预报者来说，在应用声呐方程之前，首先应该根据声呐使用场合，画出回声信号级、混响掩蔽级和噪声掩蔽级随距离的变化曲线，并由此确定干扰背景种类并选用相应的声呐方程。

1.7 声源辐射功率增大的限制

为了提高主动声呐的作用距离，有效途径之一是增大声源的辐射功率，直到混响背景中刚好能检测到回声信号为止。但是，声源辐射功率的增大受到多种因素的制约，不可能无限制地增大。

1.7.1 技术上的困难

声源辐射功率的增大，除受到多种因素的制约外，技术上也存在一定的困难。

（1）换能器的辐射声功率等于输入换能器的电功率乘以电声效率，输入的电功率越大，发射声功率也越大。但是，随着电功率的逐渐增加，换能器材料将会发生电击穿和机械击穿，导致换能器的损坏，从而失去辐射声波的功能。

（2）发射声功率的加大，会使换能器材料本身的温度快速上升，待温度上升至某一值，换能器材料就会失去"换能"功能，如压电陶瓷，温度超过其"居里点"后，就不再具有压电功能，也就失去了辐射声波的功能。

（3）随着辐射声功率逐渐增加，换能器振动部件的振幅也不断变大，大到一定程度时，会发生黏接件脱落、振动部件振裂损坏等现象。

1.7.2　空化效应

1. 空化及危害

当增加发射声功率时，还可能受到来自传播介质的限制，此时，传播介质（水）将发生机械击穿，出现空化现象。事实上，当声压峰值增加到一定程度时，在负压半周期内，换能器表面及其前方介质中会出现大量小气泡，这就是空化现象。空化会引起换能器的多种不利变化，如换能器表面会受到腐蚀、指向性也会变坏、发射工作所必需的声阻抗降低，由于气泡群对声能有吸收和散射作用，这将引起声功率的损失，使电功率增加反而引起辐射声功率下降等。

2. 换能器的空化阈

空化是声压值达到某一值时才出现的，称该声压值为空化阈。空化阈通常用大气压为单位的峰值压力或用 W/m^2 为单位的平面波声强来表示，它们之间有如下关系：如果空化阈为 1 个大气压，则它相当于平面波声强为 $3000W/m^2$。

对主动声呐来说，如果发射的是长脉冲信号，则其空化阈 I_c 可表示为[1]

$$I_c = 3000\gamma \left(P_c(0) + \frac{h}{10} \right)^2 \quad (W/m^2) \tag{1-29}$$

式中，γ 是常数，对于平面圆形活塞换能器或半球形换能器，γ 取值范围为 0.3～0.6，平均值为 0.5；$P_c(0)$ 是海面附近的空化阈，在低频条件下，其值接近 1 个大气压；h 是换能器所在深度(m)。

这里需要说明，式（1-29）是空化阈的保守估计，实际上，当换能器发射声强是上述估计值的 2～3 倍时，换能器的工作状态和性能并不会发生太大的改变。

由空化阈可得到换能器能够发射的最大声功率，它等于空化阈和换能器发射面积的乘积。

3. 换能器空化阈的提高

空化效应限制了主动声呐辐射功率的增大，这对主动声呐作用距离的提高是一种不利因素。工程上，可以应用以下办法来提高换能器的空化阈：

（1）提高声波频率；

（2）减小发射脉冲宽度；

（3）增大换能器的工作深度，式（1-29）中的 $h/10$ 就定量地反映了这一特性。

1.7.3 互作用效应

若发射阵由紧密排列的众多阵元组成，在驱动电功率的激励下，每个阵元都辐射声波，这些声波互相作用，产生干涉叠加，其结果是改变了辐射阻抗。在大功率激励下，辐射阻抗的改变造成的后果将是严重的，以致某些阵元会成为另一些阵元的"声吸收器"，这时，发射阵的发射功率就会降低，甚至可能损坏换能器。

降低阵元互作用效应，可以采用以下办法：

（1）加大阵元的间隔，以减小互辐射阻抗；

（2）每个阵元并联或串并联一个电抗，用以减小它们间的互辐射阻抗；

（3）将阵元做得足够大，使其自辐射阻抗远大于阵元间互辐射阻抗。

1.8 简 介

早期的声呐，主要应用于水下目标探测，随着声呐技术的不断发展和声呐性能的逐步完善，声呐的应用领域有了明显的扩展。尤其是第二次世界大战以来，水中声波传播规律研究、水声换能器材料及设计制造技术、电子技术和信号处理技术、计算机技术等科学领域都取得了飞速发展，声呐技术和声呐性能也相应有了长足的进步，为声呐在军用、民用领域的应用提供了有力的技术支持。进入 21世纪以来，海洋权益、海洋资源开发引起了人们的高度重视，人类的海洋活动越发频繁，声呐的作用越来越重要，其应用也将越来越广泛。

根据使用目的的不同，科技人员研发了技术性能不同的声呐，用来完成不同的使命。当代声呐的功能，已发展得比较完善，它们也因此在军用、民用领域得到重要应用。在军用方面，常见的应用领域有水下通信、定位导航、目标被动探测、航空反潜、声呐侦察以及其他相关应用。具体说，它们被应用于水下目标探测和分类识别、水下运动目标定位导航和跟踪、水下目标之间或水下目标和水面目标之间的通信、水中兵器制导、水雷探测、声呐侦察、水中武器射击指挥等场合。在民用方面，常见的应用领域有海深测量、精确测速、海底沉积层剖面测量、水下遥测以及海底石油开采。具体上说，它们被应用于海深和航道测量、鱼群探测、海底地形地貌测量、海底地层剖面测量、海底油气开发等场合。声呐的上述各种应用，择要列于表 1-4 中。

表 1-4　声呐主要应用简表

应用领域	声呐及其功能
海深测量	（1）常规测深仪。测量海深，保证船只航行安全 （2）多波束测深仪。测量航道和测量海底地形变化 （3）旁视声呐。测量海底地貌
精确测速	（1）多普勒测速声呐。精确测定水下目标相对于大地的速度，与其他导航设备联合应用，可对本船进行导航，得到本船航迹 （2）巨轮靠岸防碰系统。用于防止巨轮靠岸与码头发生碰撞
海底沉积层剖面测量	海底剖面仪。测量海底沉积层结构
水下遥测	（1）鱼探仪。测量鱼群方位、距离 （2）信标。不断地发射声信号
海底石油开采	（1）钻井船声学动态定位系统。保证钻头等作业工具精确地沿着井口锥体滑入 （2）油井井口重入系统。保证钻头等作业工具精确地沿着井口锥体滑入 （3）声波测井仪。连续地测定整个钻井井壁地层的变化，正确掌握井壁内部的地质构造
水下通信	水面与水下目标、水下目标之间进行互通信息
定位导航	声学定位系统。测定水下目标的位置
目标探测	（1）探测水下目标。测定其距离方位和径向速度 （2）探雷声呐。探测锚雷和沉底水雷
航空反潜	航空反潜声呐。探测和跟踪水下潜艇
声呐侦察	接收对方舰艇发射的声呐信号，测定其方位和信号频率
其他相关应用	音响水雷、声制导鱼雷、声浮标等

习　题

1. 声呐有哪两种工作方式？画出它们的信息流程图。

2. 写出等效平面波混响级 RL 和接收指向性指数 DI 的定义，并说明其物理意义。

3. 主动声呐工作于开阔海域，如将其辐射声功率提高一倍，其余条件不变，此声呐作用距离如何变化（海水吸收不计，传播损失以球面扩展计）？

4. 应用主动声呐方程解决工程问题时，应注意些什么，如何解决？

5. 增加主动声呐的发射功率，能否提高其作用距离，为什么？

参 考 文 献

[1]　Urick R J. Principles of Underwater Sound[M]. 3rd ed. Westport：Peninsula Publishing，1983.

[2]　Simmons B D，Urick R J. The plane wave reciprocity parameter and its application to the calibration of electroacoustic transducers at close distances[J]. Journal of the Acoustical Society of America，1949，21（6）：633-635.

第 2 章　海洋的声学特性

在人们迄今所知的各种能量形式中，声波是唯一能在海水中远距离传播的。实验表明，几千克三硝基甲苯（2,4,6-Trinitrotoluene，TNT）炸药的爆炸声，能在海洋中 5000km 的距离外接收到。甚至，在澳大利亚附近的一次深水电火花爆炸，竟被百慕大近海的水听器监听到，其几乎绕过了半个地球。但是也有相反的情况，在某些条件下，声呐发射信号却不能被几百米距离外的水听器接收到，这就说明了海洋环境对声信号的传播起着决定性作用。本章将讨论海洋的声学特性、不均匀性和多变性，以及它们对海洋中声传播的影响，为深刻理解海洋中声传播现象、规律、机理提供理论依据。

2.1　海水中的声速

海水中最重要的声学参数是声传播速度，它是影响声波在海水中传播的最基本的物理量。由声学基础知识可知，在流体介质中，声波是弹性纵波，流体中的声传播速度可表示为

$$c = 1/\sqrt{\rho\beta}$$

式中，ρ 为流体密度；β 为绝热压缩系数。研究发现，海水中 ρ 和 β 都是温度 T、盐度 S 和静压力 P 的函数，因而，海水中声速也是温度、盐度和静压力的函数。

2.1.1　声速经验公式

1. 海水中的声速经验公式

测量数据表明，海水中的声传播速度近似等于 1500m/s。

海水中的声速，随温度、盐度和静压力而变，表现为声速 c(m/s)随温度 T(℃)、盐度 S(‰，千分比数)、静压力 P(kg/m²)的增加而增加，其中以温度的影响最显著，温度增加，压缩系数 β 减小，但密度 ρ 变化不明显，因而声速随温度而增加。盐度增加，β 减小，ρ 增加，但 β 减小比较明显，因而声速也随盐度的增加而增加。静压力的增加也使 β 减小，声速也随压力 P 的增加而增加。

海水中的声速对温度、盐度和静压力的依赖关系，难以用解析式表示，通常用经验公式来表示它们之间的关系。经验公式是大量海上声速测量数据的实验总

结。实用上，通常测量海水中的 T、S 和 P，然后使用经验公式得到声速 c。一个比较准确的经验公式是[1]

$$c = 1449.22 + \Delta c_T + \Delta c_S + \Delta c_P + \Delta c_{STP} \tag{2-1}$$

式中

$$\Delta c_T = 4.6233T - 5.4585 10^{-2}T^2 + 2.822 10^{-4}T^3 + 5.07 10^{-7}T^4$$

$$\Delta c_P = 1.60518 10^{-1}P + 1.0279 10^{-5}P^2 + 3.451 10^{-9}P^3 - 3.503 10^{-12}P^4$$

$$\Delta c_S = 1.391(S - 35) - 7.8 10^{-2}(S - 35)^2$$

$$\Delta c_{STP} = (S - 35)(-1.197 10^{-3}T + 2.61 10^{-4}P - 1.96 10^{-1}P^2$$
$$- 2.09 10^{-6}PT) + P(-2.796 10^{-4}T + 1.3302 10^{-5}T^2$$
$$- 6.644 10^{-8}T^3) + P^2(-2.391 10^{-1}T + 9.286 10^{-10}T^2)$$
$$- 1.745 10^{-10}P^3T$$

式（2-1）适用的范围是：$-3℃ < T < 30℃$，$33‰ < S < 37‰$ 和 $1.013 \times 10^5 \text{N/m}^2$（标准大气压）$< P < 980 \times 10^5 \text{N/m}^2$。

海水中声速 c 的变化，相对其本身一般是很小的，但由此可引起海水声传播特性发生较大的改变，导致海水中的声能分布、声传播距离、传播时间等量发生明显变化。因此，精确的声速值，在理论研究和工程中都具有十分重要的意义。

海水中的声速值，可由经验公式得到，也可由海上现场测量得到。市场已有声速测量仪成熟产品出售，其测量精度可达 0.1m/s。

2. 蒸馏水中的声速经验公式

作为补充，这里给出蒸馏水中声速随温度、压力变化的经验公式[2]，表示如下：

$$c(P,t) = 1402.7 + 488t - 482t^2 + 135t^3 + (15.9 + 2.8t + 2.4t^2)P \times 10^{-2} \text{ (m/s)} \tag{2-2}$$

式中，$t = T \times 10^{-2}$，T 为温度（℃），$0 \leqslant T \leqslant 100℃$；$0 < P \leqslant 200\,\text{bar}$，$P$ 是以巴为单位的压力（$1\text{bar} = 10^5\text{Pa}$）。式（2-2）的精度优于 0.05%。

2.1.2　海水中声速的变化

1. 海水中声速的水平分层性质

图 2-1[3] 中绘出了太平洋某海域海水温度随深度、测点位置的变化。

从图中明显可以看出，其等温线几乎是水平平行的。在同一深度上，T 值几乎不变，基本保持为常数。在不同深度上，T 值则随深度而变。另外，盐度 S、静压力 P 也具有水平分层性和随深度而变的特性。这就表明，影响声速变化的三个要素 T、S 和 P 都随深度而变，且都有水平分层特性。由此可以预见，受三个

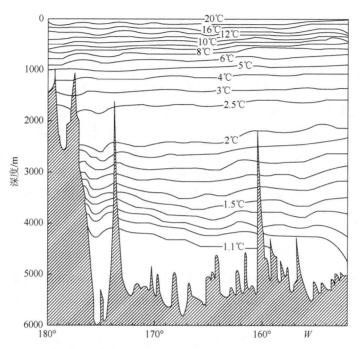

图 2-1　近南太平洋西岸南纬 28 度处的深海温度剖面

要素的影响，海水中的声速也将具有水平分层和随深度而变的特性。因此，可把海水中的声速随空间位置的变化写成单一变量 z 的函数：

$$c(x, y, z) = c(z) \qquad (2\text{-}3)$$

式中，z 为垂直坐标；x、y 为水平坐标。一般来说，要得到函数 $c(z)$ 的解析表达式是很困难的，工程上，常将实测声速值进行水平分层，得到海水中的声速-深度关系。

2. 声速梯度的理论表示

声速梯度表示了声速随深度变化的快慢，理论上，将声速 c 对深度 z 求导，就得到声速梯度 $g_c(\text{s}^{-1})$：

$$g_c = \frac{\mathrm{d}c}{\mathrm{d}z} \qquad (2\text{-}4)$$

由于 $c = c(T, S, P)$，则 g_c 可表为

$$g_c = \alpha_T g_T + \alpha_S g_S + \alpha_P g_P \qquad (2\text{-}5)$$

式中，$g_T = \mathrm{d}T/\mathrm{d}z, g_S = \mathrm{d}S/\mathrm{d}z, g_P = \mathrm{d}P/\mathrm{d}z$ 分别为温度梯度、盐度梯度和压力梯度；$\alpha_T = \partial c/\partial T, \alpha_S = \partial c/\partial S, \alpha_P = \partial c/\partial P$ 分别为声速对温度、盐度和压力的变化率。

如果将经验公式（2-1）代入式（2-5）中，则分别求得

$$\alpha_T \approx 4.623 - 0.109T \ [\text{m}/(\text{s}\cdot\text{℃})]$$

$$\alpha_S \approx 1.391 \ [\mathrm{m/(s\cdot‰)}] \tag{2-6}$$

$$\alpha_P \approx 0.160 \ [\mathrm{m/(s\cdot atm^{①})}]$$

根据式（2-5），声速梯度等于

$$g_c = (4.623 - 0.109T)g_T + 1.391g_S + 0.016g_P \tag{2-7}$$

根据大量声速测量值，人们总结得到了声速随盐度、深度和温度的变化规律。文献[4]指出，在大洋中，盐度每变化 1‰，声速变化量约为 $(1.40 \pm 0.1)\mathrm{m/s}$；海深每变化 10m，声速变化为 $0.165 \sim 0.185\mathrm{m/s}$，可见，当海深变化达上千米时，由此引起的声速变化将是十分可观的；温度对声速的影响最为显著，在 $1 \sim 10℃$、$10 \sim 20℃$、$20 \sim 30℃$ 范围内，温度每变化 $1℃$，相应的声速的变化分别为 $3.635 \sim 4.446\mathrm{m/s}$、$2.734 \sim 3.635\mathrm{m/s}$、$2.059 \sim 2.734\mathrm{m/s}$。

3. 工程上的声速梯度

由于影响声速的三个因素 T、S、P 都随深度而变，因此可综合地将声速视为

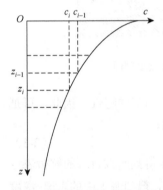

图 2-2　声样水平分层示意图

深度的一个变量函数。可是，理论上不易写出声速随深度变化的解析表达式，难以由式（2-3）得到声速梯度值。工程上，常利用水平分层模型来得到声速梯度值。设已测得声速随深度的变化曲线，如图 2-2 所示，应用声速的水平分层特性，沿深度 z 方向将声速分成很多水平层，使每层中声速随深度近似为线性变化。这样，就用一条折线来逼近实测声速随深度的变化曲线。图 2-2 中，深度 z_i、z_{i-1} 处的声速分别为 c_i、c_{i-1}，定义第 i 层的声速梯度 g_i 和相对声速梯度 a_i 如下。

声速梯度：

$$g_i = \frac{c_i - c_{i-1}}{z_i - z_{i-1}}, \quad i = 1, 2, \cdots, n \tag{2-8}$$

相对声速梯度：

$$a_i = \frac{c_i - c_{i-1}}{c_i(z_i - z_{i-1})}, \quad i = 1, 2, \cdots, n \tag{2-9}$$

式（2-8）和式（2-9）定义的声速梯度 g_i 和相对声速梯度 a_i 可正可负。前者称正梯度分布，表示声速随深度增加；后者称负梯度分布，表示声速随深度减小。声速梯度给出了声速随深度变化的快慢和方向，明确表示了声传播条件的优劣，因此，它们是水声理论研究和水声工程中常用的重要物理量。

---

① atm 表示标准大气压。

2.1.3　海水中声速和温度的基本结构

1. 典型深海温度和声速剖面

图 2-3 为深海声速随深度变化的示意图，分为表面层、跃变层（季节跃变层和主跃变层）和深海等温层三层，称为声速剖面，它与温度垂直分布的"三层结构"相一致。

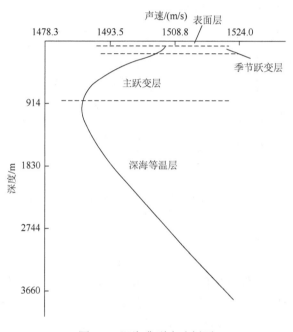

图 2-3　深海典型声速剖面

（1）表面层。在海洋表面，因受到阳光照射，水温较高，但它同时又受到风浪的搅拌作用，形成海洋表面层，层内声速梯度可正可负。

（2）跃变层。表面层之下是声速变化的过渡区域，称为跃变层。跃变层又分为季节跃变层和主跃变层，层中温度随深度而下降，声速相应变小，声速梯度是负值。

（3）深海等温层。跃变层之下是深海等温层，那里水温较低，但很稳定，终年不变，随深度变化非常缓慢。深海等温层中，声速随海洋深度增加而增加，呈现海洋内部的声速正梯度分布。由于以上原因，形成了图 2-3 所示的深海典型声速剖面。测量结果表明，除高纬度、赤道等特殊区域外，深海声速"三层结构"是符合海洋实际情况的，是稳定的深海典型声速结构。

2. 海水温度的季节变化、日变化和纬度变化

1）海水温度的季节变化

温度的季节变化和日变化主要发生在表面层。图 2-4[5]是百慕大海区海水温度剖面随月份的变化。夏季海洋表面受日照加热而水温升高，形成表面温度负梯度层，如图中 5、6 月份的温度分布。在秋季和初冬季节，海上刮风较多，则由于风浪的搅拌作用，会形成表面等温层，如图中 9、10 月份的温度分布。在冬季，可以形成很厚的表面混合层，如图中 1、2 月份的温度分布。由图 2-4 还可以看出，季节变化对海洋深处的温度影响不大。

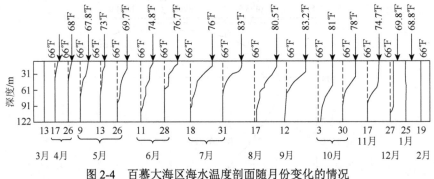

图 2-4　百慕大海区海水温度剖面随月份变化的情况

℉表示华氏度①

2）海水温度的日变化

图 2-5[3]所示为海水温度剖面的日变化，图中纵坐标为深度，上横坐标为测量时刻。图 2-5（a）为高风速条件下温度剖面的日变化，由于一上午的日照加热，中午海水表面温度较高，受高风浪搅拌，因而形成明显的表面混合层。图 2-5（b）为低风速情况，风速低波浪小，起不了搅拌混合的作用，形成表面负温度梯度。第二天早晨六点左右为风速最小的时刻，由于一晚上的蒸发，出现表面温度低于内部温度的情况。

3）纬度对温度剖面的影响

图 2-6 为开阔海域不同纬度的温度剖面，在低纬度海域，主跃层的深度较深；在高纬度海域，等温层可以一直延伸到接近海水表面，如图中直线所示。

3. 浅海温度剖面

浅海温度分布受到更多因素的影响，变化比较复杂，但仍表现出明显的季节特征，如图 2-7 所示[6]。

浅海温度剖面的基本规律是：冬季，大多属于等温层的温度剖面，如图中 11 月份的温度分布，夏季则为负跃层温度剖面，如图 2-7 中 7、8 月份的温度分布。

---

① C =（F − 32）/1.8。

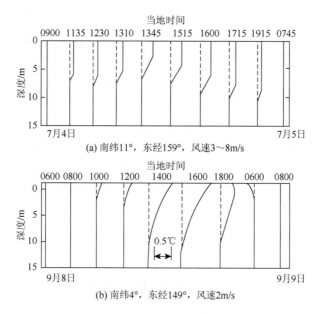

(a) 南纬11°，东经159°，风速3～8m/s

(b) 南纬4°，东经149°，风速2m/s

图 2-5　海水温度剖面日变化

0900 表示 9 时 0 分，依次类推

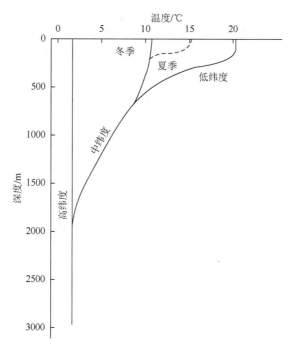

图 2-6　开阔海域不同纬度的温度剖面

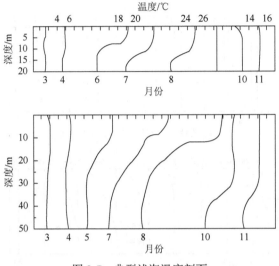

图 2-7　典型浅海温度剖面

2.1.4　海水温度和声速的起伏变化

以上叙述中，假定了温度 T 和声速 c 是不随时间而变化，只随深度 z 变化的确定性函数，这与实际情况并不完全相符，仅是海洋中声速变化的近似描述。实际上，海水温度不仅呈垂直分层变化，而且随时间和空间也起伏变化。等温层（指温度均匀，不随深度变化的水层）仅是宏观而言的，如果用一只时间常数很小的灵敏温度计在固定点上测量水温，可以发现该点上的温度随时间起伏变化；同样，相邻的不同测量点上的温度也是随时间起伏变化的。

海水温度起伏导致声速的起伏，图 2-8[3] 绘出了混合层中某固定点上的声速测量结果。一般而言，靠近海水表面的温度起伏与测量时刻及测量深度有关，温度起伏在下午和靠近海面为最大。引起海水温度起伏的原因多种多样，包括湍流、海面波浪、涡旋和海中内波等。第 8 章将详细讨论海水中温度和声速的起伏特性。图 2-8 中的起伏结构被认为是湍流引起的温度起伏。通常，把温度"微结构"看成是由具有一定温度、一定尺寸的水团在海水中随机分布所形成。当海水存在

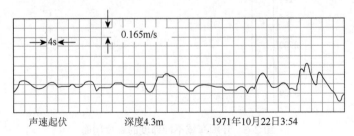

声速起伏　　　　　　深度4.3m　　　　　　1971年10月22日3:54

图 2-8　混合层中某固定点的声速起伏

内波运动时，往往可以观察到周期为几分钟到几小时、幅度为几摄氏度的温度起伏记录。由内波运动引起的温度起伏，其周期和幅度要比由湍流引起的大得多。

2.1.5　常见海水声速分布概要

海水温度的起伏幅度一般是很微小的，仅为几千分之一摄氏度到几十分之一摄氏度，对声速的影响通常可忽略不计。工程上，往往从宏观角度（不计声速起伏）来讨论海洋中声速 $c(z)$ 的垂直分布，图 2-9 示意性地给出了海水中常见的声速垂直分布曲线。

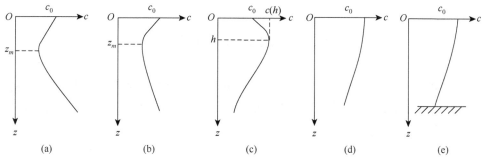

图 2-9　海水中常见的声速垂直分布示意图

1. 深海声道声速分布

图 2-9（a）、（b）所示为典型的深海声道声速分布。由图可见，在某一深度 z_m 处，声速为最小值，此深度称为声道轴，这是深海声道所特有的。声道轴深度随纬度而变，在两极为最浅（就在海表面附近），在赤道则深于 1000m。

图 2-9（a）、（b）所示均为深海声道声速分布，其不同之处在于图 2-9（a）的表面声速 c_0 小于海底处的声速 c_h，而图 2-9（b）的表面声速 c_0 则大于海底处的声速 c_h。

2. 表面声道声速分布

图 2-9（c）所示为表面声道声速分布。在秋冬季节，早晨往往水面温度较低，由于风浪搅拌，海表面层温度均匀分布，称为等温层（也称混合层），层中的声速随深度而增加，形成正声速梯度的声速垂直分布。在某一海深 h 处出现声速的极大值 $c(h)$，海深 h 以下为负梯度声速分布，海深 h 以上的海水层称为表面声道（也称混合层声道）。

3. 反声道声速分布

反声道声速分布中的声速随深度单调下降，如图 2-9（d）所示，这是由于海水温度随深度不断下降，相应地，声速也随深度不断变小。

4. 浅海常见的声速分布

如图 2-9（e）所示，情况与图 2-9（d）相似，形成原因也是海水中温度是负梯度，声速相应也是负梯度。图 2-9（e）特指浅海中的负梯度分布。

水声学中，人们经常把海水中声速表示成确定性的声速垂直分布 $c = c(z)$ 与随机不均匀声速起伏 Δc 的线性组合，即 $c = c(z) + \Delta c$。在第 3、4 章中，将详细讨论确定性声速分布 $c(z)$ 下的海中声传播规律，第 8 章将介绍海水声速起伏 Δc 特性及对声传播的影响。

2.2　海水中的声吸收

海水是不均匀介质，声波在海水中传播时，随着传播距离的增加，声强将越来越弱。声波在传播过程中强度逐渐衰减，是由多种原因造成的，本节将讨论引起海水中声强逐渐衰减的因素，以及由此造成的声传播衰减规律。

2.2.1　声在海水中的传播损失

引起声强在介质中产生传播衰减的原因，可以归纳为下列三个方面。

（1）扩展损失。指声波在传播过程中波阵面的不断扩展，引起声强的衰减，又称为几何衰减。

（2）吸收损失。通常指在不均匀介质中，由介质黏滞、热传导以及相关盐类的弛豫过程引起的声强衰减，又称为物理衰减。

（3）散射。在海洋介质中，存在大量泥沙、气泡、浮游生物等不均匀体，以及介质本身的不均匀性，引起声波散射而导致声强衰减。海水界面对声波的散射，也是引起这类声衰减的一个原因。由于散射损失相比于前两项是个较小的量，其作用常忽略不计，因此只将前两项之和作为总的传播衰减损失。

水声学中，度量声波传播衰减的物理量是传播损失 TL，它定义为

$$TL = 10 \lg \frac{I(1)}{I(r)}$$

式中，$I(1)$、$I(r)$ 分别是离声源等效声中心 1m 和 r 处的声强。根据以上叙述可知，传播损失 TL 应由扩展损失和吸收损失两部分组成，即

传播损失 TL = 扩展损失 TL_1 + 吸收损失 TL_2

2.2.2　声传播的扩展损失

1. 平面波的扩展损失

在理想介质中，沿 x 方向传播的简谐平面波声压可写成

$$p = p_0 \exp[j(\omega t - kx)] \qquad (2\text{-}10)$$

式中，p_0 为平面波声压幅值，它不随距离 x 而变。平面波声强与 p_0^2 成正比，且不随 x 变化，所以，$I(1) = I(x)$。这里，$I(1)$ 是离声源等效声中心 1m 处的声强；$I(x)$ 是离声源等效声中心 x 处的声强。根据传播损失的定义，TL_1 表示为

$$\text{TL}_1 = 10\lg \frac{I(1)}{I(x)} = 0 \qquad (2\text{-}11)$$

这是由于平面波波阵面不随距离扩展，因而不存在波阵面扩展所引起的传播损失 TL_1。

2. 球面波的扩展损失

对于沿矢径 r 方向传播的简谐均匀球面波，其声压可表示为

$$p = \frac{p_0}{r} \exp[j(\omega t - kx)]$$

式中，p_0 / r 为球面波声压幅值，因该幅值随距离 r 反比减小，所以，声强 $I(r)$ 与 r^2 成反比，由此得球面波的扩展损失等于

$$\text{TL}_1 = 10\lg \frac{I(1)}{I(x)} = 20\lg r \qquad (2\text{-}12)$$

3. 柱面波的扩展损失

柱面波的声强与传播距离成反比，其传播扩展损失表示为

$$\text{TL}_1 = 10\lg \frac{I(1)}{I(x)} = 10\lg r \qquad (2\text{-}13)$$

式中，r 为声波在柱的径向传播距离。

4. 典型的声传播扩展损失

为方便计，习惯上把扩展引起的传播损失 TL_1 写成

$$\text{TL}_1 = n10\lg r \qquad (2\text{-}14)$$

式中，r 是传播距离；n 是常数，在不同的传播条件下，它取不同的数值。通常：

$n = 0$，适用平面波传播，无扩展损失，$\text{TL}_1 = 0$；

$n = 1$，适用柱面波传播，波阵面按圆柱侧面规律扩大，$\text{TL}_1 = 10\lg r$，如全反射海底和全反射海面组成的理想浅海波导中的声传播（见第 4 章）；

$n = 3/2$，计入海底声吸收情况下的浅海声传播，这时，$\mathrm{TL_1} = 15\lg r$（见第 4 章），这是计入界面声吸收所引入的对柱面传播扩展损失 $\mathrm{TL_1} = 10\lg r$ 的修正；

$n = 2$，适用球面波传播，波阵面按球面扩展，$\mathrm{TL_1} = 20\lg r$；

$n = 3$，适用于声波通过浅海负跃层后的声传播损失，$\mathrm{TL_1} = 30\lg r$；

$n = 4$，计入平整海面的声反射干涉效应后，在远场区内的声传播损失，这时，$\mathrm{TL_1} = 40\lg r$，它是计入多途干涉后，对球面传播损失的修正（见第 4 章），此规律也适用偶极子声源辐射声场远场的声强衰减。

2.2.3　声传播的吸收损失和吸收系数

1. 声传播吸收损失

在介质中，由海水吸收和不均匀性散射引起的声传播损失经常同时存在，实地进行传播损失测量时，很难把它们区分开来，因此将二者综合起来进行讨论，统称吸收。假设平面波（扩展损失等于零，声强衰减仅由海水吸收引起）传播距离微元 $\mathrm{d}x$ 后，由吸收引起的声强降低为 $\mathrm{d}I$，它的值应与声强 I 和 $\mathrm{d}x$ 成正比，所以应有

$$\mathrm{d}I = -2\beta I \mathrm{d}x$$

式中，β 是比例常数，并规定 $\beta > 0$，上式中负号表示声强随距离增加而下降（$\mathrm{d}I < 0$），完成上式积分得到

$$I(x) = I(0)\exp(-2\beta x) \tag{2-15}$$

式中，$I(0)$ 是参考点处的声强。从式（2-15）看出，当计入介质吸收后，声强按指数规律衰减。对式（2-15）取自然对数得

$$\beta = \frac{1}{2x}\ln\frac{I(0)}{I(x)} \tag{2-16}$$

由于 $I \propto p^2$，β 也可写成

$$\beta = \frac{1}{x}\ln\frac{p(0)}{p(x)} \tag{2-17}$$

式中，$p(0)$ 是参考点处的声压幅值；$\ln\dfrac{p(0)}{p(x)}$ 是声压幅值比的自然对数，为无量纲量，称为奈培（Neper）；β 是单位距离上传播衰减的奈培数（Np[①]/m）。

实用上，人们习惯于使用以 10 为底的常用对数，根据声传播损失定义，由式（2-15）可得

$$\mathrm{TL_2} = 10\lg\frac{I(0)}{I(x)} = 20\beta x\lg\mathrm{e} \tag{2-18}$$

式中，$\mathrm{TL_2}$ 是由介质吸收引起的传播损失，定义吸收系数 α 为

---

① $1\mathrm{Np} = 8.68\mathrm{dB}$。

$$\alpha = 20\beta \lg e = 8.68\beta \tag{2-19}$$

于是就有

$$\mathrm{TL}_2 = \alpha x \tag{2-20}$$

可见，由海水吸收引起的传播损失等于吸收系数乘以传播距离。

若把 x 写作 r，并结合式（2-14），得总传播损失 TL，它等于扩展损失加吸收损失：

$$\mathrm{TL} = n10\lg r + \alpha(r-1) \tag{2-21}$$

式中，吸收系数 α 可由经验公式计算得到，也可查阅有关曲线、数值表得到。式（2-21）是计算传播损失的常用公式，在工程和理论上具有十分重要的应用。

2. 纯水和海水的超吸收

实验测量发现，纯水中的吸收测量值远大于理论预报的经典吸收值。经典吸收值，是只考虑均匀介质中的切变黏滞吸收和热传导声吸收，即 $\alpha_a = \alpha_n + \alpha_k$，这里，$\alpha_n$ 是介质切变黏滞引起的声吸收系数；α_k 为介质热传导声吸收系数。测量值和理论值的差值称为超吸收。

1）纯水的超吸收

Hall 提出了结构弛豫理论，成功地解释了水介质的超吸收原因。其计算结果示于图 2-10[7]中，计算结果与实际测量结果吻合较好。

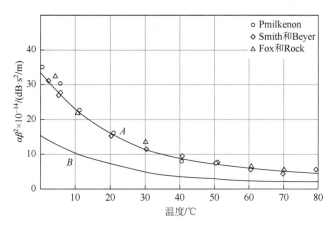

图 2-10　纯水超吸收随温度的变化

A：Hall 计算曲线；B：切变黏滞吸收计算曲线（即经典吸收）；图中曲线 A 和 B 的垂直坐标之差，代表了纯水的超吸收

2）海水的超吸收

由测量结果可知，在 100kHz 以下频段，海水吸收系数明显高于淡水，进一步

的研究表明，这是由海水中含有溶解度较小的二价盐 $MgSO_4$ 所致，它的化学离解-化合反应的弛豫过程引起了这种超吸收。$MgSO_4$ 在海水中有一定的离解度，部分 $MgSO_4$ 会发生离解-化合反应 $MgSO_4 \Longleftrightarrow Mg^{2+}+SO_4^{2-}$，即 $MgSO_4$ 离解成 Mg^{2+} 和 SO_4^{2-}，呈离子状态，而同时有一些 Mg^{2+} 和 SO_4^{2-} 化合成 $MgSO_4$。在声波作用下，原有的化学反应平衡态被破坏，达到新的动态平衡，这是一种化学的弛豫过程，导致声能的损失，这种效应称为弛豫吸收。

3. 吸收系数经验公式

淡水和海水声吸收系数 α (dB/m)随频率 f(kHz)变化的测量值示于图 2-11[7]。

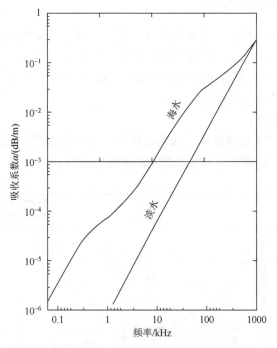

图 2-11　淡水和海水的吸收系数

温度 5℃，盐度 35‰，压力 1atm

图 2-11 中两条曲线垂直坐标之差为海水相对于淡水的声吸收之差。由图可以看出，在低频条件下，两者之差是很大的，随着频率的增加，差值逐渐变小，当频率接近 1000kHz 时，两条曲线合成一条，吸收系数 α 取相同值。

Schulkin 和 Marsh 根据频率 2～25kHz、距离 22km 以内的 30000 次测量结果，总结出下述半经验公式[8]：

$$\alpha = A \frac{S f_r f^2}{f_r^2 + f^2} + B \frac{f^2}{f_r} \quad (\mathrm{dB/km}) \tag{2-22}$$

式中，$A = 2.03 \times 10^{-2}$；$B = 2.94 \times 10^{-2}$；S 为盐度（‰）；f 为声波频率（kHz）；f_r 为弛豫频率（kHz），它等于弛豫时间的倒数，且与温度有关，其关系为

$$f_r = 21.9 \times 10^{\left(6 - \frac{1520}{T+273} \right)} \tag{2-23}$$

式中，T 为热力学温度（℃）。式（2-23）表明，$MgSO_4$ 弛豫频率 f_r 随温度升高而升高。当温度从 5℃变化到 30℃时，f_r 约从 73kHz 变化到 206kHz。

从半经验公式（2-22）看出，在低频（$f \ll f_r$）和高频（$f \gg f_r$）时，α 近似随 f^2 增长。

另外，海水中含有溶解度很高的 NaCl，它的存在使得海水的超吸收反而下降。这是由 NaCl 溶质对水的分子结构变化产生影响所致。在高频下，NaCl 浓度越高，超吸收越小。

4. 低频段的吸收系数

图 2-11 是 5℃温度、1atm 压力、35‰盐度条件下，海水吸收系数 α 随频率 f 的变化曲线。从图中可以看出，在 5kHz 以下频率，声吸收又有明显增加，它的值比式（2-22）给出的结果更大，而且频率越低，两者相差也越大。这说明在低频还存在有其他的弛豫现象，其弛豫频率约为 1kHz。研究表明，这是由海水中含有包括硼酸在内的物质的化学弛豫所引起的。Thorp 给出了低频段吸收系数 α 的经验公式[9]：

$$\alpha = \frac{0.109 f^2}{1 + f^2} + \frac{43.7 f^2}{4100 + f^2} \quad (\mathrm{dB/km}) \tag{2-24}$$

式中，f 的单位是 kHz。该式适用的温度是 4℃左右。若计入纯水的黏滞吸收，则在低频条件下，吸收系数变为

$$\alpha = \frac{0.109 f^2}{1 + f^2} + \frac{43.7 f^2}{4100 + f^2} + 3.01 \times 10^{-4} f^2 \quad (\mathrm{dB/km}) \tag{2-25}$$

5. 吸收系数 α 随压力的变化

研究发现，吸收系数 α 的数值还随压力而变，压力增加，α 变小，其关系为

$$\alpha_H = \alpha_0 (1 - 6.67 \times 10^{-5} H) \tag{2-26}$$

式中，H 是深度（m）；α_H 是深度 H 处的吸收系数。由式（2-26）可见，深度每增加 1000m，吸收系数减小 6.67%。

以上给出了吸收系数与声波频率、深度的变化关系，使用时可根据这些参数，选用合适的经验公式，以获得合理的吸收系数值。

2.2.4　非均匀液体中的声衰减

海水中一般含有各种杂质，如气泡、微小硬粒子、浮游生物，还有湍流形成的温度不均匀区域等。受这类杂质和不均匀性的影响，声传播损失将大于均匀海水介质的损失，尤其在含有气泡群的海水中，具有非常高的声吸收衰减。气泡在声波作用下产生压缩和膨胀，引起气泡内部的温度升降，与周围海水介质发生热交换，因而把声能转化为热能而被消耗掉。另外，海水介质对气泡压缩膨胀的黏滞作用也会损耗部分声能，于是，引起声能在含有气泡群海水中的附加吸收。此外，气泡作为共振腔，会对入射声波产生强烈的散射，导致入射声能的明显衰减。

在海洋内部，气泡密度很小，与其他声吸收的原因相比较，一般可以忽略它对声吸收的影响。但是，在有风浪的海面附近，由于风浪的搅拌作用，会产生许多气泡，尤其在舰船航行形成的尾流中，存在大量大小不等的气泡，吸收系数值会变得非常大，例如，一艘以 15 节（用 kn 表示，1kn = 0.514m/s）航速航行的驱逐舰所产生的 500m 长的尾流中，发现其吸收系数在频率 8kHz 时为 0.8dB/m，频率 40kHz 时则为 1.8dB/m，与正常值相比，大了很多，这种环境中的声传播衰减将会变得非常大。

2.3　海底及其声学特性

海底是海洋地质学和地球物理学的研究对象，研究的内容包括海底的结构、地形地貌和沉积层特性等。水声学中的海底，指的就是沉积层，是覆盖于岩基之上的比较松软的物质层，实际处于液态和固态之间的海底沉积物，它是海洋声信道的一个界面。研究表明，海底结构、地形地貌和沉积层的声学特性，以及声波在海底表面的散射和反射，对声波传播和水声设备的工作具有重要影响。因此研究海底声学特性，在工程上和理论研究中都具有重要意义。

2.3.1　海底反射系数随海底地形而变

海底作为海洋声信道的界面，当声波投射到海底时，就会产生反射波。这种反射波，是形成声传播的声道效应所必需的，有利于声波的传播。但反射波作为多途信号，又是不利于信号检测的。实验研究表明，反射系数与海底地形地貌有着明显的依赖关系。对于频率高于几千赫兹的声波，海底地形粗糙度对反射起主要作用。图 2-12[10] 给出 9.6kHz 频率的声波垂直入射时，不同海底的反射系数。由图可以看出，当海底从非常粗糙区域过渡到深海平原时，反射系数便迅速变大。

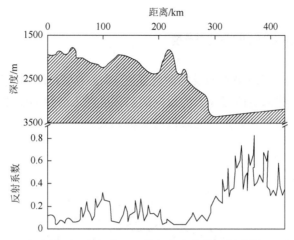

图 2-12　海底地形（上部分）及其竖直方向的反射系数（下部分）

2.3.2　深海平原的反向散射强度

海底是一个不平界面，声波投射到海底表面时，就会产生散射波。散射波分布于海底以上的整个半空间中，其中有一部分散射波传播返回声源，称为反向散射波，并用反向散射强度来描述海底的这一种声散射特性。反向散射强度表示为 $10\lg m_s$，其中，m_s 定义为单位界面单位立体角中的反向散射声功率与入射波强度之比。图 2-13[10]绘出不同频率下，深海平原的反向散射强度 $10\lg m_s$ 与入射角的关系，曲线右端数字是频率值。当入射角 θ 小于15°时，反向散射强度随 θ 的减小而增加；当入射角 $\theta>15°$ 时，$10\lg m_s$ 近似与 $\cos^2\theta$ 成正比，基本上与朗伯（Lambert）定律吻合。此外，由图可看出，在小入射角条件下，反向散射强度一般与频率无关；在大入射角条件下，反向散射强度随频率而变大。

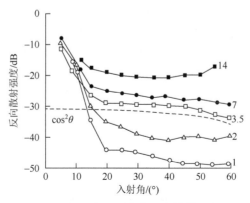

图 2-13　深海平原海底反向散射强度

曲线旁的数字是频率（kHz）

2.3.3 粗糙海底的反向散射强度

图 2-13 表示了深海平原的反向散射强度 $10\lg m_s$ 与入射角的关系，与此不同，图 2-14[10]给出了非常粗糙海底上的反向散射强度随入射角的变化曲线，在这里，$10\lg m_s$ 几乎与入射角 θ 无关，也近似与频率无关。

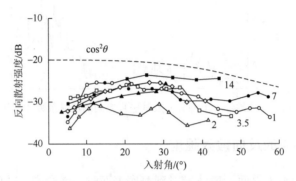

图 2-14　非常粗糙海底的反向散射强度

曲线旁的数字是频率（kHz）

海底声反射和声散射是由多种因素决定的一个复杂过程，海底地形粗糙度只是其中的一个因素，因此，描述海底声反射和声散射现象，需考虑多种因素的综合效应。

2.3.4 海底沉积层

海底沉积层是指覆盖于岩基之上的一层非凝固态物质，在不同海域，其厚度差别很大，在几米、几十米到数千米的范围内变化。沉积层的物理性质对海中声传播的影响是水声物理的重要研究内容。在沉积层特性研究中，表征沉积层性质的量，有层的厚度、密度、孔隙率、纵波（声波）的速度以及沉积层对声波的衰减吸收量等。进一步分析时，还要考虑上述各量随层厚度的变化及沉积层中的横波速度等因素。

1. 海底沉积层的密度和孔隙率

1）海底沉积层的密度
海底沉积层中含有水和沉积物，其密度 ρ（指饱和容积密度）可表示为

$$\rho = \eta\rho_w + (1-\eta)\rho_s \tag{2-27}$$

式中，η 为孔隙率；ρ_w 为孔隙水密度；ρ_s 为无机物固体密度。式（2-27）中的 ρ_w 被认为与海底的海水密度近似相等，可取 $\rho_w = 1.02 \times 10^3 kg/m^3$。

海底沉积层密度大致分成三类[10]：第一类是近海岸区域和浅海，以粗糙陆源沉积物为主，密度 ρ 为 $(1.7\sim2.2)\times10^3 kg/m^3$；第二类是深海丘陵和多山地形，沉积物主要是石灰质淤泥，密度 ρ 为 $(1.4\sim1.7)\times10^3 kg/m^3$；第三类是深海平原，沉积物通常是细黏土和淤泥，密度 ρ 为 $(1.2\sim1.4)\times10^3 kg/m^3$。

2）海底沉积层的孔隙率

孔隙率是指沉积物体积中所含水分的体积分数，它由许多因素决定，如无机物颗粒的大小、形状和分布，沉积物构造和固体粒子间的紧密程度等。孔隙率 η 随上述诸因素的变化十分复杂，致使测量数据呈现很大的离散性。文献[10]给出了上述三种海底的孔隙率值：第一类海区，$29\% < \eta < 60\%$；第二类海区，$60\% < \eta < 77\%$；第三类海区，$77\% < \eta < 89\%$。

2. 海底沉积层中的声学参数

1）海底沉积层中纵波和横波速度的理论表示

沉积层是指覆盖于岩基之上的一层非凝固态物质，因而沉积层中既存在纵波，也存在横波，它们的传播速度是不同的，设纵波和横波的传播速度为 c 和 c_s，它们的值由式（2-28）确定：

$$c^2 = \frac{E + \frac{4}{3}G}{\rho}, \quad c_s^2 = \frac{G}{\rho} \tag{2-28}$$

式中，E 和 G 分别为沉积层的体积弹性模量和切变模量；ρ 为沉积层密度，其值由式（2-27）确定。

2）沉积层中的声速、密度和孔隙率

沉积层中的声速和孔隙率 η 之间有着密切的关系，Hamilton[11]对三种不同类型的沉积物在温度 23℃和压力 1atm 条件下进行了声速、密度和孔隙率的实验测量，结果列于表 2-1 中。由于取样会使沉积层结构发生变化，切变速度和切变模量的测量值常常不可靠，所得结果仅具参考意义，表 2-1 所给出的 G 和 c_s 值是由计算得到的。

表 2-1　北太平洋沉积物的测量平均值和弹性常数计算值

沉积物类型	测量值			计算值			
	η	ρ	c	E	σ	G	c_s
大陆架							
粗粒的沙	38.6	2.03	1836	6.6859	0.491	0.1289	250
细粒的沙	43.9	1.98	1742	5.8677	0.469	0.3213	382

沉积物类型	测量值			计算值			
	η	ρ	c	E	σ	G	c_s
大陆架							
非常细的沙	47.4	1.91	1711	5.1182	0.453	0.5035	503
泥沙	52.8	1.83	1677	4.6812	0.457	0.3926	467
沙质淤泥	68.3	1.56	1552	3.4152	0.461	0.2809	379
沙-泥-黏土	67.5	1.58	1578	3.5781	0.463	0.2731	409
黏土质淤泥	75.0	1.43	1535	3.1720	0.478	0.1427	364
淤泥黏土	76.0	1.42	1519	3.1476	0.480	0.1323	287
深海平原							
黏土质淤泥	78.6	1.38	1535	3.0561	0.477	0.1435	312
淤泥黏土	85.8	1.24	1521	2.7772	0.486	0.0773	240
黏土	85.8	1.26	1505	2.7805	0.491	0.0483	196
深海丘陵							
黏土质淤泥	76.4	1.41	1531	3.1213	0.478	0.1408	312
淤泥黏土	79.4	1.37	1507	3.0316	0.487	0.0795	232
黏土	77.5	1.42	1491	3.0781	0.491	0.0544	195

注：测量条件为温度23℃，压力为1atm；η 为孔隙率（%）；ρ 为密度（10^3kg/m^3）；c 为纵波波速（m/s）；E 为弹性模量（$\times 10^9$Pa）；σ 为泊松比，$\sigma = (3E - \rho c^2)/(3E + \rho c^2)$；$G$ 为切变模量，$G = 3(\rho c^2 - E)/4$（$\times 10^9$Pa）；c_s 为横波波速，$c_s = \sqrt{G/\rho}$ （m/s）。

3）沉积层中声速和孔隙率之间的关系

文献[6]给出了沉积层中的声速 c 和孔隙率 η 之间的关系：

$$c = 2475.5 - 21.764\eta + 0.123\eta^2 \quad （大陆架） \tag{2-29a}$$

$$c = 1509.3 - 0.043\eta \quad （深海丘陵） \tag{2-29b}$$

$$c = 1602.5 - 0.937\eta \quad （深海平原） \tag{2-29c}$$

这里指出，对浅海大陆架来说，海底声速高于其上面水中的声速，称为高声速海底，而大部分深海沉积层，海底声速低于其上面水中的声速 1%～2%，称为低声速海底。

3. 沉积层中声波的衰减系数

根据大量测量数据的综合，沉积层中纵波的衰减系数 α (dB/m)近似与频率的一次方成正比，可写为[12]

$$\alpha = Kf^{\beta} \tag{2-30}$$

式中，K 为常数，其值与孔隙率有关，若 $\eta = 35\% \sim 60\%$，则 K 近似等于 0.5；f 为频率（kHz）；β 为指数，就沙、淤泥和黏土而言，通常 $\beta \approx 1$。

2.3.5　海底反射损失

海底反射损失是表征海底沉积层声学特性的重要物理量，它是海洋声场分析和声呐作用距离估计所必需的重要环境参数。海底反射损失 BL 是指反射声压幅值 $|p_r|$ 相对于入射声压幅值 $|p_i|$ 减小的分贝数，其定义为

$$\mathrm{BL} = -20\lg\left|\frac{p_r}{p_i}\right| = -20\lg|V| \tag{2-31}$$

式中，V 是海底反射系数，其模值 $\leqslant 1$，所以 $\lg|V| \leqslant 0$。式（2-31）的前面引入负号后，海底反射损失 BL 便恒为正值，它的分贝数越大，海底反射损失也越大，表示越多的入射声能量透射进了海底，返回海水中的能量越少。

海底反射损失与入射声的掠射角有十分密切的关系，这种关系在沉积层中声速不同时表现出不同的形式，图 2-15[13]表示出了这种关系。

1. 高声速海底

设海底为液态，且沉积层中声速 c_2 大于层面上的海水声速 c_1，这时折射率 $n < 1$，图 2-15（a）给出了这种条件下 BL 值随掠射角 φ 的变化曲线。曲线 a 对应层中吸收为零，曲线 b 是计入海底沉积物的声吸收后的海底反射损失。在图 2-15 中，也画出了相应的海底反射系数模 $|V|$ 随掠射角 φ 的变化曲线。

2. 低声速海底

对于低声速海底，沉积层中声速 c_2 小于海水声速 c_1，折射率 $n > 1$，这时，海底 BL 随掠射角 φ 的变化示于图 2-15（b）中。

3. 海底反射系数和海底反射损失

海底反射系数及海底反射损失与沉积物类型、声波频率以及声波入射角有密切关系。声波垂直入射时，反射系数和海底反射损失分别等于

$$V = \frac{\rho_2 c_2 - \rho_1 c_1}{\rho_2 c_2 + \rho_1 c_1}$$

$$BL = -20\lg|V| \qquad\qquad (2\text{-}32)$$

式中，ρ_1、c_1 是海水密度和海水中的声速；ρ_2、c_2 是沉积层密度和沉积层中的声速。

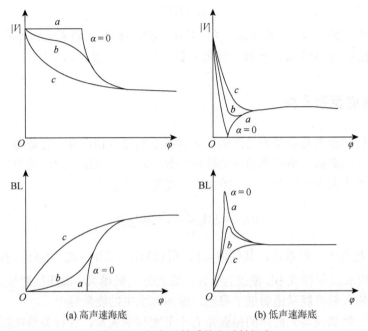

(a) 高声速海底　　　　　　　　　　(b) 低声速海底

图 2-15　海底反射系数和反射损失

图 2-16[14]则是根据深海实测到的海底反射损失的平均值绘制的，小掠射角的

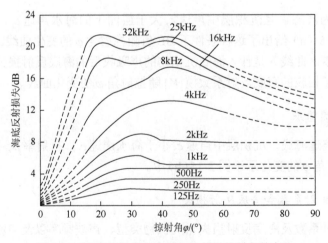

图 2-16　海底反射损失实测平均值随掠射角的变化

数据是由实验值外推得到的，图中曲线给出了不同频率声波在不同掠射角下的海底反射损失值，明显地，声波频率越高，海底反射损失值也就越大。

作为比较，表 2-2[1]给出了不同海底上的实测海底反射损失值。

表 2-2　不同海底上的实测海底反射损失值　　单位：dB

24kHz，掠射角 10°				
泥	泥-沙	沙-泥	沙	石
16	10	6	4	4

正入射				
频率	沙	细沙	粗沙	中沙夹石	石夹沙
4kHz	14	7	7	8	5
7.5kHz	14	3	8	6	4
16kHz	13	6	8	10	10

4. 海底声反射损失的三参数模型

大量实验数据表明，海底沉积层的反射损失随掠射角 φ 的变化有如下三个特征。

（1）存在一个分界掠射角 φ^*：当 $\varphi \leqslant \varphi^*$ 时，反射损失值较小；当 $\varphi \geqslant \varphi^*$ 时，反射损失值较大。分界掠射角 φ^* 为海底反射损失的一个重要特征参数。

（2）在小掠射角 $\varphi \leqslant \varphi^*$ 范围内，反射损失随掠射角 φ 的增加而增加。

（3）在大掠射角 $\varphi \geqslant \varphi^*$ 范围内，反射损失与掠射角 φ 无明显的依赖关系，有时会出现反射损失值的"振荡"变化，但总的来说，此时的反射损失可以近似看成常数。

根据海底反射损失的上述特征，文献[6]建立了一个计算反射损失的数学模型，用来描述反射损失随掠射角 φ 的变化规律。该模型由三个基本参数组成，故称其为三参数模型，数学上表示为

$$-\ln|V(\varphi)| = \begin{cases} Q\varphi, & 0 \leqslant \varphi \leqslant \varphi^* \\ -\ln|V_0|, & \varphi^* \leqslant \varphi \leqslant \dfrac{\pi}{2} \end{cases} \quad (2\text{-}33)$$

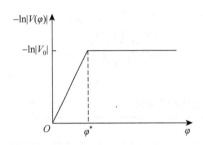

图 2-17　海底反射损失的三参数模型

式中，三个参数是 Q、φ^* 和 $|V_0|$。该模型示于图 2-17 中，它表示了海底反射损失随掠射角变化的基本特征。模型中三个参数的值可以从反射系数 V 的表示式和 Hamilton[12] 总结的沉积物衰减系数 $\alpha = Kf^\beta$ 中求得，结果如下。

1）特征掠射角 φ^*

模型中的特征掠射角 φ^* 即海底全内反射临界角，它表示为

$$\varphi^* = \arccos n, \quad n = c_1 / c_2 \tag{2-34}$$

式中，c_1、c_2 分别是海水和沉积层中的声速。

2）参数 $|V_0|$

模型中的参数 $|V_0|$ 是掠射角等于 $\pi/2$ 时的反射系数模，可表示为

$$|V_0| = |V_{\varphi=\pi/2}| = \frac{m-n}{m+n} \tag{2-35}$$

式中，$m = \rho_2 / \rho_1$，为海底沉积层密度 ρ_2 与海水密度 ρ_1 的比值；n 为折射率。

3）参数 Q

关于模型中的参数 Q，由图 2-17 看出，它等于 $-\ln|V(\varphi)|$ 在 $\varphi = 0$ 处对 φ 的斜率，即 $Q = \frac{\partial}{\partial \varphi}\left[-\ln|V(\varphi)|\right]_{\varphi=0}$。利用反射系数表达式 $V = \frac{m\cos\theta_i - \sqrt{n^2 - \sin^2\theta_i}}{m\cos\theta_i + \sqrt{n^2 - \sin^2\theta_i}}$，经计算可得

$$Q = 2mM_2 / (M_1^2 + M_2^2)$$

式中，θ_i 为入射角，$\theta_i = \pi/2 - \varphi$；$M_1$ 和 M_2 分别为

$$M_1 = \frac{1}{\sqrt{2}}\sqrt{\sqrt{A^2 + B^2} + A}, \quad M_2 = \frac{1}{\sqrt{2}}\sqrt{\sqrt{A^2 + B^2} - A}$$

其中

$$A = \sin^2\theta_i - n_0^2, \quad B = 2\varepsilon n_0^2$$

ε 表示海底沉积层的吸收作用，$\varepsilon > 0$，它满足 $c_b = c_{b0}(1 - \mathrm{j}\varepsilon)$，$c_b$ 是海底声速，与海底沉积物衰减系数 α 有关：$\varepsilon = \alpha / (2k_b)$，$k_b$ 是海底波数。由 c_b 得到折射率 $n = n_0(1 + \mathrm{j}\varepsilon)$，$n_0 = c / c_{b0}$，$c$ 是海水中的声速。

以上分析说明，三参数模型与液态海底模型的反射系数 V 及 Hamilton 总结的衰减-频率规律是相吻合的，三参数模型可用于分析海中声场的平均结构。

5. 海底声反射研究的理论模型

以上是从实验测量来研究海底声反射特性的，与此相对应，人们对海底声反

射也进行了大量理论研究工作。注意到海底是具有分层结构的沉积层，含有一定比例的水分，表面比较松软，人们据此建立了多种海底的理论模型。最简单的模型是将海底视为流体或悬浮粒流体，并考虑介质声吸收；也有的研究将海底看作流体层（或层系），声波在海底的反射就等同于介质层（层系）上的声反射；还有的研究将海底看作固体，声波在海底的反射等同于声波在流体-固体分界面上的反射。在 2.4 节和 2.5 节中，将根据文献[10]的理论，讨论后两种模型下的海底声反射特性。

2.4　声波在介质层上的反射

假设海底为厚度 d 的均匀液层，声速和密度分别为 c_2、ρ_2，其上、其下均是半无限均匀液体，声速和密度分别为 c_3、ρ_3 和 c_1、ρ_1，平面波以入射角 θ_3 投射到介质 3 和介质 2 的分界面上，如图 2-18 所示，考察介质层 2 的反射系数。

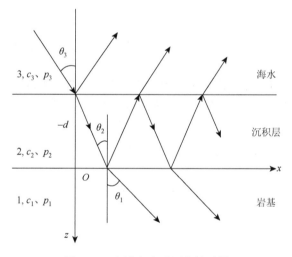

图 2-18　声波在介质层上的反射

2.4.1　介质层的反射系数

声波在图 2-18 所示的介质层上的反射，其物理过程比较复杂：平面波入射至介质 3-2 分界面上，产生一个反射波和一个透射波，前者在介质 3 中沿负 z 方向传播，后者进入介质 2，沿正 z 方向传播，在介质 2-1 的分界面上产生反射和透射，透射波进入介质 1，沿正 z 方向传播，反射波在介质 2 中沿负 z 方向传播，在介质 2-3 分界面上产生反射和透射，透射波进入介质 3，沿负 z 方向传播，反射波在介质 2 中沿正 z 方向传播，在介质 2-1 分界面上又产生反射和透射……，此过程不断重复。于是，介质 3 中除入射波在 3-2 分界面上的反射波外，还有透过 2-3 界面的透射波，它们叠加组成了介质层的反射波，设为 p_3；介质 1 中，存在透过 2-1 分界面的透射波，它们叠加组成了介质层的透射波，设为 p_1；介质层 2 中，由于层上下边界的多次反射，存在很多"向上"和"向下"传播的波，组合成一对沿正 z 和负 z 方向传播的波，记它们的叠加为 p_2。

1. 介质中的声压表达式

根据以上过程，三种介质中的声压表示如下。

介质 3 中：

$$p_3 = \{P_0 \mathrm{e}^{jk_3[x\sin\theta_3+(z+d)\cos\theta_3]} + VP_0\mathrm{e}^{jk_3[x\sin\theta_3-(z+d)\cos\theta_3]}\}\mathrm{e}^{-j\omega t} \tag{2-36}$$

介质 2 中：

$$p_2 = [A\mathrm{e}^{jk_2(x\sin\theta_2+z\cos\theta_2)} + B\mathrm{e}^{jk_2(x\sin\theta_2-z\cos\theta_2)}]\mathrm{e}^{-j\omega t} \tag{2-37}$$

介质 1 中：

$$p_1 = W\mathrm{e}^{jk_1(x\sin\theta_1+z\cos\theta_1)}\mathrm{e}^{-j\omega t} \tag{2-38}$$

式中，P_0 是入射波声压幅值；$k_1=\dfrac{\omega}{c_1}, k_2=\dfrac{\omega}{c_2}, k_3=\dfrac{\omega}{c_3}$ 及 ω 分别是三种介质中的波数和声波频率；V、W 是介质层的反射和透射系数。另外，为方便计，令入射波幅值 $P_0=1$，并忽略 $\mathrm{e}^{j(k_i x\sin\theta_i-\omega t)}(i=1,2,3)$，则得到 3 种介质中的声压表达式如下。

介质 3 中：

$$p_3 = \mathrm{e}^{jk_3(z+d)\cos\theta_3} + V\mathrm{e}^{-jk_3(z+d)\cos\theta_3} \tag{2-39}$$

介质 2 中：

$$p_2 = A\mathrm{e}^{jk_2 z\cos\theta_2} + B\mathrm{e}^{-jk_2 z\cos\theta_2} \tag{2-40}$$

介质 1 中：

$$p_1 = W\mathrm{e}^{jk_1 z\cos\theta_1} \tag{2-41}$$

2. 分界面上的输入阻抗

为了得到 V 和 W，引入分界面输入阻抗 Z_{ru}。设有平面波声压入射至介质分界面上。在空间中，若声压为 p，质点振速法线方向分量为 v_n，则它们的比值

$$Z_n = \frac{p}{v_n} \tag{2-42a}$$

被称为阻抗。在界面上，声压 p 和振速法向分量 v_n 都是连续的，Z_n 也是连续的，所以它对任何 z 值都有相应确定的值。若设 $z=0$ 为介质分界面，则其阻抗为

$$Z_n(0) = \frac{p(0)}{v_n(0)} \tag{2-42b}$$

将其称为界面输入阻抗，记为 Z_{ru}。这是一个很有用的量，用它来讨论层上，特别是层系上的声反射，计算将变得十分简捷。

1）$z=0$ 面上的输入阻抗

先考虑界面 $z=0$ 上的输入阻抗 $Z_{\mathrm{ru}}^{(1)}$。令 $z=0$，并记 $Z_i = \rho_i c_i / \cos\theta_i (i=1,2,3)$，表示介质 i 中的声阻抗。由式（2-40）和式（2-42b）可得界面 $z=0$ 上的输入阻抗为

$$Z_{\mathrm{ru}}^{(1)} = Z_2 \frac{A+B}{A-B} \tag{2-43}$$

2）$z=-d$ 面上的输入阻抗

再考虑界面 $z=-d$ 上的输入阻抗 $Z_{\mathrm{ru}}^{(2)}$，由式（2-39）式（2-42b）可得该界面输入阻抗 $Z_{\mathrm{ru}}^{(2)}$ 为

$$Z_{\mathrm{ru}}^{(2)} = Z_2 \frac{A\mathrm{e}^{-jk_2 d\cos\theta_2} + B\mathrm{e}^{jk_2 d\cos\theta_2}}{A\mathrm{e}^{-jk_2 d\cos\theta_2} - B\mathrm{e}^{jk_2 d\cos\theta_2}} \tag{2-44}$$

联合式（2-43）和式（2-44），解得

$$Z_{\mathrm{ru}}^{(2)} = Z_2 \frac{Z_{\mathrm{ru}}^{(1)} - jZ_2 \tan(k_2 d\cos\theta_2)}{Z_2 - jZ_{\mathrm{ru}}^{(1)} \tan(k_2 d\cos\theta_2)} \tag{2-45}$$

式中，输入阻抗 $Z_{\mathrm{ru}}^{(1)}$ 仍为未知，但因为声压和振速法向分量在界面上连续，所以穿过界面时，输入阻抗 $Z_{\mathrm{ru}}^{(1)}$ 也应是连续的，则由式（2-40）和式（2-41）得到的输入阻抗 $Z_{\mathrm{ru}}^{(1)}$ 在 $z=0$ 面上应是相同的。由式（2-41）得

$$Z_{\mathrm{ru}}^{(1)} = \frac{\rho_1 c_1}{\cos\theta_1} = Z_1 \tag{2-46}$$

于是，由式（2-45）最终得到

$$Z_{\mathrm{ru}}^{(2)} = Z_2 \frac{Z_1 - jZ_2 \tan(k_2 d\cos\theta_2)}{Z_2 - jZ_1 \tan(k_2 d\cos\theta_2)} \tag{2-47}$$

式（2-47）给出了界面 $z=-d$ 上的输入阻抗。

3）层的反射系数

由声学基础知识可知，在两种半无限均匀介质分界面上，声压反射系数为

$$V = \frac{Z_2 - Z_1}{Z_2 + Z_1} \tag{2-48a}$$

式中，Z_1、Z_2 是声波在上下介质中的阻抗。该式不能用于介质层上的声反射，但只要用输入阻抗 $Z_{\mathrm{ru}}^{(2)}$ 替代式中的 Z_{2n}，反射系数的数学表示形式仍可套用，于是得到层的反射系数，即

$$V = \frac{Z_{\mathrm{ru}}^{(2)} - Z_3}{Z_{\mathrm{ru}}^{(2)} + Z_3} \tag{2-48b}$$

由式（2-45）可知，$Z_{\mathrm{ru}}^{(2)}$ 可由 $Z_{\mathrm{ru}}^{(1)}$ 得到，它具有递推性，因而式（2-48b）用于讨论介质层上的声反射将是十分方便的。

2.4.2　关于介质层反射系数的讨论

对于介质层的反射系数，考察下述两种特殊情况。

1. $k_2 d\cos\theta_2 = l\pi, \quad l = 1,2,\cdots$

当 $k_2 d\cos\theta_2 = l\pi$ 时，$d = l\lambda_2/(2\cos\theta_2)$，这里 λ_2 是介质 2 中的波长。此时由式（2-47）得

$$Z_{\mathrm{ru}}^{(2)} = Z_1, \quad V = \frac{Z_1 - Z_3}{Z_1 + Z_3}$$

这就好似介质层不存在，反射如同发生在介质 3-1 的分界面上一样。此时，介质层具有"频率和方向滤波器"的作用，当声波的频率或入射方向满足条件 $k_2 d\cos\theta_2 = l\pi$ 时，介质层对声波的反射就不起作用。

当声波垂直入射时，$\theta_2 = 0$，并取 $l = 1$，则 $d = \lambda_2/2$，这样的介质层称为半波层。

2. $k_2 d\cos\theta_2 = (2l-1)\pi/2, \quad l = 1,2,\cdots$

当以上条件满足时，$d = \lambda_2(2l-1)/(4\cos\theta_2)$，若声波为垂直入射，又取 $l=1$，则 $d = \lambda_2/4$，称这样的介质层为 1/4 波层。对于这种特殊情况，有

$$Z_{\mathrm{ru}}^{(2)} = (Z_2)^2/Z_1, \quad V = \frac{Z_2^2 - Z_1 Z_3}{Z_2^2 + Z_1 Z_3}$$

又由于 $Z_2^2 = Z_1 Z_3$，则

$$V = 0$$

表示波层没有反射，声波全部透入介质 1 中。

半波层和 1/4 波层是两种特殊的介质层，因具有以上特性，在工程上有一定的应用价值。

2.4.3　介质层系上的声反射

如图 2-19 所示，存在介质层系，其中介质 1 和 $n+1$ 为半无限均匀介质，介质 n 至介质 2 为介质层，厚度为 $d_m(m=2,3,\cdots,n)$。又设介质层的阻抗为 $Z_m = \rho_m c_m/\cos\theta_m (m=1,2,\cdots,n+1)$，这里 c_m、ρ_m、θ_m 是介质层 m 的声速、密度和入射角。平面波以入射角 θ_{n+1} 入射到介质 $n+1$ 和 n 的分界面上，现考察介质层系的反射系数。

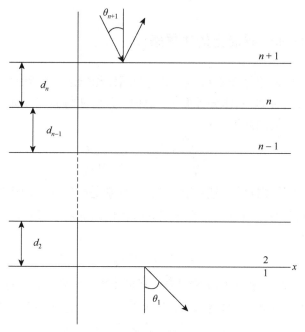

图 2-19　声波在介质层系上的反射

对于上述问题，应用界面输入阻抗的递推性质，可方便地求得结果。已知 $Z_{\mathrm{ru}}^{(1)} = Z_1$，由它可推得

$$Z_{\mathrm{ru}}^{(2)} = Z_2 \frac{Z_{\mathrm{ru}}^{(1)} - \mathrm{j}Z_2 \tan(k_2 d_2 \cos\theta_2)}{Z_2 - \mathrm{j}Z_{\mathrm{ru}}^{(1)} \tan(k_2 d_2 \cos\theta_2)}$$

以此类推，最终得

$$Z_{\mathrm{ru}}^{(n)} = Z_n \frac{Z_{\mathrm{ru}}^{(n-1)} - \mathrm{j}Z_n \tan(k_n d_n \cos\theta_n)}{Z_n - \mathrm{j}Z_{\mathrm{ru}}^{(n-1)} \tan(k_n d_n \cos\theta_n)}$$

于是，得到介质层系的反射系数为

$$V = \frac{Z_{\mathrm{ru}}^{(n)} - Z_{n+1}}{Z_{\mathrm{ru}}^{(n)} + Z_{n+1}} \tag{2-49}$$

单层或介质层系上的反射系数是随频率和入射角进行振荡的，这是由波在界面上多次反射、折射，其叠加干涉造成的结果。

2.5　声波在流体-固体分界面上的反射

式（2-48a）所示为平面波在两半无限均匀流体介质分界面上的声反射系数，在大多数情况下，能较好反映实际海底的声反射特性。但是，在有些情况下，海底的声反射特性更接近于固体，声波在海底的反射如同在流体-固体分界面上的反射，本节将讨论声波在流体-固体分界面上的反射特性。

2.5.1　流体–固体分界面上的边界条件

设有半无限均匀流体介质和半无限均匀固体相毗连，分界面为 xOy 平面，声波从流体中投射到流体-固体分界面上，这时，入射波将会在固体中激发产生纵波和横波两种波，它们的波速分别为

$$c_1 = \sqrt{\frac{\lambda_1 + 2\mu_1}{\rho_1}}, \quad b_1 = \sqrt{\frac{\mu_1}{\rho_1}} \tag{2-50}$$

式中，c_1、b_1 是纵波和横波波速；ρ_1、λ_1、μ_1 分别是固体介质的密度和拉梅常量。因固体中存在两种波，所以每一个质点同时在做纵振动和横振动，其振速是两者的合成，表示为

$$\boldsymbol{u}_1 = \nabla \varphi_1 + \nabla \times \boldsymbol{\psi}_1 \tag{2-51}$$

式中，$\boldsymbol{u}_1$ 是质点振速；φ_1 是标量势函数，它描述纵波特性；$\boldsymbol{\psi}_1 = \boldsymbol{i}\psi_x + \boldsymbol{j}\psi_y + \boldsymbol{k}\psi_z$ 是矢量势函数，用它描述横波特性，$\boldsymbol{i}$、$\boldsymbol{j}$、$\boldsymbol{k}$ 是 x、y、z 方向的单位矢量。设入射为平面波，因此本例成为平面问题，质点仅能在 xOz 平面内振动，振速的 y 分量应为零，则由式（2-51）得 $\psi_x = \psi_z = 0$，于是有

$$u_{1x} = \frac{\partial \varphi_1}{\partial x} - \frac{\partial \psi_y}{\partial z}, \quad u_{1y} = 0, \quad u_{1z} = \frac{\partial \varphi_1}{\partial z} + \frac{\partial \psi_y}{\partial x} \tag{2-52}$$

当声波穿过流体-固体分界面时，界面上质点振速的法向分量应连续；另外，因流体中不可能存在切变应力，故应力张量的切向分量 $Z_x = 0$，但应力张量的法向分量 Z_z 是连续的。根据弹性力学有关知识，结合式（2-51），上述边界条件表示如下。

振速法向分量应连续：

$$\frac{\partial \varphi}{\partial z} = \frac{\partial \varphi_1}{\partial z} + \frac{\partial \psi_y}{\partial x} \tag{2-53}$$

应力张量 Z_z 连续：

$$\lambda \Delta \varphi = \lambda_1 \Delta \varphi_1 + 2\mu_1 \left(\frac{\partial^2 \varphi_1}{\partial z^2} + \frac{\partial^2 \psi_y}{\partial x \partial z} \right) \tag{2-54}$$

式中，λ 是流体中的拉梅常量，符号 $\Delta = \dfrac{\partial^2}{\partial x^2} + \dfrac{\partial^2}{\partial y^2} + \dfrac{\partial^2}{\partial z^2}$。

应力张量 $Z_x = 0$：

$$2\frac{\partial^2 \varphi_1}{\partial x \partial z} + \frac{\partial^2 \psi_y}{\partial x^2} - \frac{\partial^2 \psi_y}{\partial z^2} = 0 \tag{2-55}$$

2.5.2　平面波在流体–固体分界面上的反射

如图 2-20 所示，平面波以入射角 θ 投射至流体-固体分界面上，求界面上的反射系数。

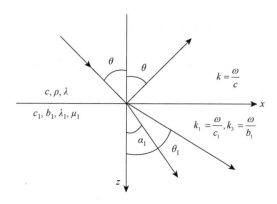

图 2-20　平面波在流体-固体分界面上的反射

设入射平面波的势函数为

$$\varphi_{\mathrm{in}} = P_0 \mathrm{e}^{jk(x\sin\theta + z\cos\theta)}$$

式中，$k = \dfrac{\omega}{c}$ 是流体中的波数，c 是流体中的声速，ω 是声波的频率；P_0 是入射波幅值，为方便计，以下令 $P_0 = 1$。如界面反射系数为 V，则流体中的声场势函数 φ 为

$$\varphi = \mathrm{e}^{jk(x\sin\theta + z\cos\theta)} + V\mathrm{e}^{jk(x\sin\theta - z\cos\theta)} \tag{2-56}$$

在入射波激发下，固体中存在纵波和横波两种波，其势函数可写为

$$\varphi_1 = W\mathrm{e}^{jk_1(x\sin\theta_1 + z\cos\theta_1)} \tag{2-57}$$

$$\psi_y = P\mathrm{e}^{jk_s(x\sin\alpha_1 + z\cos\alpha_1)} \tag{2-58}$$

式中，k_1、θ_1 和 k_s、α_1 分别是纵波和横波的波数和折射角。上述方程中，引入了待定常数 V、W、P，它们分别是分界面上的反射系数、纵波透射系数和横波透射系数，可由边界条件得到。

由式（2-53）、式（2-56）～式（2-58），并令 $z = 0$，可得

$$\mathrm{e}^{jkx\sin\theta}k\cos\theta(V-1) = \mathrm{e}^{-jk_1x\sin\theta_1}k_1\cos\theta_1 W + \mathrm{e}^{jk_sx\sin\alpha_1}k_s\cos\alpha_1 P \tag{2-59}$$

式（2-59）对任何 x 值都应成立，因此必有

$$k\sin\theta = k_1\sin\theta_1 = k_s\sin\alpha_1 \tag{2-60}$$

这就是著名的折射定律，它规定了折射波的传播方向。考虑式（2-60）后，式（2-59）简化为

$$k \cos\theta (V-1) = -k_1 \cos\theta_1 W + k_s \cos\alpha_1 P \tag{2-61}$$

利用边界条件式（2-54）、式（2-55），结合式（2-56）～式（2-58），并令 $z = 0$，$m = \dfrac{\rho_1}{\rho}$，经简单运算后得到

$$W k_1^2 \sin 2\theta_1 + P k_s^2 \cos 2\alpha_1 = 0 \tag{2-62}$$

$$\frac{1}{m}(V+1) = \left(1 - 2\frac{k_1^2}{k_s^2}\sin\theta_1\right)W + P\sin 2\alpha_1 \tag{2-63}$$

联立求解式（2-61）～式（2-63），得到方程组的解为

$$V = \frac{Z_0 - Z}{Z_0 + Z} \tag{2-64}$$

$$mW = 2\frac{Z_1 \cos 2\alpha_1}{Z_0 + Z} \tag{2-65}$$

$$-mP = 2\frac{Z_s \sin 2\alpha_1}{Z_0 + Z} \tag{2-66}$$

式中，$Z = \dfrac{\rho c}{\cos\theta}$；$Z_1 = \dfrac{\rho_1 c_1}{\cos\theta_1}$；$Z_s = \dfrac{\rho_1 b_1}{\cos\alpha_1}$；$Z_0 = Z_1 \cos^2 2\alpha_1 + Z_s \sin^2 2\alpha_1$。

2.5.3　关于流体–固体分界面上反射系数的讨论

下面讨论几种特殊情况下的反射系数。

1. 声波垂直入射

当声波垂直入射至界面上时，$\theta = \theta_1 = \alpha_1 = 0$，于是有

$$Z_0 = Z_1, \quad V = \frac{Z_1 - Z}{Z_1 + Z}, \quad mW = \frac{2Z_1}{Z + Z_1}, \quad P = 0 \tag{2-67}$$

式（2-67）表明，垂直入射时，固体中只存在纵波，横波未被激发。

2. 入射角满足 $\sin\theta = c/(\sqrt{2}b_1)$

由折射定律可知，$\sin\alpha_1 = \sqrt{2}/2$，于是由式（2-65）、式（2-66）给出

$$Z_0 = Z_s, \quad W = 0, \quad -mP = \frac{2Z_s}{Z_s + Z} \tag{2-68}$$

这时，固体中仅有横波，不存在纵波。

3. $c>c_1$，$c>b_1$

当该条件成立时，由折射定律可知，θ_1、α_1、Z_0、W、P 等量均为实数，表明固体中既有纵波，也有横波，入射波在固体中激发了纵、横两种波。

4. $c_1>c$，$c>b_1$

这是一种常见情况，此时的反射与入射角有密切关系。下面分情况来讨论反射系数。

1）$\sin\theta<c/c_1$

由折射定律可知，此时 θ_1、α_1、Z_0、W、P 等量均为实数，表明固体中既有纵波，也有横波，入射波在固体中激发了纵、横两种波。

2）$\sin\theta\geqslant c/c_1$

先考察横波，由折射定律得 $\sin\alpha_1=b_1\sin\theta/c$，可见，无论入射角 θ 取何值，折射角 α_1 总是实数，Z_0 和 P 也为实数，表示固体存在正常情况下的横波。

再考察纵波，由 $\sin\theta_1=c_1\sin\theta/c$ 可知，当 $\sin\theta\geqslant c/c_1$ 时，$\sin\theta_1\geqslant1$，表明纵波会发生全反射。事实上，当 $\sin\theta=c/c_1$ 时，$\sin\theta_1=1$，$\theta_1=\pi/2$，以及 $Z_1=\rho_1c_1\div\cos\theta_1\to\infty$，$Z_0\to\infty$，致使反射系数 $V=1$，这就是全反射。当入射角 θ 进一步增大时，$\sin\theta_1>1$，θ_1 变成复数，这时，固体中的纵波是非均匀波，它沿界面传播，幅度随离界面的距离而指数衰减。

3）全反射时的反射系数

考察式（2-57），当 $z\to\infty$ 时，应有 $\varphi_1=We^{jk_1(x\sin\theta_1+z\cos\theta_1)}\to0$，此时必有 $\cos\theta_1=j|\cos\theta_1|$，则 $e^{jk_1z\cos\theta_1}=e^{-k_1z|\cos\theta_1|}$，于是得

$$Z_1=-j|Z_1|,\quad Z_0=Z_s\sin^2 2\alpha_1-j|Z_1|\cos^2 2\alpha_1$$

这就表示 Z_0 是一个复数，其实部由横波产生，虚部由纵波产生。将 Z_0 代入式（2-64），得到反射系数模的平方为

$$|V|^2=\frac{(Z_s\sin^2 2\alpha_1-Z)^2+|Z_1|^2\cos^4 2\alpha_1}{(Z_s\sin^2 2\alpha_1+Z)^2+|Z_1|^2\cos^4 2\alpha_1} \tag{2-69}$$

明显地，$|V|<1$，原因是横波带走了一部分能量。

5. $c_1>c$ 和 $b_1>c$

这种情况很少见，这里不作详细讨论。可以预见，若 $\sin\theta<c/c_1$，此时固体中存在正常的纵波和横波；若 $c/b_1>\sin\theta>c/c_1$，则固体中存在正常的横波，纵波则是非均匀波；若 $\sin\theta>c/b_1>c/c_1$，这种情况下，固体中的横波和纵波均是非均匀波。

2.6　海面及其声学特性

说到海面，人们必然联想到波浪。海面波浪既呈现周期性（或准周期性），又呈现随机起伏性。因而，人们一方面用周期、波长、波速和波高等参数来描述波浪的特征，另一方面，又使用在通信理论中发展起来的随机过程理论，如波浪的概率密度分布、方差、谱和相关函数等来描述波浪的特征。详细讨论海面波浪的特征，超出本书大纲，本节仅就波浪的基本特征作概要介绍。

2.6.1　波浪的基本特征

1. 重力波

重力波，就是以重力作为恢复力的波动，波浪就属于重力波。理论上常把波浪作为周期性的波动过程来处理，引入波长、波高、周期和波速四个要素，用来描述波浪的特性。习惯上把水面最高凸出处（相对于水平面）称为波峰，最深凹处称为波谷，相邻波峰（或波谷）之间的距离称为波长 Λ，谷到峰之间的垂直距离称为波高，波传播经过一个波长距离所需要的时间称为周期 T，每秒波峰（或波谷）所移动的距离称为波速 c。因而可得波长 Λ 与周期 T、波速 c 之间的关系：

$$\Lambda = cT \tag{2-70}$$

若用波浪的波数 k 和圆频率 ω 表示，则有 $k = 2\pi / \Lambda = \omega / c, \omega = 2\pi / T$。

考虑均匀水深 h 的海洋，若忽略黏滞性的影响，波以重力作为恢复力，则可求出波速 c [15]：

$$c^2 = \frac{g}{k}\tanh(kh) \tag{2-71}$$

式（2-71）给出了波速 c、波数 k 和水深 h 三者间的关系。

2. 表面张力波

小风速时，海水表面会形成面曲率半径只有几厘米的涟波，它的恢复力不再是重力，主要是表面张力，这种波又称为表面张力波。通常对于波长小于 5cm 的波浪，必须计入表面张力 T_f。这时式（2-71）需修正为[10]

$$c^2 = \left(\frac{g}{k} + \frac{T_f k}{\rho} \right)\tanh(kh) \tag{2-72}$$

式中，g 和 ρ 分别是重力加速度和海水密度。由式（2-72）可以看出，与重力波

（式中 g/k）相反，若表面张力波的波长变长，则表面张力波波速（式中 $T_{\mathrm{f}}k/\rho$）就减小，如图 2-21[6]中的曲线 a 所示。

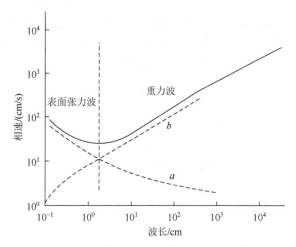

图 2-21　波浪波速（相速）与波长的关系

曲线 a 为只计算表面张力的情况；曲线 b 为只计入重力恢复力的情况

对于清洁水面，在 20℃时，波长为 1.7cm、频率为 13.5Hz 的表面波的相速等于 23cm/s。通常认为波长大于 10cm 的波，基本上已属于重力波，这时，波长越大，波速越大。因此，只有波长小时，才需计入表面张力波，那时， $\tanh(kh)\approx 1$ ，于是波速的平方简化成

$$c^2 = \frac{g}{k} + \frac{T_{\mathrm{f}}k}{\rho} \tag{2-73}$$

以上讲的波速，都是指单一频率的波的传播速度，称为相速。由式（2-72）可以看出，波的传播速度与频率（或波长）有关，具有这种性质的波，称为频散波，波浪就是一种频散波。明显地，波浪不可能仅由单一频率的波组成，这时，波群（包络）的传播速度称为群速，它是能量的传播速度，由 $U = \mathrm{d}\omega/\mathrm{d}k$ 确定。

3. 波浪的形成和等级

在风的作用下，海面会生成波浪，但是有关波浪成长的机理目前仍是海洋科学的研究课题。观察表明，风刮的时间长，波浪的高度就高。例如，12kn 风速的风刮两个小时后，波浪就开始破碎。对于给定的风速值，当风持续了相当长时间和吹过较大的风区时，风给波浪的能量等于波浪破碎时损失的能量，两者达到动态平衡状态，这时的风浪就称为充分成长的风浪。强风形成充分成长风浪所需要的时间比弱风长。风区也是强风比弱风大。如果风区不够大，就可能在波浪刚要

成为充分成长的风浪之前，就传播到波浪的生成区以外去了。对于充分成长的风浪，波高、海况都与风速有关。

文献[6]研究了波高与风速间的关系，列出了三种类型的波高：平均波高、有效波高和平均1/10最大波高。波峰到波谷垂直距离的平均值为平均波高$\langle H \rangle$，记录中1/3最大波高的平均值为有效波高$H_{1/3}$，记录中1/10最大波高的平均值为平均1/10最大波高$H_{1/10}$，它们之间满足关系[10]：

$$\frac{1}{\sqrt{2\pi}}\langle H \rangle = 0.25 H_{1/3} = 0.20 H_{1/10} \tag{2-74a}$$

文献[10]还给出了平均波高与风速之间的关系：

$$\langle H \rangle = 0.18 \times 10^{-2} s^{2.5} \tag{2-74b}$$

式中，风速s的单位是m/s；平均波高$\langle H \rangle$的单位是m。

2.6.2 波浪的统计特征

以上把波浪看成无限连续的正弦波，这与实际情况并不完全吻合。事实上，波浪形式多种多样，随时间的变化也很复杂。人们曾经假设，把海面的复杂波形认为是不同频率、不同振幅、不同相位的许多正弦波集合，并在此前提下分析波浪特性。实验上，在大体相同的波浪条件下，对所得到的各组波浪记录作分析，结果表明，波浪组成并非如此简单，而且表现出明显的随机性。所以，对个别波浪记录进行描述是没有意义的，应该把波浪看作随机过程，在此基础上研究波浪的统计性质。

1. 波浪的概率密度分布

令$\zeta(t)$为海面偏离平衡位置的位移，它是时间的随机函数。若把水面偏离分成很多具有随机相位的独立波分量之和，则根据中心极限定理，ζ的概率分布为高斯型，即

$$P(\zeta) = (2\pi\langle\zeta^2\rangle)^{-1/2} \exp\left(-\frac{\zeta^2}{2\langle\zeta^2\rangle}\right) \tag{2-75}$$

式中，$\langle\zeta^2\rangle$为ζ的均方值。大量测量结果表明，实际海面波高的概率密度分布与高斯分布稍有差别，它可以用正偏态的Gram-Charlier分布表示。但是，因实际海面波高的概率密度偏离高斯分布较小，为方便计，水声学中经常把波高的概率密度分布看成高斯分布。

2. 充分成长的海浪谱

波浪是一个复杂的物理过程，它的形成与气象条件、地理条件、风浪与涌浪

的重叠以及风速分布随时间和空间的变化都有关系，因而，波浪的波谱可以是多种多样的。如果考虑开阔海域上持续很长时间的均匀风，则可以预见，充分成长后形成的波浪的波谱，必与均匀风速有关。根据大量的观测资料，Pierson 和 Moskowitz[16]于 1964 年提出了充分成长的波浪的波谱表达式，表示为

$$\frac{S(\omega)g^3}{s^5}=8.1\times10^{-3}\left(\frac{s\omega}{g}\right)^{-5}\exp\left[-0.74\left(\frac{s\omega}{g}\right)^{-4}\right] \tag{2-76}$$

这是一个归一化谱表达式，式中，s 是风速（m/s）；g 是重力加速度（9.81m/s^2）；ω 是波的角频率；$S(\omega)$ 是波的归一化谱。式（2-76）仅有风速一个变量，未考虑其他因素，这与实际情况不完全符合，因此它只反映了波浪谱的部分特性，仅是波浪谱的近似表达式。

　　水声学中，考虑到实际的海面波高是一个随机量，因此可用它的功率谱、相关函数来描述其特性。图 2-22[6]（a）中绘出了波高随时间的变化，可以看出，它是一个准平稳随机过程。图 2-22（b）是与之相对应的归一化谱，可以看出，能量集中在很低的频率上。

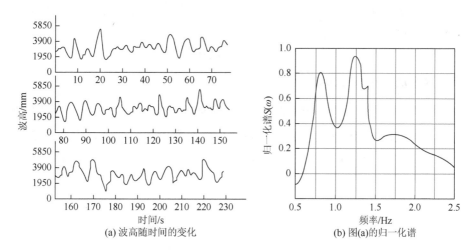

(a) 波高随时间的变化　　　　　　　(b) 图(a)的归一化谱

图 2-22　波高的时间波形和频谱

2.6.3　海面表面层内的空气泡

　　风浪海面下经常存在一层空气泡，气泡层的深度、浓度取决于波浪要素、空化强度和空气在水中的溶解饱和程度。在一定频率范围内，气泡是声波的有效吸收体和有效散射体，它们的存在，对海面附近的声传播和海洋环境噪声有重要影响。为了阐明气泡在这些过程中的作用，必须了解气泡的浓度、大小分

布与海水深度和气象条件间的关系。Blanchard 和 Woodcock[17]给出了气泡大小分布的一些研究成果，当水面风速由 11m/s 增加到 23m/s 时，半径为 1.25×10^{-2}cm 的气泡浓度由 100 个/m³ 增加到 280 个/m³，半径 1.75×10^{-2}cm 的气泡浓度则由 20 个/m³ 增为 88 个/m³。测量结果表明，在海面表层内，半径 $r = (1 \sim 1.8) \times 10^{-2}$ cm 的气泡最具代表性，因为气泡半径分布曲线的最大值通常处于该范围内，其原因是半径大的气泡容易上浮而破裂，半径小的气泡则较易溶解而消失，中等大小气泡存在时间最长，相应地其浓度也最大。

2.6.4　海面的平整度

因受波浪的作用，海面总是处于波动中。海面的不平，直接影响海面声反射系数的大小和相位。这种影响取决于海面的平整程度。水声学中，用瑞利参数 R 描述海面的平整程度。如图 2-23 所示，平面波入射至不平整海面上，考察波谷和波峰反射声线的相位差，明显地，它等于

$$\Delta \varphi = k(BC + CD) \tag{2-77}$$

式中，$CD = h / \cos\theta$；$BC = CD / \cos(2\theta)$；k 是波数。这里，h 是波高；θ 是声波入射角。将它们代入式（2-77）得

$$\Delta \varphi = 2kh\cos\theta \tag{2-78}$$

瑞利参数 R 定义为 $\Delta \varphi$ 的标准差：

$$R = \langle (\Delta \varphi)^2 \rangle^{1/2} = 2k\sigma\cos\theta \tag{2-79}$$

式中，σ 是波高 h 的标准差，它可以用来度量海面的平整程度。若 $R < \pi/2$，就认为海面是平整的；若 $R > \pi/2$，就认为海面是不平整的。事实上，若瑞利参数

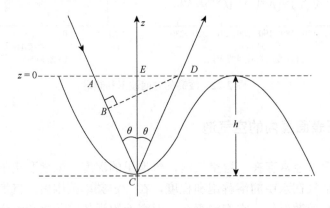

图 2-23　不平整海面声反射

较小，声波在这种不平海面上的反射，和平整海面上的反射基本一样，反射系数近似等于 -1；若瑞利参数较大，声线间相位差也大，相消叠加使镜反射方向上的反射变弱。

2.6.5　海面对声传播影响简介

海面作为有效的声波反射和散射体，它产生的反射和散射声波，对声波的传播和声呐的工作会造成重要影响，这里仅作简略介绍，本书的后续章节将对它们作详细讨论。

1. 海面反射声对声传播的影响

海面作为有效的声波反射体，它产生的反射声和直达声在接收点处干涉叠加（图 2-24），使接收信号的幅度和波形发生畸变，这对信号检测十分不利。

同样是海面的反射作用，在有些情况下，它对声传播又是十分有利的。图 2-25（a）所示为表面声道中的声速随深度的变化，图 2-25（b）为表面声道中的声传播。可以看出，借助于海面反射和深度 z 处的翻转，不断重复以上过程，声波可实现远距离传播。

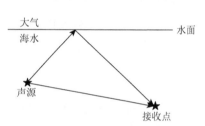

图 2-24　反射声和直达声在接收点处干涉叠加

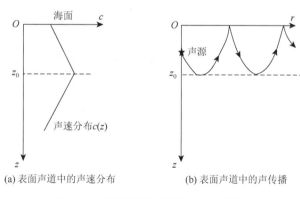

(a) 表面声道中的声速分布　　　(b) 表面声道中的声传播

图 2-25　表面声道的声速分布与声传播

又如图 2-26 所示的浅海声道中的声传播，海底和海面反射声的干涉叠加，在声道中形成简正波，这对声波的传播是有利的。

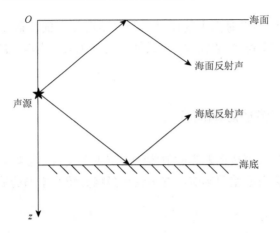

图 2-26　浅海声道中的声传播

2. 海面产生的风成噪声对声呐的工作是一种干扰

海面产生的风成噪声是海洋环境噪声的重要组成部分，它是一种背景干扰，对声呐的工作产生不利影响。

3. 海面产生的散射声形成海面混响

风浪海面总是起伏不平的，声波投射到其表面时，除产生反射声外，还会产生散射声，其中特定方向上的散射声会传播到接收处，形成海面混响，它对接收声信号是一种干扰，尤其当声源和接收都位于海面附近时，这种干扰影响更为严重。

另外，海面散射声还是造成声传播起伏的成因之一。

2.7　海洋内部的不均匀性

除去海表面、海底的不均匀性以及海水温度和盐度的垂直分层特性以外，海洋内部尚有许多其他的不均匀性，如湍流、内波、海流和深水散射层等，海水介质中的这种不均匀性，是造成海中声传播起伏的重要原因。

2.7.1　湍流

湍流——包括气体和液体在内的流体，在流经固体表面时，或是在同一流体内部出现的一种不规则运动。湍流是一种随机运动的旋转流。湍流引起海水中温度和盐度的细微结构变化，从而引起声速的微结构变化，如图 2-8 中所示的混合层中的声速起伏。研究表明，跃变层内的温度和盐度起伏更加明显。在深水层中，微结构起伏变化也是普遍存在的。

第 8 章中将讨论由湍流微结构变化所导致的声传播起伏。

2.7.2　内波

当两种密度不同的液体相叠加时，在其相叠加的界面上所产生的波动称为内波。因此，内波是指发生在海洋内部的波动。内波中，具有潮汐周期性质的内波称为内潮。低频内波的波长可达几十千米到几百千米，波高从几米到上百米。频率稍高的内波，其波高较小，波长也较短。图 2-27[10]绘出了短周期内波引起的等温线随深度变化。内波对于低频、远距离声信号传播起伏具有重大影响（见第 8 章）。

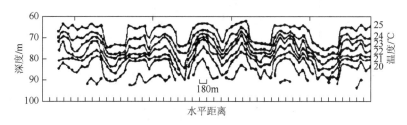

图 2-27　短周期内波引起的等温线随深度变化

2.7.3　海流

海流是海水从一个地方向另一个地方做连续流动的现象。海流基本上在水平方向上流动，流速不定，有快有慢。总的来说，海流的流速、流量、宽度和长度依不同的海流有不同的数值，如墨西哥湾流和黑潮是著名的大尺度海流。由于海流边缘将海洋分裂成物理性质差异很大的水团的锋区，声波传播经过海流边缘时，位置的微小偏移将会引起强烈的声波起伏。例如，声波传播经过墨西哥湾流时，声强级随距离的变化将是十分强烈的，爆炸声源位置的微小变化，就有可能造成 6～10dB 的声强级变化。

2.7.4　深水散射层

在海中某些确定的深度上，聚居着密集的生物群，这些密集的浮游生物和鱼类能在一定的频率范围内散射声波，深水散射层就是由这群聚居的生物群所组成的。深水散射层的深度在一昼夜内要移动两次：可能由于光照的原因，当黄昏来临时，它们上升到靠近水面的区域；在黎明时，它们又下移到深度为 300～400m 的地方。另外，深水散射层也随纬度和季节而变化。由于生物气囊的共振散射，深水散射层会产生较大的混响背景。生物群体在海洋中有不同的深度分布，深水散射层有时是多层次的。

深水散射层的一个明显特点是，层中的声散射强度远高于层外海水的声散射强度。深水散射层的另一个特点是，层中的声散射强度与频率有密切关系，图 2-28[18] 绘出了白天与黑夜深水散射层的声散射强度与频率的关系。

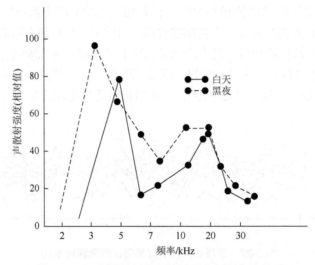

图 2-28　深水散射层的声散射强度与频率的关系

可以看出，在夜间，生物群上升，使谐振频率下降；到了白天，生物群下潜，谐振频率提高。

关于深水散射层的特性，6.2.3 节中有较详细的介绍。

习　题

1. 海水中的声速与哪些因素有关，它们是如何影响声速变化的？
2. 设海水盐度为 35‰，深度与温度关系如表 2-3 所示，求每层的相对声速梯度。

表 2-3　习题 2 的表

深度/m	温度/℃	深度/m	温度/℃
0	15	80	13.5
30	15	100	13
50	14	150	12.8

3. 试画出典型的海洋声速分布图，说明表面声道和深海声道的形成原因。
4. 说明声波在海中传播时声强衰减的原因，写出四种扩展损失表达式及适用条件。

5. 若水温为 5℃，盐度为 35‰，声波频率（kHz）为 1、3、5、10、20，求吸收系数。海水中，高频声波为什么没有低频声波传得远？

6. 如海水中声速为 1500m/s，密度为 1000kg/m^3；海底视为液体，声速为 1580m/s，密度为 1500kg/m^3。声波自海水中投射至海底，掠射角分别为 13° 和 25°，求反射系数。

7. 声波投射至两种介质分界面上，什么条件下产生全反射，这时的反射系数和透射波各有什么特点？

8. 如图 2-29 所示，介质 1、2、3 均为均匀流体，介质 1、3 为半无限，已知 $\rho_3 = 1.03 \times 10^3 \text{kg/m}^3$，$c_3 = 1500\text{m/s}$，$\rho_2 = 1.57 \times 10^3 \text{kg/m}^3$，$c_2 = 1660\text{m/s}$，$\rho_1 = 1.98 \times 10^3 \text{kg/m}^3$，$c_1 = 1780\text{m/s}$，$d = 5\text{m}$，入射角 $\theta_3 = 30°$，求层的反射系数。

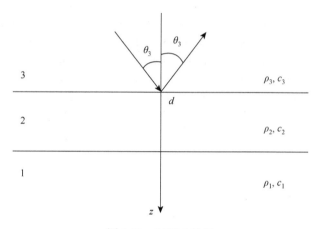

图 2-29　习题 8 的图

9. 求声波从空气中入射到空气–水分界面上和从水中入射到水–空气分界面上时的反射系数，设入射角 $\theta = 15°$。

10. 根据你的理解，写出海面对声传播和声呐设备工作的影响。

参 考 文 献

[1]　马大猷. 声学手册[M]. 北京：科学出版社，1983：473，478.

[2]　Kinsler L E，Frey A R. Fundamentals of Acoustics[M]. 3rd ed. New York：Wiley，1982：107.

[3]　Clay C S，Medwin H. Acoustical Oceanography Principles and Applications[M]. New York：Wiley，1977：5，8，12.

[4]　马特维柯，塔拉休克. 水声设备作用距离（中译本）[M]. 水声设备作用距离翻译组，译. 北京：国防工业出版社，1981：36.

[5]　Urick R J. Principles of Underwater Sound[M]. 3rd ed. Westport：Peninsula Publishing，1983.

[6]　汪德昭，尚尔昌. 水声学[M]. 北京：科学出版社，1981：31，48-50，52，176.

[7]   何祚镛，赵玉芳. 声学理论基础[M]. 北京：国防工业出版社，1981：372，378.

[8]   Schulkin M，Marsh H W. Sound absorption in sea water[J]. Journal of the Acoustical Society of America，1962，34：864-865.

[9]   Thorp W H. Analytic description of the low frequency attenuation coefficient[J]. Journal of the Acoustical Society of America，1967，42：270.

[10]   布列霍夫斯基. 海洋声学[M]. 山东海洋学院海洋物理系，中国科学院声学研究所水声研究室，译. 北京：科学出版社，1983：11，13，27，35，40，79，82，330，361，366.

[11]   Hamilton E L. Geophysic[J]. Journal of the Acoustical Society of America，1976，59：528.

[12]   Hamilton E L. Compressional-wave attenuation in marine sediments[J]. Geophysics，1972，37（4）：620.

[13]   Mackenzie K V. Reflection of sound from coastal bottoms[J]. Journal of the Acoustical Society of America，1960，32：221-231.

[14]   Marsh H W. Reflection and scattering of sound by the sea bottom[J]. Journal of the Acoustical Society of America，1964，36（10）：2003.

[15]   Knauss J A. Introduction to Physical Oceangraphy[M]. Gainesville：University Press of Florida，1978：196.

[16]   Pierson W J，Moskowitz L. A proposed spectral form for full-developed wind seas based on the similarity theory of Sergei A Kitaigorodsky[J]. Journal of Geophysical Research，1964，69（24）：5181-5190.

[17]   Blanchard D C，Woodcock A H. Bubble formation and modification in the sea and its meteorological significance[J]. Tellus，1957，9（2）：146-158.

[18]   布列霍夫斯基赫，雷桑诺夫. 海洋声学基础（中译本）[M]. 朱柏贤，金国亮，译. 北京：海洋出版社，1985：33.

第3章 海洋中的声传播理论

水声学中，通常使用两种方法来研究声信号在海水介质中的传播问题：第一种方法是波动理论，应用严格的数学方法，结合已知的定解条件，求解波动方程，研究声信号的振幅和相位在空间中的变化；第二种方法是射线理论，在高频情况下，把声波在海水介质中的传播，看成声线在介质中的传播，研究空间中声强的变化、声线的传播时间和传播距离。射线声学是一种近似处理方法，仅适用高频声波，但是，在许多情况下，能十分有效和直观地解决海洋中的声传播问题。本章将讨论海水介质中的波动方程和定解条件、波动理论求解海水中的声传播和射线方法基本理论。

3.1 波动方程和定解条件

3.1.1 非均匀介质中的波动方程

实际的海水介质，其声速和密度是随空间和时间变化的，是时间和空间位置的函数。考虑海水介质声速和密度的时空变化后，在忽略海水黏滞性和热传导的条件下，可以求得运动方程：

$$\frac{\mathrm{d}\boldsymbol{u}}{\mathrm{d}t} + \frac{1}{\rho}\nabla p = 0 \qquad (3\text{-}1)$$

式中，$\boldsymbol{u}$ 是质点振速；p、ρ 分别是声压和密度。在小振幅波动情况下，忽略 $\frac{\mathrm{d}\boldsymbol{u}}{\mathrm{d}t}$ 中的二阶小量 $(\nabla\cdot\boldsymbol{u})\,\boldsymbol{u}$ 后，运动方程（3-1）简化成小振幅下的形式：

$$\frac{\partial\boldsymbol{u}}{\partial t} + \frac{1}{\rho}\nabla p = 0 \qquad (3\text{-}2)$$

根据质量守恒定律，小振幅波满足的连续性方程为

$$\frac{\partial\rho}{\partial t} + \rho\nabla\cdot\boldsymbol{u} = 0 \qquad (3\text{-}3)$$

由于声振动过程近似为等熵过程，其状态方程为

$$\mathrm{d}p = c^2\mathrm{d}\rho \qquad (3\text{-}4)$$

$$c^2 = \left(\frac{\mathrm{d}p}{\mathrm{d}\rho}\right)_s = \left(\frac{\partial p}{\partial \rho}\right)_s \qquad (3\text{-}5)$$

或者写为

$$\frac{\partial p}{\partial t} = c^2 \frac{\partial \rho}{\partial t} \qquad (3\text{-}6)$$

当声速 c 和密度 ρ 不随时间改变时，联立式（3-2）、式（3-3）和式（3-6），消去振速 $\boldsymbol{u}$ 后，可得到

$$\nabla^2 p - \frac{1}{c^2}\frac{\partial^2 p}{\partial t^2} - \frac{1}{\rho}\nabla p \cdot \nabla \rho = 0 \qquad (3\text{-}7)$$

式（3-7）是密度 ρ 为空间位置函数情况下的波动方程。为了简化式（3-7），可引入新函数 $\psi = \dfrac{p}{\sqrt{\rho}}$，式（3-7）由此变为

$$\nabla^2 \psi - \frac{1}{c^2}\frac{\partial^2 \psi}{\partial t^2} + \left[\frac{\nabla^2 \rho}{2\rho} - \frac{3(\nabla \rho)^2}{4\rho^2}\right]\psi = 0 \qquad (3\text{-}8)$$

对于简谐波，$\dfrac{\partial^2}{\partial t^2} = -\omega^2$，式（3-8）可写为

$$\nabla^2 \psi + K^2(x,y,z)\psi = 0 \qquad (3\text{-}9)$$

式中

$$K^2(x,y,z) = k^2 + \frac{\nabla^2 \rho}{2\rho} - \frac{3(\nabla \rho)^2}{4\rho^2} \qquad (3\text{-}10)$$

式（3-9）是不均匀介质中的波动方程。式（3-10）中的 $K(x,y,z)$ 和 $k = \dfrac{\omega}{c}$，都是空间位置的函数，它们与 c 和 ρ 的空间不均匀性有关。在海水中，密度空间变化很小，与声速空间变化相比较，可以把 ρ 近似当作常数，则 $K(x,y,z) = k = \omega/c(x,y,z)$，于是有

$$\nabla^2 \psi + k^2(x,y,z)\psi = 0 \qquad (3\text{-}11)$$

由于 $p = \sqrt{\rho}\psi$，ρ 是常数，所以，声压 p 也应满足

$$\nabla^2 p + k^2(x,y,z)p = 0 \qquad (3\text{-}12)$$

如果介质中另有外力作用，如有源存在，则运动方程（3-2）要加上外力项，变成

$$\frac{\partial \boldsymbol{u}}{\partial t} + \frac{1}{\rho}\nabla p = \frac{\boldsymbol{F}}{\rho} \qquad (3\text{-}13)$$

式中，$\boldsymbol{F}$ 为作用于介质单位体元上的外力。经类似的推导可得

$$\nabla^2 \psi + K^2(x,y,z)\psi = \frac{\nabla \cdot \boldsymbol{F}}{\sqrt{\rho}} \qquad (3\text{-}14)$$

在密度 ρ 等于常数时，应用表达式 $\psi = p / \sqrt{\rho}$ ，式（3-14）成为

$$\nabla^2 p + k^2(x, y, z) p = \nabla \cdot \boldsymbol{F} \qquad (3\text{-}15)$$

式（3-15）为存在声源时，声场满足的非齐次亥姆霍兹方程。由数学物理方法可知，非齐次亥姆霍兹方程可以转化为齐次方程后求解，所以基本的问题是求解齐次方程（3-12）。

由于齐次亥姆霍兹方程（3-9）或式（3-12）的系数 K 或 k 是空间位置的函数，因此它们是变系数的偏微分方程。偏微分方程描述了声波在传播过程中，相邻时间、相邻位置有关物理量（如声压）之间的关系，给出了物理量随时间和位置变化应满足的普遍规律。在数理方程中，把这种偏微分方程称为泛定方程。

3.1.2 定解条件

波动方程给出声波传播遵循的普遍规律，它必须结合物理问题所满足的具体条件，才能给出该物理问题的解答。这种物理问题所满足的具体条件，称为定解条件。水声学中，定解条件包含边界条件、辐射条件、奇性条件、点源条件和初始条件。

1. 边界条件

边界条件指所讨论的物理量在介质的边界上必须满足的条件。水声学中常见的边界条件有下面几种。

1）绝对软边界

绝对软边界也称自由边界，这时边界上的声压等于零，如果边界是 $z = 0$ 的平面，则绝对软边界的边界条件写为

$$p(x, y, 0, t) = 0 \qquad (3\text{-}16)$$

其物理意义是：界面上的任何点上，无论时间 t 取何值，声压 p 总为零。

一般情况下，边界面方程为 $z = \eta(x, y, t)$ 。如该界面为自由表面，则其边界条件可写为

$$p(x, y, \eta, t) = 0 \qquad (3\text{-}17)$$

当声波自水中入射到海水–空气分界面上时，其边界条件就可用式（3-17）表示，这时的海水–空气分界面近似为自由界面。

通常，称式（3-16）和式（3-17）为绝对软边界的边界条件，因它们的右端等于零，习惯上又称其为第一类齐次边界条件。在实际工作中，方程右端一般不为零，而是边界面上声压必须满足一定的分布 p_s ，则边界条件应写成

$$p(x, y, \eta, t) = p_s \qquad (3\text{-}18)$$

式（3-18）称为第一类非齐次边界条件。

2）绝对硬边界

对于绝对硬边界，声波不能进入该介质中，此时边界上介质质点的法向振速应为零。如果边界是 $z=0$ 的平面，z 轴为边界的法线方向，则边界条件写为

$$\left(\frac{\partial p}{\partial z}\right)_{z=0}=0 \tag{3-19}$$

若界面方程为 $z=\eta(x,y)$，如不平整的硬质海底，就属于这种类型，这时，质点法向振速等于零的硬边界条件写成

$$(\boldsymbol{n}\cdot\boldsymbol{u})_{\eta}=0$$

式中，$\boldsymbol{u}$ 为质点振速；$\boldsymbol{n}$ 为界面的法向单位矢量，$\boldsymbol{n}=\frac{\partial \eta}{\partial x}\boldsymbol{i}+\frac{\partial \eta}{\partial y}\boldsymbol{j}+\frac{\partial \eta}{\partial z}\boldsymbol{k}$，其中 $\boldsymbol{i}$、$\boldsymbol{j}$、$\boldsymbol{k}$ 是三个坐标轴方向的单位矢量。质点振速 $\boldsymbol{u}=u_x\boldsymbol{i}+u_y\boldsymbol{j}+u_z\boldsymbol{k}$，于是上述边界条件写成

$$\frac{\partial \eta}{\partial x}u_x+\frac{\partial \eta}{\partial y}u_y+u_z=0 \tag{3-20}$$

式（3-20）称为第二类齐次边界条件。

如果已知边界面上法向振速分布 u_s，则边界条件为

$$\frac{\partial \eta}{\partial x}u_x+\frac{\partial \eta}{\partial y}u_y+u_z=u_s \tag{3-21}$$

式（3-21）称为第二类非齐次边界条件。

3）混合边界

声压和振速在界面上的线性组合称为混合边界条件，其数学表达式为

$$\left(a\frac{\partial p}{\partial n}+bp\right)\bigg|_s=f(s) \tag{3-22}$$

式中，系数 a 和 b 均是常数；s 表示边界。式（3-22）称为第三类边界条件。当 $f(s)=0$ 时，称其为阻抗边界条件。阻抗边界条件也可写成

$$Z=-\frac{p}{u_n} \tag{3-23}$$

即声压 p 和振速法向分量 u_n 之比等于表面阻抗 Z。考虑到当表面 s 附近的声压为正时，介质变密，表面 s 应该向内部弯曲，因而，振速法向分量 u_n 取负值。为了使得阻抗 Z 取正值，应在式（3-23）中引入负号。类似地，当表面 s 附近的声压为负时，u_n 取正值，因而也需引入负号，才能保证 Z 为正值。

4）边界上发生密度 ρ 或声速 c 的有限间断

如把海底看作与海水不同的另一种液态介质，在海底界面上就会出现 ρ 和 c

的有限间断。在该界面的两边都有声场存在时，边界上应满足压力连续和质点法向振速连续的条件，即

$$\begin{cases} p_{z=0^-} = p_{z=0^+} \\ \left(\dfrac{1}{\rho}\dfrac{\partial p}{\partial n}\right)_{z=0^-} = \left(\dfrac{1}{\rho}\dfrac{\partial p}{\partial n}\right)_{z=0^+} \end{cases} \tag{3-24}$$

式（3-24）的第一式表明边界上声压连续，当边界上声压不连续时，将会出现压力突变、质量加速度趋向无穷的不合理现象；第二式表明界面上法向速度连续，若界面上法向速度不连续，将会出现边界上介质"真空"或介质"聚积"的不合理现象。

式（3-24）所示的边界条件，可以指实际存在这种边界的情况，也可以指不真实存在的边界，只是一种连续介质中 ρ 或 c 发生跃变的"界面"。

边界条件式（3-16）～式（3-24）限定了波动方程的解在边界面上的取值，但是，仅仅根据边界条件对波动方程解的限制，不足以完全确定波动方程的解，还需要利用其他的定解条件，才能得到确定的波动方程解。

2. 辐射条件

波动方程的解在无穷远处所必须满足的定解条件称为辐射条件。如果在无穷远处没有规定定解条件，波动方程的解将不是唯一的，因此，辐射条件是求解波动方程所必需的。众所周知，当无穷远处没有声源存在时，声场在无穷远处应该具有扩散波的性质，声场应趋于零，声场的这一性质，给出了无穷远处的定解条件——辐射条件。

1）平面波情况

已知平面波的达朗贝尔解可以写成

$$\psi_+ = f\left(t - \frac{x}{c}\right), \quad \psi_- = f\left(t + \frac{x}{c}\right) \tag{3-25}$$

式中，ψ_+ 为沿 x 轴正向传播的波，称为正向波；ψ_- 为沿 x 轴负向传播的波，称为反向波，它们分别满足

$$\frac{\partial \psi_+}{\partial x} + \frac{1}{c}\frac{\partial \psi_+}{\partial t} = 0, \quad \frac{\partial \psi_-}{\partial x} - \frac{1}{c}\frac{\partial \psi_-}{\partial t} = 0 \tag{3-26}$$

如果无穷远处只有正向波，则式（3-26）的第一式即它的辐射条件，即对正向波而言，波动方程的解必须满足式（3-26）的第一式。反之，如果无穷远处存在声源，这时就有反向波，式（3-26）的第二式成为解的辐射条件。对于简谐振动，$\partial / \partial t = \mathrm{j}\omega$，式（3-26）写为

$$\frac{\partial \psi_+}{\partial x} + \mathrm{j}k\psi_+ = 0, \quad \frac{\partial \psi_-}{\partial x} - \mathrm{j}k\psi_- = 0 \tag{3-27}$$

式（3-27）为简谐平面波的辐射条件。

2）（圆）柱面波和球面波情况

同样可以证明，（圆）柱面波和球面波的辐射条件分别如下。

（圆）柱面波：

$$\lim_{r\to\infty}\sqrt{r}\left(\frac{\partial\phi}{\partial r}\pm jk\phi\right)=0 \tag{3-28}$$

球面波：

$$\lim_{r\to\infty}r\left(\frac{\partial\phi}{\partial r}\pm jk\phi\right)=0 \tag{3-29}$$

辐射条件式（3-28）和式（3-29）中的"±"表示正反向传播的波，它们和式（3-27）一起称为索末菲（Sommerfeld）条件。

下面以均匀球面波为例，证明辐射条件的正确性。设已知均匀球面波的一般解为$\phi=\frac{A}{r}e^{j(\omega t-kr)}+\frac{B}{r}e^{j(\omega t+kr)}$，其中，$A$和$B$是常数，且有$A+B=\frac{1}{4\pi}$。当只讨论发散波时，令$B=0$，则$A=\frac{1}{4\pi}$。若把发散波解$\phi=\frac{A}{r}e^{j(\omega t-kr)}$代入球面波的辐射条件式（3-29）中，括号中取正号，则有$r\left(\frac{\partial\phi}{\partial r}+jk\phi\right)=r\left(-\frac{\phi}{r^2}-jk\phi+jk\phi\right)$，当$r\to\infty$时便可以得到$\lim_{r\to\infty}r\left(\frac{\partial\phi}{\partial r}+jk\phi\right)=0$。注意：如时间因子为$e^{-j\omega t}$，发散波解为$\phi=\frac{A}{r}e^{j(\omega t-kr)}$，则括号中应改取负号。以上讨论说明，式（3-29）是球面波解所必须满足的条件，同样也可证明式（3-28）是（圆）柱面波解所必须满足的条件。

3. 奇性条件

均匀发散球面波的解$p=\frac{A}{r}e^{j(\omega t-kr)}$，除了$r=0$这一点以外，它满足齐次波动方程$\nabla^2 p-\frac{1}{c^2}\frac{\partial^2 p}{\partial t^2}=0$。当$r\to0$时，解$p\to\infty$，这便是声源处球面波解构成的奇性。数学上，通常应用狄拉克函数（δ）来描述点声源的这种奇性，将波动方程改写为非齐次形式，于是波动方程成为

$$\nabla^2 p-\frac{1}{c^2}\frac{\partial^2 p}{\partial t^2}=-4\pi\delta(r)Ae^{j\omega t} \tag{3-30a}$$

式（3-30a）包含了齐次方程$\nabla^2 p-\frac{1}{c^2}\frac{\partial^2 p}{\partial t^2}=0$所表示的内容，而且包含了当$r\to0$

时，$p \to \infty$ 的奇性定解条件。采用如式（3-30a）所示的非齐次波动方程形式，往往可以使问题的求解得到简化。

4. 点源条件

水声学中，经常采用分层介质模型，此时适宜应用柱坐标系，式（3-30a）改写为

$$\frac{1}{r}\frac{\partial}{\partial r}\left(r\frac{\partial p}{\partial r}\right)+\frac{\partial^2 p}{\partial z^2}+k^2 p=-4\pi\delta_2(r)\delta(z-z_0) \qquad (3\text{-}30\text{b})$$

式中，$\delta_2(r)$ 是二维 δ 函数，满足以下条件：

$$\int_0^\infty\int_0^{2\pi}\delta_2(r)r\mathrm{d}r\mathrm{d}\theta=1 \quad \text{或} \quad \int_0^\infty\delta_2(r)r\mathrm{d}r=\frac{1}{2\pi}$$

引入 Fourier-Bessel 积分变换，进行变量分离，将声压 p 展开为

$$p(r,z)=\int_0^\infty Z(z,\xi)J_0(\xi r)\xi\mathrm{d}\xi$$

式中，ξ 是分离变量；$J_0(\xi r)$ 是零阶贝塞尔函数。将上式代入式（3-30b），得到 $Z(r,\xi)$ 所满足的方程：

$$\frac{\mathrm{d}^2 Z}{\mathrm{d}z^2}+(k^2-\xi^2)Z=-2\delta(z-z_0) \qquad (3\text{-}30\text{c})$$

在声源 z_0 处，声压应连续，因此有

$$Z\big|_{z=z_0^+}=Z\big|_{z=z_0^-} \qquad (3\text{-}31\text{a})$$

但振速在声源平面上下方向相反，是不连续的。为得到振速 $\mathrm{d}Z/\mathrm{d}z$ 满足的条件，将式（3-30c）对 z 从 z_0^- 到 z_0^+ 进行积分，得到

$$\frac{\mathrm{d}Z}{\mathrm{d}z}\bigg|_{z=z_0^+}-\frac{\mathrm{d}Z}{\mathrm{d}z}\bigg|_{z=z_0^-}=-2 \qquad (3\text{-}31\text{b})$$

式（3-31b）明确表达了振速在声源平面上下的不连续性，它和式（3-31a）合称为点源条件。

除了上述四种定解条件外，还有初始条件。但是，当仅讨论远离初始时刻的稳态解时，可以不考虑初始时刻的状态，波动方程成为没有初始条件的定解问题。

波动方程给出同一类物理现象的共性（指泛定方程），表明了它们的波动共性，如水声和空气声使用的是同一个波动方程。但各自问题的特殊性由定解条件决定，只有波动方程和定解条件结合起来，才给出符合具体问题的解。3.2 节将运用波动理论讨论两种不同边界条件下的均匀浅海声场，它明显给出不同的边界条件形成具有不同特性的声场分布。

3.2　波动声学基础

波动声学就是严格求解满足定解条件的波动方程的解。原则上讲，波动理论可以精确地求解各种声场问题，但是，实际上并非如此，因难以得到严格、精确的定解条件表达式，所以往往只能求得一定近似条件下波动方程的形式解或数值解。本节将使用波动声学方法来讨论两类简化了的浅海声传播，旨在全面介绍波动声学方法处理声传播问题的全过程，另外，得到的结果也给出了浅海中的声传播特性。

3.2.1　硬底均匀浅海声场

作为例子，本节讨论硬底浅海中的声传播。为方便计，水深和声速设为常数，这是理想化了的浅海模型，但可得到波动方程的解析解，从而显著简化浅海声传播的分析，由此还将得到有用的结论和浅海声传播的基本规律。

1. 波动方程

设有一声速 $c = c_0$、水深 $z = H$ 的均匀水层。$z = 0$ 为海表面，为一自由平整界面；$z = H$ 为海底，是完全硬质的平整界面。点声源位于 $r = 0$、$z = z_0$ 处，如图 3-1 所示，现考察层中的声传播特性。

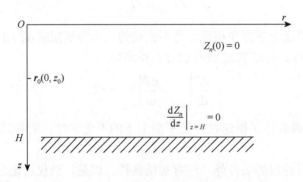

图 3-1　硬底均匀浅海声道

首先，层中声场应满足非齐次亥姆霍兹（Helmholtz）方程（3-30a）。由于问题的柱对称性，选用柱坐标系，式（3-30a）可写成

$$\frac{1}{r}\frac{\partial}{\partial r}\left(r\frac{\partial p}{\partial r}\right)+\frac{\partial^2 p}{\partial z^2}+k_0^2 p = -4\pi A\delta(r-r_0) \qquad (3\text{-}32)$$

式中，r_0 为点源的位置，$r_0 = 0 \cdot r_1 + z_0 z$，这里 r_1 和 z 为 r、z 方向的单位矢量；$k_0 = \dfrac{\omega}{c_0}$ 是波数；$\delta(r - r_0)$ 为三维狄拉克函数，其定义为

$$\int_V \delta(r - r_0)\mathrm{d}V = \begin{cases} 1, & r_0 \text{在体积} V \text{内} \\ 0, & r_0 \text{在体积} V \text{外} \end{cases}$$

在柱对称情况下，积分体元写成柱对称形式，$\mathrm{d}V = 2\pi r \mathrm{d}r\mathrm{d}z$，则

$$\int_V \delta(r - r_0) \times 2\pi r \mathrm{d}r\mathrm{d}z = \begin{cases} 1, & r_0 \text{在体积} V \text{内} \\ 0, & r_0 \text{在体积} V \text{外} \end{cases}$$

为使上式成立，应把 $\delta(r - r_0)$ 选为如下形式：

$$\delta(r - r_0) = \frac{1}{2\pi r}\delta(r)\delta(z - z_0)$$

式（3-32）中，A 是常数，不失一般地令 $A = 1$，于是式（3-32）可写成

$$\frac{\partial^2 p}{\partial r^2} + \frac{1}{r}\frac{\partial p}{\partial r} + \frac{\partial^2 p}{\partial z^2} + k_0^2 p = -\frac{2}{r}\delta(r)\delta(z - z_0) \tag{3-33}$$

本例中，可应用分离变量法求解式（3-33），令 $p(r,z) = \sum_n R_n(r)Z_n(z)$，代入式（3-33），经分离变量后得

$$\sum_n \left[Z_n\left(\frac{\mathrm{d}^2 R_n}{\mathrm{d}r^2} + \frac{1}{r}\frac{\mathrm{d}R_n}{\mathrm{d}r}\right) + R_n\left(\frac{\mathrm{d}^2 Z_n}{\mathrm{d}z^2} + k_0^2 Z_n\right) \right] = -\frac{2}{r}\delta(r)\delta(z - z_0) \tag{3-34a}$$

式中，$R_n(r)$ 描述声场 r 方向的特性；$Z_n(z)$ 则描述声场关于 z 坐标的特性，它满足某种形式的亥姆霍兹方程和正交归一化条件，是一个正交函数族。函数 $Z_n(z)$ 的以上性质，数学上表示为

$$\frac{\mathrm{d}^2 Z_n}{\mathrm{d}z^2} + (k_0^2 - \xi_n^2)Z_n = 0 \tag{3-34b}$$

$$\int_0^H Z_n(z)Z_m(z)\mathrm{d}z = \begin{cases} 1, & m = n \\ 0, & m \neq n \end{cases} \tag{3-34c}$$

式中，ξ_n^2 是一个常数，称为分离常数。

在式（3-34a）两端乘以函数 $Z_m(z)$，对 z 从 $0 \to H$ 积分，并利用式（3-34b）和式（3-34c），可得到

$$\frac{1}{r}\frac{\mathrm{d}}{\mathrm{d}r}\left(r\frac{\mathrm{d}R_n}{\mathrm{d}r}\right) + \xi_n^2 R_n = -\frac{2}{r}\delta(r)Z_n(z_0) \tag{3-34d}$$

这是一个非齐次亥姆霍兹方程，它规定了声场随 r 的变化规律。

2. 关于函数 $Z_n(z)$ 及其边界条件

由式（3-34b）可知，函数 $Z_n(z)$ 满足齐次亥姆霍兹方程，其解为

$$Z_n(z) = A_n \sin(k_{zn}z) + B_n \cos(k_{zn}z), \quad 0 \leqslant z \leqslant H \tag{3-35}$$

式中，$k_{zn} = \sqrt{k_0^2 - \xi_n^2}$ 是常数；A_n 和 B_n 是待定常数，可由边界条件和正交归一化条件确定。

根据海面为自由界面和海底为硬质界面的边界条件，$Z_n(z)$ 应分别满足

$$Z_n(0) = 0 \quad （自由界面边界条件）$$

$$\left(\frac{\mathrm{d}Z_n}{\mathrm{d}z}\right)_H = 0 \quad （硬质界面边界条件）$$

由此得到

$$B_n = 0$$

$$k_{zn} = \left(n - \frac{1}{2}\right)\frac{\pi}{H}, \quad n = 1, 2, \cdots \tag{3-36}$$

和

$$Z_n(z) = A_n \sin(k_{zn}z), \quad 0 \leqslant z \leqslant H$$

又因为式（3-35）应满足正交归一化条件：

$$\int_0^H Z_n(z)Z_m(z)\mathrm{d}z = \begin{cases} 1, & m = n \\ 0, & m \neq n \end{cases} \tag{3-37}$$

于是得常数 $A_n = \sqrt{\dfrac{2}{H}}$，式（3-35）变为

$$Z_n(z) = \sqrt{\frac{2}{H}} \sin(k_{zn}z) \tag{3-38}$$

水声学中，式（3-36）、式（3-38）中的 k_{zn} 和 $Z_n(z)$ 分别称为本征值和本征函数，式（3-34b）称为本征方程。

因为 $k_{zn} = \sqrt{k_0^2 - \xi_n^2}$ 和 $k_{zn} = \left(n - \dfrac{1}{2}\right)\dfrac{\pi}{H}$，所以有

$$\xi_n = \sqrt{\left(\frac{\omega}{c_0}\right)^2 - \left[\left(n - \frac{1}{2}\right)\frac{\pi}{H}\right]^2} \tag{3-39}$$

从上面分析可看出，ξ_n 和 k_{zn} 分别为波数 k_0 的水平分量和垂直分量。

3. 关于函数 $R_n(r)$

已知函数 $R_n(r)$ 满足非齐次亥姆霍兹方程（3-34d），其解为[1]

$$R_n(r) = -\mathrm{j}\pi Z_n(z_0)H_0^{(2)}(\xi_n r) = -\mathrm{j}\pi\sqrt{\frac{2}{H}}\sin(k_{zn}z_0)H_0^{(2)}(\xi_n r) \tag{3-40}$$

为满足无穷远处辐射条件，解应为第二类零阶汉克尔函数 $H_0^{(2)}(\xi_n r)$，它满足 $H_0^{(2)} = J_0 - \mathrm{j}N_0$，$J_0$ 和 N_0 分别为零阶贝塞尔函数和零阶纽曼函数。

以上讨论中，时间因子被默认为 $e^{j\omega t}$。

4. 声场解 $p(r,z)$

函数 $Z_n(z)$ 和函数 $R_n(r)$ 满足各自的微分方程，它们的乘积 $R_n(r)Z_n(z)$ 必满足微分方程（3-33）。根据线性叠加原理可知，级数 $\sum R_n(r)Z_n(z)$ 也应满足该方程，于是，式（3-33）的完整解为

$$p(r,z) = -j\pi \frac{2}{H} \sum_n \sin(k_{zn}z_0) H_0^{(2)}(\xi_n r) \tag{3-41}$$

如观察点远离点源，$|\xi_n r| \gg 1$，则应用汉克尔函数的渐近表示式 $H_0^{(2)}(\xi_n r) \underset{|\xi_n r| \to \infty}{\approx}$

$\sqrt{\dfrac{2}{\pi \xi_n r}} e^{-j\left(\xi_n r - \frac{\pi}{4}\right)}$ 后，得到均匀声道点源声场的远场解为

$$p(r,z) \approx -j\frac{2}{H} \sum_n \sqrt{\frac{2\pi}{\xi_n r}} \sin(k_{zn}z) \sin(k_{zn}z_0) e^{-j\left(\xi_n r - \frac{\pi}{4}\right)} \tag{3-42}$$

5. 简正波

式（3-41）或式（3-42）中的每一项（指每个 n 值）都满足波动方程和边界条件，被称为简正波，n 为简正波的阶次，第 n 阶简正波写为

$$p_n(r,z) = -j\frac{2}{H} \sqrt{\frac{2\pi}{\xi_n r}} \sin(k_{zn}z) \sin(k_{zn}z_0) e^{-j\left(\xi_n r - \frac{\pi}{4}\right)} \tag{3-43a}$$

考察式（3-43a）可以看出：

（1）简正波在 r 方向由函数 $e^{-j\left(\xi_n r - \frac{\pi}{4}\right)}$ 确定，它表示了简正波沿水平方向传播的行波，每一阶简正波有不同的波数 ξ_n。

（2）每一阶简正波沿深度 z 方向由函数 $\sin(k_{zn}z)$ 确定，它表示了简正波在 z 方向作驻波分布。不同阶数 n 的简正波，其驻波的分布形式是不同的，图 3-2 中画出了前四阶简正波随深度 z 的振幅分布。

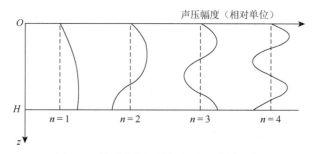

图 3-2　前四阶简正波振幅随深度的分布

（3）由图 3-2 还可看出，无论阶次如何变化，海面上声压总为零，这是由海面的自由界面边界条件所确定的。在海底，因取硬质界面边界条件，所以声压幅值总为极大值。

以上分析表明，层中声场由式（3-43a）所示的无穷级数和来表示。虽然该式在形式上是无穷级数求和，但是实际上，高阶项的贡献往往是微不足道的，可以将其忽略，因此级数有限项求和就可给出具有足够精度的声场数据，于是式（3-42）表示为有限项级数和：

$$p(r,z) = -\mathrm{j}\frac{2}{H}\sum_{n=1}^{N}\sqrt{\frac{2\pi}{\xi_n r}}\sin(k_{zn}z)\sin(k_{zn}z_0)\mathrm{e}^{-\mathrm{j}\left(\xi_n r-\frac{\pi}{4}\right)} \qquad (3\text{-}43\mathrm{b})$$

式中，级数求和项的数目 N 由声波频率和层中参数决定。

6. 声道的截止频率

式（3-39）给出 $\xi_n = \sqrt{\left(\dfrac{\omega}{c_0}\right)^2 - \left[\left(n-\dfrac{1}{2}\right)\dfrac{\pi}{H}\right]^2}$，它是第 n 阶简正波波矢量的水平方向分量，即第 n 阶简正波的水平波数。由该式可看出，当声源频率 ω 确定后，ξ_n 随简正波的阶次 n 的增加而减小，简正波阶次 n 最大可取的正整数 N 由式（3-44）给出：

$$N = \frac{H\omega}{\pi c_0} + \frac{1}{2} \qquad (3\text{-}44)$$

当阶次 $n > N$ 时，ξ_n 变为纯虚数，记为 $\xi_n = \pm\mathrm{j}|\xi_n|$。若取 $\xi_n = \mathrm{j}|\xi_n|$，则因子 $\mathrm{e}^{-\mathrm{j}\left(\xi_n r-\frac{\pi}{4}\right)} = \mathrm{e}^{\mathrm{j}\frac{\pi}{4}}\mathrm{e}^{|\xi|r}$，可见，当距离 r 增加时，$p_n(r,z)$ 的幅值随 r 呈指数增长，且随距离 r 的变大，其增长也越来越快，显然，这是不可能的。因此，只能取 $\xi_n = -\mathrm{j}|\xi_n|$，这时因子 $\mathrm{e}^{-\mathrm{j}\left(\xi_n r-\frac{\pi}{4}\right)} = \mathrm{e}^{\mathrm{j}\frac{\pi}{4}}\mathrm{e}^{-|\xi|r}$，这表示当距离 r 增加时，$p_n(r,z)$ 的幅值随 r 呈指数衰减，且随距离 r 的变大，其衰减也越来越快。所以，对于那些 $n > N$ 的各项，它在层中不可能正常传播，而是以指数衰减规律传播，因此，只有在声源附近，才对解有贡献。

现在来考察式（3-44），由它可得到

$$\omega_N = \left(N-\frac{1}{2}\right)\frac{c_0\pi}{H} \qquad (3\text{-}45\mathrm{a})$$

式（3-45a）表示，为了激发能正常传播的 N 阶简正波，声源频率应大于或等于式（3-45a）所确定的 ω 值。通常，称 ω_N 为 N 阶简正波的简正频率，并记为

$$\omega_N = \left(N - \frac{1}{2}\right)\frac{c_0 \pi}{H} \quad \text{或} \quad f_N = \left(N - \frac{1}{2}\right)\frac{c_0}{2H} \tag{3-45b}$$

每一阶简正波都有各自的简正频率，对于 n 阶简正波，其简正频率等于

$$\omega_n = \left(n - \frac{1}{2}\right)\frac{c_0 \pi}{H} \quad \text{或} \quad f_n = \left(n - \frac{1}{2}\right)\frac{c_0}{2H} \tag{3-45c}$$

式（3-45c）表示，只有声源激发频率 $f \geqslant f_n$ 时，层中才存在 n 阶及其以下各阶简正波的传播。特殊地，当 $n = 1$ 时，对应的简正频率为

$$f_1 = \frac{c_0}{4H} \tag{3-46}$$

它是能在层中正常传播的简正波的最低频率，称为声道的截止频率。当声源频率 $f < f_1$ 时，式（3-43b）中每项都呈指数衰减，不可能远距离传播。由此可知，如要得到良好传播效果，需激发多阶简正波，声源频率就应该适当高些，至少应高于 f_1。

7. 相速度和群速度

1）n 阶简正波的相速度

相速度是指等相位面的传播速度。因第 n 阶简正波的水平波数是 ξ_n，故等相位面的传播速度 c_{pn} 应等于

$$c_{pn} = \frac{\omega}{\xi_n} = \frac{c_0}{\sqrt{1 - (\omega_n / \omega)^2}} \tag{3-47}$$

可见相速度 c_{pn} 除与频率 ω 有关外，还和简正波的阶次 n 有关，不同阶次的简正波，其传播速度也是不同的，因此，如果接收点上是不同阶次简正波的叠加，则由于各阶简正波的相速度不同，到达接收点有先有后，各阶简正波信号叠加后，接收波形就会产生畸变。这种简正波相速度和阶次 n 有关的现象称为频散，浅海水层属于频散声道。

2）简正波的群速度

由声学基础知识可知，简正波的群速度 c_{gn} 由下式得到：

$$c_{gn} = \frac{\mathrm{d}\omega}{\mathrm{d}\xi_n}$$

已知 $\omega = c_{pn}\xi_n$，则 c_{gn} 为

$$c_{gn} = c_{pn} + \xi_n \frac{\mathrm{d}c_{pn}}{\mathrm{d}\xi_n} \tag{3-48}$$

从式（3-47）看出，相速度 c_{pn} 随频率增加而减小，则 $\dfrac{\mathrm{d}c_{pn}}{\mathrm{d}\xi_n} < 0$。因而，简正波群速度小于相速度，即 $c_{gn} < c_{pn}$。把式（3-39）代入 $c_{gn} = \mathrm{d}\omega/\mathrm{d}\xi_n$ 中，可以求得简正波的群速度为

$$c_{gn} = \frac{\mathrm{d}\omega}{\mathrm{d}\xi_n} = c_0 \sqrt{1 - \left(\frac{\omega_n}{\omega}\right)^2} \qquad (3\text{-}49)$$

从式（3-47）和式（3-49）可看出：

（1）c_{pn} 随 ω 增加而减小，c_{gn} 随 ω 增加而增加；

（2）当 $\omega \to \infty$ 时，c_{pn} 和 c_{gn} 都趋于自由空间的声速 c_0；

（3）c_{pn} 和 c_{gn} 满足 $c_{pn}c_{gn} = c_0^2$。

图 3-3[2]中绘出了简正波相速度 c_{pn} 和群速度 c_{gn} 随频率的变化。

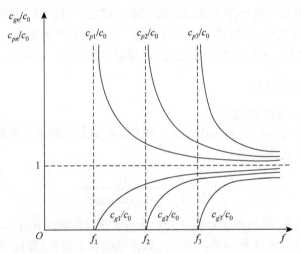

图 3-3　相速度 c_{pn} 和群速度 c_{gn} 随频率的变化

3）简正波相速度和群速度的诠释

下面结合简正波的传播，说明简正波相速度和群速度的区别。已知第 n 阶简正波表示为 $p_n(r,z) = -\mathrm{j}\dfrac{2}{H}\sqrt{\dfrac{2\pi}{\xi_n r}}\sin(k_{zn}z)\sin(k_{zn}z_0)\mathrm{e}^{-\mathrm{j}\left(\xi_n r - \frac{\pi}{4}\right)}$，简正波 p_n 的振幅随深度 z 的变化由函数 $\sin(k_{zn}z)$ 确定，如图 3-2 所示。利用关系 $\sin x = -\dfrac{1}{2\mathrm{j}}(\mathrm{e}^{-\mathrm{j}x} - \mathrm{e}^{\mathrm{j}x})$，简正波 p_n 可写成

$$p_n = \frac{1}{H}\sqrt{\frac{2\pi}{\xi_n r}}\sin(k_{zn}z_0)(p_- - p_+) \qquad (3\text{-}50)$$

式中

$$p_+ = \exp\left[-\mathrm{j}\left(\xi_n r - \frac{\pi}{4} - k_{zn}z\right)\right], \quad p_- = \exp\left[-\mathrm{j}\left(\xi_n r - \frac{\pi}{4} + k_{zn}z\right)\right]$$

其中，ξ_n 和 k_{zn} 分别为波矢量 $\boldsymbol{k}$ 沿水平方向和垂直方向上的分量，它们之间有关系 $k^2 = \xi_n^2 + k_{zn}^2$。明显地，p_+ 和 p_- 表示了两个平面波，它们的传播方向与 z 轴的夹角（入射角）等于

$$\theta_n = \pm \arcsin\left(\frac{\xi_n}{k}\right) \tag{3-51}$$

$$\sin\theta_n = \frac{\xi_n}{k} = \sqrt{1 - \left(\frac{\omega_n}{\omega}\right)^2} \tag{3-52}$$

角度 θ_n 示于图 3-4 中。平面波 p_+ 和 p_- 在水平方向上传播方向相同，在垂直方向上传播方向相反，二者叠加得到简正波 p_n，如图 3-4 所示。

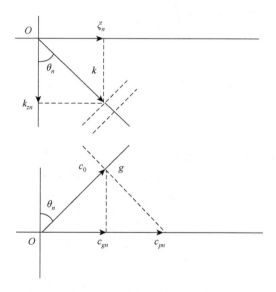

图 3-4　每一阶简正波可分解为两个平面波

图 3-4 中，沿波矢量 $\boldsymbol{k}$ 传播的平面波的等相位面用虚斜线表示，虚斜线沿水平方向的传播速度即为相速度，它等于

$$c_{pn} = \frac{c_0}{\sin\theta_n} \tag{3-53}$$

群速度是波形包络的传播速度，在图中相应于 g 点沿 r 方向的传播速度，可以用以 c_0 为斜边的直角三角形的直角边来表示，则

$$c_{gn} = c_0 \sin\theta_n \tag{3-54}$$

式（3-53）和式（3-54）是 c_{pn} 和 c_{gn} 的又一表示形式，把式（3-52）代入式（3-53）和式（3-54），即可得到式（3-47）和式（3-49）。

8. 波导中的传播损失

海水中声速 c 为常数 c_0 时，波导中点源声场的简正波表达式为

$$p(r,z) = -j\sum_n \sqrt{\frac{2\pi}{\xi_n r}} Z_n(z) Z_n(z_0) \mathrm{e}^{-j\left(\xi_n r - \frac{\pi}{4}\right)}, \quad r \gg 1 \tag{3-55}$$

下面将利用该表达式讨论波导中的声传播损失。为方便计，可不失一般性地令声源等效声中心单位距离处声压幅值等于 1，则利用传播损失定义 $\mathrm{TL} = 10\lg\dfrac{I(1)}{I(r)}$ 可得

$$\mathrm{TL} = -10\lg\left|\sum_{n=1}^{N} \sqrt{\frac{2\pi}{\xi_n r}} Z_n(z) Z_n(z_0) \mathrm{e}^{-j\xi_n r}\right|^2 \tag{3-56}$$

当 Z_n 和 ξ_n 都为实数时，式（3-56）等于：

$$\mathrm{TL} = -10\lg\sum_{n=1}^{N} \frac{2\pi}{\xi_n r} Z_n^2(z) Z_n^2(z_0)$$

$$-10\lg\sum_{n=1}^{N}\sum_{\substack{m=1\\m\neq n}}^{N} 4\frac{\pi}{r\sqrt{\xi_n \xi_m}} Z_n(z) Z_n(z_0) Z_m(z) Z_m(z_0) \mathrm{e}^{-j(\xi_n - \xi_m)r} \tag{3-57}$$

式中，等号右边第一项为自乘项求和，等号右边第二项为交叉相乘项求和。第二项求

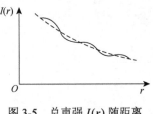

图 3-5　总声强 $I(r)$ 随距离 r 变化的曲线

和贡献的大小依赖于各简正波相位之间的相关程度，一般来说，它随距离呈起伏变化。第一求和项与各简正波相位之间的相关程度无关，它随 r 增加而单调增加，因而，由二者叠加得到的总声强 $I(r)$ 随距离增加呈起伏地逐步下降，呈现干涉曲线，如图 3-5 实线所示。

当层中声传播条件充分地不均匀（充分不规则）时，可认为各阶简正波之间相位完全无关，交叉乘积项的求和结果趋于零，则

$$\mathrm{TL} = -10\lg\sum_{n=1}^{N} \frac{2\pi}{\xi_n r} Z_n^2(z) Z_n^2(z_0) \tag{3-58}$$

由式（3-58）可见，TL 是声源和观察点坐标 z_0 和 z 的函数，对于本节讨论的硬质海底均匀浅海声场，有

$$\mathrm{TL} = -10\lg\sum_{n=1}^{N} \frac{4}{H^2} \frac{2\pi}{\xi_n r} \sin^2(k_{zn}z)\sin(k_{zn}z_0) \tag{3-59}$$

式（3-59）为各简正波相位满足无规则假设下的声传播损失。如果声源和水听器不位于海表面和海底附近，即 z_0 和 z 适当地离开海面和海底，则当 n 从 1 变化到 N 时，$\sin^2(k_{zn}z_0)$ 和 $\sin^2(k_{zn}z)$ 将随机地取 0 到 1 之间的值，在深度 z 方向取平均时，

可近似认为 $\int \sin^2 x\mathrm{d}x \approx \dfrac{1}{2}$，则式（3-59）可简化为

$$TL = -10\lg\left(\frac{2\pi}{H^2 r}\sum_{n=1}^{N}\frac{1}{\xi_n}\right) \qquad (3\text{-}60)$$

如果层中简正波数目比较多，近似有 $N \approx \dfrac{H\omega}{c_0\pi}$，则式（3-39）的 ξ_n 可近似取为

$$\xi_n = \frac{\omega}{c_0}\sqrt{1-\left(\frac{n}{N}\right)^2}$$

令 $x = \dfrac{n}{N}$，把式（3-60）中对 n 的求和改写为求积分，即

$$\sum_{n=1}^{N}\frac{1}{\xi_n} = \frac{c_0}{\omega}\sum_{n=1}^{N}\frac{1}{\sqrt{1-\left(\dfrac{n}{N}\right)^2}} = \frac{c_0}{\omega}\int_0^1\frac{N\mathrm{d}x}{\sqrt{1-x^2}}$$

完成以上积分，最终可得

$$TL = -10\lg\frac{\pi}{Hr} = 10\lg r + 10\lg\frac{H}{\pi} \qquad (3\text{-}61)$$

式（3-61）是对深度 z 取平均后，TL 随距离 r 的变化，它基本符合柱面扩展衰减规律，只是多了一修正项 $10\lg\dfrac{H}{\pi}$。

9. 非绝对硬海底波导中的传播损失

对于海底声速大于层中海水声速的非绝对硬质海底，存在全反射临界角 φ_0，当简正波掠射角 $\varphi < \varphi_0$ 时，声波将在海底发生全反射，能量被无损失地限制在层内，声强随距离 r 呈柱面扩展衰减；而当简正波掠射角 $\varphi > \varphi_0$ 时，此时不发生全反射，声波经海底反射并产生衰减。因而，在远距离上，只有掠射角 $\varphi \leqslant \varphi_0$ 的简正波才对声场有贡献。考虑到这些因素，可将式（3-61）表示为[1]

$$TL = 10\lg r + 10\lg\frac{H}{2\varphi_0} \qquad (3\text{-}62)$$

式（3-62）所示的传播损失值将大于式（3-61）所示的绝对反射界面的 TL 值，且临界掠射角 φ_0 越小，传播损失 TL 就越大。

由图 3-2 可看出，当接收点（或声源）位于海面附近时，因子 $\sin^2 x$ 在 0 到 1 之间取小值的概率较大，$\sin^2 x$ 的平均值将小于 1/2，因而，TL 值将大于式（3-61）给出的值。当接收点（或声源）位于硬质海底附近时，$\sin^2 x$ 取大值的概率较大，其平均值大于 1/2，这时的 TL 值小于式（3-61）给出的值。

3.2.2　液态海底均匀浅海声场

作为比较，现在讨论液态海底均匀浅海中的声传播。上面的分析方法也适用于液态海底的均匀液体层。由于海底是液态介质，在下半空间不会出现切变波。考虑到海底沉积物的声速通常大于海水中声速，因此，可以仅限于讨论液态半空间（海底）声速大于均匀液体层中声速的情况。虽然高饱和海底沉积层也可能会出现声速低于海水声速的情况，但是，这种情况仅限于海底沉积层的上层，且不多见，这里将不作讨论。

1. 简正波

液态海底均匀浅海波导如图 3-6 所示。设点源位于 $r=0, z=z_0$ 处，声场满足非齐次亥姆霍兹方程：

$$\frac{\partial^2 p}{\partial r^2}+\frac{1}{r}\frac{\partial p}{\partial r}+\frac{\partial^2 p}{\partial z^2}+k^2 p=-\frac{2}{r}\delta(r)\delta(z-z_0), \quad 0\leqslant z\leqslant\infty \tag{3-63}$$

类似 3.2.1 节的数学推导过程，得方程解为[1]

$$p(r,z)=-\mathrm{j}\sum_n\sqrt{\frac{2\pi}{\xi_n r}}A_n^2\sin(k_{zn}z)\sin(k_{zn}z_0)\times\exp\left[-\mathrm{j}\left(\xi_n r-\frac{\pi}{4}\right)\right], \quad 0\leqslant z\leqslant H \tag{3-64}$$

式中

$$k_{zn}^2=\left(\frac{\omega}{c_1}\right)^2-\xi_n^2$$

$$A_n^2=\frac{2k_{zn}}{k_{zn}H-\cos(k_{zn}H)\sin(k_{zn}H)-\left(\dfrac{\rho_1}{\rho_2}\right)^2\sin^2(k_{zn}H)\tan(k_{zn}H)} \tag{3-65}$$

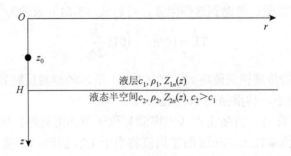

图 3-6　液态海底均匀浅海波导

　　式（3-64）中每一项（指每一个 n 值）都满足波动方程和边界条件，它们的叠加也满足波动方程和边界条件，所以式（3-64）是式（3-63）的解。式（3-64）中的每一项称为简正波，n 为简正波阶次。不难验证，若 $z = H$ 为硬质海底界面，则应有 $\cos k_{zn} H = 0$，$\rho_1 / \rho_2 \to 0$ 和 $A_n^2 = 2 / H$，式（3-64）就简化成式（3-42）。

　　在液态下半空间（$z > H$）中，声波振幅按指数规律沿深度减小，频率越高，振幅衰减就越快。在发生界面全内反射时，下半空间（$z > H$）中声能很小，能量几乎都被限制在层（$0 \leqslant z \leqslant H$）中传播。

2. 截止频率

　　类同 3.2.1 节讨论，可得到液态海底均匀浅海的各阶简正波简正频率，它满足下列方程：

$$f_n = \frac{c_2 c_1 (2n-1)}{4H\sqrt{c_2^2 - c_1^2}}, \quad n = 1, 2, \cdots \tag{3-66}$$

式（3-66）给出了设定波导条件（c_1, c_2, H）下各阶简正波的简正频率 f_n，当声源频率 $f > f_n$ 时，可以产生第 n 阶及其以下各阶简正波。f_1 为该波导的截止频率，它等于

$$f_1 = \frac{c_1 c_2}{4H\sqrt{c_2^2 - c_1^2}}$$

　　由式（3-66）可知，如果知道了 H、简正频率 f_n、简正波的阶次 n 和水中声速 c_1，就可以根据式（3-66）算出液态半空间中的声速 c_2，因此该式可用于海底声学参数分析。

　　对于下半空间为硬质海底的极限情况，$c_1 / c_2 \to 0$，简正频率表达式（3-66）简化成 $f_n = \left(n - \dfrac{1}{2}\right)\dfrac{c_1}{2H}$，它与式（3-45c）一样。

3. 传播损失

　　当 $c_2 > c_1$ 时，可以求出海底全内反射临界掠射角 φ_0，它满足 $\sin \varphi_0 = \sqrt{1 - \cos^2 \varphi_0} = \dfrac{1}{c_2}\sqrt{c_2^2 - c_1^2}$。把它代入式（3-62），可得到传播损失 TL 的近似表达式：

$$TL = 10\lg r + 10\lg \frac{H}{2\sqrt{1 - \left(\dfrac{c_1}{c_2}\right)^2}} \tag{3-67}$$

与前文式（3-61）相同，式（3-67）也是很多阶简正波无规则叠加的平均结果。

　　对于单个简正波，在层（$0 \leqslant z \leqslant H$）中，声压振幅沿深度 z 呈正弦分布 $\sin(k_{zn} z)$；

在下半底空间 $(H \leqslant z \leqslant \infty)$ 中，声压振幅沿深度 z 呈指数分布 $\sin(k_{zn}H)\mathrm{e}^{-\beta(x-H)}$ 。图 3-7[3]绘出了不同频率的第一阶简正波的声压幅值沿海深 z 的分布，计算所用参数值为

$$c_1 = 1500\mathrm{m/s}, \quad c_2 = 1501.5\mathrm{m/s}, \quad \rho_2 = 2\rho_1, \quad H = 90\mathrm{m}$$

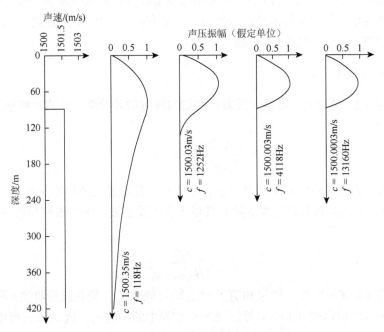

图 3-7　第一阶简正波振幅随深度的变化

波导截止频率为 93.3Hz

由图 3-7 可见，在海底中，振幅随深度按指数减小，衰减从截止频率开始随频率而增大。如前所述，高频时，波的能量实际上都封闭在层中。

通过以上对简化的两种浅海模型中声传播的理论分析可以看出，波动声学方法计算烦冗，结果不直观，并要求解析地表示出边界条件，这在工程上一般不易做到，因此，波动方法的使用受到了一定限制。针对波动方法的缺点，人们提出了多种近似和数值方法，如 W.K.B（Wenzel，Kramevs，Brillouin）方法、抛物方程近似等方法，有兴趣的读者可参阅相关著作。

3.3　射线声学基础

射线声学把声波的传播看作一束无数条垂直于等相位面的射线的传播，每一条射线与等相位面相垂直，称为声线。声线途经的距离代表波传播的路程，声线经历的时间为声波传播的时间。声线束所携带的能量即波传播的声能量。与几何

光学相似，射线声学描述方法简洁，结果直观、清晰，在通常条件下，射线声学的数学运算也比较简捷。

3.3.1　射线声学基本假定

水声中，虽然经常运用射线声学处理声传播问题，但它不是波动方程的精确解，仅是高频条件下波动方程的近似解。为了简化讨论，在导出射线声学的基本方程时，通常引进以下基本假定。

（1）声线的方向就是声传播的方向，声线总是垂直于波阵面；

（2）声线携带能量，声场中某点上的声能是所有到达该点的声线所携带能量的叠加；

（3）声线管束中能量守恒，与管外无横向能量交换。

3.3.2　波阵面和声线

设有一沿 x 方向传播的平面波，表示为

$$\psi = A\mathrm{e}^{\mathrm{j}(\omega t - kx)}$$

若波数 k 等于常数，则上式所描述的平面波的传播即 $\varphi(x) = kx$ 的等相位平面沿 x 方向的传播。对于沿任意方向传播的平面波，波函数可以写为

$$\psi = A\mathrm{e}^{\mathrm{j}(\omega t - \boldsymbol{k}\boldsymbol{r})} \tag{3-68}$$

式中，$\boldsymbol{k}$ 为波矢量，可写成 $\boldsymbol{k} = k_x\boldsymbol{\xi} + k_y\boldsymbol{\zeta} + k_z\boldsymbol{\eta}$，这里 $\boldsymbol{\xi}$、$\boldsymbol{\zeta}$、$\boldsymbol{\eta}$ 是三个坐标轴方向的单位矢量，k_x、k_y、k_z 为 $\boldsymbol{k}$ 在三个坐标轴上的分量，$\boldsymbol{k}$ 的方向指示波的传播方向，波矢量的大小为 $|\boldsymbol{k}| = \omega/c = \sqrt{k_x^2 + k_y^2 + k_z^2}$；$\boldsymbol{r}$ 是观察点 P 的位置矢量，表示为

$$\boldsymbol{r} = x\boldsymbol{\xi} + y\boldsymbol{\zeta} + z\boldsymbol{\eta}$$

从图 3-8（a）可以看出，沿任意方向传播的平面波的等相位面为 $\boldsymbol{k} \cdot \boldsymbol{r} =$ 常数的平面，它的法线方向即平面波的传播方向。波的传播方向也可用波矢量 $\boldsymbol{k}$ 来表示。波矢量 $\boldsymbol{k}(k_x, k_y, k_z)$ 的方向由其方向余弦确定，即

$$\frac{k_x}{k} = \cos\alpha, \quad \frac{k_y}{k} = \cos\beta, \quad \frac{k_z}{k} = \cos\gamma \tag{3-69}$$

式中，α、β、γ 是波矢量 $\boldsymbol{k}$ 与三坐标轴的夹角。对于一个等相位面平行于 z 轴的平面波来说，$\gamma = \pi/2$，$k_z = 0$，在 x 和 y 轴上的方向余弦分别为 $\cos\alpha = k_x/k$ 和 $\cos\beta = k_y/k$。在图 3-8（b）中画出了该平面波的等相位面和波的传播方向。

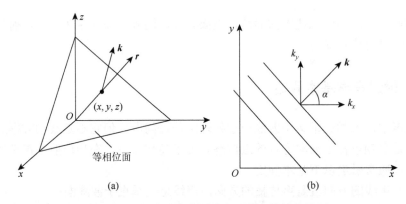

图 3-8 沿任意方向传播的平面波及其等相位面

在均匀介质（c = 常数，k = 常数）中传播的平面波，声线束由无数条垂直于等相位平面的直线所组成，这些声线相互平行，互不相交，如图 3-9（a）所示。在声线到达的各点，声波振幅处处相等，这是均匀介质中平面波传播的理想情况。实际上，声源总是有一定尺度的，若把有限大小的声源近似看成点声源，它发射的声波传播可以用点声源沿外径方向放射的声线束来表示。在均匀介质中，点声源辐射声波的等相位面是以点声源为球心的同心球面，如图 3-9（b）所示。

在非均匀介质中，k 是空间位置的函数，声波传播方向因位置变化而改变，声线束就由点声源向外放射的曲线束组成，等相位面也不再是同心球面，见图 3-9（c）。

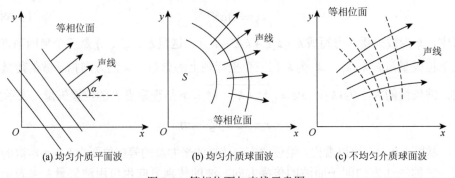

(a) 均匀介质平面波　　　　(b) 均匀介质球面波　　　　(c) 不均匀介质球面波

图 3-9 等相位面与声线示意图

3.3.3 射线声学基本方程

前面介绍了射线和波阵面的基本概念，下面将给出射线声学的基本方程，考虑下列波动方程：

$$\nabla^2 p - \frac{1}{c^2}\frac{\partial^2 p}{\partial t^2} = 0$$

式中，声速 $c = c(x, y, z)$。设上述方程具有如下形式解：

$$p(x, y, z, t) = A(x, y, z)e^{j[\omega t - k(x,y,z)\phi_1(x,y,z)]}$$ （3-70a）

式中，A 为声压幅值，是空间位置的函数；k 为波数，其值为

$$k = \frac{\omega}{c_0} \frac{c_0}{c(x,y,z)} = k_0 n(x, y, z)$$

式中，c_0 为参考点的声速；$n(x, y, z)$ 为折射率；$\phi_1(x, y, z)$ 的量纲为长度，称为程函；$k(x,y,z)\phi_1(x,y,z)$ 为相位值。

现引进函数 $\phi(x, y, z)$，使 $k(x,y,z)\phi_1(x,y,z) = k_0\phi(x,y,z)$，则式（3-70a）变为

$$p(x, y, z, t) = A(x, y, z)e^{j[\omega t - k_0\phi(x,y,z)]}$$ （3-70b）

由于 k_0 是常数，当在某些空间位置 (x, y, z) 上，$\phi(x, y, z)$ 取同一数值时，这些点就组成了形式解 p 的等相位面。一般说来，$\phi(x, y, z)$ 等于常数的面是一空间曲面，在该曲面上，相位值处处相等。程函 $\phi(x, y, z)$ 的梯度 $\nabla\phi(x, y, z)$ 表示声线方向，它处处与等相位面垂直。

把式（3-70b）代入波动方程，得到

$$\frac{\nabla^2 A}{A} - \left(\frac{\omega}{c_0}\right)^2 \nabla\phi \cdot \nabla\phi + \left(\frac{\omega}{c}\right)^2 - j\frac{\omega}{c_0}\left(\frac{2\nabla A}{A} \cdot \nabla\phi + \nabla^2\phi\right) = 0$$ （3-71）

于是，必有实部和虚部均等于零：

$$\frac{\nabla^2 A}{A} - \left(\frac{\omega}{c_0}\right)^2 \nabla\phi \cdot \nabla\phi + k^2 = 0$$ （3-72）

$$\nabla^2\phi + \frac{2}{A}\nabla A \cdot \nabla\phi = 0$$ （3-73）

当 $\dfrac{\nabla^2 A}{A} \ll k^2$ 时，式（3-72）和式（3-73）变为

$$(\nabla\phi)^2 = \left(\frac{c_0}{c}\right)^2 = n^2(x, y, z)$$ （3-74）

$$\nabla \cdot (A^2\nabla\phi) = 0$$ （3-75）

射线声学中，式（3-74）和式（3-75）分别称为程函方程和强度方程，它们是射线声学的两个基本方程。

1. 程函方程

1）程函方程的其他形式

虽然梯度 $\nabla\phi(x, y, z)$ 能给出声线的传播方向，但它不能提供声线的传播轨迹和传播时间等信息；而方程 $(\nabla\phi)^2 = n^2$ 不仅给出声线方向，还可以导出声线的轨迹和

传播时间，因而称其为程函方程。式（3-74）不是程函方程的唯一形式，下面将导出程函方程的其他形式，这些形式都有其各自的用途。

根据程函方程（3-74），可得到

$$n = \sqrt{(\nabla\phi)^2} = \sqrt{\left(\frac{\partial\phi}{\partial x}\right)^2 + \left(\frac{\partial\phi}{\partial y}\right)^2 + \left(\frac{\partial\phi}{\partial z}\right)^2} \qquad (3\text{-}76)$$

于是，得到声线的方向余弦为

$$\begin{cases} \cos\alpha = \dfrac{\dfrac{\partial\phi}{\partial x}}{\sqrt{\left(\dfrac{\partial\phi}{\partial x}\right)^2 + \left(\dfrac{\partial\phi}{\partial y}\right)^2 + \left(\dfrac{\partial\phi}{\partial z}\right)^2}} \\[4mm] \cos\beta = \dfrac{\dfrac{\partial\phi}{\partial y}}{\sqrt{\left(\dfrac{\partial\phi}{\partial x}\right)^2 + \left(\dfrac{\partial\phi}{\partial y}\right)^2 + \left(\dfrac{\partial\phi}{\partial z}\right)^2}} \\[4mm] \cos\gamma = \dfrac{\dfrac{\partial\phi}{\partial z}}{\sqrt{\left(\dfrac{\partial\phi}{\partial x}\right)^2 + \left(\dfrac{\partial\phi}{\partial y}\right)^2 + \left(\dfrac{\partial\phi}{\partial z}\right)^2}} \end{cases} \qquad (3\text{-}77)$$

另外，由式（3-74）可得

$$\begin{cases} \dfrac{\partial\phi}{\partial x} = n\cos\alpha \\[3mm] \dfrac{\partial\phi}{\partial y} = n\cos\beta \\[3mm] \dfrac{\partial\phi}{\partial z} = n\cos\gamma \end{cases} \qquad (3\text{-}78)$$

方程组（3-77）或方程组（3-78）用来确定声线的方向。

另外，由图3-10可见，声线的方向余弦等于 $\cos\alpha = \dfrac{\mathrm{d}x}{\mathrm{d}s}$，$\cos\beta = \dfrac{\mathrm{d}y}{\mathrm{d}s}$，$\cos\gamma = \dfrac{\mathrm{d}z}{\mathrm{d}s}$，这里 $\mathrm{d}s = \sqrt{(\mathrm{d}x)^2 + (\mathrm{d}y)^2 + (\mathrm{d}z)^2}$ 是声线微元。如再将式（3-78）对 s 求导，可得

$$\begin{aligned} \frac{\mathrm{d}}{\mathrm{d}s}\left(\frac{\partial\phi}{\partial x}\right) &= \frac{\partial}{\partial x}\left(\frac{\partial\phi}{\partial x}\frac{\partial x}{\partial s} + \frac{\partial\phi}{\partial y}\frac{\partial y}{\partial s} + \frac{\partial\phi}{\partial z}\frac{\partial z}{\partial s}\right) \\ &= \frac{\partial}{\partial x}(n\cos^2\alpha + n\cos^2\beta + n\cos^2\gamma) = \frac{\partial n}{\partial x} \end{aligned} \qquad (3\text{-}79)$$

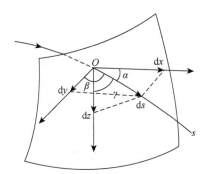

图 3-10　声线方向余弦示意图

经过与上面相类似的推导，得到下列方程组：

$$\begin{cases} \dfrac{\mathrm{d}}{\mathrm{d}s}(n\cos\alpha) = \dfrac{\partial n}{\partial x} \\[2mm] \dfrac{\mathrm{d}}{\mathrm{d}s}(n\cos\beta) = \dfrac{\partial n}{\partial y} \\[2mm] \dfrac{\mathrm{d}}{\mathrm{d}s}(n\cos\gamma) = \dfrac{\partial n}{\partial z} \end{cases} \tag{3-80}$$

也可将式（3-80）写成矢量方程的形式：

$$\frac{\mathrm{d}}{\mathrm{d}s}(\nabla\phi) = \nabla n \tag{3-81}$$

式（3-77）、式（3-78）或式（3-80）、式（3-81）为程函方程（3-74）的另外两种表达形式。

2）应用举例

（1）声速 c 等于常数时的声线。

首先讨论声速 c 等于常数的情况，$n = c_0/c = 1$，于是从式（3-80）得到

$$\frac{\mathrm{d}}{\mathrm{d}s}(n\cos\alpha) = 0, \quad \frac{\mathrm{d}}{\mathrm{d}s}(n\cos\beta) = 0, \quad \frac{\mathrm{d}}{\mathrm{d}s}(n\cos\gamma) = 0$$

可见，$\cos\alpha$、$\cos\beta$、$\cos\gamma$ 等应为常量，其值与声线的初始状态有关，取为

$$\cos\alpha = \cos\alpha_0, \quad \cos\beta = \cos\beta_0, \quad \cos\gamma = \cos\gamma_0$$

式中，α_0、β_0、γ_0 为声线的初始出射方向角。可见，当 c 为常数时，传播中的声线方向角永远等于初始值 α_0、β_0、γ_0，此时声线成为一条直线。

（2）声速 c 仅是坐标 z 的函数时的声线。

其次讨论声速 c 只与坐标 z 有关，声线位于 xOz 平面内的情况，这时 $c = c(z)$，$n = n(z)$。由式（3-80）给出

$$\begin{cases} \dfrac{\mathrm{d}}{\mathrm{d}s}\left(\dfrac{c_0}{c}\cos\alpha\right)=0 \\[3mm] \dfrac{\mathrm{d}}{\mathrm{d}s}\left(\dfrac{c_0}{c}\cos\gamma\right)=-\dfrac{c_0}{c^2}\dfrac{\mathrm{d}c}{\mathrm{d}z} \end{cases} \tag{3-82}$$

从式（3-82）第一式得 $\cos\alpha/c(z)=$ 常数。当初始值 $c=c_0, \alpha=\alpha_0$ 给定后，比值 $\cos\alpha/c(z)$ 沿声线各点保持不变，即

$$\frac{\cos\alpha}{c(z)}=\frac{\cos\alpha_0}{c_0} \tag{3-83}$$

式（3-83）称为 Snell 定律，也称折射定律。折射定律明确规定了声线的"走"向，它是射线声学的基本定律，在工程中有广泛应用。

现考虑式（3-82）的第二式，由等号左、右两边分别求得

$$\frac{\mathrm{d}}{\mathrm{d}s}(n\cos\gamma)=-n\sin\gamma\frac{\mathrm{d}\gamma}{\mathrm{d}s}+\cos^2\gamma\frac{\mathrm{d}n}{\mathrm{d}z}$$

$$-\frac{c_0}{c^2}\frac{\mathrm{d}c}{\mathrm{d}z}=-\frac{n}{c}\frac{\mathrm{d}c}{\mathrm{d}z}=\frac{\mathrm{d}n}{\mathrm{d}z}$$

则

$$\frac{\mathrm{d}\gamma}{\mathrm{d}s}=-\frac{\sin\gamma}{n}\frac{\mathrm{d}n}{\mathrm{d}z}=\frac{\sin\gamma}{c}\frac{\mathrm{d}c}{\mathrm{d}z} \tag{3-84}$$

如图 3-11 所示，$\mathrm{d}s$ 是声线微元，$\mathrm{d}\gamma$ 是 $\mathrm{d}s$ 所张角度微元，则 $\mathrm{d}\gamma/\mathrm{d}s$ 即为微元 $\mathrm{d}s$ 处的声线曲率。当 $\dfrac{\mathrm{d}c}{\mathrm{d}z}>0$ 时（声速正梯度），$\mathrm{d}\gamma>0$，$\gamma_2>\gamma_1$，声线 S 弯向图的上方。当 $\dfrac{\mathrm{d}c}{\mathrm{d}z}<0$ 时（声速负梯度），$\mathrm{d}\gamma<0$，$\gamma_2<\gamma_1$，声线 S 弯向图的下方。可见，声线总是弯向声速小的方向。

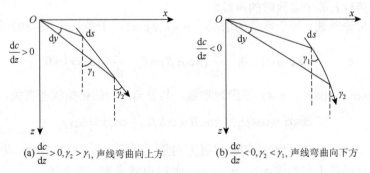

(a) $\dfrac{\mathrm{d}c}{\mathrm{d}z}>0, \gamma_2>\gamma_1$，声线弯曲向上方　　　　(b) $\dfrac{\mathrm{d}c}{\mathrm{d}z}<0, \gamma_2<\gamma_1$，声线弯曲向下方

图 3-11　声线总是弯向声速小的方向

（3）程函 $\phi(x,y,z)$。

为了得到 $\phi(x,y,z)$ 的显式，需求解程函方程。仍考虑 xOz 面内的平面问题，

且有 $d\gamma > 0, c = c(z), n = n(z)$ 。并设程函 ϕ 可以由函数 $\phi_1(x)$ 和 $\phi_2(z)$ 的线性叠加得到，即 $\phi(x,z) = \phi_1(x) + \phi_2(z)$，则由式（3-78）可得到

$$\begin{cases} \dfrac{\partial \phi_1(x)}{\partial x} = n(z)\cos\alpha \\ \dfrac{\partial \phi_2(z)}{\partial z} = n(z)\cos\gamma \end{cases} \tag{3-85}$$

式中，$\phi_1(x)$ 是 $\phi(x,z)$ 随 x 坐标变化的部分；$\phi_2(z)$ 是 $\phi(x,z)$ 随 z 坐标变化的部分。根据 Snell 定律，由式（3-85）第一式得到 $n(z)\cos\alpha = \cos\alpha_0$，于是

$$\phi_1(x) = x\cos\alpha_0 + C_1$$

式中，α_0 是声线方向角 α 的初始值，即声线的初始掠射角；C_1 为常数。另外，从 Snell 定律得到 $n(z)\sin\alpha = \sqrt{n^2 - \cos^2\alpha_0}$，因 $\cos\gamma = \sin\alpha$，把它代入式（3-85）第二式得

$$\phi_2(x) = \int_0^z \sqrt{n^2 - \cos^2\alpha_0}\,dz + C_2$$

式中，C_2 是积分常数，于是程函成为

$$\phi(x,z) = x\cos\alpha_0 + \int_0^z \sqrt{n^2 - \cos^2\alpha_0}\,dz + C \tag{3-86}$$

这里假定声线的起始点位于坐标原点，$C = C_1 + C_2$ 是积分常数。式（3-86）即 $n = n(z)$ 条件下，平面问题的程函方程显式。把 $\phi(x,z)$ 代入形式解（3-70a）中，便得到射线声学近似下，平面问题的声压表示式：

$$p(x,z) = A(x,z)\exp\left[j\left(\omega t - xk_0\cos\alpha_0 - k_0\int_0^z \sqrt{n^2 - \cos^2\alpha_0}\,dz \right) \right] \tag{3-87}$$

2. 强度方程

1）强度方程的意义

声强 I 定义为通过垂直于声波传播方向上单位面积的平均声能。简谐波的声强，可写成一个周期 T 内瞬时声能流的平均，即 $I = \dfrac{1}{T}\int_0^T pu\,dt$。声能传递方向即为声波传播方向，因而，声强可用指向声波传播方向的矢量 $\boldsymbol{I}$ 来表示。若采用声压的复数表示式，则声强表示为

$$\boldsymbol{I} = \frac{j}{\omega\rho}\frac{1}{T}\int_0^T p^*\nabla p\,dt \tag{3-88}$$

式中，p^* 为 p 的复共轭。为简单计，只考虑 $\boldsymbol{I}$ 在 x 方向上的分量 I_x，它正比于 $p^*\dfrac{\partial p}{\partial x}$。因声压表示为 $p = Ae^{-jk_0\phi}$，则

$$p^* \frac{\partial p}{\partial x} = A^2 \left(\frac{1}{A} \frac{\partial A}{\partial x} - \mathrm{j}k_0 \frac{\partial \phi}{\partial x} \right)$$

在声压幅值随距离相对变化甚小或在高频条件下，上式中第一项与第二项相比是个小量，可忽略不计，于是 I_x 正比于 $A^2 \frac{\partial \phi}{\partial x}$。类似地，$I_y \propto A^2 \frac{\partial \phi}{\partial y}$，$I_z \propto A^2 \frac{\partial \phi}{\partial z}$，于是可得

$$\boldsymbol{I} \propto A^2 \nabla \phi \tag{3-89}$$

可见，声强与声压振幅 A 的平方和程函梯度 $\nabla\phi$ 的乘积成正比，且 $\boldsymbol{I}$ 的方向与声线传播方向 $\nabla\phi$ 相一致。

前面的讨论中，已得到了强度方程（3-73），由它可得

$$\nabla \cdot (A^2 \nabla \phi) = 0$$

由上式可知声强矢量 $\boldsymbol{I}$ 的散度等于零：

$$\nabla \cdot \boldsymbol{I} = 0 \tag{3-90}$$

式（3-90）说明射线声学中，声强矢量为一管量场。

下面，应用高斯定理对式（3-90）作进一步的分析。高斯定理表示为

$$\iiint_V \nabla \cdot \boldsymbol{I} \mathrm{d}V = \oiint_S \boldsymbol{I} \mathrm{d}\boldsymbol{S}$$

它将 $\nabla \cdot \boldsymbol{I}$ 的体积分转化为面积分。若把封闭面 S 选成沿着声线管束的侧面和管束两端的横截面 S_1 和 S_2 组成，如图 3-12 所示，则由于声线管束侧面的法线方向处处与 $\boldsymbol{I}$ 方向相垂直，上式中沿声线管束侧面的面积分应等于零，于是就有

$$\iint_{S_1} \boldsymbol{I} \mathrm{d}\boldsymbol{S} + \iint_{S_2} \boldsymbol{I} \mathrm{d}\boldsymbol{S} = 0$$

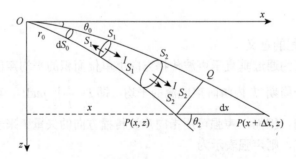

图 3-12　声能沿射线管束的传播图

由图 3-12 看出，S_1 的法线（外法线方向）与 $\boldsymbol{I}$ 方向相反，而 S_2 法线与 $\boldsymbol{I}$ 方向相同，在声强 $\boldsymbol{I}$ 沿端面 S_1 和 S_2 为均匀分布条件下，上式便成为 $-I_{S_1}S_1 + I_{S_2}S_2 = 0$，即

$$I_{S_1}S_1 = I_{S_2}S_2 = \cdots = 常数 \tag{3-91}$$

式中，常数由声源的辐射声功率来确定。式（3-91）说明，声能沿声线管束传播，端面大，声能分散，声强值就小；端面小，声能集中，声强值就大，即 I 与 S 成反比。另外，管束侧面上积分为零，表示管束内的声能不会通过侧面与管外有交流，因而总量保持不变，表明它是一个守恒量。

2）声强基本公式

式（3-91）表明了声能是个守恒量，但没有给出声强的大小，下面讨论声强的计算。令 W 表示单位立体角内的辐射声功率，若立体角微元 $\mathrm{d}\Omega$ 所张的截面积微元为 $\mathrm{d}S$ ，则声强等于（平面问题）：

$$I(x,z) = \frac{W\mathrm{d}\Omega}{\mathrm{d}S} \tag{3-92}$$

如果声源辐射声场关于 z 轴对称，考虑掠射角为 α_0 和 $\alpha_0 + \mathrm{d}\alpha_0$ 的两条声线，见图 3-13，令它们绕 z 轴旋转一周，得到一个声线管束，它所张的立体角微元为 $\mathrm{d}\Omega$ ，由于对称性， $\mathrm{d}\Omega$ 等于

$$\mathrm{d}\Omega = \frac{\mathrm{d}S_0}{r_0^2} = 2\pi\cos\alpha_0\mathrm{d}\alpha_0 \tag{3-93}$$

式中， $\mathrm{d}S_0$ 为距离声源 r_0 处立体角 $\mathrm{d}\Omega$ 所张微元面积。当声线到达观察点 P 处， $\mathrm{d}\Omega$ 所张的垂直于声线的横截面积：

$$\mathrm{d}S = 2\pi x \times \overline{PQ} = 2\pi x\sin\alpha_z\mathrm{d}x$$

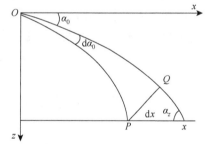

式中， α_z 为接收点处的声线掠射角； $\mathrm{d}x$ 为初始掠射角从 α_0 增加到 $\alpha_0 + \mathrm{d}\alpha_0$ 时，其水平距离 x 的增量。如果已经知道初始掠射角 α_0 所射出声线的轨迹方程 $x = x(\alpha_0, z)$ ，则水平距离 x 的增量 $\mathrm{d}x$ ：

$$\mathrm{d}x = \left(\frac{\partial x}{\partial \alpha_0}\right)_{\alpha_0}\mathrm{d}\alpha_0$$

图 3-13　声线的声强图

于是

$$\mathrm{d}S = 2\pi x\sin\alpha_z\left(\frac{\partial x}{\partial \alpha_0}\right)_{\alpha_0}\mathrm{d}\alpha_0 \tag{3-94}$$

把式（3-93）、式（3-94）代入式（3-92）中，得到

$$I(x,z) = \frac{W\cos\alpha_0}{x\left(\dfrac{\partial x}{\partial \alpha_0}\right)_{\alpha_0}\sin\alpha_z}$$

考虑到声速梯度 $g < 0$ 时，$\left(\dfrac{\partial x}{\partial \alpha_0}\right) < 0$，它将导致声强 $I(x,z) < 0$，这是不合理的，因此将上式改写为

$$I(x,z) = \frac{W \cos \alpha_0}{x \left| \dfrac{\partial x}{\partial \alpha_0} \right|_{\alpha_0} \sin \alpha_z} \tag{3-95}$$

式（3-95）就是射线声学计算单条声线声强的基本公式，它在水声学中有很多重要应用。

水声学中，有时用 r 表示水平距离，则式（3-95）成为

$$I(r,z) = \frac{W \cos \alpha_0}{r \left| \dfrac{\partial r}{\partial \alpha_0} \right|_{\alpha_0} \sin \alpha_z} \tag{3-96}$$

求得声强后，由它可得到声压振幅表示式。若不计入常数因子，则声压幅值等于

$$A(r,z) = |I|^{1/2} = \sqrt{\frac{W \cos \alpha_0}{r \left| \dfrac{\partial r}{\partial \alpha_0} \right|_{\alpha_0} \sin \alpha_z}} \tag{3-97}$$

综上，从强度方程求得射线声场的振幅因子 $A(r,z)$，结合先前从程函方程求得射线声场的程函 $\phi(r,z)$［平面问题见式（3-86）］，把它们代入形式解 $p(x,z)$ 中，便求得平面问题的射线声场表示式：

$$p(r,z) = A(r,z)\mathrm{e}^{-jk_0\phi(r,z)} \tag{3-98}$$

3.3.4　射线声学的适用条件

程函方程（3-74）是在条件

$$\frac{1}{k^2}\frac{\nabla^2 A}{A} \ll 1 \tag{3-99}$$

下导出的，该条件可理解为：

（1）在可以与声波波长相比拟的距离上，声波振幅的相对变化量远小于 1。

（2）要求声波波长很短，即高频情况。

条件（1）要求介质不均匀是慢变的，在一个波长距离上，声速变化应很小，所以，振幅的相对变化量也很小。

条件（2）表明射线声学适用高频条件，是波动声学在高频条件下的近似。所谓高频，其实是个相对概念，频率取何值才算高频，还与声速 c 和海深有关，Etter 在《水声建模与仿真》一书中指出，这里的高频，可理解为[4]

$$f > 10\frac{c}{H}$$

式中，c 是声速；H 是海深。

（3）射线声学在焦散区和影区不适用。

在射线声学中，当用式（3-96）计算声强时，可能会遇到 $\left|\dfrac{\partial r}{\partial \alpha_0}\right| = 0$，这时 $I \to \infty$，这是不合理的。水声中，称 $I \to \infty$ 为聚焦，射线方法在聚焦区域（焦散区）不适用。

另外，没有直达声线到达的区域称为影区，射线方法给出影区中声强为零，这与实际情况不符，所以，射线方法在影区也不适用。

3.4　分层介质中的射线声学

第 2 章中，介绍了海水介质的垂直分层特性，即声速不随水平方向变化，仅是海水深度的函数。所以，工程上往往在测得声速分布 $c(z)$ 后，沿深度方向将其分成若干层，并使每层中的相对声速梯度 a 等于常数，这就是分层介质模型。由图 3-14 可看出，在这种分层模型下，每层介质的特性可描述如下。

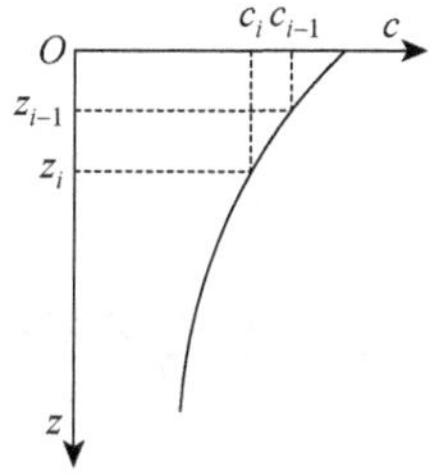

层厚度：
$$h_i = z_i - z_{i-1}, \quad i = 1, 2, \cdots, N$$

层中相对声速梯度：
$$a_i = \frac{c_i - c_{i-1}}{c_{i-1}(z_i - z_{i-1})}$$

图 3-14　分层介质模型

层中声速：
$$c(z) = c_{i-1}[1 + a_i(z - z_{i-1})], \quad z_{i-1} \leqslant z \leqslant z_i$$

海水介质的这种垂直分层模型，是对实际海洋声速分布的良好近似，比较客观地反映了声速的空间变化。本节将讨论介质分层模型下的射线声学，所得结果在水声工程中有广泛的应用。

3.4.1　Snell 定律和声线弯曲

前面已指出，Snell 定律确定了射线传播方向，它表示为
$$\frac{\cos\alpha}{c} = \frac{\cos\alpha_0}{c_0} = 常数 \tag{3-100}$$

式中，α 为声线与水平坐标 ox 轴的夹角，称为掠射角；c 为该处声速；α_0、c_0 为声线出射处的掠射角和声速。若 α_0 和声速的垂直分层分布 $c(z)$ 为已知，则可由 Snell 定律求出海洋中任意深度处声线的掠射角，从而确定任意深度处声波传播方向。由式（3-100）可知，对于每个初始掠射角 α_0，都有一条声线与其对应，初始掠射角 α_0 不同，与其对应的声线也就不同。由该式还可以想见，声速负梯度和声速正梯度条件下的声线"走"向是不同的。负梯度条件下，声速随深度增加而变小，掠射角 α 随深度增加而变大，即声线有弯向海底的趋势，如图 3-15（a）所示；正梯度条件下，声速随深度增加而变大，掠射角 α 随深度增加而减小，则声线有弯向海面的趋势，如图 3-15（b）所示。

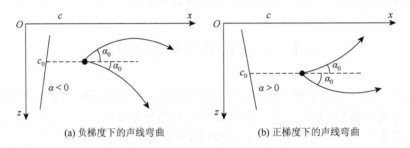

(a) 负梯度下的声线弯曲　　　　　(b) 正梯度下的声线弯曲

图 3-15　声速梯度和声线弯曲

3.4.2　恒定声速梯度情况下声线轨迹

由式（3-84）可求得平面问题的声线曲率的表达式：

$$\frac{\mathrm{d}\theta}{\mathrm{d}s}=\frac{\sin\theta}{c}\frac{\mathrm{d}c}{\mathrm{d}z}=\frac{\cos\alpha}{c}\frac{\mathrm{d}c}{\mathrm{d}z} \tag{3-101a}$$

式中，θ 为声线入射角，即声线长度微元 $\mathrm{d}s$ 与垂直轴 z 的夹角，它与掠射角 α 的关系为 $\alpha=\frac{\pi}{2}-\theta$；$c$ 为 $\mathrm{d}s$ 微元处的声速。Snell 定律指出，当初始掠射角 α_0 及相应的声速值 c_0 给定后，比值 $\cos\alpha/c=\cos\alpha_0/c_0=$ 常数。另外，对于恒定声速梯度介质，$c=c_0(1+az)$，这里 c_0 为 $z=0$ 处的声速，a 为相对声速梯度（这里 a 为常数），则 $\mathrm{d}c/\mathrm{d}z=ac_0$ 是常数。于是，从式（3-101a）得到

$$\frac{\mathrm{d}\theta}{\mathrm{d}s}=a\cos\alpha_0 \tag{3-101b}$$

这是一个常数，表示在恒定声速梯度情况下，声线曲率到处相等，则其轨迹必是圆弧。

3.4.3 层中的声线轨迹方程

1. 声线轨迹方程的一般形式

设海水介质中声速 $c = c(z)$，深度 z 处声线掠射角为 α，现在该处截取足够小声线微元 ds，则由图 3-16 可知 $dx = \dfrac{dz}{\tan\alpha}$。如 α_0、c_0 是声线初始掠射角和该处声速，并定义 $n(z) = \dfrac{c_0}{c(z)}$，则应用 Snell 定律 $\dfrac{\cos\alpha_0}{c_0} = \dfrac{\cos\alpha}{c(z)}$ 后，可得线轨迹方程的微分形式：

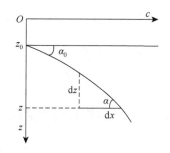

图 3-16 求声线轨迹方程的示意图

$$dx = \frac{\cos\alpha_0}{\sqrt{n^2 - \cos^2\alpha_0}}dz \qquad (3\text{-}102)$$

对式（3-102）完成积分，就可得到声线轨迹方程。

2. 恒定声速梯度条件下的声线轨迹方程

考虑层中相对声速梯度 a 等于常数的特殊情况，此时声速 $c = c_0(1 + az)$，则 $n(z) = 1/(1 + az)$，将其代入式（3-102），得

$$x = \int_{z_0}^{z} \cos\alpha_0 \frac{1 + az}{\sqrt{1 - (1 + az)^2 \cos^2\alpha_0}}dz$$

因仅考虑一层，可令 $z_0 = 0$，则完成上式积分得

$$x = \frac{\tan\alpha_0}{a} - \frac{1}{a\cos\alpha_0}\sqrt{1 - (1 + az)^2 \cos^2\alpha_0} \qquad (3\text{-}103)$$

式（3-103）经整理后得

$$\left(x - \frac{1}{a}\tan\alpha_0\right)^2 + \left(z + \frac{1}{a}\right)^2 = \left(\frac{1}{a\cos\alpha_0}\right)^2 \qquad (3\text{-}104)$$

式（3-104）就是 a 为常数时的声线轨迹方程，明显地，此时声线轨迹满足圆方程，圆心的坐标和曲率半径分别如下。

圆心坐标：

$$x = \frac{\tan\alpha_0}{a}, \quad z = -\frac{1}{a}$$

曲率半径：

$$R = \left| \frac{1}{a\cos\alpha_0} \right|$$

由于 α_0 很小的声线才能远距离传播，设 $\alpha_0 = 0$，即声线水平出射。又因为，一般情况下 $|a| = 10^{-4} \sim 10^{-6}$，这些条件决定了声线曲率半径 $R = \left| \frac{1}{a} \right|$ 一般是很大的，达数千米，甚至数十千米。

这里再次强调，只在相对声速梯度 a 等于常数条件下，声线轨迹才是圆弧。

3.4.4　层中声线经过的水平距离

1. 水平距离的一般关系式

若声源位于 $x=0, z=z_1$ 处，接收点位于 (x,z) 处，声速分布为 $c=c(z)$，则由积分式（3-105a）可求得声线经过的水平距离（图 3-17）。

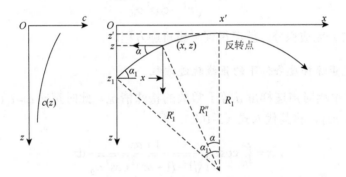

图 3-17　声线经过的水平距离

由图 3-16 可知，$\tan\alpha = \dfrac{\mathrm{d}z}{\mathrm{d}x}$，则

$$x = \int \mathrm{d}x = \int_{z_1}^{z} \frac{\mathrm{d}z}{\tan\alpha(z)} \tag{3-105a}$$

由 Snell 定律可得 $\tan\alpha = \dfrac{\sqrt{n^2 - \cos^2\alpha_1}}{\cos\alpha_1}$，其中 $n(z) = c(z_1)/c(z)$。因而水平距离 x 为

$$x = \cos\alpha_1 \int_{z_1}^{z} \frac{\mathrm{d}z}{\sqrt{n^2(z) - \cos^2\alpha_1}} \tag{3-105b}$$

当接收点远离声源时，声线往往要经过反转后才到达接收点，这时从图 3-17 可以看出，声线经过反转点 z' 之后，整个声线的 z 和 x 不再一一对应，同一 z 值对应两个 x 值，因此在求水平距离时，积分应分段相加，于是有

$$x = \cos\alpha_1 \left| \int_{z_1}^{z} \frac{\mathrm{d}z}{\sqrt{n^2(z) - \cos^2\alpha_1}} \right| + \cos\alpha' \left| \int_{z'}^{z} \frac{\mathrm{d}z}{\sqrt{n^2(z) - \cos^2\alpha'}} \right| \qquad (3\text{-}106)$$

因为反转点处掠射角 $\alpha' = 0$，所以式（3-106）成为

$$x = \cos\alpha_1 \left| \int_{z_1}^{z} \frac{\mathrm{d}z}{\sqrt{n^2(z) - \cos^2\alpha_1}} \right| + \left| \int_{z'}^{z} \frac{\mathrm{d}z}{\sqrt{n^2(z) - 1}} \right| \qquad (3\text{-}107)$$

式（3-106）或式（3-107）即为声速分布为 $c = c(z)$ 条件下的声线水平距离公式。

2. 恒定声速梯度下层中声线水平距离

对于恒定声速梯度情况，声线轨迹是一圆弧，直接从声线轨迹图来求水平距离 x 更为方便。从图 3-17 可看出：

$$x = R_1 \left| \sin\alpha_1 - \sin\alpha(z) \right| = \frac{c(z_1)}{\cos\alpha_1 \cdot g} \left| \sin\alpha_1 - \sin\alpha(z) \right| \qquad (3\text{-}108)$$

式中，g 为绝对声速梯度，$g = \dfrac{\mathrm{d}c}{\mathrm{d}z} = ac_0$。

由图 3-17 可知，声线经过的垂直距离等于 $z_1 - z = R_1(\cos\alpha - \cos\alpha_1)$，把它代入式（3-108），便得水平距离的另一表达式：

$$x = \frac{|z - z_1|}{\tan\left[\dfrac{1}{2}(\alpha_1 + \alpha(z))\right]} \qquad (3\text{-}109)$$

显然，使用式（3-109）计算水平距离是更为方便的。同样，当声线经过反转点 z' 后，水平距离也需分段相加，经化简后得

$$x = \frac{|z_1 - z'|}{\tan(\alpha_1 / 2)} + \frac{|z - z'|}{\tan(\alpha / 2)} \qquad (3\text{-}110)$$

3.4.5　层中声线传播时间

1. 层中声线传播时间的一般表示式

声速因深度而变，声线经过微元 $\mathrm{d}s$ 距离所需要的时间 $\mathrm{d}t = \mathrm{d}s / c$（图 3-18），因而

$$t = \int \frac{\mathrm{d}s}{c}$$

将声线微元 $\mathrm{d}s$ 取得足够小，则 $\mathrm{d}s = \dfrac{\mathrm{d}z}{\sin\alpha(z)}$。当声线从 z_1 深度传播到 z 深度，则所需要的时间等于

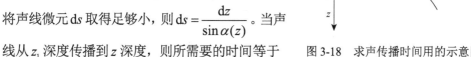

图 3-18　求声传播时间用的示意图

$$t = \int_{z_1}^{z} \frac{\mathrm{d}z}{c(z)\sin\alpha(z)} \tag{3-111}$$

根据 Snell 定律，$c\sin\alpha = \dfrac{c_1}{n^2}\sqrt{n^2 - \cos^2\alpha_1}$，其中，$n = c(z_1)/c(z) = c_1/c$，所以有

$$t = \frac{1}{c_1}\int_{z_1}^{z} \frac{n^2(z)\mathrm{d}z}{\sqrt{n^2(z) - \cos^2\alpha_1}} \tag{3-112}$$

式（3-112）为计算声线传播时间的一般表示式。

2. 恒定声速梯度条件下层中声线传播时间

在恒定声速梯度条件下，由 Snell 定律可求得 $\mathrm{d}z = -\sin\alpha\mathrm{d}\alpha/(a\cos\alpha_1)$，代入式（3-111）可以得到

$$t = -\int_{\alpha_1}^{\alpha} \frac{\mathrm{d}\alpha}{ac_1\cos\alpha} \tag{3-113}$$

α_1 和 α 分别为深度 z_1 和 z 处的声线掠射角。对式（3-113）完成积分，得到

$$t = \frac{1}{2ac_1}\left(\ln\frac{1+\sin\alpha_1}{1-\sin\alpha_1} - \ln\frac{1+\sin\alpha}{1-\sin\alpha}\right) \tag{3-114}$$

式（3-114）给出了恒定声速梯度层中声线传播时间的计算公式。

3.4.6　恒定声速梯度层中的声强

3.3 节介绍了射线声学的基本方程之一——强度方程。它告诉我们，在射线管束内，流过与声线相垂直的不同横截面上的声能等于常数值，即

$$I_1 S_1 = I_2 S_2 = \cdots = \text{常数}$$

图 3-12 形象地表明了这种情况，同时说明了声波传播过程中声强变化的一个重要原因。

作为特例，考虑层中为恒定声速梯度时的声强。此时利用水平距离 x 的表达式（3-109），并由 Snell 定律得到 $\dfrac{\partial\alpha}{\partial\alpha_0} = \dfrac{\cos\alpha\sin\alpha_0}{\cos\alpha_0\sin\alpha}$，代入表达式（3-95）后有

$$\left|\frac{\partial x}{\partial\alpha_0}\right|_{\alpha_0} = \frac{x}{\cos\alpha_0\sin\alpha}$$

于是，求得单层线性分层介质中的声强：

$$I = \frac{W\cos^2\alpha_0}{x^2} \tag{3-115}$$

前面已经得到平面问题中的射线声学声压一般表示式为

$$p(x,z) = A(x,z)\mathrm{e}^{-\mathrm{j}k_0\phi(x,z)}$$

在忽略常数因子情况下，声压振幅为

$$A(x,z) = \sqrt{I(x,z)}$$

这就得到了线性分层介质中的声压振幅。

3.4.7　聚焦因子

在不均匀介质中，声线弯曲使得传播声能的声线管束横截面积发生变化。比较图 3-19 中的两声线管束可以看出，在相同的水平距离上，截面积 S_0 和 S_1 一般不相等。这里，S_0 为均匀介质中的声线管束横截面积，S_1 为不均匀介质的声线管束横截面积。当发射声功率一定时，由于截面积 S_0 与 S_1 一般不等，因此通过这些截面单位面积上的声功率，即声强也是不相等的，聚焦因子就是用来描述声强的这种差异的。

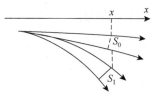

图 3-19　不均匀介质和均匀
介质中的声线管束截面

聚焦因子定义为不均匀介质中的声强 $I(x,z)$ 与均匀介质中的声强 I_0 之比，即

$$F(x,z) = \frac{I(x,z)}{I_0} \tag{3-116}$$

设 W 是单位立体角内的发射声功率，则均匀介质中的声强 $I_0 = W / R^2$，不均匀介质中的声强 $I(x,z)$ 由式（3-95）给出，于是有

$$F(x,z) = \frac{R^2 \cos\alpha_0}{x \left| \dfrac{\partial x}{\partial \alpha_0} \right|_{\alpha_0} \sin\alpha} \tag{3-117}$$

在斜距 R 近似等于水平距离 x 时，式（3-117）近似等于

$$F(x,z) = \frac{x \cos\alpha_0}{\left| \dfrac{\partial x}{\partial \alpha_0} \right|_{\alpha_0} \sin\alpha} \tag{3-118}$$

聚焦因子 $F(x,z)$ 说明了声能的相对会集程度，若聚焦因子 $F(x,z) < 1$，说明射线管束中的发散程度大于球面波的发散，管中声强小于球面波声强；若 $F(x,z) > 1$，说明射线管束中的发散小于球面波的发散，管中声强大于球面波声强。当 $|\partial x / \partial \alpha_0|_{\alpha_0} \to 0$ 时，$F(x,z) \to \infty$，此时声强急剧增强，这是由射线管束横截面积强烈收缩，或声线大量集中，声能聚集所致，称为声聚焦，这时，式（3-95）和式（3-118）不能成立，射线声学在这里就不再适用。但实际上聚焦处声强并不为无限大，只是远高于邻近区域中的声强。

3.4.8 焦散线邻域的聚焦因子

明显地，在焦散线邻域，不能用上面给出的公式（3-118）计算聚焦因子，应由波动声学给出这些区域内的声强，并计算得聚焦因子[5]：

$$F(x,z) = 2^{5/3} \frac{(k_0 \sin\alpha_0)^{1/3} \cos\alpha_0}{\sin\alpha} x \left| \frac{\partial^2 x}{\partial \alpha_0^2} \right|^{-2/3} v^2(t) \qquad (3-119)$$

由于在焦散线上 $\frac{\partial x}{\partial \alpha_0} \to 0$，因而，改用 $\frac{\partial^2 x}{\partial \alpha_0^2}$ 来求聚焦因子。式中，$v(t)$ 称为艾里函数，它随宗量 t 的变化请参考文献[5]，当 $t \to 0$ 时，$v(0) = 0.6293$。

艾里函数宗量 t 可表示为

$$t = \pm 2^{1/3} \left| \frac{\partial^2 x}{\partial \alpha_0^2} \right|^{1/3} (k_0 \sin\alpha_0)^{2/3} (x - x_0) \qquad (3-120)$$

式中，$x - x_0$ 为观察点与焦散线之间的水平距离。式（3-120）中的 t 可正可负，当 $\frac{\partial^2 x}{\partial \alpha_0^2} < 0$ 时，t 取正号，函数 $v(t)$ 急剧下降，对应于声线不能到达的声影区，声强随离开焦散线距离的增加而很快减小；当 $\frac{\partial^2 x}{\partial \alpha_0^2} > 0$ 时，t 取负号，艾里函数 $v(t)$ 上下振荡，说明声场中每一点有两条声线相交，两条声线的干涉导致焦散线另一侧（$t < 0$ 的一侧）的声场起伏。

3.4.9 层中射线声学概要

射线声学在水声中有广泛应用，为方便使用，表 3-1 摘要汇编了声线计算公式，供读者查阅。

表 3-1 声线计算公式摘要

事项名称	恒定声速梯度介质	一般介质
Snell 定律	$\dfrac{\cos\alpha_{i-1}}{c_{i-1}} = \dfrac{\cos\alpha_i}{c_i} = \dfrac{\cos\alpha_0}{c_0}$	$\dfrac{\cos\alpha_0}{c_0} = \dfrac{\cos\alpha}{c}$
层厚	$h_i = z_i - z_{i-1}$	
声速梯度	$g_i = \dfrac{c_i - c_{i-1}}{z_i - z_{i-1}}$	$g = \dfrac{dc}{dz} = \dfrac{\partial c}{\partial T}\dfrac{dT}{dz} + \dfrac{\partial c}{\partial S}\dfrac{dS}{dz} + \dfrac{\partial c}{\partial P}\dfrac{dP}{dz}$
相对声速梯度	$a_i = \dfrac{c_i - c_{i-1}}{c_{i-1}(z_i - z_{i-1})}$	

续表

事项名称	恒定声速梯度介质	一般介质
层中声速	$c(z) = c_{i-1}[1 + a_i(z - z_{i-1})]$	
声线轨迹方程	$\left(x - \dfrac{\tan\alpha_{i-1}}{a_i}\right)^2 + \left(z + \dfrac{1}{a_i}\right)^2 = \left(\dfrac{1}{a_i\cos\alpha_{i-1}}\right)^2$	$\mathrm{d}x = \dfrac{\cos\alpha_0}{\sqrt{x^2(z) - \cos^2\alpha}}\mathrm{d}z$
曲率半径	$R = \left\lvert \dfrac{1}{a\cos\alpha_0} \right\rvert$	$R = \left\lvert \dfrac{\mathrm{d}\alpha}{\mathrm{d}S} \right\rvert$
声线水平距离	$x_i = \dfrac{z_i - z_{i-1}}{\tan\left[\dfrac{1}{2}(\alpha_i + \alpha_{i-1})\right]}$	$x = \displaystyle\int_{z_i}^{z} \dfrac{\mathrm{d}z}{\tan\alpha(z)}$
声线传播时间	$t_i = \dfrac{1}{2a_i c_{i-1}}\left(\ln\dfrac{1+\sin\alpha_{i-1}}{1-\sin\alpha_{i-1}} - \ln\dfrac{1+\sin\alpha_i}{1-\sin\alpha_i}\right)$	$t = \displaystyle\int_{z_i}^{z} \dfrac{\mathrm{d}z}{c(z)\sin\alpha(z)}$
声强	$I(x,z) = \dfrac{wD(\alpha_0)\cos^2\alpha_0}{x\sin\alpha\sin\alpha_0 \displaystyle\sum_{i=1}^{N}\dfrac{x_i}{\sin\alpha_i\sin\alpha_{i-1}}}$	$I = \dfrac{w\cos\alpha_0}{x\left\lvert\dfrac{\partial x}{\partial\alpha_0}\right\rvert_{\alpha_0}\sin\alpha_z}$
聚焦因子	$F(x,z) = \dfrac{x\cos^2\alpha_0}{\sin\alpha\sin\alpha_0 \displaystyle\sum_{i=1}^{N}\dfrac{x_i}{\sin\alpha_i\sin\alpha_{i-1}}}$	$F(x,z) = \dfrac{R^2\cos\alpha_0}{x\left\lvert\dfrac{\partial x}{\partial\alpha_0}\right\rvert_{\alpha_0}\sin\alpha}$

3.5　分层介质中的声线图绘制

　　本节将讨论分层介质中的声线图绘制。设已知声源位置和声源所在海域的声速分布为 $c(z)$，则对于每一个初始掠射角 α_0，都有一条声线与其相对应，不断改变 α_0 的值，就能得到一族声线，这些声线的轨迹就组成了声线图。声线图以直观、清晰的形式表明了介质中的能量分布：声线稠密处，声强就强；如声线大量聚集，该处就发生聚焦；声线稀疏处，声强就弱，无声线到达的区域，就成为影区。绘制声线图的理论依据就是恒定声速梯度层中的射线理论，因此，其数学运算并不复杂。下面给出绘制声线图的具体步骤。

3.5.1　介质分层

　　绘制声线图，首先要对介质进行分层。线性分层介质，是指层中声速随深度作线性变化，即恒定声速梯度介质层。任意复杂的声速垂直分布，总可以近似地划分成多层恒定梯度介质层的连接，如图 3-20 所示。分层后，用折线表示的声速

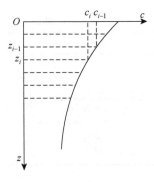

图 3-20　介质分层示意图

分布来替代连续变化的声速分布。因为分层的目的是要使层中声速随深度作线性变化，因此，在海面和跃变层附近，因声速变化剧烈，层应适当密一些。另外，声源和水听器所在深度则必须分层。

3.5.2　介质层中的参数

图 3-20 是介质分层后的示意图，由图可知，第 i 层中的声速 $c(z)$、层中相对声速梯度 a_i、层厚度 h_i 等量可表示如下。

层厚度：

$$h_i = z_i - z_{i-1} \tag{3-121}$$

层中相对声速梯度：

$$a_i = \frac{c_i - c_{i-1}}{c_{i-1}h_i} \tag{3-122}$$

层中声速：

$$c(z) = c_{i-1}[1 + a_i(z - z_{i-1})], \quad z_{i-1} \leqslant z \leqslant z_i; i = 1, 2, \cdots, N \tag{3-123}$$

逐层计算以上各量，以备声线参数计算之用。

3.5.3　声线参数计算

设定声线初始掠射角 α_0、声源处声速 c_0，则层中声线参数分别如下。

声线在深度 z_i 处的掠射角 α_i：

$$\cos\alpha_i = c_i \frac{\cos\alpha_0}{c_0} \tag{3-124}$$

声线在第 i 层中的水平距离 x_i：

$$x_i = \frac{z_i - z_{i-1}}{\tan\dfrac{\alpha_i + \alpha_{i-1}}{2}} \tag{3-125}$$

声线在第 i 层中的传播时间 t_i：

$$t_i = \frac{1}{2a_i c_{i-1}}\left(\ln\frac{1 + \sin\alpha_{i-1}}{1 - \sin\alpha_{i-1}} - \ln\frac{1 + \sin\alpha_i}{1 - \sin\alpha_i}\right) \tag{3-126}$$

总的声线水平距离 x：

$$x = \sum_{i=1}^{N} x_i \tag{3-127}$$

总的声线传播时间 t :

$$t = \sum_{i=1}^{N} t_i \qquad (3\text{-}128)$$

3.5.4　分层介质中的声强

式（3-95）和式（3-115）分别给出了介质层和恒定声速梯度介质层中的声强计算公式，对于分层介质，水平距离 x 由式（3-125）和式（3-127）表示，它对 α_0 的导数为

$$\left| \frac{\partial x}{\partial \alpha_0} \right|_{\alpha_0} = \left| \sum_{i=1}^{N} \frac{\partial x_i}{\partial \alpha_0} \right|_{\alpha_0} = \sum_{i=1}^{N} \frac{\sin \alpha_0}{\cos \alpha_0} \frac{x_i}{\sin \alpha_{i-1} \sin \alpha_i}$$

代入式（3-95）中，最终得

$$I(x,z) = \frac{W \cos \alpha_0}{x \sin \alpha \dfrac{\sin \alpha_0}{\cos \alpha_0} \displaystyle\sum_{i=1}^{N} \dfrac{x_i}{\sin \alpha_{i-1} \sin \alpha_i}} \qquad (3\text{-}129)$$

式中，W 为单位立体角内的发射声功率，在球对称声发射情况下：

$$W = \frac{W_0}{4\pi}$$

其中，W_0 为球形声源均匀发射的总声功率。

在非各向均匀发射时，尚需计入声源的声强辐射指向性函数 $D(\alpha,\phi)$ 的影响。若指向性函数 D 与方位角 ϕ 无关，$D = D(\alpha)$，则单层介质的声强公式（3-117）改写为

$$I(x,z) = \frac{WD(\alpha_0)\cos \alpha_0}{x \left| \dfrac{\partial x}{\partial \alpha_0} \right|_{\alpha_0} \sin \alpha} \qquad (3\text{-}130)$$

同理，当计入声强辐射指向性函数后，多层线性分层介质的声强公式（3-129）写为

$$I(x,z) = \frac{WD(\alpha_0)\cos \alpha_0}{x \sin \alpha \dfrac{\sin \alpha_0}{\cos \alpha_0} \displaystyle\sum_{i=1}^{N} \dfrac{x_i}{\sin \alpha_i \sin \alpha_{i-1}}} \qquad (3\text{-}131)$$

3.5.5　分层介质中的聚焦因子

对于一层介质，式（3-118）给出了聚焦因子的计算公式；对于分层介质，水平

距离 x 改由式（3-125）和式（3-127）表示，考虑 $\left.\left|\dfrac{\partial x}{\partial \alpha_0}\right|\right|_{\alpha_0}=\sum\limits_{i=1}^{N}\dfrac{\sin\alpha_0}{\cos\alpha_0}\dfrac{x_i}{\sin\alpha_{i-1}\sin\alpha_i}$，
聚焦因子 $F(x,z)$ 表示为

$$F(x,z)=\frac{x\cos^2\alpha_0}{\sin\alpha\sin\alpha_0\sum\limits_{i=1}^{N}\dfrac{x_i}{\sin\alpha_i\sin\alpha_{i-1}}} \tag{3-132}$$

水声学中，只有 α_i 值较小的声线才可能传播较远的距离，也才是人们感兴趣的声线。于是应用正弦函数的小宗量展开（$\sin\alpha\approx\alpha$），式（3-132）简化为

$$F(x,z)=\frac{x}{\alpha\alpha_0\sum\limits_{i=1}^{N}\dfrac{x_i}{\alpha_i\alpha_{i-1}}} \tag{3-133}$$

3.5.6　分层介质中焦散线邻域的聚焦因子

式（3-119）给出了层中焦散线邻域的聚焦因子计算公式，关键是计算 $\dfrac{\partial^2 x}{\partial\alpha_0^2}$ 的值。分层介质中，水平距离由 $x=\sum\limits_{i=1}^{N}\dfrac{c_{i-1}\left|\sin\alpha_i-\sin\alpha_{i-1}\right|}{g_i\cos\alpha_{i-1}}$ 给出，将其对 α_0 求两次导数，得

$$\frac{\partial^2 x}{\partial\alpha_0^2}=\tan^2\alpha_0\left[\sum_{i=1}^{N}\frac{x_i}{(\sin\alpha_i\sin\alpha_{i-1})^2}+\sum_{i=1}^{N}\frac{\cos^2\alpha_{i-1}\sin^2\alpha_i+\sin^2\alpha_{i-1}\cos^2\alpha_i}{(\sin\alpha_i\sin\alpha_{i-1})^3}x_i\right] \tag{3-134}$$

把式（3-134）代入式（3-119）中，则得到焦散线邻域的聚焦因子，它等于[6]

$$F(x,z)=2^{5/3}\frac{(k_0\sin\alpha_0)^{1/3}\cos\alpha_0}{\sin\alpha\tan\alpha_0}x[\cdots]^{-2/3}v^2(t) \tag{3-135}$$

式（3-135）中的方括号即为式（3-134）中的方括号。式（3-119）成立的前提是

$$(x-x_0)^{1/2}\ll\left(\frac{\partial^2 x}{\partial\xi_0^2}\right)^{3/2}\left(\frac{\partial^3 x}{\partial\xi_0^3}\right)^{-1}$$

式中，$\xi_0=k_0\cos\alpha_0$；x_0 为焦散线的坐标。因而，式（3-135）适用于观察点 x 靠近焦散点的邻近区域。

3.5.7　声线计算结果举例

1. 声线轨迹图

图 3-21[7]中绘出了四种不同类型声速分布下的声线轨迹。图 3-21（a）和（b）

分别是恒定负声速梯度和正声速梯度下的声线轨迹,图(c)为表面层具有正梯度(表面声道,见第4章)和下层为负梯度情况下的声线轨迹。图(d)、(e)和(f)是水下声信道(见第4章)中的声线轨迹。图(d)对应声源位于声道轴附近位置,图(e)和(f)分别对应声源位于接近海面和接近海底的情况。比较图(d)、(e)、(f)三张轨迹图可以看出,声线轨迹不仅与声速分布有关,而且与声源位置也有关系。

采用声速分段折线来代替实际声速的连续变化的曲线,导致各分段界面上出现声速梯度的不连续。在绘制声线图时,可能会引起虚假的声线会聚现象[8]。有人采用多项式表示的声速分布曲线去逼近真实的声速分布[9,10]。但是,因声速的折线分段近似方法比较简单,该方法在工程上仍被广泛采用。

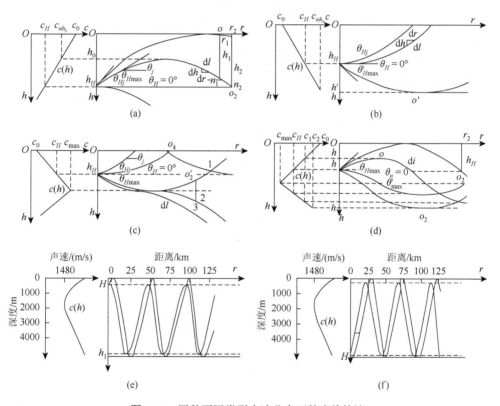

图 3-21　四种不同类型声速分布下的声线轨迹

2. 本征声线

若声源和接收位置已确定,在分析接收点的声场特性时,首先需要确定能到达接收点的声线,这种到达固定点上的声线,称为本征声线。由射线声学可知,到达声场某固定点上的声线，可以是直达声线，也可以是经海底、海面（一次或多次）反射的声线，还可能是声道中多次反转的声线，这些都是本征声线。所以，寻找本征声线，首先要确定声线类型和反射、反转次数，然后建立相应的数学模型，最后应用合适的数学方法，如迭代法，得到该声线在层的掠射角、传播时间、水平距离等量，供计算该声线总的传播时间、声强之用。当然，给定点的声场强度，是该点的所有本征声线的叠加，才是该点的声强。

3. 聚焦因子计算结果

作为一个例子，考察多层线性分层介质中聚焦因子 $F(x,z)$ 的计算。应用分层介质中声强计算公式（3-133）：

$$F(x,z) = \frac{x}{\alpha\alpha_0 \sum_{i=0}^{N-1} \frac{x_i}{\alpha_i\alpha_{i+1}}}$$

可见，只要应用式（3-124）、式（3-125）求得各层的掠射角 α_i 和水平距离 x_i，就可求出该处的 F 值。

图 3-22[7]绘制了在声道轴以上水域中，初始掠射角 $\alpha_0 = 10°$ 的声线轨迹。在表 3-2 中列出了各编号点上声线的掠射角，水平传播距离和聚焦因子值。

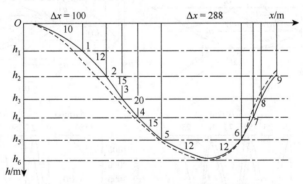

图 3-22　计算聚焦因子时用的声线轨迹图

虚线象征地表示声管束；点与点之间的数值为角度值（°）

表 3-2　按声线参数计算的聚焦因子 F_i

点号	$\alpha_i/(°)$	Δx_i	F_i	x
0	10	—	—	0
1	12	100	1	100
2	15	60	0.915	160
3	20	50	0.788	210

续表

点号	$\alpha_i/(°)$	Δx_i	F_i	x
4	15	50	1.16	260
5	12	90	1.45	350
6（焦散点）	−12	288	∞	638

根据式（3-133），计算了点 2、4、6 上的聚焦因子值，结果如下：

$$F_2 = \frac{160}{10 \times 15 \left(\dfrac{100}{10 \times 12} + \dfrac{60}{12 \times 15} \right)} = 0.915$$

$$F_4 = \frac{260}{10 \times 15 \left(\dfrac{100}{10 \times 12} + \dfrac{60}{12 \times 15} + \dfrac{50}{15 \times 20} + \dfrac{50}{20 \times 15} \right)} = 1.16$$

$$F_6 = \frac{638}{10 \times 15 \left(\dfrac{100}{10 \times 12} + \dfrac{60}{12 \times 15} + \dfrac{50}{15 \times 20} + \dfrac{50}{20 \times 15} + \dfrac{90}{12 \times 15} - \dfrac{288}{12 \times 12} \right)} = \infty$$

计算结果表明，点 2 上 F 小于 1，点 4 上 F 大于 1，点 6 上 F 趋于无穷大，点 6 称为焦散点，射线声学在这里不再适用。

4. 声聚焦的物理解释

由射线声学理论可知，每一条初始掠射角等于 α_0 的射线，其水平距离可表示为

$$x = x(\alpha_0, z) \qquad (3\text{-}136)$$

在接收深度 z 给定的条件下，对于每个初始掠射角等于 α_0，都能画出一条相应的声线。因此，不断改变初始掠射角，就会得到一个声线族，其包络线满足如下方程：

$$\frac{\partial x(\alpha_0, z)}{\partial \alpha_0} = 0 \qquad (3\text{-}137)$$

由式（3-118）可知，式（3-137）成立处声能形成聚焦，因此，将声线族包络线称为焦散线，从式（3-136）和式（3-137）中消去参数 α_0，就可得到焦散线方程。图 3-23 中绘出了声线族及其包络线的示意图，曲线 AA 就是焦散线，那里声线大量集中，声强 $\to \infty$。

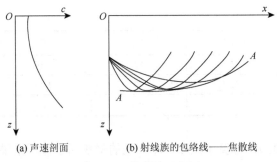

(a) 声速剖面　　　　　　(b) 射线族的包络线——焦散线

图 3-23　焦散线示意图

3.5.8　射线方法与波动方法之间的关系

　　射线方法和波动方法是处理同一个物理现象的两种重要方法，虽然各有优缺点，但都能对声传播问题作出良好的描述，这就说明这两种方法间必然存在某种内在联系，研究这种内在联系必能加深对声传播问题的理解，更好掌握海洋中声传播规律，使水声技术更好地服务于人类，有兴趣的读者请参考文献[11]。

习　题

　　1. 设海面为平整的自由界面，海底为平整的刚性边界，试写出它们的边界条件，并说明物理意义。

　　2. 写出平面波和球面波满足的辐射条件，并说明辐射条件的必要性。

　　3. 无限流体介质中，在 $z = z_0$ 处有一点声源，写出波动方程和点源条件。

　　4. 声道中的简正波具有哪些性质，它是如何形成的？

　　5. 什么是频散现象，浅海声道中脉冲信号的波形为什么会产生畸变？

　　6. 何谓声道的截止频率，若声波频率低于声道的截止频率，则此声波在声道中如何传播？

　　7. 什么是射线声学方法，在什么条件下适用，有什么优缺点？

　　8. 射线方法在焦散区和影区是否适用，为什么？

　　9. 试比较射线方法和波动方法的优缺点。

　　10. 均匀浅海声信道中的传播损失遵循什么规律，说明形成这种规律的原因。

参 考 文 献

[1]　Kinsler L E，Frey A R. Fundamentals of Acoustics[M]. 3rd ed. New York：Wiley，1982：430，431，438.

[2]　布列霍夫斯基赫，雷桑诺夫. 海洋声学基础（中译本）[M]. 朱柏贤，金国亮，译. 北京：海洋出版社，1985：119.

[3]　Pekeris C L. Theory of propagation of explosive and shallow water[J]. Geological Society of America，1984：27.

[4]　Etter P C. 水声建模与仿真[M]. 3 版. 蔡志明，等，译. 北京：电子工业出版社，2005：118.

[5]　布列霍夫斯基. 海洋声学[M]. 山东海洋学院海洋物理系，中国科学院声学研究所水声研究室，译. 北京：
　　　科学出版社，1983：65.

[6]　布列霍夫斯基. 分层介质中的波[M]. 杨训仁，译. 北京：科学出版社，1985：256.

[7]　马特维柯，塔拉休克. 水声设备作用距离（中译本）[M]. 水声设备作用距离翻译组，译. 北京：国防工业
　　　出版社，1981：122，126，137.

[8]　Pedersen M A. Acoustic intensity anomalies introduced by constant velocity gradients[J]. Journal of the Acoustical
　　　Society of America，1961，33：465-474.

[9]　Raphael D T. A new approach to the determination of acquiring rays in singly and doubly layered oceans[J].
　　　Journal of the Acoustical Society of America，1970，48：1249-1256.

[10]　Weinberg H A. Continuous-gradient curve-fitting technique for acoustics-ray analysis[J]. Journal of the Acoustical
　　　Society of America，1971，50：975-984.

[11]　汪德昭，尚尔昌. 水声学[M]. 北京：科学出版社，1981：135.

第4章 典型传播条件下的声传播

海水中的声传播既受到海水声速不均匀分布的影响，同时受到海面和海底的影响。海水中的声速、密度分布，海面的平整程度、反射损失，以及海底的密度、声速、反射系数、吸收衰减等因数，总称为声传播条件。就声速分布而言，有均匀分布、表面正梯度分布、深海声道典型声速分布、声速负梯度分布以及声速跃变层等，不同声速分布条件下，声传播特性也是不同的；至于海面、海底对声传播的影响，若声场只受海面影响而可不计海底影响，则为深海或表面声道声传播；若既受海面又受海底影响的情况，则为浅海声道声传播；还有既不受海面也不受海底影响的情况，如深海声道中的声传播。本章将运用射线声学方法讨论典型海洋环境条件下的声传播特性，所得结果从理论上说明海洋中的声传播机理及其规律，也为声呐设计和声呐合理应用提供理论依据。

4.1 邻近海面的水下点源声场

本节讨论点源位于海平面附近时的辐射声场特性，旨在研究海面对声传播的影响。设海水中声速均匀分布，为常数 c，点源 S 位于海平面附近 z_1 深度处，接收点 P 位于深度 z 处，两者间水平距离 r，如图 4-1 所示。下面，在不考虑海底反射影响的条件下，我们讨论海水中点源 S 的辐射声场及其传播特性，其结果将反映海面的存在对声传播的影响。

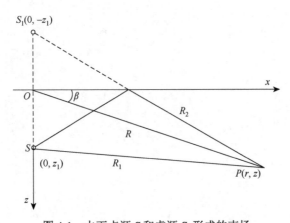

图 4-1 水下点源 S 和虚源 S_1 形成的声场

4.1.1　解的表示

由于问题的高度轴对称性，可以仅在 xOz 平面内进行讨论，并令点源 S 和接收点 P 都位于此平面内。对于不存在海表面的无界空间，点源辐射各向均匀球面波，可表示为

$$p = \frac{A}{R_1}e^{-jkR_1} \qquad (4\text{-}1)$$

式中，波数 $k = \dfrac{\omega}{c}$，ω 为点源辐射声波的圆频率；A 为振幅，是一个常数，以下令 $A = 1$；R_1 为点源和接收点之间的距离。显然，式（4-1）满足波动方程 $\nabla^2 p + k^2 p = 0$ 和定解条件式（3-29），因此，它描述了无限均匀介质中点源 S 的辐射声场。

当存在海面边界时，辐射声场的解应满足海面边界条件。通常，将海面视为平整自由界面，其边界条件表示为

$$p|_{z=0} = 0 \qquad (4\text{-}2)$$

明显地，式（4-1）不满足边界条件式（4-2），因此，它不是存在海面时点源 S 辐射声场的解。事实上，点源 S 辐射的声波，有一部分将在海面发生反射，其中一个特定方向上的反射波，会到达接收点，成为接收波的组成部分，如图 4-1 中的 R_2 所示。根据镜像原理，点源 S 存在一个虚源 S_1，位于 $(0, -z_1)$，与 S 对称于海平面，反射波被看成虚源 S_1 的辐射声波，强度与点源 S 的辐射声强相同，但相位相反。于是，接收点上的总声场应由点源 S 和虚源 S_1 的辐射声场叠加组成，表示为

$$p = \frac{1}{R_1}e^{-jkR_1} - \frac{1}{R_2}e^{-jkR_2} \qquad (4\text{-}3)$$

式中

$$R_1 = \sqrt{r^2 + (z - z_1)^2}, \quad R_2 = \sqrt{r^2 + (z + z_1)^2}$$

这样，当 $z = 0$ 时，$R_1 = R_2$，$p = 0$，显然，式（4-3）既满足波动方程，也满足边界条件式（4-2），因此，式（4-3）即为海面附近点源辐射声场的解。

由声场表示式（4-3）可知，声场由直达声线 SP 和反射声线 S_1P 的相干叠加组成，以下将会看到，正是由于这种相干叠加，使总声场具有了很多特殊性质。

4.1.2　声压随距离的变化

海面附近点源的辐射声场，明显不同于无限介质中的点源辐射声场。对于后者，无论传播距离如何变化，声波总是以球面波规律传播；对于前者，则由于直

达声和反射声的相干叠加，总声场不再遵循球面波规律，而且在不同的距离上表现出不同的传播特性。

1. 菲涅耳（Fresnel）区内的声场

设点源和接收点之间的水平距离 r 远大于声源深度 z_1 和接收深度 z，讨论这种情况下声压振幅随距离的变化。因水平距离 r 远大于 z_1 和 z，则由图 4-1 可得到

$$R_1 = \sqrt{r^2 + (z - z_1)^2} \approx R - \frac{zz_1}{R}, \quad R_2 = \sqrt{r^2 + (z + z_1)^2} \approx R + \frac{zz_1}{R}$$

式中，$R^2 = r^2 + z^2$，把 R_1、R_2 代入式（4-3）中，得

$$p \approx \frac{\mathrm{e}^{-\mathrm{j}k\left(R - \frac{zz_1}{R}\right)}}{R - \frac{zz_1}{R}} - \frac{\mathrm{e}^{-\mathrm{j}k\left(R + \frac{zz_1}{R}\right)}}{R + \frac{zz_1}{R}} \approx 2\left[\frac{zz_1}{R^3}\cos\left(k\frac{zz_1}{R}\right) + \frac{\mathrm{j}}{R}\sin\left(k\frac{zz_1}{R}\right)\right]\mathrm{e}^{-\mathrm{j}kR} \quad (4\text{-}4\mathrm{a})$$

式（4-4a）改写为

$$p \approx \frac{2}{R}\left[\frac{zz_1}{R^2}\cos\left(k\frac{zz_1}{R}\right) + \mathrm{j}\sin\left(k\frac{zz_1}{R}\right)\right]\mathrm{e}^{-\mathrm{j}kR} \quad (4\text{-}4\mathrm{b})$$

一般情况下，总有 $zz_1/R^3 \ll 1$，因而，除去 $\sin\left(k\frac{zz_1}{R}\right)$ 趋近零的特殊情况，式（4-4b）方括号中第二项的绝对值总大于第一项，所以，声压幅值可近似用式（4-4b）的第二项来表示，即

$$|p| = \frac{2}{R}\left|\sin\left(k\frac{zz_1}{R}\right)\right| \quad (4\text{-}5)$$

下面，应用式（4-5），考察菲涅耳区内声压随距离的变化。

1）菲涅耳区内的干涉现象

由式（4-5）可知，在菲涅耳区内，随着距离 R 从近逐渐向远变化，声压幅值将遵循 $\left|\sin\left(k\frac{zz_1}{R}\right)\right|$ 规律，呈现出规律性的极大极小变化，形成干涉图纹，如图 4-2 所示。

2）菲涅耳区内的声压极大值

考察式（4-5）可知，当距离 R 满足

$$k\frac{zz_1}{R} = \left(n + \frac{1}{2}\right)\pi, \quad n = 0, 1, \cdots$$

即

$$R_n = \frac{2kzz_1}{(2n+1)\pi} \quad (4\text{-}6)$$

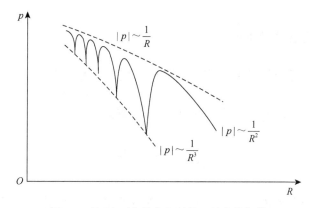

图 4-2 海面干涉形成声压的三种变化规律

近场声压极大值 $|p| \sim 1/R$，近场声压极小值 $|p| \sim 1/R^3$，远场声压 $|p| \sim 1/R^2$

时，声压幅值取极大值为

$$|p| = \frac{2}{R_n} \tag{4-7}$$

式（4-7）表明，在距离 R_n 上，声压幅值与距离 R_n 成反比，且是单个点源声压幅值 $1/R_n$ 的两倍。这是因为接收点位于近场菲涅耳区内，直达声和海面反射声同相叠加的结果。

另外，不难看出，声压最后一个极大值发生于 $n=0$ 时，此时的距离为 $R_{n=0} = 2kzz_1/\pi$。

声学中，当 $R > R_{n=0}$ 时，就认为接收点已离开菲涅耳区，进入夫琅禾费（Franhauf）区。

3）菲涅耳区内的声压极小值

在菲涅耳区内，当 $R_m = \dfrac{kzz_1}{m\pi}$，$m = 1, 2, \cdots$，$p = \dfrac{2}{R_m}\sin\left(k\dfrac{zz_1}{R_m}\right) = 0$ 时，此时声压振幅取极小值。从式（4-4b）看出，此极小值振幅应该用式（4-4b）方括号中的第一项表示，注意到 $\cos(kzz_1/R_m) = \cos m\pi = \pm 1$，忽略高次项，由式（4-4b）得到

$$|p| \approx \frac{2zz_1}{R_m^3} \tag{4-8}$$

由以上分析可知，在菲涅耳区内，声压极小值与 R 的三次方成反比，这是点源 S 和虚源 S_1 反相叠加的结果。因两点源离开接收点的距离不完全相等，振幅值也不严格相等，因而，反相叠加后声压不等于零，差值表现在 R^{-3} 数量级上。

2. 夫琅禾费区内的声场

随着距离的增加，当 $R > \dfrac{2kzz_1}{\pi}$ 时，该区域为夫琅禾费区，如还有 $\dfrac{kzz_1}{R} \ll 1$，则利用级数 $\sin x = x - \dfrac{1}{3!}x^3 + \cdots$，由式（4-5）得到

$$|p| \approx \frac{2kzz_1}{R^2} \approx \frac{2kzz_1}{r^2} \qquad (4\text{-}9)$$

可见，在夫琅禾费区内，声压随 r^{-2} 单调变小，声强则随 r^{-4} 变小，于是，声压和声强都将随距离增加而迅速衰减。

图 4-2 中画出了声压幅值 $|p|$ 随距离增加而减小的两种不同规律。近场干涉区，声压振幅极大值与 R 成反比，极小值与 R 三次方成反比，并呈现规律的干涉图纹；远场夫琅禾费区内，声压幅值与 R 平方成反比规律衰减。

上面的讨论中，介质中声速被看成均匀的，直达声和反射声都沿直线传播。当声速不均匀时，声线发生弯曲，但上述干涉现象仍然存在。图 4-3 和图 4-4 给出了声源在海面附近时，其辐射声压随距离的变化。图 4-3 给出了实测（热带大西洋）的声速剖面图和声线图。测量中，点源深度 $z_1 = 20\text{m}$，接收深度 $z > 50\text{m}$，发现当水平距离 $r > 3\text{km}$ 后，直达声线不可能到达 50m 以上的水域中，这种直达声线不能到达的区域称为声影区。图 4-4 中绘出了声压随距离 r 的变化，测量条件是 $z_1 = 20\text{m}$，$z = 400\text{m}$，频率 $f = 400\text{Hz}$。可以看出，近距离上，由于直达声线和经海面反射的声线的叠加干涉，声压呈现极大值和极小值随距离相间出现的分布，这就是干涉图纹。在 $r > 6\text{km}$ 的水域，没有直达声和海面反射声到达，成为影区，那里的声场主要由海底反射声给出。图 4-3 和图 4-4 引自文献[1]。

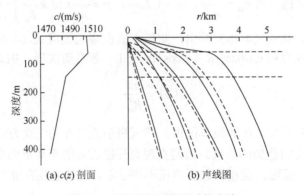

(a) $c(z)$ 剖面　　　　　　(b) 声线图

图 4-3　声源在海面附近时的声线

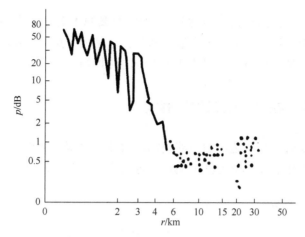

图 4-4　图 4-3 情况下声压随距离的变化

4.1.3　传播损失随距离的变化

在无限空间中，点源声场的声强 $I \sim 1/R^2$，因而，$\text{TL} = 20\lg R$ 是典型的球面波扩展损失规律。当考虑海面反射声后，则由于直达声和反射声的相干叠加，使得在不同的距离上传播损失表现出了不同的特性。

1. 菲涅耳区内的传播损失

对于平整海面下的点源声场，当接收点位于菲涅耳区内时，声压幅值由式（4-5）给出，则声强 $I(R) \sim \dfrac{4}{R^2} \cdot \sin^2\left(\dfrac{kzz_1}{R}\right)$，传播损失为

$$\text{TL} = 20\lg R - 20\lg\left[\sin\left(\frac{kzz_1}{R}\right)\right] - 6 \tag{4-10}$$

从式（4-10）看出，由于干涉效应，TL 随距离作振荡变化，它与图 4-4 中声压 p 的起伏变化相对应。当 $\sin\left(\dfrac{kzz_1}{R}\right) = 0$ 时，式（4-10）失去意义，应使用式（4-8）的声压值来计算 TL 值。

2. 夫琅禾费区内的传播损失

当 $R > \dfrac{2kzz_1}{\pi}$ 时，进入夫琅禾费区，且如 $\dfrac{kzz_1}{R} \ll 1$，则由式（4-9）得 $|p| = \dfrac{2kzz_1}{R^2}$，此时，传播损失为

$$\text{TL} \approx 40\lg R - 20\lg(2kzz_1) \tag{4-11}$$

式（4-11）表明，在该区域内，声强基本上随距离的 4 次方衰减，距离增加一倍，TL 约增加 12dB，是球面扩展损失值的两倍。这是因为点源 S 和虚源 S_1 叠加构成了偶极子源，此时的传播衰减服从偶极声源的传播损失规律。

4.1.4　海面的存在对声呐工作的影响

由于海面反射声与直达声的干涉叠加，改变了声源 S 辐射声场的点源性质，这种改变，对工作于海面附近的主动声呐也会产生一定的影响。

1. 声场的指向性

设在图 4-1 中，定义 $\sin\beta = \dfrac{z}{R}$，则远场声压式（4-9）成为 $|p| = \dfrac{2kz_1}{R}\sin\beta$，这里，$\beta$ 是原点 o 对接收点 P 所张的俯仰角，这时声压幅值随 β 而变，当 $\beta = \pi/2$ 时，声压 p 取极大值；而当 $\beta = 0$ 时，声压 $p = 0$，其变化规律为 $\sin\beta$。这就表明，由于点源 S 和虚源 S_1 叠加，构成了偶极源，声源 S 的辐射声场具有了偶极子源的空间指向性。

2. 声源级测量

主动声呐的声源级 SL 测量。在无限介质中，接收点位于声源的远场，两者距离 R，如测得该点声强为 I，则声源的源级 $SL = 20\lg R + 10\lg(I/I_0)$，式中，$I_0$ 是参考声强。

当声呐位于海面附近时，尽管测量条件相同，接收点声强也为 I，但因声压 $|p| = 2kz_1z/R^2$，所以声源的源级应修正为

$$SL = 20\lg R + 10\lg\frac{I}{I_0} - 20\lg\left(\frac{2kzz_1}{R}\right)$$

与球面扩展相比，上式多了修正项 $20\lg(2kzz_1/R)$，这里，z、z_1 分别是声源和水听器深度；$k = \omega/c$ 为波数。

4.1.5　非绝对反射海面下的传播损失

综上，在平整自由海面假定下，4.1.3 节讨论了点源声场的传播损失，当海面有不平整性出现时，式（4-10）和式（4-11）就不再适用。但在海面仅有微小波浪的情况下，允许把海表面看成平整界面，反射系数 $V \approx -1$，等同于平整自由海面的情况。

在海面波浪明显增长时，不平整海面将产生散射声波，散射波中有与入射波

相干的部分（镜向反射波），也有非相干的随机部分。其中相干部分的反射波即为虚源 S_1 辐射的声波，如图 4-1 中的 S_1P 声线，其反射系数则由平均反射系数 $\langle V \rangle$ 给出。

1. 波浪谱与海面平均反射系数

平均反射系数 $\langle V \rangle$ 与海面波浪的垂直位移（波高）、波浪谱、声波频率和声波的海面掠射角等量有关，文献[1]给出了理论结果。研究表明，海面平均反射系数 $\langle V \rangle$ 与波浪谱有密切关系，不同形式的波浪谱给出不同形式的 $\langle V \rangle$ 表达式，结果如下。

1）Pierson-Neuman 波浪谱及相应的 $\langle V \rangle$ [1]

波浪谱：

$$Z(\Omega) = \frac{\pi C}{8\Omega^6} \exp\left[-2\left(\frac{g}{v\Omega} \right)^2 \right]$$

平均反射系数模值：

$$\langle V \rangle = -1 + 0.56 (fH)^{3/2} H^{1/10} \cos\theta_0 \tag{4-12a}$$

式中，$C = 3.05 \text{m}^2/\text{s}^5$；$v$ 为风速（m/s）；H 为平均波高（m）；f 为声波频率（kHz）；θ_0 为入射角（°）；Ω 为表面波频率（kHz）；g 为重力加速度。需要说明，Pierson-Neuman 波浪谱导致平均波高 H 与风速的 2.5 次方成正比，这在强风时会产生波高过高的结果。事实上，很多实验数据表明，波高与风速的 1.5 或 2 次方成正比。因此，对充分成长的波浪，最好应用斯特里卡洛夫（Strekalov）波浪谱。

2）斯特里卡洛夫波浪谱及相应的 $\langle V \rangle$ [1]

波浪谱：

$$Z(\Omega) = \frac{Ag^3}{4v\Omega^6} \exp\left[-\left(\frac{Bg}{v\Omega} \right)^2 \right]$$

平均反射系数模值：

$$\langle V \rangle = -1 + 0.45 (fH)^{3/2} \cos\theta_0 \tag{4-12b}$$

式中，$A = 1.2 \times 10^{-2}$；$B = 0.88$；f、H、θ_0 等量同式（4-12a）。

由式（4-12a）、式（4-12b）可知，$\langle V \rangle$ 随波浪垂直位移增长、声波频率提高和入射角变小而减小。当 $\langle V \rangle$ 接近于零时，表示散射场中相干散射的成分很小，可以忽略不计，此时海面散射是漫散射。

2. 非绝对反射海面条件下的传播损失

1）一般情况下的传播损失

当声源位于海面附近时，设反射系数的模为 μ，它满足 $0 < \mu < 1$，这时直达声和海面反射声的叠加组成总声场：

$$p = \frac{1}{R}\mathrm{e}^{-\mathrm{j}k\left(R-\frac{zz_1}{R}\right)} - \frac{\mu}{R}\mathrm{e}^{-\mathrm{j}k\left(R+\frac{zz_1}{R}\right)} \tag{4-13}$$

经过简单的数学推导，可得

$$|p| = \frac{1}{R}\left[1 + \mu^2 - 2\mu\cos\left(\frac{2kzz_1}{R}\right)\right]^{1/2} \tag{4-14a}$$

相应的传播损失为

$$\mathrm{TL} = 20\lg R - 10\lg\left[1 + \mu^2 - 2\mu\cos\left(\frac{2kzz_1}{R}\right)\right] \tag{4-14b}$$

该传播损失 TL 与球面波的传播损失 $20\lg R$ 之差为 $10\lg\left[1 + \mu^2 - 2\mu\cos\left(\frac{2kzz_1}{R}\right)\right]$，将其称为传播损失异常。图 4-5[2] 给出 $\mathrm{TL} - 20\lg R$ 随 μ 的变化。

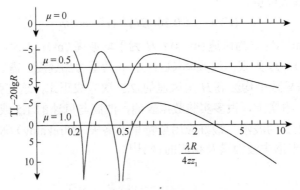

图 4-5　不同 μ 值下的传播损失异常

2）特殊条件下的传播损失

设 $\mu = 1$（即 $V = -1$），此时海面为绝对反射面，当 $\frac{2kzz_1}{\pi} < R$ 时，即在夫琅禾费区内，则应用近似 $\cos\left(\frac{2kzz_1}{R}\right) \approx 1 - \frac{1}{2}\left(\frac{2kzz_1}{R}\right)^2 + \cdots$ 后，式（4-14a）、式（4-14b）就简化成

$$|p| \approx \frac{2kzz_1}{R^2} \tag{4-15a}$$

$$\mathrm{TL} = 40\lg R - 20\lg(2kzz_1) \tag{4-15b}$$

这就是绝对反射海面条件下的传播损失结果［即式（4-11）］。

当 $\mu = 0$ 时，表示无镜反射波，海面漫散射给出非相干波，此时传播异常等于

零，对应于无限空间中的球面波扩展，传播损失为

$$\mathrm{TL} = 20\lg R \qquad (4\text{-}15\mathrm{c})$$

4.2　表面声道中的声传播

图 4-6 为北大西洋中纬度和高纬度地区的冬季两条典型声速分布曲线。由于海洋中湍流和风浪对于表面海水的搅拌作用，海表面下形成一层一定厚度的温度均匀层，该等温层也称混合层。在等温层内，温度均匀，压力随深度增加，引起声速变大，出现如图 4-6 所示的声速正梯度分布。声速的最小值点一直延伸到接近海表面，声速增加的一端可以与声速的主跃变层相接，如图 4-6（a）所示；在浅海中，声速正梯度分布也可能一直延伸至浅海海底，呈现全部是正梯度分布，如图 4-6（b）所示。

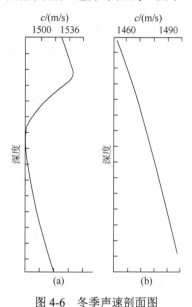

图 4-6　冬季声速剖面图

水声中，将这种声速分布称为表面声道。在表面声道中，海面附近的小掠射角的声线，在混合层中由于折射而不断地发生反转，即声线在层中的某个深度上改变传播方向，传向海面，并在海面发生反射，此过程不断重复，于是，声能量几乎被完全限制在表面层内传播，形成声信号沿表面声道远距离传播的现象，如图 4-7 所示。

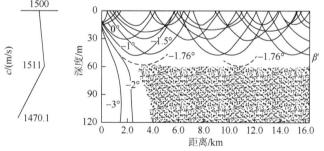

图 4-7　表面声道声线图

图 4-7[3]绘出了表面声道中的声线图，图左边是表面声道中的声速分布，图右边虚线是表面声道的临界声线，它在声源处的掠射角等于 $-1.76°$。凡是声源处掠射角在 $-1.76° \sim 1.76°$ 范围内的声线，均沿表面声道传播；掠射角超出该范围的声

线，将折射入深海中，如图 4-7 中的 –2°、–3° 声线。水声中，将直达声线不能到达的区域，称为声影区，如图 4-7 中的阴影部分。下面应用射线理论来讨论表面声道中的声波传播特性。

4.2.1 表面声道的"线性"模型和声传播特性

1. 表面声道声速分布线性模型

虽然表面声道确实存在，但不易得到其声速分布的解析表达式。为了分析方便，根据表面声道声速分布的主要特征，通常把它简化为线性正梯度分布模型，表示为

$$c(z) = c_s(1 + az), \quad 0 \leqslant z \leqslant H \tag{4-16}$$

式中，c_s 为海表面声速值；a 为声道中相对声速梯度，这里 $a > 0$。

2. 表面声道中的声线参数

由第 3 章的讨论可知，对于某一确定的海水声速分布，可以应用波动理论或射线声学方法，得到海水中的声场分布特性。本节将应用射线声学方法来讨论表面声道中的声传播特性。

在恒定声速正梯度下，混合层内的声线如图 4-8 右图所示。设 c_s、c_0、c、c_H 分别为海面、声源处、接收点处和混合层中 H 深度处的声速；χ_s、χ_0、χ 和 χ_H 分别为海面、声源处、接收点处和混合层中 H 深度处的声线掠射角。它们之间满足如下关系：

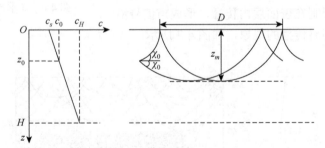

图 4-8 恒定正梯度下的表面声道声线

$$\begin{cases} c_0 = c_s(1 + az_0) \\ c = c_s(1 + az) \\ c_H = c_s(1 + aH) \end{cases} \tag{4-17}$$

和

$$\frac{\cos \chi_0}{c_0} = \frac{\cos \chi_s}{c_s} = \frac{\cos \chi}{c} = \frac{\cos \chi_H}{c_H} \tag{4-18}$$

式中，z_0 和 z 代表声源和接收点处的深度。根据以上各关系式和相关条件，可以确定出表面声道中声线的有关参数。

1）反转深度和临界声线

由于折射，声源处以小掠射角出射的声线，在层中某一深度上会因折射而发生反转，该深度称为反转深度。明显地，反转深度 z_m 上的声线掠射角 $\chi = 0$，因而有

$$\frac{\cos \chi_0}{1 + az_0} = \frac{1}{1 + az_m}, \quad z_m = \frac{az_0 + 1 - \cos \chi_0}{a \cos \chi_0} \tag{4-19}$$

如果声源就在海面附近，则 $\chi_0 = \chi_s$，$z_0 = 0$，反转深度 z_m 为

$$z_m = \frac{1 - \cos \chi_s}{a \cos \chi_s} \tag{4-20}$$

一般来说，χ_0 和 χ_s 都是小量，将余弦函数展开并取近似后，由式（4-19）和式（4-20）分别可得

$$z_m \approx z_0 + \frac{\chi_0^2}{2a} \quad 或 \quad z_m \approx \frac{\chi_s^2}{2a} \tag{4-21}$$

当反转深度 z_m 等于表面声道的层深 H 时，可以求得声源处最大掠射角 χ_{0m} 和海表面处最大掠射角 χ_{sm}，由式（4-21）得

$$\chi_{0m} = \sqrt{2a(H - z_0)}, \quad \chi_{sm} = \sqrt{2aH} \tag{4-22}$$

式中，χ_{0m} 和 χ_{sm} 称为临界角，如图 4-9 所示。

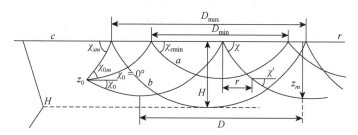

图 4-9　表面声道跨度 D、掠射角 χ_s 和深度 z_m

我们将在 $z = H$ 深度上反转的声线称为表面声道中的临界声线。当声源处掠射角 $|\chi_0| > \chi_{0m}$（或者海面掠射角 $\chi_s > \chi_{sm}$）时，声线将会越出表面声道，进入 $z > H$ 的深水区域中，且不再回到表面声道中。当声源处掠射角 $|\chi_0| < \chi_{0m}$（或者海面掠射角 $\chi_s < \chi_{sm}$）时，声线将在反转深度上发生反转，改变传播方向，传向表面并在那里经海面反射又一次改变传播方向，此过程不断重复，声波由此传向远处，声能则被限制于表面声道中。

2）声线跨度

跨度 D 指的是声线接连两次发生海面反射，海面两相邻反射点之间的水平距

离。利用声线水平距离计算公式和反转深度 z_m 表达式（4-20），得

$$D = \frac{2z_m}{\tan\left(\dfrac{\chi_s}{2}\right)} = \frac{2\tan\chi_s}{a} \tag{4-23}$$

式（4-23）为海面掠射角等于 χ_s 的声线的跨度。结合式（4-20）和式（4-23），可得到跨度 D 与反转深度 z_m 之间的关系式：

$$D = 2z_m\cot\left(\frac{\chi_s}{2}\right) \tag{4-24}$$

当海面掠射角取其临界值 $\chi_{sm} = \sqrt{2aH}$ 时，跨度 D 就取最大值 $D_{\max}$。因为只有 χ_s 很小的声线才能传播大的水平距离，因此可应用级数 $\tan\chi_s \approx \chi_s + \frac{1}{3}\chi_s^3 + \cdots$，于是由式（4-23）得到

$$D_{\max} \approx \sqrt{\frac{8H}{a}} \tag{4-25}$$

当声源 z_0 处声线掠射角 $\chi_0 = 0$ 时，声线向海面传播，并经海面反射而改变传播方向，在向下传播过程中发生反转，反转深度 z_m 就等于声源深度 z_0，该声线在海面的掠射角为最小 $\chi_s = \chi_{s\min}$，从式（4-21）求得最小海面掠射角 $\chi_{s\min}$ 等于

$$\chi_{s\min} = \sqrt{2az_0} \tag{4-26}$$

声源处以掠射角 $\chi_{s\min}$ 出射的声线的跨度是最小跨度，它等于

$$D_{\min} = \sqrt{\frac{8z_0}{a}} \tag{4-27}$$

举例：设海面下为等温层，声源位于海面附近，由静压力引起的声速正梯度 $a \approx 1.2\times10^{-5}\,\mathrm{m}^{-1}$，当混合层深度（即最大反转深度）$H = 80\mathrm{m}$ 时，求得临界声线的海面掠射角为（见图 4-9 中声线 b）$\chi_{s\max} = \sqrt{2aH} = 2.5°$，对应的跨度为

$$D_{\max} = \sqrt{\frac{8H}{a}} = 7.3\mathrm{km}$$

可见，对于小掠射角声线，其一个跨度所通过的水平距离是相当可观的。

3）循环数 N 和声能沿深度的分布

设声源和水听器靠近海面，它们水平相距 r。如果以掠射角 χ_{sN} 出射的声线在海面反射 N 次后到达接收点，则 $r = ND(\chi_{sN})$，这里，$D(\chi_{sN})$ 是跨度，N 取正整数，称为循环数。可以证明，对于每一个 N 值，都有一个 χ_{sN} 和 $D(\chi_{sN})$ 与其相对应，这些声线有不同的循环数 N 和掠射角 χ_{sN}，但有可能到达同一接收点，满足 $N = \dfrac{r}{D(\chi_{sN})}$。$N = 1$ 指经过一个跨度传来的声线，$N = 2$ 指经过两个跨度传来的声线……，结合式（4-23），得循环数为

$$N = \frac{ar}{2\tan\chi_{sN}}, \quad N = 1, 2, \cdots, \infty \qquad (4\text{-}28a)$$

由式（4-28a）可知，掠射角 χ_{sN} 满足上式的声线，可到达水平距离为 r 的同一接收点。由式（4-28a）可得

$$\chi_{sN} = \arctan\left(\frac{ar}{2N}\right), \quad N = 1, 2, \cdots, \infty \qquad (4\text{-}28b)$$

可见，循环数 N 越大，掠射角 χ_{sN} 就越小，声线越接近海面。$N \rightarrow \infty$ 的声线，相应于沿海面传播的声线，它的掠射角最小，其跨度也最小。掠射角取极大值 $\chi_{s\max}$ 的声线，N 的取值为最小，它是跨度最大、反转深度最深的声线。

考察式（4-28b）可知，如 N 和 $N+1$ 是两个相邻正整数，分别表示掠射角为 χ_{sN} 和 χ_{sN+1} 的两相邻声线。当 N 值很大时，则从式（4-28b）可以看出，其相邻声线的掠射角十分接近，此时声线比较密集；当 N 值减小时，相邻掠射角变得疏散，则声线就变得稀疏。因而，声能高度集中于那些大 N 值声线族，它们在靠近海面的层中传播，表明声能高度集中于海面附近区域。

下面考察式（4-21），它指出了反转深度 z_m 与 χ_s^2 的正比关系，当掠射角由 χ_s 变为 $\chi_s/2$ 时，反转深度由 z_m 变为 $z_m/4$，即 χ_s 变小时，反转深度以平方速度变小；相反，当 χ_s 变大时，反转深度以平方速度变大。由此可以想见，小掠射角声线将十分密集，且 χ_s 越小，声线越密集；相反，大掠射角声线则变得较为稀疏，且 χ_s 越大，声线越稀疏。所以，声能高度集中于小掠射角声线传播区域，即海面附近区域。根据以上分析，可得出如下结论：在表面声道中，声线高度集中于海面附近，因而那里声强最强；随着深度的增加，声线变得越来越稀疏，声强也就越来越弱。

关于层中声能沿深度分布的特性，可以用波动理论得到的结果来验证，图 3-7 中给出了简正波声压振幅随深度的分布，它也表明了声能主要集中于海面附近这一特性。图 3-7 所示为海中声速均匀分布情况下的结果。如果表面为正梯度分布，也可以根据波动理论计算其简正波的声压幅值，得到类似的结果。以上结果也验证了射线声学结果与高频条件下的波动声学结果的一致性。

图 4-10[3] 给出了实验测量结果。实验时源深 20ft[①]，表面声道深 100ft，在五个深度上测量声强级。图中垂线左边的斜线表示低于球面波声强级，垂线右边的斜线表示高于球面波声强级。以上结果证明了理论分析的正确性。在表面声道中，随着深度的增加，声强逐渐变小，海面附近为最强，深度 H 处为最小，但在整个声道中，传播损失小于球面扩展损失。在深度大于 H 的区域，传播损失大于球面扩展损失，声强随深度的增加而迅速变小。

---

① 英尺，1ft = 0.3048m。

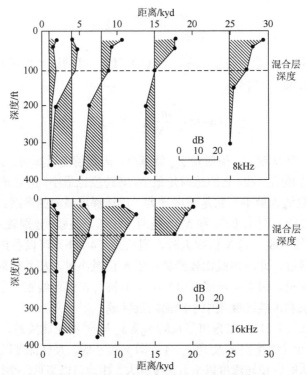

图 4-10　表面声道中 8kHz、16kHz 声波的声强随深度的变化

1kyd（千码）＝0.9144km；1ft（英尺）＝0.3048m

图 4-11 形象地给出了表面声道中声能的垂直分布，它表示了两种不同表面声道中声能随深度的变化。图中垂直虚线表示球面波扩展损失，它右边区域中的声强高于球面波声强，左边区域中的声强则低于球面波声强。曲线 AA 是在高频、海面平整、层下强负梯度、中等距离条件下得到的；曲线 BB 是在低频、海面粗糙、层下弱负梯度、远距离条件下得到的。

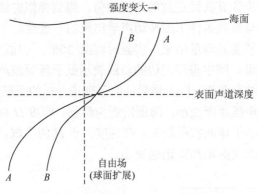

图 4-11　表面声道中声能的垂直分布

3. 传播时间及接收信号波形展宽

1）接收信号波形展宽

式（4-28）表明，在表面声道中可以有多条声线到达同一接收点。对于脉冲信号，将会有多个脉冲到达同一接收点，这些脉冲沿着不同的声线传播，有不同的传播时间，它们的叠加将导致接收信号波形畸变和信号宽度展宽。

首先，计算这些声线的传播时间。取足够小的一段声线微元，它等于 $\mathrm{d}s = \mathrm{d}z / \sin\chi$，在线性模型下，声速 $c(z) = c_0(1 + az)$，经过微元 $\mathrm{d}s$ 的传播时间 $\mathrm{d}t = \dfrac{\mathrm{d}s}{c} = \left|\dfrac{\mathrm{d}z}{c\sin\chi}\right|$，如图 3-18 所示。由折射定律求得

$$\mathrm{d}z = -\frac{\sin\chi \mathrm{d}\chi}{a\cos\chi_0}$$

由此，将对变量 z 的积分换成对变量 χ 的积分后得

$$t = \int\left|\frac{\mathrm{d}z}{c\sin\chi}\right| = \frac{1}{c_0 a}\int_{\chi_1}^{\chi_2}\frac{\mathrm{d}\chi}{\cos\chi} \tag{4-29}$$

式中，t 为声线从深度 z_1 传播到深度 z_2 的时间；$\chi_1 = \chi(z_1)$，$\chi_2 = \chi(z_2)$。对式（4-29）完成积分得

$$t = \frac{1}{2c_0 a}\left(\ln\frac{1 + \sin\chi_1}{1 - \sin\chi_1} - \ln\frac{1 + \sin\chi_2}{1 - \sin\chi_2}\right) \tag{4-30}$$

若要计算一个完整跨度 D 的声传播时间，可令 χ_1 等于海面掠射角 χ_s，反转点上 $\chi_2 = 0$，一个跨度的传播时间 Δt 等于式（4-30）的两倍，得

$$\Delta t = \frac{1}{c_0 a}\ln\frac{1 + \sin\chi_s}{1 - \sin\chi_s}$$

通常 χ_s 是个小量，上式可展开为

$$\Delta t = \frac{2\chi_s}{c_0 a}\left(1 + \frac{1}{6}\chi_s^2 + \frac{1}{24}\chi_s^4 + \cdots\right)$$

如果信号传播到接收点经历了 N 个跨度，在忽略 χ_s^2 以上各项后，得总传播时间为

$$t_N = \frac{2N\chi_{sN}}{c_0 a}\left(1 + \frac{1}{6}\chi_{sN}^2\right) \tag{4-31}$$

另外，经历 N 个循环的声线的掠射角 χ_{sN} 与水平距离 r 应满足式（4-28），$\chi_{sN} = \arctan\left(\dfrac{ar}{2N}\right)$，将 χ_{sN} 代入式（4-31），并利用级数 $\arctan\chi = \chi - \dfrac{1}{3}\chi^3 + \dfrac{1}{5}\chi^5\cdots$，则有

$$t_N \approx \frac{r}{c_0}\left(1 - \frac{a^2 r^2}{24N^2}\right) \tag{4-32}$$

由此可见，循环数 N 最小的声线最接近深度 H，传播时间最短，最先到达接收点；N 最大的声线最靠近海面传播，传播时间最长，最后到达接收点。

若令 $N_{\min}$ 和 $N_{\max}$ 分别代表到达接收点声线的最小和最大循环数，根据式（4-32）求出信号的持续时间等于 T：

$$T = t_{N\max} - t_{N\min} = \frac{a^2 r^3}{24c_0}\left(\frac{1}{N_{\min}^2} - \frac{1}{N_{\max}^2}\right)$$

在远距离上，$N_{\max} \gg N_{\min}$，因而有

$$T = \frac{a^2 r^3}{24c_0} \cdot \frac{1}{N_{\min}^2} \tag{4-33}$$

由式（4-28b）可知，$\chi_{sN} = \arctan\left(\dfrac{ar}{2N}\right) \approx \dfrac{ar}{2N}$。因与 $N_{\min}$ 对应的是最大海面掠射角 $\chi_{s\max}$，则 $N_{\min} \approx \dfrac{ar}{2\chi_{s\max}}$。从式（4-22）已知 $\chi_{s\max} = \sqrt{2aH}$，把 $N_{\min}$ 和 $\chi_{s\max}$ 代入式（4-33）得到

$$T = \frac{aHr}{3c_0} \tag{4-34}$$

可见，信号持续时间 T 与距离 r 成正比，因此远距离上，脉冲展宽将非常明显。平均地说，T 正比于 r 的规律与实验结果是吻合的。

2）声道中远距离上的接收信号波形

由式（4-32）可知，随 N 的增加，相邻到达声线的时间间隔不断变小。换言之，每单位时间内到达的声线数目，随 N 变大而增加。于是，脉冲信号在表面声道中传播时，将出现脉冲的聚集以及它们的相互叠加。图 4-12[1] 是大西洋海区的实验记录，声源是位于 700m 深度处的爆炸源（25kgTNT 炸药），接收点位于 1200m 深度上，接收距离 $r = 1880$km。横坐标为时间（s），纵坐标为线性标度的声压幅值。

图形显示了声道中声脉冲信号幅值随时间的变化，从记录开始到最后，声强逐步增大，最后尖锐截止。图中的强尖脉冲信号为靠近海表面传播的脉冲信号，它们的传播时间最长，在此之后，只存在经过海底反射来的信号，远距离处，海底反射信号很弱，因而信号尾部呈现尖锐截止。

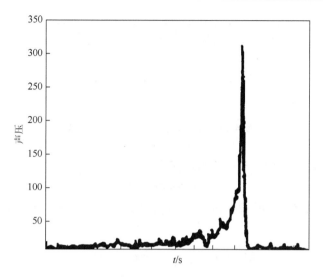

图 4-12　距离为 1800km 处的声信号形状

4.2.2　表面声道的截止频率

在第 3 章用波动理论分析浅海声传播特性时，我们求得各阶简正波的简正频率等于

$$f_n = \left(n - \frac{1}{2}\right)\frac{c_0}{2H}$$

当 $n = 1$ 时，可求得浅海声道的截止频率 $f_1 = \dfrac{c_0}{4H}$。上述截止频率 f_1 和简正频率 f_n 是均匀水层中全反射界面条件下的结果。

现在讨论厚度为 H 的表面声道，这里要考虑表面声道中声速不均匀对截止频率的影响，因而表面声道传播的截止频率将不同于上述结果。表面声道中，把入射平面波看成从海表面向下传播的声波，将经反转后由反转深度 H 向上传播的声波看成海底反射波，如图 4-13 所示。反射波与入射波相比较，除了要计入声线传播过程中所经历的相移 $2\int_0^H k_z \mathrm{d}z$ 以外，还应计入由声波在反转深度 H 处发生反转而引入的相位损失 $\pi/2$ [1]。假定反射波的模与入射波的模相等（海面声波反射系数模等于 1），则海表面上的声波反射系数 V 表示为

$$V = \exp\left[\mathrm{j}\left(2\int_0^H k_z \mathrm{d}z - \frac{\pi}{2}\right)\right] \tag{4-35a}$$

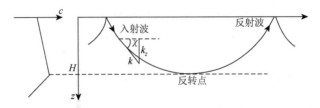

图 4-13　非均匀层的入射波和反射波

根据自由海面边界条件，反射系数应满足

$$V = \exp(\mathrm{j}\pi x) \tag{4-35b}$$

式（4-35a）和式（4-35b）表示同一个反射系数，它们应该相等（相位可差 $2n\pi$），于是有

$$2\int_0^H k_z \mathrm{d}z - \frac{\pi}{2} = \pi + 2n\pi, \quad n=0,1,\cdots \tag{4-36}$$

式中，$k_z = k\sin\chi$。因为 $\cos\chi = c(z)/c(H) = c_s(1+az)/c_s(1+aH)$，则相移式（4-36）成为

$$2\int_0^H k_z \mathrm{d}z = 2\omega \int_0^H \sqrt{\left(\frac{1}{c(z)}\right)^2 - \left(\frac{1}{c(H)}\right)^2}\, \mathrm{d}z$$

$$\approx \frac{2\omega}{c_s^2}\int_0^H \sqrt{c^2(H)-c^2(z)}\, \mathrm{d}z$$

$$\approx \frac{2\sqrt{2a}\omega}{c_s}\int_0^H \sqrt{H-z}\, \mathrm{d}z$$

$$= \frac{4\sqrt{2a}\omega}{3c_s}H^{3/2}$$

代入式（4-36），得

$$\frac{4\sqrt{2a}}{3c_s}\omega_n H^{3/2} = \frac{3\pi}{2} + 2n\pi, \quad n=0,1,\cdots$$

$$f_n = \left(\frac{3}{2}+2n\right)\frac{3c_s}{8\sqrt{2a}}\cdot H^{-3/2}, \quad n=0,1,\cdots \tag{4-37}$$

令 $n=0$，得到表面声道的截止频率 f_0 为

$$f_0 = \frac{9c_s}{8H\sqrt{8aH}} \tag{4-38}$$

式中，c_s 为海面声速；H 为表面声道厚度；a 为表面声道中的声速相对梯度。也可把 f_0 换成声道传播所允许的最长波长 $\lambda_{\max}$：

$$\lambda_{\max} = \frac{8H\sqrt{8aH}}{9} \tag{4-39}$$

对于由静压力形成的声速正梯度，$a = 1.2 \times 10^{-5} \mathrm{m}^{-1}$，于是有

$$\lambda_{\max} = 8.7 \times 10^{-3} H^{3/2} \tag{4-40}$$

若 $H = 100\mathrm{m}$，则 $\lambda_{\max} = 8.7\mathrm{m}$，$f_k = 172\mathrm{Hz}$。式（4-39）最初曾在无线电波导的研究中得到应用。

波动理论可给出波道的截止频率，它由频散方程（极点方程）的根求得。这里利用不均匀介质中反射系数相位所应满足的边界条件，导出了表面声道传播的截止频率，这是求截止频率的又一种方法。均匀层传播的截止频率也可以用该方法求得。

4.2.3 表面声道中的平滑平均声强

第 3 章中，用波动声学方法得到了均匀浅海声道中的声场表达式，在此基础上，计算了硬底均匀层中的平均声强和传播损失。在混合层声道中，$c \neq$ 常数，若要使用波动声学计算其本征函数 $Z_n(z)$，从而求得其声场的严格解是相当困难的，只有在某些特殊的声速分布下才能实现。本节将应用平滑平均方法，来得到层中的声强。所谓平滑平均，实际是在能量守恒的约束下，在适当的空间尺度（如一个跨度）内模糊掉某些细节（如随掠射角的变化），给出一个平均性结果。在不细究声场细微结构的前提下，可以根据射线声学理论，运用概率平滑的概念，导出混合层声道中平滑平均声强的表示式。该表示式不仅可应用于均匀介质的声场中，也可应用于不均匀介质的声场中，如水下声道或负跃层等声场的计算，甚至可以扩展应用到参数（如声速 c）随水平距离变化的声道中。

1. 射线声学下的平滑平均声强

由射线声学可知，分层介质中的声强 $I(r,z) = F(r,z) \cdot I_0$，式中，$F(r,z)$ 为聚焦因子；I_0 为均匀介质的声强。当不计常数因子时，$I_0 = 1/r^2$，应用式（3-118）表示的聚焦因子，得到

$$I(r,z) = \frac{\cos\chi_0}{r \left| \dfrac{\partial r}{\partial \chi_0} \right| \cdot \sin\chi} \tag{4-41}$$

式中，$I(r,z)$ 为初始掠射角为 χ_0 的声线在接收点 (r,z) 处的声强。

令 $D(\chi_0)$ 代表初始掠射角为 χ_0 的声线的水平跨度。从图 4-14 可见，在一个 $D(\chi_0)$ 范围内，可以认为有四个地方的声强取同一个 $I(r,z)$ 值（当水平距离 r 相当大以后）。因为其中两个地方的声线掠射角等于 $+\chi_0$，另两处的声线掠射角等于 $-\chi_0$。每一处两声线在水平方向的波束宽度都等于 $\mathrm{d}r = \left| \dfrac{\partial r}{\partial \chi_0} \right| \mathrm{d}\chi_0$。在一个跨度 $D(\chi_0)$

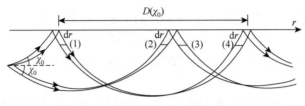

图 4-14　跨度 $D(\chi_0)$ 和平均声强

距离内，取同一声强值的水平波束宽度之和等于 $4\mathrm{d}r = 4\left|\dfrac{\partial r}{\partial \chi_0}\right|\mathrm{d}\chi_0$。如果同一深度 z

的各点取相同的权重，则比值 $4\left|\dfrac{\partial r}{\partial \chi_0}\right|\dfrac{\mathrm{d}\chi_0}{D(\chi_0)}$ 可以代表一个 $D(\chi_0)$ 距离内取同一值

$I(r,z)$ 的概率。从简正波意义上讲，这是忽略了简正波的交叉相乘项，取各阶简正波自乘项的能量叠加，这就是在水平方向一个跨度 $D(\chi_0)$ 范围内进行平滑。将

$4I(r,z)\left|\dfrac{\partial r}{\partial \chi_0}\right|\dfrac{\mathrm{d}\chi_0}{D(\chi_0)}$ 对所有能够到达深度 z（z 和 χ_0 一一对应，不同的 z 对应不同

的 χ_0）的声线对初始掠射角 χ_0 积分（即在垂直方向上求平均），就可得到平均平滑声强表达式：

$$\overline{I}(r,z) = 4\int \frac{I(r,z)\left|\dfrac{\partial r}{\partial \chi_0}\right|\mathrm{d}\chi_0}{D(\chi_0)}$$

上式适用于水平距离 $r \gg D(\chi_0)$ 的情况，否则，图 4-14 中（1）、（2）、（3）、（4）四处的声强不一定近似相等。把式（4-41）代入上式后得

$$\overline{I}(r,z) = \frac{4}{r}\int \frac{\cos\chi_0 \mathrm{d}\chi_0}{D(\chi_0)\sin\chi} \tag{4-42}$$

在一般情况下，声线要多次经过海面、海底的反射，这时，还应计入由海底、海面反射而引入的损失。另外，还应计入海水介质对声波的吸收。为描述这些因素，引入衰减乘积因子：

$$E = [|V_1(\chi_h)| \times |V_2(\chi_s)|]^{2N} \times \mathrm{e}^{-2\beta r} \tag{4-43}$$

式中，β 为海水介质的衰减系数；N 为声线在海底或海面上的反射次数，当 $r \gg D(\chi_0)$ 时，海底和海面的反射次数近似相等，且有 $N \approx r/D(\alpha_0)$；$V_1(\chi_h)$ 为海底反射系数，χ_h 为声线海底掠射角；$V_2(\chi_s)$ 为海面反射系数，χ_s 为声线海面掠射角。于是平均声强为

$$\overline{I} = \frac{4}{r} \mathrm{e}^{-2\beta r} \int \frac{[|V_1(\chi_h)| \times |V_2(\chi_s)|]^{2n/D} \cos\chi_0 \mathrm{d}\chi_0}{D(\chi_0)\sin\chi} \qquad (4\text{-}44a)$$

由于

$$[|V_1| \cdot |V_2|]^{2r/D} = \exp\left[\frac{2r}{D}\left(\ln|V_1| + \ln|V_2|\right)\right]$$

式（4-42）可写为

$$\overline{I}(r,z) = \frac{4}{r} \mathrm{e}^{-2\beta r} \int \frac{\exp\left[\dfrac{2r}{D}\left(\ln|V_1| + \ln|V_2|\right)\right] \cos\chi_0 \mathrm{d}\chi_0}{D(\chi_0)\sin\chi} \qquad (4\text{-}44b)$$

利用折射定律$\dfrac{\cos\chi}{c} = \dfrac{\cos\chi_h}{c_h} = \dfrac{\cos\chi_s}{c_s} = \dfrac{\cos\chi_0}{c_0}$，可以把式（4-43）中的各类掠射角$\chi_h$、$\chi_s$都用声源处的掠射角$\chi_0$来表示。式中，$c$、$c_h$、$c_s$和$c_0$分别为接收深度、海底、海面和声源处的声速。

平均声强式（4-44b）既计入了海底、海面反射损失和海水声吸收，又考虑了海水声速的分层不均匀，因而，该式的应用范围比较广。

式（4-44b）中的积分上下限由问题的实际情况决定。有的学者也把作为积分变量的声源掠射角χ_0转化成声线的海面掠射角χ_s来表示。

当接收和发射位于同一深度时，$\chi = \chi_0$，文献[4]运用波动理论，对简正波振幅函数采用包络平滑的方法获得了不具有发散性的浅海平滑平均声强的积分表示式，该式可应用于声场数值预报。

2. 表面声道中的平均声强

图 4-15 绘制了表面声道中的声线示意图，当声源掠射角$|\chi| > \chi_m$时，声线将折射入深海，这里，χ_m为声线掠射角的最大值。因而，式（4-44b）的积分上下限应为$-\chi_m$和χ_m。在此积分限内，没有海底反射信号，可以令$|V_1| = 1$，则式（4-44b）写为

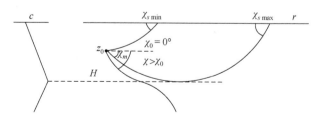

图 4-15　表面声道中的声源掠射角χ_0和海面掠射角χ_s

$$\overline{I}(r,z)=\frac{4e^{-2r\beta}}{r}\int_0^{\chi_m}\frac{\exp\left(\frac{2r}{D}\ln|V_2|\right)\cos\chi_0}{D(\chi_0)\sin\chi}d\chi_0 \qquad (4\text{-}45a)$$

当海面平静时，可取$|V_2|=1$，则式（4-45a）简化为

$$\overline{I}(r,z)=\frac{4e^{-2r\beta}}{r}\int\frac{\cos\chi_0}{D(\chi_0)\sin\chi_0}d\chi_0 \qquad (4\text{-}45b)$$

注意：一般情况下，使用式（4-44b）计算平均声强时，应计入海面反射损失，式（4-45b）只是一个特例。

当接收深度和声源深度接近时，$c_0/c\approx1$。由折射定律$\frac{\cos\chi_s}{c_s}=\frac{\cos\chi_0}{c_0}$得$d\chi_0=\frac{c_0\sin\chi_s}{c_s\sin\chi_0}d\chi_s$，将其代入式（4-45a），积分变量由$\chi_0$变为$\chi_s$，于是有

$$\overline{I}(r,z)=\frac{2c_0^2e^{-2r\beta}}{rc_s^2}\int_{\chi_{s\min}}^{\chi_{s\max}}\frac{\exp\left(\frac{2r}{D}\ln|V_2|\right)\sin(2\chi_s)}{D(\chi_s)\sin\chi\sin\chi_0}d\chi_s \qquad (4\text{-}46)$$

由图4-15，χ_s的积分限$\chi_{\min}$和$\chi_{\max}$与χ_0的积分限$-\chi_m$和χ_m相对应。

在表面声道的正声速梯度下，跨度由式（4-23）给出：

$$D(\chi_s)=\frac{2\tan\chi_s}{a} \qquad (4\text{-}47a)$$

式（4-46）中，$|V_2|$为海面等效反射系数，在高频（海面波浪相关半径ρ_0比声波波长大许多）和小掠射角χ_s条件下，利用式（4-12b）可得

$$|V_2|=1-0.56(fh)^{3/2}h^{1/10}\sin\chi_s \qquad (4\text{-}47b)$$

式中，f是声波频率（kHz）；h为平均海浪波高（m）。注意到χ_s是甚小量，可取近似$\ln(1+x)\approx x-\frac{1}{2}x^2+\frac{1}{3}x^3\cdots$（$x^2<1$），忽略高次项，得$\ln|V_2|\approx-0.56(hf)^{3/2}h^{1/10}\sin\chi_s$，再应用式（4-47a），于是得

$$\exp\left[\left(\frac{2r}{D}\right)\ln|V_2|\right]\approx\exp[-0.56(fh)^{3/2}h^{1/10}ar\cos\chi_s] \qquad (4\text{-}48)$$

在χ_s是甚小量时，有近似$\cos\chi_s\approx1$，所以$\exp\left[\left(\frac{2r}{D}\right)\ln|V_2|\right]$与掠射角$\chi_s$无关，可以提到式（4-46）的积分号外，于是便可利用式（4-46）来求表面声道的平均声强。但是，即使在此简化条件下，式（4-46）也不易求得它的解析解，通常要使用数值计算求其解。

前面所求的声强是经过平滑平均后的结果，所谓平滑平均是指只计入声线或简正波的非相干叠加。当计入简正波之间的相干贡献时，声强$\overline{I}(r,z)$将在平均声

强值上下波动。计算相干部分的贡献，可以只考虑相邻阶次简正波之间的相干，也可以进一步计入阶次相距较远的简正波之间的相干。

图 4-16[1]为无指向性噪声源在表面声道中的声强计算结果，其中声道最大深度 600m，折射率 $n^2 = 1 - az$，声速梯度 $a = 10^{-4}\,\mathrm{m}^{-1}$。平滑曲线 1 是所有 19 个简正波非相干的叠加结果。曲线 4 是考虑所有 19 个简正波相干后的精确理论结果（发射深度 60m，接收深度 30m）。曲线 2 是除了非相干部分之外，只计入相邻阶数简正波的相干。曲线 3 是计入相邻号数相差不大于 5 的简正波干涉的结果。曲线 5 为中心频率 150Hz 时的单频声源的计算结果。从图中可以看出，曲线 3 和 4 非常相近，表明计入相邻号数相差不大于 5 的简正波干涉，与考虑所有 19 个简正波相干的精确理论结果，相差并不大。

由图 4-16 可以看出：

（1）噪声源与单频声源相比较，干涉图形显著地被平滑；

（2）只需计入比较接近的各阶简正波干涉就很接近精确结果；

（3）从较远距离（13km）开始，平滑平均声强与精确值就较接近了。

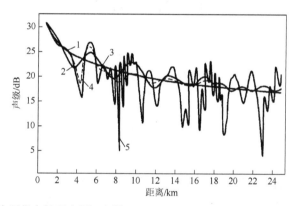

图 4-16 声源为无指向性噪声源（频带 150±12Hz）时表面声道中的声强与距离的关系

4.2.4 表面声道中的传播损失

1. 传播损失的理论表示

4.2.3 节求得了平滑平均声强的一般表示式，由此不难求得表面声道中声波的传播损失。但是，即使 $\exp\left[\left(\dfrac{2r}{D}\right)\ln|V_2|\right]$ 与掠射角无关，可以提到式（4-45a）积分号外面的情况，仍不易求得平均声强的精确解。为此，需把问题作进一步简化。首先考虑平整海面，令 $\exp\left[\left(\dfrac{2r}{D}\right)\ln|V_2|\right] = 1$；另外，把层中声速近似当作常数，声

线为直线，则 $\chi_0 = \chi = \chi_s =$ 常数，声线遇到混合层下界面时，设想它全反射返回到层中，这样，声线跨度可表示为

$$D(\chi_0) = 2H \cot \chi_0 \tag{4-49}$$

把它代入式（4-45b），且令 $c_0 / c \approx 1$，可得到表达式：

$$\overline{I}(r,z) = \frac{2}{rH} e^{-2r\beta} \int_0^{\chi_m} d\chi_0 = \frac{2\chi_m}{rH} e^{-2r\beta} \tag{4-50}$$

式中，χ_m 为表面声道中声线掠射角可能的最大值。由此得传播损失值为

$$TL = 10 \lg \left[\frac{I(1)}{\overline{I}(r)} \right] = 10 \lg r + 10 \lg \frac{H}{2\chi_m} + 20\beta r \lg e$$

式中，$I(1)$ 为离声源等效声中心单位距离处的声强，是一个常数，为简单计，令 $I(1) = 1$。若再忽略海水的声吸收，就有

$$TL = 10 \lg r + 10 \lg \frac{H}{2\chi_m} \tag{4-51}$$

或写为

$$TL = 10 \lg(r \times r_0) = 10 \lg r + 10 \lg r_0 \tag{4-52}$$

式中

$$r_0 = \frac{H}{2\chi_m} \tag{4-53}$$

从式（4-52）可以看出，当传播距离 $r < r_0$ 时，TL 基本服从球面损失规律；当 $r > r_0$ 时，TL 随 r 增大逐渐过渡为按柱面规律扩散，因而，r_0 称为过渡距离。

2. 传播损失的物理诠释

对于 TL 表达式（4-51），可以作如下的物理说明。图 4-17 所示的表面声道中，有一无方向性点源，它所辐射的所有声线中，只有掠射角在 $-\chi_m \leqslant \chi_0 \leqslant \chi_m$ 范围内的声线，才能留在表面声道中作远距离传播。当 $\chi_0 > \chi_m$ 或 $\chi_0 < -\chi_m$ 时，声线折射入 H 深度下面的深海中。明显地，离点声源单位距离处，掠射角在 $-\chi_m$ 到 χ_m 范围内的所有声线能量，分布在面积 A_1 上，见图 4-17。面积 A_1 等于

$$A_1 = \int_{-\chi_m}^{\chi_m} \int_0^{2\pi} \cos \chi_0 d\chi_0 d\phi = 4\pi \sin \chi_m$$

因为能量守恒，所以面积 A_1 越大，单位面积上的声能越小，声强 I 与面积 A_1 成反比。

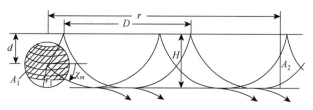

图 4-17　表面声道中声能的柱面扩散

在远距离 r 处，若忽略介质吸收和声波海面散射引起的声泄漏，则束缚于声道内的声束经历多次海面反射和多次反转，声束能量将分布在高度为 H、半径为 r 的圆柱侧面 A_2 上，面积 A_2 等于

$$A_2 = 2\pi rH$$

同理，声强与面积成反比，$I(r) \propto 1/A_2$。设声能均匀地分布在面积 A_2 上，则距离 r 处的声传播损失为

$$TL = 10\lg\frac{A_2}{A_1} = 10\lg\frac{rH}{2\sin\chi_m} \qquad (4\text{-}54)$$

一般而言，角 χ_m 是很小的，有 $\sin\chi_m \approx \chi_m$，所以式（4-54）与式（4-51）是等同的。

3. 传播损失的完整表示形式

事实上，χ_m 也可以用声道中的其他参数来表示，如利用式（4-22），那里 $\chi_m = \sqrt{2a(H - z_0)}$，$z_0$ 是声源深度，则式（4-54）改写为

$$TL = 10\lg r + 10\lg\frac{H}{2\sqrt{2a(H - z_0)}} \qquad (4\text{-}55)$$

表面声道传播损失式（4-51）与第 3 章中讲到的浅海均匀声场传播损失式（3-62）在形式上基本是一样的，这是因为声能被限制在深度 H 的层中，所以都符合柱面衰减规律。式（4-51）和式（3-62）的区别在于，表面声道中声线临界掠射角 χ_m 由声道参数 a、H 和 z_0 来决定，而均匀浅海的临界掠射角 ϕ_c 由海水和海底的声速比来决定，$\phi_c \approx \sin\phi_c = \sqrt{1 - (c_1/c_2)^2}$。当计及海水介质声吸收和声波向表面声道以外的漏声现象后，表面声道传播损失为

$$TL = 10\lg r + 10\lg r_0 + 20r\lg e(\beta + \beta_L)\times 10^{-3} \qquad (4\text{-}56)$$

式中，β 为介质衰减系数（Np/km）；β_L 为漏声系数（Np/km），表示海面声散射和表面声道下边界衍射使声能从表面声道中"泄漏"出去的等效衰减系数。因此，β_L 与海面的不平整性、表面层的厚度、层中的正声速梯度、层下的负声速梯度以及声波频率等多种因素有关。

通常，人们习惯于应用吸收系数 α 和漏声系数 α_L，于是式（4-56）改写为

$$TL = 10\lg r + 10\lg r_0 + (\alpha + \alpha_L)r\times 10^{-3} \qquad (4\text{-}57)$$

式中，r 为水平距离（km）；r_0 为过渡距离，与 a、H 等因素有关；α 为介质吸收系数（dB/km）；α_L 为漏声系数（dB/km）。

它们与 β、β_L 有如下关系：

$$\alpha = 20\lg \mathrm{e} \cdot \beta = 8.68\beta, \quad \alpha_L = 8.68\beta_L \tag{4-58}$$

4.2.5　表面声道中传播损失的经验公式

根据大量测量结果，Baker[5]总结出了表面声道传播损失 TL 的经验公式，分为近距离和远距离两种形式，分别如下。

近距离 $r \leqslant (0.122H)^{1/2}$ 时：

$$TL = 20\lg r + 60 + (\alpha + \alpha_L)r \tag{4-59}$$

远距离 $r > (0.122H)^{1/2}$ 时：

$$TL = 10\lg r + 5\lg H + 50.9 + (\alpha + \alpha_L)r \tag{4-60}$$

式中

$$\alpha = \frac{1.776 f^{1.5}}{32.768 + f^3} + \frac{1}{1 + (32.768 / f^3)} \cdot \left(\frac{0.65053 f^2 f_t}{f^2 + f_t^2} - \frac{0.026847 f^2}{f_t} \right) \tag{4-61}$$

$$\alpha_L = \frac{26.6 f}{[(1452 + 3.5t)H]^{1/2}} (1.4)^n \tag{4-62}$$

其中，r 为距离（kyd）；H 为混合层厚（ft）；n 为海况级数；t 为温度（℃）；α 为吸收系数（dB/kyd）；α_L 为漏声系数（dB/kyd）；f 为声波频率（kHz）；$f_t = 21.9 \times 10^{\left(6 - \frac{1520}{273+t}\right)}$。

实验参数变化范围：t 为 15~24.4℃；f 为 3.25~7.5kHz；r 为 1000~51000yd；H 为 80~220ft；n 为 2~5。

Baker[5]根据先前由 Saxton 等所给的表面声道传播损失 TL 的经验公式，修正了 α 和 α_L 的值［见式（4-61）和式（4-62）］，改善了与实验结果的符合程度。在 $r = 27$km，$H = 24~67$m 范围内，当海况等级 $n = 2~5$ 级时，实验结果与经验公式的标准偏差约为 7dB。

4.3　深海声道中的声传播

深海声道存在于全球的深海海域，因其具有良好的声传播性能而受到极大关注。图 4-18 是典型的深海声道声速剖面图，显示了深海声速沿深度方向的分布，它的重要特点是存在一个声速极小值，其所在深度称为声道轴，在声道轴的上、下方分别为声速负梯度和声速正梯度。由折射定律可知，声线总是弯向声速极小值方向，因此，声道内的小掠射角声线将由于折射而被限制于声道内传播。设想声道轴上方有一声源，它以小掠射角向海面辐射声线，这些小掠射角声线在向上传播过程中由于折射而逐渐弯向声道轴方向，并在某个深度上发生反转而变为向下传播。该声线向下传播穿过声道轴后，由于折射，声线一面向下传播，一面弯向声道轴，在某个深度上发生反转而变为向上传播。以上过程不断重复，这部分声线就这样被限制于声道中。它们无须借助海面和海底反射，没有反射损失，因此声信号可传播得很远，尤其低频声信号传播得更远。例如，深海中 1.8kg 和 2.7kg 的炸药爆炸声可以在 4250km 和 5750km 处被接收到。深海声道的另一特点是，与表面声道相比，它不受季节变化的影响，声道终年存在，声道效应十分稳定。

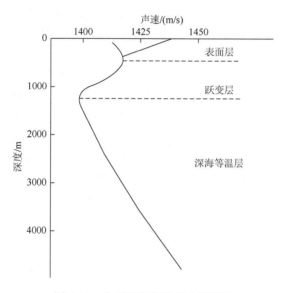

图 4-18　典型深海声道声速剖面图

利用深海声道良好的传播性能，声波可以有效地对目标进行测距和定位。深海声道亦称 SOFAR 声道，后者是 Sound Fixing and Ranging 的缩写，含义为声学定位和测距。通常，SOFAR 系统由若干个水声接收基阵组成，它们能够收到海上失事目标发出的求救（爆炸）信号，根据信号到达各接收基阵时间的不同，可以确定海上失事目标的距离和位置。另外，测量沿声道轴传播的爆炸声到达时间，可以进行大地测量，以及确定导弹溅落地点。因为利用了深海声道的良好传播性能，所以 SOFAR 系统的作用距离一般是很远的。

4.3.1　典型的深海声道声速分布模型

1. Munk[6]SOFAR 声道声速剖面标准模型

深海声道声速分布如图 4-18 所示，Munk 给出了该模型的数学表示式：

$$c(z) = c_0\{1 + \varepsilon[\mathrm{e}^{-\eta} - (1 - \eta)]\}\tag{4-63}$$

式中，$\eta = 2(z - z_0)/B$，z_0 为声速极小值的深度，B 为波导宽度；c_0 为声速极小值；ε 为偏离极小值的量级。对于该模型，Munk 给出的典型数据为：$B = 1000\mathrm{m}$，$z_0 = 1000\mathrm{m}$，$c_0 = 1500\mathrm{m/s}$，$\varepsilon = 0.57 \times 10^{-2}$。

图 4-18 中的声道轴深度与纬度密切相关。在大西洋中部，声道轴深度为 1100～1400m。随着纬度升高，声道轴变浅，在地中海、黑海、日本海以及温带太平洋中，声道轴深度位于 100～300m，在两极，声道轴深度位于海表面附近。我国南海，声道轴深度为 1100m 左右。

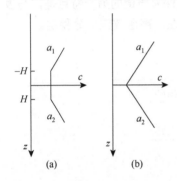

图 4-19　简化的线性声速分布模型

2. 深海声道声速分布线性模型

除了 Munk 的声速标准分布之外，为了计算方便，理论研究中，常使用简化的线性声速分布模型，如图 4-19 所示。图 4-19（a）所示的声速分布，称为双线性声速分布，它可以表示为

$$\begin{cases} c = c_0, & -H \leqslant z \leqslant H \\ c = c_0[1 + a_2(z - H)], & z > H \\ c = c_0[1 - a_1(z + H)], & z < -H \\ a_1 < 0, \quad a_2 > 0 \end{cases}\tag{4-64}$$

式（4-64）是一种最简单的声速分布模型，因使用方便而被经常引用。当 $H = 0$ 时，式（4-64）简化为

$$\begin{cases} c = c_0(1 + a_2 z), & z \geqslant 0 \\ c = c_0(1 - a_1 z), & z < 0 \end{cases}\tag{4-65}$$

其分布如图 4-19（b）所示，式中，c_0 是声道轴处声速值。

线性声速模型因其构成简单、使用方便，在应用射线声学分析深海声道中的声传播时被广泛应用。

3. 深海声道宽度

深海声道宽度可以这样理解：若海面声速大于海底声速，则在海面附近，必有一深度上的声速等于海底处声速，将该深度到海底的垂直距离视为声道宽度；若海面声速小于海底声速，则在海底附近，必有一深度上的声速等于海面处声速，将海面到该深度的垂直距离视为声道宽度。

4.3.2 深海声道接收信号的基本特征

1. 声线图和信号波形

图 4-20[7]为我国南海深海声道的声速分布及声源位于 1000m 深度时的声线图。图中声速分布符合 Munk 的声速标准模型。与表面声道中的声传播相类似，

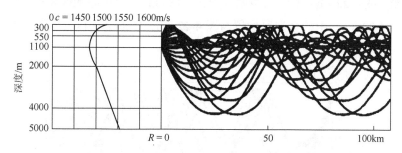

图 4-20 我国南海深海声道声速剖面与声线轨迹

偏离声道轴较远的声线，其途径的路程最长，但最先到达；沿声道轴传播的声线，其途径的路程最短，但因声速最小而最迟到达。沿声道轴传播的声线最密集，携带的能量最大，信号最强。图 4-21 所示为深海声道中远距离处收到的爆炸声信号，信号尾部的强脉冲就是那些沿声道轴传播的声信号，它强度强，但最晚到达，在它之前到达的那些脉冲是掠射角较大的声线，它们强度弱，但较早到达。

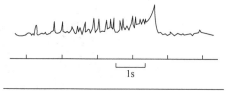

图 4-21 深海声道中接收爆炸声信号

在强脉冲信号后，再无直达声线到达，信号就突然截止。

2. 会聚区和声影区

1）深海声道的会聚区和声影区

当声源位于海表面附近，或深海内部接近海底（应在深海声道范围内）时，会形成声强很高的焦散线和出现在海面附近的会聚区。焦散线（或焦散面）是指邻近声线交聚点（或线）所形成的包络线（或面）。而会聚区，则是在海面附近形

成的高声强焦散区域。实际的水声探测中，声源和水听器通常位于海表面附近，因此，就有可能利用深海声道中的会聚区来实现远程探测。

图 4-22[1]绘出了双线性声速垂直分布条件下的声线图，条件是海深 $H = 2100m$，声源深度为 150m 和 1800m。图 4-22（a）中声源位于 $z_0 = 150m$ 处，此时出现明显的会聚区 A_1A_1'，A_2A_2'，A_3A_3'，···，称为第一会聚区，第二会聚区，第三会聚区，···。图中 C_1,C_2,C_3，···等为反转折射声线无法到达的区域，称为声影区。在声影区内，只存在经海面或海底的反射声线，没有直达声线到达，因此，声强明显小于会聚区内的声强。从图 4-22（a）看出，会聚区宽度随序号增加而变宽，声影区宽度随序号增加而变窄。随着会聚区宽度变宽，当前一序号会聚区尾部与后一序号会聚区首部相重叠时，如图 4-22（a）中第三、第四会聚区，声影区就消失，会聚区声强则减弱。图 4-22（b）所示为声源位于 $z_0 = 1800m$ 时的声会聚区和声影区，可以看出，图 4-22（a）中的会聚区位置与图 4-22（b）中的会聚区位置不完全相同。

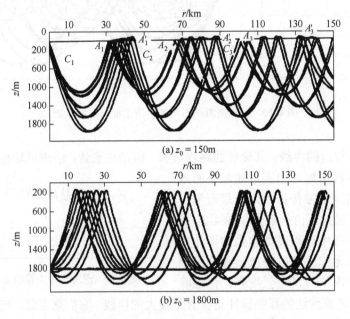

图 4-22　深海声道中的会聚区和声影区

2）会聚区内的平均场强

文献[8]指出，测量得到的会聚区几何位置与声线图给出的位置是一致的，验证了射线理论的正确性。该文献还给出了会聚区内平均场强的估计方法，简述如下。

令 W 为无指向性声源的发射声功率，$\dfrac{W}{4\pi}$ 为单位立体角内的发射声功率。设形成会聚区的声源掠射角范围为 $-\chi_m \sim \chi_m$，则 $2\pi \times 2\chi_m$ 为形成空间会聚区的掠射立体角，因而空间会聚区内的总声功率为

$$\frac{W}{4\pi} \times 2\pi \times 2\chi_m = \chi_m W \tag{4-66}$$

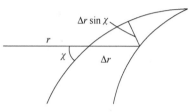

图 4-23　声会聚示意图

在水平距离 r 处，声功率 $\chi_m W$ 分布在宽度为 Δr 的环形面积 $2\pi r \Delta r$ 之上，见图 4-23。若 r 处的声线平均掠射角等于 χ，且有 $\chi = \chi_m/2$，则垂直于声线方向的环形截面积等于 $2\pi r \Delta r \sin(\chi_m/2)$。如果声功率 $\chi_m W$ 平均地分布在环形面积 $2\pi r \Delta r \cdot \sin(\chi_m/2)$ 上，则会聚区的平均声强为

$$\overline{I} = \frac{\chi_m W}{2\pi r \Delta r \sin \dfrac{\chi_m}{2}} \approx \frac{W}{\pi r \Delta r}$$

3）深海声道的会聚增益

定义会聚增益 G 等于会聚区声强 $\overline{I}$ 与球面规律声强 $I_s = W/(4\pi r^2)$ 之比：

$$G = \frac{\overline{I}}{I_s} = \frac{4r}{\Delta r} \tag{4-67}$$

式中，r 为水平距离；Δr 为会聚区的宽度，它们与会聚区序号有关，会聚区宽度通常为距离的 5%～10%。如果已在声线图上确定出 r 和 Δr，则就可得到会聚增益。以图 4-22（a）中第二会聚区为例，$r = 70\text{km}, \Delta r = 20\text{km}$，则会聚增益 $G = 14$。会聚增益 G 的分贝值称为声强异常，写为

$$A = 10\lg G = 10\lg \frac{\overline{I}}{I_s} = \text{TL}_s - \text{TL} \tag{4-68}$$

式中，$\text{TL}_s = 10\lg \dfrac{I(1)}{I_s}$，为球面扩散的传播损失；$\text{TL} = 10\lg \dfrac{I(1)}{\overline{I}}$，为会聚区的传播损失，$I(1)$ 为离声源单位距离处的声强。因而，声强异常 A 即为球面传播损失高于会聚区传播损失的分贝值，也就是会聚区声强高出球面规律声强的分贝值。研究表明，声强异常 A 最大可达 25dB，通常可取 10～15dB，如上面的例子中，$G = 14$，则 $A = 11.5\,\text{dB}$。

4）会聚区的传播损失

图 4-24[7]绘出了会聚区的传播损失曲线，虚线为球面规律下的传播损失，实线为会聚区的传播损失，虚线与实线之差即为声强异常 A。声影区位于两个会聚区之间，声影区声强主要由海底反射声给出，其传播损失远大于球面规律的传播损失。

图 4-25[7]绘出了深海声道声线图和前三个会聚区声强异常 A 的理论计算图。

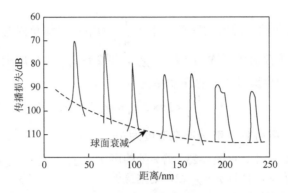

图 4-24　会聚区的传播损失

图 4-25（a）中，左侧曲线为深海声速分布，声源位于 7m 处，右侧曲线为声线轨迹图；图 4-25（b）中，给出了六个不同接收深度处前三个会聚区的 A 值。从图

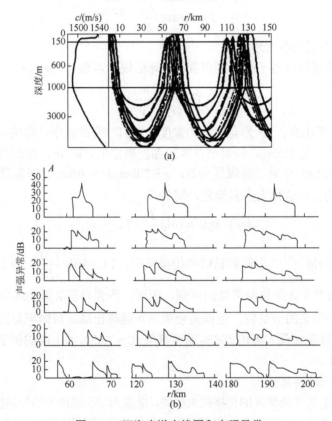

图 4-25　深海声道声线图和声强异常

（a）声道声线图中的会聚区位置；（b）前三个会聚区声强异常 A 随接收深度的变化；从上到下，
接收深度分别等于 7m、51m、155m、302m、606m 和 985m

中可以看出，对于表面发射声源，当水听器也位于表面附近时，A 最大，会聚区宽度最小；随着接收深度下降，A 变小，会聚区宽度变大，并且出现一个会聚区"分裂"成两个较小会聚区的现象。另外，当会聚区序号增加时，会聚区宽度也变大。

对于表面声速大于海底处声速的情况［见图 2-9（b）］，若声源位于海表面处，则不能形成声道传播的条件。此时声源位于声道区域以外，发射声线将投向海底，由于海底反射，可在反转点距离附近接收到由海底反射回来的声线，也会形成声线会聚现象，但其声强小于声道区域内的会聚区声强。

在波动理论看来，会聚现象是焦散线上发生大量同相简正波叠加的结果。同相叠加的简正波数目越多，会聚增益越大。另外，会聚增益也与每一简正波的深度分布函数有关，因此，会聚增益也应该是深度的函数。

4.3.3 深海声道中的平均场和传播损失

上面讨论了深海声道声场的基本特征，即反转声线的包络线形成会聚区，反转声线不能到达的区域形成声影区，在海面附近形成交替出现的会聚区与声影区。但是，在足够远的距离上，声场的这种干涉结构（区域性结构）逐渐地模糊了，因此，可以略去简正波之间的相长干涉，只研究声强的平滑平均值随水平距离的衰减规律。于是，问题就被简化，可以利用以前由射线声学导出的平均声强的关系式来计算深海声道声场的平均场。另外，在较近距离上，平均场也近似等于计入焦散线声场下的平均结果。

1. 最简单声道的平均场

考虑图 4-19（a）所示的线性声速分布模型：

$$\begin{cases} c = c_0, & -H \leqslant z \leqslant H \\ c = c_0[1 + a_2(z - H)], & z > H \\ c = c_0[1 - a_1(z + H)], & z < -H \end{cases}$$

在忽略介质吸收和不计海面海底反射损失时，式（4-43）所示的衰减乘积因子 $E = 1$，则平均声强等于

$$\bar{I} = \frac{4}{r} \int \frac{\cos \chi_1 \mathrm{d}\chi_1}{D(\chi_1) \sin \chi}$$

式中，χ_1、χ 分别为声源和接收水平面上的声线掠射角，如果声源和接收点的声速接近相等，则 $\chi \approx \chi_1$，于是声强近似等于

$$\bar{I} \approx \frac{4}{r}\int \frac{\mathrm{d}\chi_1}{D(\chi_1)\tan\chi} \tag{4-69}$$

式中，$D(\chi_1)$ 是声源处掠射角为 χ_1 的声线跨度 $D(\chi_1)$，它由两部分组成：一部分是等声速层内直声线的水平距离，另一部分是 $z>H$ 和 $z<-H$ 范围内弯曲声线的水平距离。在线性声速分布下，若令 χ_0 为等声速层（$-H,H$）内的声线掠射角，则如图 4-26 所示，等声速层内直声线的水平距离是 $\dfrac{4H}{\tan\chi_0}$，$z>H$ 和 $z<-H$ 范围内弯曲声线的水平距离由式（4-23）可得 $\dfrac{2\tan\chi_0}{a_1}+\dfrac{2\tan\chi_0}{a_2}$，于是跨度 $D(\chi_1)$ 等于

$$D(\chi_1)=\frac{4H}{\tan\chi_0}+\frac{4\tan\chi_0}{g}$$

式中，$g=\dfrac{2a_1a_2}{a_1+a_2}$。对于对称线性分布，$a_1=a_2=a$，把 $D(\chi_0)$ 代入式（4-69）得

$$\bar{I}=\frac{g}{r}\int \frac{\tan\chi_0\mathrm{d}\chi_1}{\tan\chi(Hg+\tan^2\chi_0)} \tag{4-70a}$$

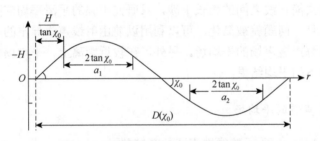

图 4-26　线性声速分布下的跨度 $D(\chi_0)$

当接收点位于等声速层内时，$\chi=\chi_0$，则式（4-70a）变为

$$\bar{I}=\frac{g}{r}\int \frac{\mathrm{d}\chi_1}{Hg+\tan^2\chi_0} \tag{4-70b}$$

因为 $\tan^2\chi_0=\dfrac{(c_1/c_0)^2-\cos^2\chi_1}{\cos^2\chi_1}$，则

$$\bar{I}=\frac{g}{r}\int \frac{\cos^2\chi_1\mathrm{d}\chi_1}{(c_1/c_0)^2-(1-gH)\cos^2\chi_1}$$

上面的被积函数可以分解成两项之差：

$$\frac{\cos^2 \chi_1}{(c_1/c_0)^2-(1-gH)\cos^2 \chi_1}=\frac{1}{gH-1}-(c_1/c_0)^2\frac{1}{gH-1}\cdot\frac{1}{(c_1/c_0)^2-(1-gH)\cos^2 \chi_1}$$

若 χ_1 的积分上限可以取到最大值 $\pi/2$，则

$$\overline{I}=\frac{g}{r(gH-1)}\int_0^{\frac{\pi}{2}}\mathrm{d}\chi_1-\frac{gc_1^2}{rc_0^2(gH-1)}\int_0^{\frac{\pi}{2}}\frac{\mathrm{d}\chi_1}{\left(\dfrac{c_1}{c_0}\right)^2-(1-gH)\cos^2 \chi_1}$$

完成积分后得

$$\overline{I}=\frac{g\pi}{2r(1-gH)}\left[\frac{c_1}{c_0\sqrt{(c_1/c_0)^2+gH-1}}-1\right] \tag{4-71}$$

式中，c_1 为声源处声速，与声源深度 z_1 有关，因而，平均声强不仅是接收点 (r,z) 的函数，也是声源深度 z_1 的函数，所以 $\overline{I}=\overline{I}(r,z,z_1)$。

　　考虑最简单的情况，声源也位于均匀层内，$c=c_0$，则

$$\overline{I}=\frac{\pi g}{2r(1-gH)}\left(\frac{1}{\sqrt{gH}}-1\right)$$

一般而言，总有 $gH\ll 1$，上式简化为

$$\overline{I}=\frac{\pi}{2r}\sqrt{g/H} \tag{4-72}$$

如将声强写成形式 $\overline{I}\propto 1/rr_0$，则过渡距离 r_0 为

$$r_0=\frac{2}{\pi}\sqrt{H/g} \tag{4-73}$$

r_0 为平均声强按球面规律扩展转变为柱面规律扩展的距离。考察声强 $\overline{I}$ 与球面扩展声强 I_s 的比值，得

$$\frac{\overline{I}}{I_s}=\frac{\pi}{2}r\sqrt{\frac{g}{H}} \tag{4-74}$$

若以无量纲 $x=r\sqrt{\dfrac{g}{H}}$ 作为横坐标，$\overline{I}/I_s$ 作为纵坐标，则可得到图 4-27 中的直线。

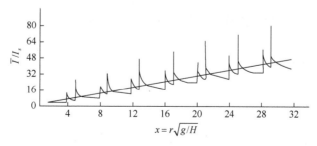

图 4-27　$\overline{I}/I_s$ 随无量纲距离的变化

图 4-27[1]中带尖锋的曲线是布列霍夫斯基在计入焦散线后，对各声线能量求和的结果，详见式（3-129）和式（3-132）。计算中声源深度 $z_1 = 0$，接收深度 $z = H/2$，曲线中各尖锋位置相应于焦散的位置，尖锋高度是在某给定频率下的计算值。可以看出，图中直线很好地表示出比值 $\bar{I}/I_s$（相应于平均声强）平均地随距离的变化。图中直线的起始横坐标 $x_0 = r_0\sqrt{\dfrac{g}{H}} = \dfrac{2}{\pi}$，与转换距离 r_0 相对应。由图可以看出，r_0 几乎等于第一个焦散面距离的 1/6，即 r_0 为声线经过非均匀半空间弯曲后，第一次返回到接收深度（均匀层）的水平距离的 1/6。

当声源和接收点位于任意深度时，需要在一般情况下求解平均声强的积分式（4-70），才能得到平均声强值，有兴趣的读者可参考文献[1]。

2. 深海声道的传播损失

通过上面讨论可以看出，与表面声道相似，深海声道的传播损失也可写成

$$TL = 10\lg r + 10\lg r_0 + 0.001\alpha r \tag{4-75}$$

由于 $TL - 10\lg r$ 与距离 r 呈线性关系，参数 r_0 和衰减系数 α 可以由测量求得。若把测量值 $TL - 10\lg r$ 作为纵坐标，距离 r 作为横坐标，则直线斜率便等于 α，截距等于 $10\lg r_0$。在深海声道中，研究人员得到的衰减系数 α 的测量结果相当地一致，但过渡距离 r_0 的测量值差别则很大。例如，Urick 关于 r_0 的测量值等于 1.46～3.64km，Thorp 的测量结果等于 36.4～136.7km，Webb 和 Tucker 的测量结果为 2.73km，Sussman 的测量结果为 82～228km。结果如此离散，首先是由于各人所用声速剖面的不一致；另外也由于 r_0 对于各测量系统之间的差异特别敏感，详见文献[3]。

4.4　深海负梯度和负跃层声传播

深海负梯度和负跃层都是常见的声速分布，是典型的不利于声波远距离传播的水文条件，研究这些水文条件下的声波传播特性，不仅具有理论意义，而且能对合理使用声呐设备提供指导性意见，使其充分发挥应有作用。

4.4.1　深海负梯度

1. 几何作用距离

深海负梯度是一种不利于声波远距离传播的水文条件，在深海负梯度情况下，从声源发射的声线向海底折射，不再返回到声源所在的水平面上，见图 3-15（a）。

由于这类传播情况与波导声传播情况相反，亦称为反波导传播。图 4-28（a）绘出了深海负梯度下的声线轨迹，与海面相切的极限声线以内是声亮区，在极限声线以外是直达声线不能到达的声影区，如图 4-28（a）中极限声线右边的部分。

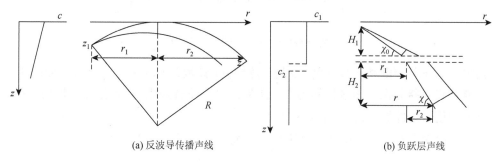

(a) 反波导传播声线　　　　　　　　(b) 负跃层声线

图 4-28　深海负梯度和负跃层中的声线

下面讨论深海负梯度条件下的声传播距离。设声源位于海深 z_1 处，观察点位于海深 z 处，则从声源到达观察点深度上声影区边缘的水平距离 D 应等于

$$D = r_1 + r_2$$

式中，D 为几何作用距离。由图 4-28（a）可看出：

$$r_1 = \sqrt{R^2 - (R - z_1)^2}, \quad r_2 = \sqrt{R^2 - (R - z)^2}$$

式中，R 为恒定深海负梯度下极限声线的曲率半径，$R = 1/|a|$，a 为海水中相对声速梯度。由于 $R \gg z_1$，所以有

$$r_1 \approx \sqrt{2Rz_1}$$

同理，$r_2 \approx \sqrt{2Rz}$，故几何作用距离 D 等于

$$D = \frac{\sqrt{2z_1} + \sqrt{2z}}{\sqrt{|a|}} \tag{4-76}$$

在实际海水中，很少有从海面到任何深度处均保持恒定声速梯度 a 不变的情况，这时，可对介质进行分层，算出每层中的传播距离，相加后得到总的几何作用距离。

2. 声影区中的声强

通常意义下的声线不能进入声影区，声能将由于衍射而进入声影区，因此那里的声强是很弱的，与亮区相比，声级相差很大，甚至可达 50dB。声影区中，射线声学不再适用，需应用波动理论才能描述声影区中的声场特性。文献[1]用波动理论讨论了声影区中的声场，给出了声影区中第一个、也是最主要的简正波声压表达式：

$$p(r,z) = 3.8727(a/k_0)^{1/6}(zz_1)^{-1/4}r^{-1/2}A$$

式中

$$A = \exp\left[\mathrm{j}\phi_0 + 0.576(\mathrm{j}-\sqrt{3})(k_0 a^2)^{1/3}(r-r_m) + \frac{\mathrm{j}\pi}{12} \right]$$

$$\phi_0 = k_0 r + \frac{2}{3}k_0 a^{1/2}(z^{3/2} + z_1^{3/2})$$

其中，z_1、z 是声源和接收深度；a 是声速梯度；波数 $k_0 = \omega/c_0$，c_0 是海面处声速；r_m 是声源到接收深度影区边界的水平距离；r 是声源到影区中接收点的水平距离。上式的使用条件是：$z, z_1 \gg (ak_0^2)^{-1/3}$。

苏联学者对声影区中的声强进行了研究，得到了以下结果[9]：

$$I(r) = I_{r_m}\frac{r_m}{r}\mathrm{e}^{-A(r-r_m)}$$

式中，I_{r_m} 是声影区边界处的声强；$A = \dfrac{20.06}{c}g^{2/3}f^{1/3}$（dB/cm），$c$ 是声源水平面上的声速，g 是声速梯度，f 是声波频率（Hz）。

亮区范围内的声强可由式（3-95）得到，进而可得到传播损失值。

4.4.2　负跃层声传播

负跃层是指声速显著减小的水层。在深海的表面等温层下，经常出现海水温度急剧下降的水层，该层厚度较薄，与主跃变层相毗连，称为负跃层。负跃层中，声速为较强的负梯度分布，当声线通过负跃层时，声线发生明显弯曲，声线管束截面积迅速变大，因此声强很快变弱，这会对声呐作用距离产生明显影响。

1. 声波穿过深海负跃层的传播损失

在表面层中，声速常常呈现微弱正梯度，声线曲率半径甚大，因此在分析主跃变层对声传播影响时，可把在负跃层上方介质中传播的声线近似视为直线。负跃层下方是主跃变层，那里的声速负梯度比负跃层要小，为简化分析，将层中声速视为常数，因此主跃变层中声线轨迹也为直线。

设负跃层上方介质中声速为 c_1，下方主跃变层中声速为 c_2，c_1、c_2 都是常数，一般有 $c_2 < c_1$，又设负跃层甚薄，则声线折射如图 4-28（b）所示。

声线束经过负跃层折射后，波阵面扩展，声强变弱，现考察声波穿过负跃层后的强度衰减。设声源 s 位于负跃层上方 H_1 距离处，掠射角为 χ_0。射线声学的声强公式：

$$I = \frac{W \cos \chi_0}{r \left| \dfrac{\partial r}{\partial \chi_0} \right| \sin \chi}$$

式中，χ 是射线在接收点的掠射角。应用以上声强公式，可以求得负跃层上、下方的声强。由图 4-28（b）可知

$$r = \frac{H_1}{\tan \chi_0} + \frac{H_2}{\tan \chi} \tag{4-77}$$

将 r 对声源掠射角 χ_0 求导，且利用折射定律求得 $\partial \chi / \partial \chi_0 = (c_2 / c_1)(\sin \chi_0 / \sin \chi)$，则

$$\frac{\partial r}{\partial \chi_0} = -\left(\frac{H_1}{\sin^2 \chi_0} + \frac{H_2 c_2 \sin \chi_0}{c_1 \sin^3 \chi} \right)$$

把上式代入声强公式，并结合式（4-77），得声强表达式为

$$I = \frac{W \cos^2 \chi_0}{r^2 \left(\dfrac{r_1 \sin \chi}{r \sin \chi_0} + \dfrac{r_2 \sin \chi_0}{r \sin \chi} \right)} \tag{4-78}$$

式中，r_1 为负跃层上方声线的水平距离，$r_1 = \dfrac{H_1}{\tan \chi_0}$；$r_2$ 为负跃层下方声线折射后的水平距离，$r_2 = \dfrac{H_2}{\tan \chi}$；$W$ 为单位立体角内的声源辐射功率。

1）负跃层下方的声强

设接收点位于负跃层的下方邻近，则 $r_2 \approx 0$，$r \approx r_1$，于是负跃层下方的声强为

$$I_2 = \frac{W \cos^2 \chi_0}{r^2} \frac{\sin \chi_0}{\sin \chi} \tag{4-79a}$$

2）负跃层上方的声强

对于位于负跃层上方附近的接收点，声线未发生折射，应有 $\chi = \chi_0, r = r_1$，$r_2 = 0$，则负跃层上方声强为

$$I_1 = \frac{W \cos^2 \chi_0}{r^2} \tag{4-79b}$$

3）穿过负跃层的穿过损失

由式（4-79a）和式（4-79b）得到穿过负跃层产生的传播损失为

$$\mathrm{TL} = 10 \lg \frac{I_1}{I_2} = 10 \lg \frac{\sin \chi}{\sin \chi_0} \tag{4-79c}$$

因为 $c_2 < c_1$，$\sin \chi_0 < \sin \chi$，因而 $\mathrm{TL} > 0$，可见穿过负跃层会引起声强变小。例如，当 $c_2 / c_1 = 0.97$（相当水温有 $10^\circ\mathrm{C}$ 以上的变化）时，若声源处声线掠射角 $\chi_0 \approx 2^\circ$，则 $\mathrm{TL} = 8.5\mathrm{dB}$，表明了声波通过负跃层后声强衰减是很大的。

2. 声波穿过浅海负跃层

上述讨论得到了声波穿过负跃层时的传播损失，那里假设了不存在海底反射声，仅考虑了声波的折射，因此，得到的结果仅适用于深海负跃层情况。当讨论浅海负跃层中的声传播时，就必须要计入海底反射声的影响。

设海面下存在等声速层，声速为 c_1，厚度为 h_1；等声速层下方为负跃层，声速线性变小，厚度为 h；负跃层下方为等声速层，声速为 c_2，且 $c_2 < c_1$，厚度为 h_2，该层一直延伸至海底，如图 4-29 所示。又设声源和接收点分别位于负跃层的上方和下方，两者水平相距 R，现考察这种浅海负跃层中的声传播特性。文献[10]应用射线理论，讨论了这种条件下声强随距离的变化规律，其结果为

$$I = \frac{R_0}{R^3} \tag{4-80}$$

式中

$$R_0 = 2h_1 \sqrt{\frac{c_2}{2(c_1 - c_2)}} \left(\frac{1 + |V|^2}{1 - |V|^2} \right)^2 \tag{4-81}$$

其中，$|V|$ 为与掠射角有关的等效海底反射系数；R_0 为连接距离，是声强随距离的变化由球面规律变为 R^{-3} 规律的过渡距离。式（4-80）表明，在射线理论近似下，当 $R > R_0$ 时，穿透浅海负跃层的声波的声强随距离按 3 次方规律衰减。

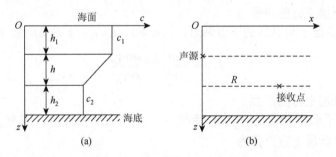

图 4-29　声波穿过浅海负跃层

由式（4-81）看出，若负跃层上方的等声速层厚度 h_1 越厚，负跃层上、下方的声速差 $c_1 - c_2$ 越小；或海底反射越强，连接距离 R_0 就越大，声波穿透负跃层的能力也就越强。

表达式（4-80）中，含有等效海底反射系数 $|V|$，它可由实验测量来确定。设已测得浅海负跃层海域的 TL（扣除海水吸收）——R 曲线，则由球面规律变为 R^{-3} 规律处的距离就是为连接距离 R_0，结合 c_1、c_2 和 h_1 等海区环境参数，由式（4-81）就可得到等效海底反射系数 $|V|$。

4.5　均匀浅海声传播

水声学中，浅海和深海是根据海底对海中声传播影响的程度来划分的。所谓深海，并不一定要求海深达到多少深度以上，而是指允许忽略海底界面对声传播影响的海域。浅海是指声传播明显受海面和海底边界影响的海域。因此，在分析浅海声场时，除考虑直达声以外，还必须考虑经过一次和多次海面、海底的反射声，总声场等于直达声和这些反射声的叠加。

4.5.1　浅海平均声强

第 3 章中，利用波动声学得到了均匀浅海声场的严格解，在此基础上，又在各阶简正波相位为随机无规的假设下，求得浅海的平均声强和传播损失。如果我们所关心的仅仅是平均声强和传播损失，则就不一定需要求取声场的严格解，可以利用本章由射线理论所导出的平滑平均声强公式（4-44b），来获得均匀浅海声场的平均声强。

　1. 硬底、声速均匀浅海

首先，写出均匀浅海中的平均声强表达式：

$$\bar{I}(r,z) = \frac{4}{r} e^{-2r\beta} \int \frac{[|V_1(\chi_h)| \cdot |V_2(\chi_s)|]^{2r/D} \cos \chi_0 \, \mathrm{d}\chi_0}{D(\chi_0) \cdot \sin \chi} \qquad (4\text{-}82a)$$

因声速均匀，则必有 $\chi = \chi_0 = \chi_s = \chi_h$；另外，海底、海面为绝对反射界面，$|V_1| = 1, |V_2| = 1$；声线跨度 $D = 2H \cot \chi_0 (0 \leqslant \chi_0 \leqslant \pi/2)$，式（4-82a）变为

$$\bar{I}(r,z) = \frac{\pi}{rH} e^{-2r\beta} \qquad (4\text{-}82b)$$

式（4-82b）与第 3 章得出的结果是一样的，只是那里未计入吸收衰减 $e^{-2r\beta}$。

　2. 海底有吸收的均匀浅海

对于有吸收的海底，将其声速 c_2 改写为复数，平面波在底上的反射系数表示为

$$V_1 = |V_1| e^{j\varphi}$$

式中

$$|V_1| = \sqrt{\frac{(m \sin \chi - M_2)^2 + M_1^2}{(m \sin \chi + M_2)^2 + M_1^2}}, \qquad \varphi = \arctan\left(\frac{2M_1 \sin \chi}{m^2 \sin^2 \chi - M_1^2 - M_2^2}\right)$$

其中，χ 为声线掠射角。一般情况下，$|V_1|<1$；当 $\chi=0$ 时，$|V_1|=1$，取最大值。利用 $|V_1|$ 随掠射角 χ 的变化趋势，由海底反射损失三参数模型可得

$$-\ln|V_1(\chi)|=\gamma\chi$$

于是海底反射系数可写成如下形式：

$$|V_1(\chi)|=e^{-\gamma\chi}$$

指数上的系数 γ 也可写为

$$\gamma=-\left[\frac{\partial}{\partial\chi}\ln|V_1(\chi)|\right]_{\chi=0} \tag{4-83}$$

式（4-83）与海底三参数模型中参数 Q 的表达式是一样的。由式（4-83）可求得

$$\gamma=2\mathrm{Re}\left(\frac{m}{\sqrt{\tilde{n}^2-1}}\right) \tag{4-84}$$

式中，$m=\rho_2/\rho_1$；$\tilde{n}=c_1/\tilde{c}_2$，$\rho_1$、$c_1$、$\rho_2$、$\tilde{c}_2$ 分别为海水和海底介质的密度和声速。事实上，γ 值也可以由反射系数的实验数据得到。

如果把 $|V_1|=e^{-\gamma\chi_0}$ 代入式（4-82a），并取 $\chi=\chi_0=\chi_s=\chi_h$ 及 $|V_2|=1$；声线跨度 $D=2H\cot\chi_0(0\leqslant\chi_0\leqslant\pi/2)$。考虑 χ_0 很小，$\cot\chi_0\approx\frac{1}{\chi_0}+\cdots$，则可得

$$\bar{I}(r,z)=\frac{2}{rH}e^{-2r\beta}\int e^{\frac{-r\gamma\chi_0}{H\cot\chi_0}}\mathrm{d}\chi_0\approx\frac{2}{rH}e^{-2r\beta}\int e^{\frac{-r\gamma\chi_0^2}{H}}\mathrm{d}\chi_0$$

考察上式被积函数可知，在 $(r\gamma/H)\gg1$ 条件下，积分只有在掠射角 χ_0 取较小值时才是重要的，较大的 χ_0 导致被积函数趋于零，因此不妨将积分上限取为 ∞，并利用定积分公式 $\int_0^\infty e^{-y^2}\mathrm{d}y=\sqrt{\pi}/2$，则平均声强为

$$\bar{I}(r,z)=\frac{2}{rH}e^{-2r\beta}\int_0^\infty e^{\frac{r\gamma}{H}\chi^2}\mathrm{d}\chi=\sqrt{\frac{\pi}{\gamma H}}e^{-2r\beta}r^{-3/2} \tag{4-85}$$

式（4-85）表明，海底有吸收的均匀浅海中，平均声强按距离 3/2 次方规律衰减，它不同于硬质海底的 1 次方衰减律，这是由于考虑了海底对声波的吸收，因此加速了浅海中声强的衰减。式（4-85）中，因子 $e^{-2r\beta}$ 为海水介质吸收的衰减因子。

3. 3/2 次方衰减律的适用距离

式（4-85）是在式（4-44a）基础上得到的。但是，由声线理论导出的平均声强式（4-44a），只有在有效的简正波数目较大时，才是适用的。随着距离增加，高阶简正波衰减较快，有效简正波数目减少。当距离充分大时，只剩下一阶简正波是有效的，其他较高阶的简正波都被衰减了，这时，由平均意义下导出的声强

式（4-44a）就不再适用。因此，3/2 次方衰减律的适用范围，会受到某个最大距离 r_m 的限制。

从式（4-85）的积分可看出，掠射角 χ 有效的最大量级应满足 $(r\gamma / H) \cdot \chi_m^2 = 1$，那些 $\chi > \chi_m$ 的掠射声线，对积分基本没有贡献。因而，最大有效掠射角 χ_m 满足

$$\chi_m \propto \sqrt{\frac{H}{r\gamma}} \qquad (4-86)$$

可见，χ_m 随 r 增加而减小，也就是说，有效简正波数目随 r 增加而变小。为了估计在 χ_m 范围内的有效简正波数目 M，我们假定在层中传播的简正波总数 N 均匀地分布在 0 到 $\pi/2$ 掠射角范围之内。第 3 章已经得到简正波总数 N 与频率 f_N 的关系为 $f_N = \left(\dfrac{c}{2H}\right)\left(N - \dfrac{1}{2}\right) \approx \dfrac{cN}{2H}$，则 N 与波长 λ 满足

$$N = \frac{2H}{\lambda}$$

由于简正波数目与掠射角呈比例关系，$\dfrac{M}{N} = \dfrac{\chi_m}{\pi/2}$，则 χ_m 以内的有效简正波数 M 为

$$M = \sqrt{\frac{H}{r\gamma}} \frac{2H / \lambda}{\pi / 2}$$

计算平均声强要求 $M \gg 1$，于是得到最大距离应满足如下关系：

$$r_m \ll \frac{16H^3}{\pi^2 \gamma \lambda^2} \qquad (4-87)$$

另外，在推导 3/2 次方衰减律时，默认了 $r\gamma / H \gg 1$，因而，3/2 次方衰减律的适用距离应满足

$$\frac{H}{\gamma} \ll r_m \ll \frac{16H^3}{\pi^2 \gamma \lambda^2} \qquad (4-88)$$

4. $r > r_m$ 时的声强衰减规律

当 $r > r_m$ 时，仅有一阶简正波对声场有贡献，因而，使用声场的简正波表达式推导声强衰减规律将是方便的。已知每一阶简正波振幅都按照柱面扩展规律 $1/\sqrt{r}$ 减小，此外，在远距离传播时，应考虑到简正波在层界面上的吸收。这时，传播因子 $\exp[j(\omega t - kr\sin\theta_n)]$ 中的 $k\sin\theta_n$ 为一复数量，其实部 $\mathrm{Re}(k\sin\theta_n)$ 表示波的传播，虚部 $\mathrm{Im}(k\sin\theta_n)$ 表示界面对简正波的吸收。θ_n 接近 $\pi/2$ 的那些简正波（低阶简正波）吸收最小，对远距离声场起主要作用。于是，层中每一阶简正波振幅按 $(1/\sqrt{r})\mathrm{e}^{-r\beta}$ 规律衰减，β 为由界面吸收引入的声压衰减系数。

在 $r > r_m$ 条件下，层中声强由第一阶简正波给出，这里忽略烦琐的数学推导，直接给出最终结果[1]：

$$\bar{I}(r,z) = \frac{2\pi e^{-2r\beta}}{krH^2} \exp\left[-\left(\frac{\gamma\pi^2}{k^2H^3}\right)\right] \tag{4-89}$$

它是含有附加指数衰减规律的柱面扩散律，γ 由式（4-84）给出。如果不仅计入海底的影响，还要考虑海面对声波的衰减作用，则

$$\gamma = -\frac{\partial}{\partial\chi}\left[\ln|V_1(\chi)| + \ln|V_2(\chi)|\right]_{\chi=0} \tag{4-90}$$

将其代入式（4-89），得到计入海底、海面反射影响后的声强表达式。

以上结果适用于均匀介质，声线为直线。由于海水声速的分层不均匀，使声线发生弯曲，但是，在中等距离以内，声速分层不均匀浅海的平均声强与同样条件下的均匀浅海的平均声强相接近。

4.5.2　传播损失

1. 传播损失的分段表示

浅海传播是比较复杂的，不同的传播距离上，其传播损失遵循不同的规律，通常，按距离分成三个区域进行讨论。

（1）$r < H/\gamma$。球面扩展区域：

$$\begin{cases} \bar{I}(r) \propto 1/r^2 \\ \mathrm{TL} = 20\lg r \end{cases} \tag{4-91}$$

（2）$\dfrac{H}{\gamma} < r < \dfrac{16H^3}{\pi^2\gamma\lambda^2}$。3/2 次方衰减规律并计入介质吸收，由式（4-85）可知为

$$\begin{cases} \bar{I}(r) = \sqrt{\dfrac{\pi}{\gamma H}}e^{-2r\beta}r^{-3/2} \\ \mathrm{TL} = 15\lg r + 5\lg\dfrac{\gamma H}{\pi} + 20r\beta\lg e \end{cases} \tag{4-92}$$

（3）$r > \dfrac{16H^3}{\pi^2\gamma\lambda^2}$。附加指数衰减规律的柱面扩展加介质、界面吸收，由式（4-89）可知

$$\begin{cases} \bar{I}(r) = \dfrac{2\pi}{kH^2r}e^{-2r\beta} \times \exp\left(-\dfrac{\gamma\pi^2}{k^2H^3}r\right) \\ \mathrm{TL} = 10\lg r + 10\lg\dfrac{kH^2}{2\pi} + 20\left(\beta + \dfrac{\gamma\pi^2}{2k^2H^3}\right)r\lg e \end{cases} \tag{4-93}$$

式中，k 是海底介质中的波数。

2. 浅海传播的 Marsh 和 Schulkin 半经验公式

如文献[3]所述，Marsh 和 Schulkin 根据在 100Hz～10kHz 频率范围内约 10 万次测量，概括得到三个距离段上的 TL 半经验公式。他们定义距离参数为

$$R = \left[\frac{1}{8}(H+L)\right]^{1/2}$$

式中，H 为海水深度（ft）；L 为浅海表面的混合层深度（ft）；R 为距离参数（kyd）。根据距离的远近，三个传播损失 TL 半经验公式如下。

（1）$r < R$：

$$\text{TL} = 20\lg r + \alpha r + 60 - k_L \tag{4-94}$$

（2）$R \leqslant r \leqslant 8R$：

$$\text{TL} = 15\lg r + \alpha r + \alpha_T\left(\frac{r}{H}-1\right) + 5\lg H + 60 - k_L \tag{4-95}$$

（3）$r > 8R$：

$$\text{TL} = 10\lg r + \alpha r + \alpha_T\left(\frac{r}{H}-1\right) + 10\lg H + 64.5 - k_L \tag{4-96}$$

式中，r 为水平距离（kyd）；α 为海水吸收系数（dB/kyd）；k_L 为近场传播异常（dB），它与海况和海底的类型有关，详见表 4-1；α_T 为浅海衰减系数（dB），它与海况和海底的类型有关，详见表 4-2。上述三个公式反映了浅海声强传播衰减规律，完整地给出了从近距离处的球面扩展、中等距离处的 3/2 次方扩展，变化到远距离处的柱面扩展，它与前面给出的理论公式是相吻合的。

以上半经验公式给出的 TL 值的可几误差（指误差有 50%在这个范围以内，dB）列于表 4-3 中。表 4-1、表 4-2 中列出了 k_L 和 α_T 的值。表 4-1～表 4-3 引自文献[3]。

表 4-1　近场传播异常 k_L　　　　　　　　　　　单位：dB

海况频率 /kHz	0		1		2		3		4		5	
	沙底	泥底	沙底	泥底	沙底	泥底	沙底	泥底	沙底	泥底	沙底	泥底
0.1	7.0	6.2	7.0	6.2	7.0	6.2	7.0	6.2	7.0	6.2	7.0	6.2
0.2	6.2	6.1	6.2	6.1	6.2	6.1	6.2	6.1	6.2	6.0	6.2	6.0
0.4	6.1	5.8	6.1	5.8	6.1	5.8	6.1	5.8	6.1	5.8	4.7	4.5
0.8	6.0	5.7	6.0	5.6	5.9	5.6	5.3	5.0	4.3	3.9	3.9	3.6
1.0	6.0	5.6	5.9	5.5	5.7	5.3	4.6	4.2	4.1	3.8	3.8	3.4
2.0	5.8	5.4	5.3	4.9	4.2	3.8	3.8	3.4	3.5	3.1	3.1	2.8
4.0	5.7	5.1	3.9	3.5	3.6	3.1	3.2	2.8	2.9	2.6	2.6	2.2
8.0	4.3	3.8	3.3	2.9	2.3	2.5	2.6	2.2	2.3	2.1	2.1	1.7
10.0	3.9	3.4	3.1	2.6	2.7	2.2	2.4	2.0	2.2	2.0	2.0	1.6

表 4-2　浅海衰减系数 α_T　　　　　　单位：dB

海况频率/kHz	0		1		2		3		4		5	
	沙底	泥底	沙底	泥底	沙底	泥底	沙底	泥底	沙底	泥底	沙底	泥底
0.1	1.0	1.3	1.0	1.3	1.0	1.3	1.0	1.3	1.0	1.3	1.0	1.3
0.2	1.3	1.7	1.3	1.7	1.3	1.7	1.3	1.7	1.3	1.7	1.4	1.7
0.4	1.6	2.2	1.6	2.2	1.6	2.2	1.6	2.2	1.7	2.4	2.2	3.0
0.8	1.8	2.5	1.8	2.5	1.9	2.6	2.2	3.0	2.4	3.8	2.9	4.0
1.0	1.8	2.7	1.9	2.7	2.1	2.9	2.6	3.7	2.9	4.1	3.1	4.3
2.0	2.0	3.0	2.4	3.5	3.1	4.4	3.3	4.7	3.5	5.0	3.7	5.2
4.0	2.3	3.6	3.5	5.2	3.7	5.5	3.9	5.8	4.1	6.2	4.3	6.4
8.0	3.6	4.3	4.3	6.3	4.5	6.7	4.7	6.9	5.0	7.3	5.1	7.5
10.0	4.0	4.5	4.5	6.8	4.8	7.2	5.0	7.5	5.2	7.8	5.3	8.0

表 4-3　计算 TL 值的可几误差

距离/kyd	频率/Hz			
	112	446	1120	2820
3	2	4	4	4
9	2	4	5	6
30	4	9	11	11
60	5	9	11	12
90	6	9	11	12

4.6　虚源理论求解均匀浅海中的声传播

　　浅海声场也可用虚源方法得到，从虚源表示式的导出过程可以清楚地看出浅海声场的直观物理图像。以下的讨论及其结果，是不同于简正波方法的浅海声场另一种分析方法和表达形式。浅海声场叠加有海面和海底的反射声，还受海面和海底吸收的影响，因此浅海声场要比深海声场复杂。这里把经海面和海底的反射声线看成由各自的虚源发出的声线，虚源数目随着计入声线的反射次数的增加而增加，虚源数目达到无穷时的声线叠加，组成了浅海的总声场。

4.6.1　浅海声场的虚源表达式

　　设浅海深度为 H，声速均匀等于 c，上界面 $z=0$ 为平整自由界面，有边界条件：

$$p\big|_{z=0} = 0 \tag{4-97}$$

其下界面 $z = H$ 为平整硬界面，边界条件为

$$\left(\frac{\partial p}{\partial z}\right)_{z=H} = 0 \tag{4-98}$$

设点声源 O_{01} 位于坐标 $(0, z_0)$ 处，观察点 P 位于坐标 (r, z) 处，它们相距 $R_{01} = \sqrt{r^2 + (z - z_0)^2}$ ，r 是声源和接收点间的水平距离。如无海面和海底，观察点处的归一化的直达波声压等于

$$p = \exp(jkR_{01}) / R_{01}$$

式中，波数 $k = \omega / c$ ，ω 是声波频率。当考虑海面和海底的影响时，上式不满足海底边界条件式（4-97）和式（4-98），因此，它不是点源 O_{01} 辐射声场的解。下面，应用虚源方法来求解浅海中点源 O_{01} 辐射声场的解。

考察图 4-30，其中的 $O_{02}P$ 声线是海底一次反射声，它由虚源 O_{02} 发出，也能到达接收点，总声场由它和直达声相加组成，得总声压 p 为

$$p = \frac{\exp(jkR_{01})}{R_{01}} + \frac{\exp(jkR_{02})}{R_{02}} \tag{4-99a}$$

式中，$R_{02} = \sqrt{r^2 + (2H - z - z_0)^2}$ 。

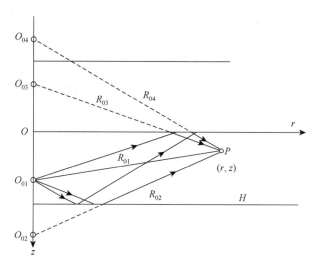

图 4-30　浅海虚源图像及其反射声线

将式（4-99a）所示的 p 对 z 求导，并令 $z = H$ ，则得 $(\partial p / \partial z)_{z=H} = 0$ ，可见式（4-99a）满足海底边界条件式（4-98）。但是，点源 O_{01} 与虚源 O_{02} 并不对称于界面 $z = 0$ 的自由界面，因而，式（4-99a）的 p 不满足自由界面条件式（4-97），因此，它也不是点源 O_{01} 辐射声场的解。为此，考虑再叠加上对称于界面 $z = 0$ 的

两个虚源 O_{03} 和 O_{04}，它们是点源 O_{01} 与虚源 O_{02} 关于海面的虚源，因为 O_{03} 与 O_{01}、O_{04} 与 O_{02} 都对称于 $z=0$ 的自由界面。考虑自由界面条件的对称性，声线 O_{03} 与 O_{01}、O_{04} 与 O_{02} 之间应有相位差 $180°$。应用以上结果，将点源 O_{03}、O_{01}、O_{04}、O_{02} 相叠加，得合成声压为

$$p = \frac{\exp(jkR_{01})}{R_{01}} + \frac{\exp(jkR_{02})}{R_{02}} - \frac{\exp(jkR_{03})}{R_{03}} - \frac{\exp(jkR_{04})}{R_{04}} \quad (4\text{-}99\text{b})$$

式中，$R_{03} = \sqrt{r^2 + (z+z_0)^2}$；$R_{04} = \sqrt{r^2 + (2H+z-z_0)^2}$。容易验证，式（4-99b）满足自由界面边界条件式（4-97），但不满足 $z=H$ 处的边界条件式（4-98），这是因为这四个源相对于 $z=H$ 上不具对称性。为了恢复下界面上的对称性，可以再叠加上两个虚源 O_{11} 和 O_{12}，它们分别由 O_{03} 和 O_{04} 对下界面作镜反射而引入，对 $z=H$ 具对称性。于是得到六点源的合成声压：

$$p = \frac{\exp(jkR_{01})}{R_{01}} + \frac{\exp(jkR_{02})}{R_{02}} - \frac{\exp(jkR_{03})}{R_{03}} - \frac{\exp(jkR_{04})}{R_{04}} - \frac{\exp(jkR_{11})}{R_{11}} - \frac{\exp(jkR_{12})}{R_{12}}$$

$$(4\text{-}100)$$

式中，$R_{11} = \sqrt{r^2 + (2H-z+z_0)^2}$；$R_{12} = \sqrt{r^2 + (4H-z-z_0)^2}$。由于六点源对称于海底界面 $z=H$，式（4-100）满足边界条件式（4-98），但是，又破坏了上界面的对称性，不再满足式（4-97）。为此，需继续增加叠加的虚源对数。每增加一对虚源，相应于多计入一次海面或海底的反射声线，合成声压便交替地满足上界面或下界面的边界条件。虚源阶数 n 越高，声线经过海面和海底的反射次数越多，虚源离观察点距离越远，对合成声压贡献也就越小。当虚源个数趋于无限时，合成声压表式在上、下界面上都满足它们各自的边界条件，此时总声场写为

$$p = \sum_{n=0}^{\infty} (-1)^n \left[\frac{\exp(jkR_{n1})}{R_{n1}} + \frac{\exp(jkR_{n2})}{R_{n2}} - \frac{\exp(jkR_{n3})}{R_{n3}} - \frac{\exp(jkR_{n4})}{R_{n4}} \right] \quad (4\text{-}101)$$

式中

$$R_{ni} = \sqrt{r^2 + z_{ni}^2}, \quad i=1,2,3,4, \quad n=0,1,2,\cdots,\infty$$

$$\begin{cases} z_{n1} = 2Hn + z_0 - z \\ z_{n2} = 2H(n+1) - z_0 - z \\ z_{n3} = 2Hn + z_0 + z \\ z_{n4} = 2H(n+1) - z_0 + z \end{cases} \quad (4\text{-}102)$$

式（4-101）为均匀层硬质海底的声场虚源表示式。

式（4-101）是在自由界面反射系数为 -1、海底反射系数为 1 的理想条件下得到的，它并不符合海面和海底的实际情况。对于平整界面，设 V_1 表示下界面的声压反射系数，V_2 为上界面的声压反射系数，它们都是声线入射角的函数，不同虚源声线有不同的入射角及不同的反射系数。

如假定 V_1 和 V_2 与声线入射角无关，则式（4-101）改写为

$$p = \sum_{n=0}^{\infty} (V_1 V_2)^n \left[\frac{\exp(jkR_{n1})}{R_{n1}} + V_1 \frac{\exp(jkR_{n2})}{R_{n2}} + V_2 \frac{\exp(jkR_{n3})}{R_{n3}} + V_1 V_2 \frac{\exp(jkR_{n4})}{R_{n4}} \right] \quad (4\text{-}103)$$

这就是一般平整界面浅海中点源声场的表达式。

这里指出，即使反射系数 V_1、V_2 是入射角函数时，在一定条件下，式（4-103）也可似表示平整界面浅海中点源声场。当然，这时必须考虑相应于某一虚源的声线与界面成多大角度，并取该角度下的反射系数。当层厚度远大于波长时，式（4-103）可正确给出声压 p。

4.6.2　从虚源表示式求传播损失

求传播损失的方法很多，可以用简正波理论（见第 3 章），也可用射线理论。同样，应用虚源的声场表达式，也可得到浅海声场的传播损失。

浅海声场传播损失的推导比较烦琐，这里直接给出最终结果。

（1）对于高声速海底，传播损失为[2]

$$\mathrm{TL} = 10\lg r + 10\lg \frac{H}{2\chi_c} \quad (4\text{-}104)$$

式中，χ_c 为海底全反射临界掠射角。

（2）对于低声速或有声吸收的海底，传播损失为[1]

$$\mathrm{TL} = 15\lg r + 5\lg \frac{H\gamma}{\pi} \quad (4\text{-}105)$$

式（4-105）与式（4-92）基本是一样的，只是式（4-105）未计入海水吸收损失。

4.7　浅海表面声道中的声传播

4.7.1　浅海表面声道中声场组成机理

4.2 节的分析中，声源处的声线掠射角 χ_0 存在一最大值 χ_m，对于 $\chi_0 > \chi_m$ 的声线，它们将向下折射，并且不是经过翻转返回到表面声道内，见图 4-15。所以，式（4-46）积分上限取为 $\chi_{s\max}$，自然，由此得到的式（4-46）仅适用于深海表面声道的声传播。

在冬季，受冷空气影响以及风浪的搅拌，浅海中也经常出现等温层或微弱声速正梯度分布，形成浅海表面声道。在浅海表面声道中，除了反转声线以外，还有经海底反射的声线存在，它们与反转声线相互叠加形成总声场。这类反射声线

因以较小的掠射角碰撞海底，所以信号较强，对浅海表面声道的声传播影响不可忽略。根据以上机理，把平滑平均声强写成反转声线和反射声线两项之和：

$$\bar{I}(r,z) = \bar{I}_1(r,z) + \bar{I}_2(r,z) \tag{4-106}$$

式中，$\bar{I}_1(r,z)$ 为反转声线（称第 I 类简正波）的平滑平均声强；$\bar{I}_2(r,z)$ 为海底反射声线（称第 II 类简正波）的平滑平均声强。

根据式（4-46），$\bar{I}_1(r,z)$ 和 $\bar{I}_2(r,z)$ 可表示为

$$\bar{I}_1(r,z) = \frac{2e^{-2\beta r}c_0^2}{rc_s^2} \int_{\chi_{s\min}}^{\chi_{sh}} \frac{\exp\left(\frac{2r}{D}\ln|V_2|\right)\sin(2\chi_s)}{D(\chi_s)\sin\chi\sin\chi_0} d\chi_s \tag{4-107}$$

$$\bar{I}_2(r,z) = \frac{2e^{-2\beta r}c_0^2}{rc_s^2} \int_{\chi_{sh}}^{\chi_{\pi/2}} \frac{\exp\left(\frac{2r}{D}(\ln|V_2|+\ln|V_1|)\right)\sin(2\chi_s)}{D(\chi_s)\sin\chi\sin\chi_0} d\chi_s \tag{4-108}$$

式中，χ_{sh} 为与海底反转声线对应的声线最大海面掠射角，见图 4-31；若 $\chi_s > \chi_{sh}$，则就成为需经海底反射的那类声线，不属于反转类声线。

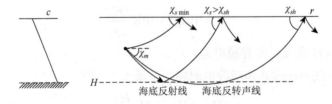

图 4-31　浅海表面声道中的两类声线

在计算声强 $\bar{I}_2(r,z)$ 时，式（4-108）计入了海底反射系数 V_1 对声场的影响。为了考察两部分声强 $\bar{I}_1(r,z)$ 和 $\bar{I}_2(r,z)$ 对总声强 $\bar{I}(r,z)$ 的影响，把式（4-106）写为

$$\bar{I}(r,z) = \bar{I}_1(r,z)\left[1 + \frac{\bar{I}_2(r,z)}{\bar{I}_1(r,z)}\right]$$

上式等号右端第二项为海底反射声线给总声强带来的影响。当 $\bar{I}_2(r,z)/\bar{I}_1(r,z) \ll 1$ 时，海底反射的影响可以忽略。当 $\bar{I}_2(r,z)/\bar{I}_1(r,z) > 1$ 时，此时海底反射的贡献大

于反转声线，海底反射的 $\bar{I}_2(r,z) = \frac{2e^{-2\beta r}c_0^2}{rc_s^2} \int_{\chi_{sh}}^{\chi_{\pi/2}} \frac{\exp\left(\frac{2r}{D}(\ln|V_2|+\ln|V_1|)\right)\sin(2\chi_s)}{D(\chi_s)\sin\chi\sin\chi_0} d\chi_s$

影响不能忽略。

下面，考察比值 $\dfrac{\bar{I}_2(r,z)}{\bar{I}_1(r,z)}$ 随距离 r 的变化，设在某个距离 r_c 上，有

$$\frac{\overline{I}_2(r_c,z)}{\overline{I}_1(r_c,z)}=1 \qquad (4\text{-}109)$$

则称式（4-109）所确定的距离 r_c 为转换距离。当水平距离 r 变化经过转换距离 r_c 时，则声强由一种类型声线为主的贡献转换成另一类型声线为主的贡献。转换距离 r_c 可以由式（4-109）计算得到。

4.7.2　反转声线和反射声线的跨度

由式（4-107）、式（4-108）计算 $\overline{I}_1$、$\overline{I}_2$ 时，首先要计算声线跨度 $D(\chi_s)$，下面给出典型情况下的声线跨度 $D(\chi_s)$ 计算。

（1）恒定正声速梯度下的声线跨度等于

$$D(\chi_s)=2\int_0^z \frac{\mathrm{d}z}{\tan\chi}=2\cos\chi_s\int_0^z \frac{\mathrm{d}z}{\sqrt{\left(\frac{1}{1+az}\right)^2-\cos^2\chi_s}} \qquad (4\text{-}110)$$

（2）反转声线的跨度等于

$$D(\chi_s)=\frac{2\tan\chi_s}{a} \qquad (4\text{-}111)$$

（3）反射声线的跨度等于

$$D(\chi_s)=\frac{2\tan\chi_s}{a}-\frac{2}{a\cos^2\chi_s}[1-\cos^2\chi_s(1+aH)^2]^{1/2} \qquad (4\text{-}112)$$

式（4-107）和式（4-108）分母中的 $\sin\chi_0$ 和 $\sin\chi$ 随 χ_s 的变化，可以由声速分布 $c(z)$ 和折射定律求得。

4.7.3　海底的反射系数模随掠射角的变化

文献[11]用三段直线组成的折线来描述海底的反射系数 V_1 的模，见图 4-32。

$|V_1|$ 随频率和掠射角的变化由表 4-4 给出。图 4-32 中的 $|V_1|$ 值与实验海区的海底反射系数模相一致。文献[11]计算了三个频率（0.5kHz、0.7kHz、1.0kHz）上的 TL 值，也计算了比值 $\overline{I}_2(r,z)/\overline{I}_1(r,z)$。发现这三个频率均高于由式（4-38）计算得到的表面声道截止频率 f_h（在设定参数下，$f_h=370$Hz）。图 4-34 绘出了 TL 的计算值和实验值，两者符合良好。

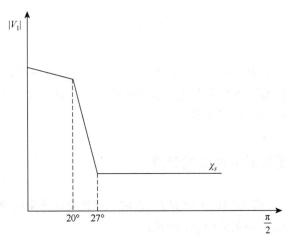

图 4-32　海底反射系数模随 χ_s 的变化

表 4-4　海底反射系数

频率 f/kHz	掠射角 χ_s		
	0°	20°	27°～90°
0.5	1	0.92	0.3
0.7	1	0.9	0.3
1.0	1	0.8	0.3

图 4-33 绘出了不同频率、不同海况级情况下，比值 $\overline{I}_2(r,z)/\overline{I}_1(r,z)$ 的分贝数随距离 r 的变化。从图 4-33 看出，在 1～2 级海况下，频率 $f=1.0$kHz 时，转换距离 $r_c=20$km。当 $r<r_c$ 时，以反射简正波声场占主导地位；在 $r>r_c$ 时，以反转简正波为主导。因此，即使 $f>f_h$，在相当远距离内，海底反射的作用仍是主要的。而且频率越低，r_h 越大，即海底反射简正波起主导作用的距离越远。

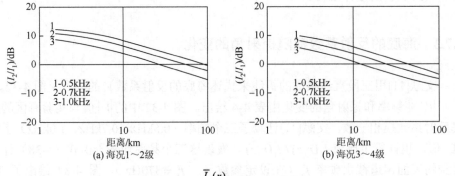

图 4-33　$\dfrac{\overline{I}_2(r)}{\overline{I}_1(r)}$ 值随 r 的变化

4.7.4 浅海表面声道中传播损失随距离的变化

文献[11]对浅海表面声道的传播损失作了数值计算，计算结果和实验测量值符合良好，见图 4-34。

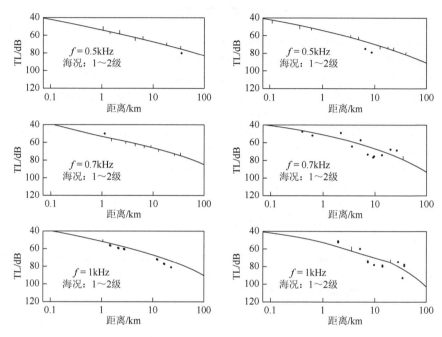

图 4-34 传播损失随距离的变化

——计算值；•实验值

习　　题

1. 当声源和水听器都位于海面附近时，试述声强随距离的变化规律，并说明原因。

2. 当主动声呐的声源和水听器都位于海面附近时，对其性能会产生什么影响？

3. 海面下 50m 为等温层，层下为负梯度，海面处声速 1500m/s，声源深 15m，求最大跨度。

4. 什么是表面声道，声波在表面声道中为什么能远距离传播？

5. 说明表面声道中声能沿水平方向和垂直方向的分布规律及其机理。

6. 说明表面声道中接收信号波形的特点及其形成原因。

7. 从声道模型、声传播特性及机理等方面对表面声道和深海声道进行综合比较。

8. 什么是深海声道的会聚区，它有哪些特点？

9. 声波穿过跃变层，声强为什么迅速衰减？

10. 什么条件下，声传播衰减遵循 3/2 次方规律？

11. 什么是水声学中的浅海概念？浅海声传播的虚源处理中，声源为点源，则其在海底的反射声压可否直接用平面波反射系数乘以入射球面波声压获得？

参 考 文 献

[1] 布列霍夫斯基. 海洋声学[M]. 山东海洋学院海洋物理系，中国科学院声学研究所水声研究室，译. 北京：科学出版社，1983：78，97，104，107，114，117，119，125，188-189.

[2] Kinsler L E，Frey A R. Fundamentals of Acoustics[M]. 3rd ed. New York：Wiley，1982：410，430.

[3] Urick R J. Principles of Underwater Sound[M]. 3rd ed. Westport：Peninsula Publishing，1983.

[4] 张仁和. 浅海中的平滑平均声场[J]. 海洋学报，1981，3（4）：535-545.

[5] Baker W F. New formula for calculating acoustic propagation loss in a surface duct in the sea[J]. Journal of the Acoustical Society of America，1975，（57）：1198-1200.

[6] Munk W. Sound channel in an exponentially stratified ocean with application to sofar [J]. Journal of the Acoustical Society of America，1974，（55）：220-226.

[7] 汪德昭，尚尔昌. 水声学[M]. 北京：科学出版社，1981：276，279，282-283.

[8] Hale F E. Long-range sound propagation in the deep ocean[J]. Journal of the Acoustical Society of America，1961，（33）：456.

[9] 柏格曼，等. 水声学物理基础（下册）[M]. 邵维文，桂宝康，吴绳武，等，译. 北京：科学出版社，1959.

[10] 唐应吾，肖金泉. 具有负跃层等深度浅海中的平均声强[J]. 海洋与湖沼，1994，15（6）：550-557.

[11] 蒋继萍. 浅海表面声道中的传播损失[J]. 声学技术，1985，（2）：7-10.

第5章　声波在声呐目标上的反射和散射

水声学中，"目标"一词是指潜艇、鱼雷、水雷、礁石等物体，它们或者是声波的反射体，或者是声波的散射体，或者两种兼而有之。当声波照射到这些物体的表面上时，就会产生反（散）射信号，这种信号的产生，遵循着某种物理规律，是一种有规信号。至于那些无限伸展的非均匀体，如深水散射层、海面、海底等，虽然也会产生反（散）射信号，但这种信号是一种无规信号，更多地具有随机量的特性，属于海洋中声混响的研究范畴。

主动声呐换能器（阵）通常总是收发合置的，接收的是目标的"反向"回声信号，简称回波（声）信号，本书将沿用此名词，用来表示目标的反（散）射信号。

声呐最常见的应用是探测水下目标。对主动声呐来说，它是根据来自目标的回波信号实现目标检测和分类识别的，因此，声呐目标回波特性研究的结果，对声呐设备的最优设计和合理应用有着十分重要的意义。

本章将围绕目标强度 TS 来讨论目标的声散射特性，主要内容为：常见声呐目标的目标强度值及它们的一般特性、目标强度的实验测量、回波信号的特征和产生机理、目标散射声场的理论求解及散射声场特性、目标声散射逆问题基础等内容。

5.1　声呐目标的目标强度

众所周知，当声波照射到物体上时，声波就会发生反射、散射和衍射等物理过程，其结果是产生了分布在整个空间中的次级波，它由反射波、散射波和衍射波组成，其中在某个特定方向上的次级波到达接收点被接收，主动声呐就是通过接收这种回声信号实现目标探测和目标分类识别的。因此，回声信号的强弱和所携带的目标特性信息的多少，对主动声呐的工作起着十分重要的作用。

5.1.1　声呐目标的目标强度

目标强度 TS 是主动声呐方程中的一个重要参数，应用主动声呐方程优化设计声呐或合理应用声呐，首先要对目标的 TS 值作出估计。目标强度 TS 从回声强度的角度描述了目标的声学特性，具体反映了目标声反射"本领"的大小。设有强度为 I_i 的平面声波入射到某物体上，测得空间某方向上物体回声强度为 I_r，则目标强度 TS 定义为

$$TS = 10\lg \frac{I_r}{I_i}\bigg|_{r=1} \qquad\qquad (5\text{-}1)$$

式中，$I_r|_{r=1}$ 是距目标等效声中心 1m 处的回声强度。

关于式（5-1），需要注意以下几点。

1. 测量距离

回声测量应在目标散射声场的远场进行，再按传播衰减规律将测量值换算至目标等效声中心 1m 处，得到 $I_r|_{r=1}$ 的值，再由式（5-1）得到 TS 值。

2. 目标等效声中心

图 5-1 是对式（5-1）的直观解释，图中 QC 是入射方向；点 C 是目标等效声中心，它是一个假想的点，可位于目标外面，也可位于目标内部，从射线声学观点来看，回声即是由该点发出的，故称点 C 为目标的等效声中心。

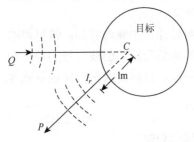

图 5-1　目标回声示意图

3. 回声强度是入射方向和回波方向的函数

图 5-1 中，P 是接收点，它可以位于空间任何方位上，CP 是回声方向。通常，回声强度 I_r 是入射方向和回波方向的函数，只有在收发合置情况，接收点和声源位于同一位置，回声则仅是入射方向的函数。因为这时回声方向与入射波方向恰好相反，所以习惯上称为反向反射或反向散射。考虑到多数声呐是收发合置型的，本章仅讨论反向反射情况下的目标回声问题。

4. 参考距离

由于采用了 1m 作为参考距离，往往使许多水下物体具有正的目标强度值。应该说明，这并不表明回声强度高于入射声强度，而是选取了 1m 作为参考距离的结果。如果将参考距离选得远些，物体的目标强度值就变成了负值。

5. 物体的目标强度值

物体的目标强度值除和声源、接收点相对于物体的位置等因素有关外，还取决于物体的几何形状、体积和组成材料等因素。

5.1.2 刚性大球的目标强度

作为例子，下面讨论刚性不动大球的目标
强度值。设有一个不动的光滑刚性球，其半径
为 a，且满足 $ka \gg 1$，$k = 2\pi/\lambda$ 是波数，λ 是
声波波长。现有强度为 I_i 的平面波以角 θ_i 入射
到球面上，见图 5-2，考察该球的 TS 值。

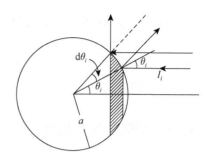

图 5-2　球面上的几何镜反射

对于这种大球，散射过程具有几何镜反射
特性，反射声线服从局部平面镜反射定律。设入射波在 θ_i 到 $\theta_i + \mathrm{d}\theta_i$ 范围内的功率
为 $\mathrm{d}W_i$，则它应为

$$\mathrm{d}W_i = I_i \mathrm{d}s \cos\theta_i \tag{5-2}$$

式中，$\mathrm{d}s$ 为图 5-2 中的阴影区面积，它等于

$$\mathrm{d}s = 2\pi a^2 \sin\theta_i \mathrm{d}\theta_i \tag{5-3}$$

因为球是刚性的，声能不会透入球体内部；又因为球表面光滑，是理想反射
体，反射过程没有能量损耗，因此，入射声能将无损失地被球面所反射。由图 5-2
可知，在 θ_i 方向上，$\mathrm{d}\theta_i$ 内的声能经反射后分布在 $2\mathrm{d}\theta_i$ 范围内，所以，距离等效
声中心 r 处的散射声功率为

$$\mathrm{d}W_r = I_r \times 2\pi r^2 \sin(2\theta_i) \times 2\mathrm{d}\theta_i \tag{5-4}$$

式中，I_r 是距等效声中心 r 处的反射声强度。因为反射过程没有能量损失，所以
$\mathrm{d}W_i = \mathrm{d}W_r$，于是得到

$$\frac{I_r}{I_i} = \frac{a^2}{4r^2} \tag{5-5}$$

由式（5-5）可直接得到该球的目标强度：

$$\mathrm{TS} = 10\lg \frac{I_r}{I_i}\bigg|_{r=1} = 10\lg \frac{a^2}{4} \tag{5-6}$$

可见当 $ka \gg 1$ 时，对于收发合置情况，刚性球的目标强度值与声波频率无关，
只和球的半径 a 有关，半径为 2m 时，它的目标强度值为零分贝。大球目标强度
值的这一特性，使它成为很好的参考目标，被应用于目标强度值的测量中。

应该说明，这里得到的刚性球目标强度仅是考虑镜反射的平均效果，不是严
格解，5.5 节给出了刚性球目标强度的严格解。

5.2 常见声呐目标 TS 值的一般特性

由于军事上的需要，声呐目标的目标强度，历来受到人们的关注，并为此人

们进行了大量的研究工作，取得了很多成果，文献[1]对此作了很好的总结。但是，由于军事上严格保密的原因，有关声呐目标强度值的实测资料，公开发表的非常少见，年代也比较久远。本节仅根据现有资料，对常见声呐目标的目标强度特性作一般性的讨论。

5.2.1　潜艇的目标强度

1. 潜艇实测目标强度值的离散性

关于潜艇的目标强度，人们首先注意到测量值具有明显的离散性。这种离散性，不但表现在对不同型号潜艇，由不同研究人员在不同时间所测得的目标强度值具有很大的不同，而且还表现在对同一艘潜艇所进行的测量中，每次得到的目标强度值也有很大的变化。图 5-3[2]中的曲线 A 和 B 就是这种离散性的实例。曲线 A 是第二次世界大战时用 24kHz 的频率测得的，曲线上每隔15°有一个实验点，它是 40 个单个回声的平均值。曲线 B 是战后测得的，每隔5°有一测量值，它是 5 个回声的平均值。由图可见，这两条曲线的形状是很相似的，但数值上约有 10dB 的差异。

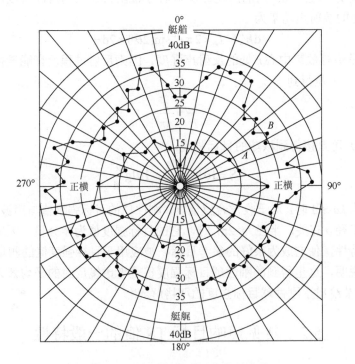

图 5-3　潜艇目标强度随方位的变化

二战后，人们测量了不同频率下不同潜艇的目标强度值。大量测量值的统计结果表明，潜艇正横方向的目标强度值在 12～40dB，平均值约为 25dB。如图 5-3 所示，曲线 B 正横方向上的目标强度值为 37dB，曲线 A 为 26dB。

2. 潜艇目标强度值的空间方位特性

对于潜艇目标来说，它的几何形状和内部结构都是很不规则的，因此在不同的方位上测量其目标强度值，结果是各不相同的，这是潜艇目标强度值的另一个显著特征。图 5-3 中的曲线 A 和 B 就是这种方位特性的实例。应该说明，图 5-3 具有普遍的意义，不同型号潜艇的目标强度值随方位的变化曲线都是和曲线 A（或 B）相类似的。由它可以得到以下结论。

（1）在潜艇左右两舷侧的正横方向上，目标强度值最大，平均可达 25dB，它是由艇壳的镜反射引起的。

（2）在艇艏和艇艉方向，目标强度值目标强度取极小值，为 10～15dB，这是由于艇壳表面的不规则和尾流的遮蔽效应引起目标强度的降低。

（3）在艇艏和艇艉 20° 附近，目标强度值比相邻区域高出 1～3dB，估计是由潜艇舱室结构的内反射产生的。

3. 潜艇目标强度值随测量距离的变化

实验结果表明，潜艇目标强度值和测量距离密切有关，往往近处测量值小于远处测量值，随着测量距离的变大，目标强度值也逐渐变大，直至距离足够大时，目标强度值才不再随测量距离而变。这种现象的出现，有以下两方面的原因。

（1）当使用指向性声呐在近处进行目标强度测量时，由于指向性的关系，入射声束没有“照射”到目标的全部。这时，仅有被“照射”到的部分表面对回声有贡献，未被“照射”部分对回声则没有贡献。随着测量距离的变大，被“照射”表面也随之变大，回声信号也就变强，目标强度值自然也变大，直至整个目标表面都对回声有贡献为止。

（2）有些物体由于几何形状比较复杂，其回声随距离衰减的规律不同于点源辐射声场，声强随距离的变化不遵循球面规律。例如，对于一个长度为 L 的柱体，在近距离上，它的回声强度随距离的衰减服从柱面规律，即与距离的 1 次方成反比；在远距离上，回声随距离的平方而衰减，即服从球面衰减规律；两者的过渡距离是 L^2/λ，这里 λ 是声波波长。如果测量分别是在近处和远处进行的，而归算到目标等效声中心 1m 处时都应用球面规律，则其结果必然是远处测得的目标强度值大于近处的测量值。

潜艇目标强度值随测量距离变化的事实告诉人们，为了要得到稳定可靠的测量结果，测量应在远场进行，即测量距离 r 要大于 L^2/λ。

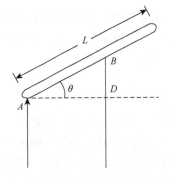

图 5-4　目标强度值与脉冲长度的关系

4. 潜艇目标强度值与脉冲长度的关系

测量结果表明，潜艇目标强度值还受到入射声脉冲长度的影响，表现为用短脉冲测得的值小于长脉冲测得的值，脉冲变长，目标强度值变大，直至声脉冲足够长，测量值才不再随脉冲长度而变。以上现象，也是由对回声有贡献的表面积大小不同引起的。设有脉冲长度为 τ（信号时间长度）的平面波入射到长度为 L 的物体上，它们之间的夹角为 θ，如图 5-4 所示。

若要物体表面上的 A 点和 B 点所产生的回声在脉冲宽度 τ 内被同时接收到，则必有

$$\overline{AB} \cdot \sin\theta = c\tau/2 \tag{5-7}$$

式中，c 是声速。由式（5-7）可以看出，随着脉冲长度 τ 的增加，对回声有贡献的物体表面积也相应地变大，直到 τ 变得足够大，以至物体全部表面都能对回声产生贡献为止。由此可见，当脉冲长度由短逐渐变长时，目标强度值也由小逐渐变大，直到脉冲长度变为 $2L\sin\theta/c$ 后，目标强度值就不再随脉冲长度而变化。

如果测量是在潜艇正横方向进行的，则由于目标沿入射方向上的长度比较小，且回声的形成主要是镜反射过程，所以，目标强度值随脉冲长度变化的现象并不显著。

5. 潜艇目标强度值与其他因素的关系

针对潜艇的目标强度值，人们还关注它与频率、潜艇航行深度等因素之间的关系。第二次世界大战期间，人们曾用 12kHz、24kHz 和 60kHz 频率声波进行潜艇目标强度的测量，试图确立它的频率响应关系，但测量结果表明，潜艇目标强度不存在明显的频率效应，如果有，也被实测值的离散性所掩盖了。事实上，潜艇目标的结构和几何形状都十分复杂，产生回声的机理是多种多样的，因而，它的目标强度值没有明显的频率关系也是不奇怪的。

至于潜艇目标强度随航行深度的变化，除了尾流回声受其影响外，原则上目标强度值不应发生明显的变化。如果一定要说深度对目标强度值有影响，那并不是深度影响到产生回声的机理，而是深度变化后声传播特性也随之变化所引起的。

5.2.2　鱼雷和水雷的目标强度

鱼雷和水雷的几何形状基本上都是带有平头或半球体的圆柱体，长度为一米

至数米，直径为 0.3～1m，鱼雷的尾部安装有推进器，水雷的雷体上安装有翼及有凹凸不平处。对于这样的物体，可以想见，其正横方位上或头部会有较强的目标强度值，因这些方位上有强的镜反射；至于尾部和雷体上小的不规则部分，其目标强度值一般较小。当然，如果声波入射到雷体上的某些不太小的平面上，由于镜反射较强，也会有较强的目标强度值。

表 5-1 给出了简单几何形状物体的目标强度计算公式，它虽然源自雷达技术，但对声呐目标具有很好的参考价值。例如，对于一个长度为 L、半径为 a 的圆柱形物体，由表 5-1 可查得它的目标强度表示为

$$\mathrm{TS} = 10\lg\left[aL^2 / 2\lambda\left(\frac{\sin\beta}{\beta}\right)^2\cos^2\theta\right] \tag{5-8a}$$

式中，λ 是声波波长；$\beta = \dfrac{2\pi L}{\lambda}\sin\theta$。若设 $a = 0.15\mathrm{m}$，$L = 2\mathrm{m}$，$\lambda = 0.15\mathrm{m}$，则可得如下方向上的目标强度。

正横方向：

$$\mathrm{TS} = 10\lg(aL^2 / 2\lambda) = 3\mathrm{dB}$$

端部：

$$\mathrm{TS} = 10\lg(0.15^2 / 4) = -22.5\mathrm{dB}$$

需要强调说明，圆柱形物体的目标强度值对入射角的变化特别敏感，入射角稍有变化，就可能会引起目标强度值的很大变化，通常正横方向时 TS 最大，随入射角变大，TS 迅速变小。

鱼雷、水雷目标强度值随频率、方位角、测量距离及脉冲宽度的变化规律，大体与潜艇的情况相类似。

表 5-1　简单几何形状物体的目标强度[2]

形状		t（目标强度=$10\lg t$）	符号	入射方向	条件
任何凸曲面		$\dfrac{a_1 a_2}{4}$	$a_1 a_2 = $ 主曲率半径 $r = $ 距离 $k = 2\pi/$波长	垂直于表面	$ka_1, ka_2 \gg 1$ $r > a$
球体	大	$\dfrac{a^2}{4}$	$a = $ 球半径	任意	$ka \gg 1$ $r > a$
	小	$61.7\dfrac{V^2}{\lambda^4}$	$V = $ 球体积 $\lambda = $ 波长	任意	$ka \ll 1$ $kr \gg 1$

形状		t （目标强度 $=10\lg t$）	符号	入射方向	条件
柱体无限长	粗	$\dfrac{ar}{2}$	$a=$ 柱半径	垂直于柱轴	$ka\gg1$ $r>a$
	细	$\dfrac{9\pi^4 a^4}{\lambda^2}r$	$a=$ 柱半径	垂直于柱轴	$ka\ll1$
有限长柱		$\dfrac{aL^2}{2\lambda}$	$L=$ 柱长 $a=$ 柱半径	垂直于柱轴	$a\gg1$ $r>L^2/\lambda$
		$\left(\dfrac{aL^2}{2\lambda}\right)\left(\dfrac{\sin\beta}{\beta}\right)^2\cos^2\theta$	$a=$ 柱半径 $\beta=kL\sin\theta$	与法线成 θ 角	
平板	无限（平面）	$\dfrac{r^2}{4}$		垂直于平面	
	有限任何形状	$\left(\dfrac{A}{\lambda}\right)^2$	$A=$ 平板面积 $L=$ 平板的最大线度 $I=$ 平板的最小线度	垂直于平板	$r>\dfrac{L^2}{\lambda}$ $kl\gg1$
	矩形	$\left(\dfrac{ab}{\lambda}\right)^2\left(\dfrac{\sin\beta}{\beta}\right)^2\cos^2\theta$	$a,b=$ 矩形的边长 $\beta=ka\sin\theta$	与含有 a 边的法线平面成 θ 角	$r>\dfrac{a^2}{\lambda}$ $kb\gg1$ $a>b$
	圆形	$\left(\dfrac{\pi a^2}{\lambda}\right)^2\left(\dfrac{2J(\beta)}{\beta}\right)^2\cos^2\theta$	$a=$ 圆的半径 $\beta=2ka\sin\theta$	与法线成 θ 角	$r>\dfrac{a^2}{\lambda}$ $ka\gg1$
椭圆体		$\left(\dfrac{bc}{2a}\right)^2$	$a,b,c=$ 椭圆体的主半轴	平行于 a 轴	$ka,kb,kc\gg1$ $r\gg a,b,c$
锥体		$\left(\dfrac{\lambda}{8\pi}\right)^2\tan^4\psi\left(1-\dfrac{\sin^2\theta}{\cos^2\psi}\right)$	$\psi=$ 锥体的半角	与锥轴成 θ 角	$\theta<\psi$
各个方向取平均圆盘		$\dfrac{a^2}{8}$	$a=$ 圆盘的半径	各个方向上取平均	$ka\gg1$ $r>\dfrac{(2a)^2}{\lambda}$
任意的光滑凸面体		$\dfrac{s}{16\pi}$	$s=$ 物体的全部表面积	各个方向上取平均	各个线度与曲率半径都大于波长
三棱反射体		$\dfrac{L^4}{3\lambda^2}(1-0.00076\theta^2)$	$L=$ 反射体棱边的长度	与对称轴成 θ 角	线度大于波长
任何拉长的旋转体		$16\pi^2 V^2/\lambda^4$	$V=$ 物体的体积	沿旋转体的轴	各个线度均小于波长

续表

形状	t （目标强度 $=10\lg t$）	符号	入射方向	条件
圆板	$\left(\dfrac{4}{3\pi}\right)^2 k^4 a^6$	$a=$ 半径 $k=2\pi/\lambda$	垂直于板	$ka\ll 1$
无限长平面带	$\dfrac{1}{4\pi k}\left[\dfrac{\cos\theta\sin(ka\sin\theta)}{\sin\theta}\right]^2$	$2a=$ 带的宽度 θ 与法线的角度	在角 θ	$ka\gg 1$ $ka\gg 1$，$\theta=0$
	ka^2/π		垂直于带	

5.2.3　鱼的目标强度

鱼是探鱼声呐的目标，对于它的目标强度，世界上沿海国家的科技工作者做了大量的研究工作，英国的 Cushing[3] 的测量是对死鱼进行的，并在有些鱼体上安装了薄膜塑料人工鱼鳔，使用的频率为 30kHz，声束由上向下垂直照射到脊背上，鱼处于正常游动姿态，测量结果示于图 5-5 中。该图给出了鱼体长与目标强度之间的关系，其中的直线为 TS 值与 $30\lg L$ 之间的关系，这里 L 是鱼的长度（cm）。

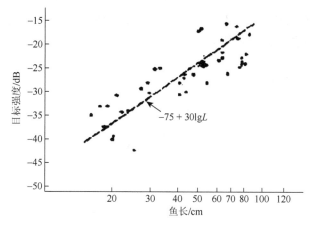

图 5-5　各种商业鱼（鲟鱼、比目鱼、青鱼）的目标强度

文献[4]在 12～200kHz 频段的 8 个频率上测量了鱼的目标强度值，鱼体样本长为 1.9～8.8in（1in $=$ 2.54cm），发现目标强度与鱼体长度有明显的关系，与频率的关系则不明显，并总结出脊背方向入射时，鱼的目标强度经验公式：

$$TS=19.1\lg L-0.9\lg f-62.0 \qquad (5\text{-}8b)$$

式中，L 为鱼体长（cm）；f 为频率（kHz），适用范围 $0.7 < L/\lambda < 90$。

对于探鱼声呐来说，它的探测目标总是鱼群，人们关心的是鱼群作为一个整体的目标强度值。试验结果表明，如果该鱼群由 N 条相距较大的鱼所组成，则该鱼群的总目标强度为

$$\mathrm{TS_T = TS + 10 \lg} N$$

式中，TS 是单个鱼体的目标强度值。

5.2.4　海洋生物声散射模型

研究海洋生物声散射特性是很有意义的，除直接服务于海洋生物探测外，还有可能成为研究海洋环境的有效途径，因为生物的活动与环境密切相关。在海洋生物声散射特性研究中，习惯上使用反向散射截面 σ 来描述海洋生物的散射特性，它定义为

$$\sigma = 4\pi \frac{I_r}{I_i}\bigg|_{r=1} \tag{5-9a}$$

式中，I_i、I_r 分别是入射平面波声强和目标散射声强度。反向散射截面 σ 与目标强度 TS 的关系为

$$\mathrm{TS} = 10\lg(\sigma/4\pi) \tag{5-9b}$$

文献[5]在总结有关文献后，结合自己的研究成果，给出了海洋生物声散射特性研究的简单模型，结果如下。

1. 高通液球模型

海洋生物既非球形，也不均匀，采用液球模型只是一种近似。在这种近似下得到

$$\sigma/(\pi a^2) = 2\alpha(ka)^4[2+3(ka)^4]^{-1} \tag{5-9c}$$

式中，a 是球半径；k 是波数；α 为瑞利散射系数，它表示为

$$\alpha = 4\left[\frac{1-gh^2}{3gh^2} + \frac{1-g}{1+2g}\right]^2 \tag{5-9d}$$

其中，$g = \rho_1/\rho$ 是密度比；$h = c_1/c$ 是声速比，这里 ρ_1、c_1 是液球的密度和声速，ρ、c 是液球周围介质的密度和声速。对于磷虾及桡足类生物，g 可取 1.016，h 取 1.033。在 $ka \ll 1$ 时，式（5-9c）趋于瑞利散射。

2. 充气鱼鳔模型

大多数鱼的体内长有鱼鳔，通常将其看作充气腔，是鱼体声散射的重要散射

体。据此，得到了水中气泡的散射响应：

$$\sigma / (\pi a^2) = 4\{[(f_0 / f)^2 - 1]^2 + 1/Q\}^{-1} \qquad (5\text{-}9e)$$

式中，a 是气泡半径；f_0 是气泡共振频率；f 是入射声波频率；Q 是常数，取值范围为 $3 \sim 10$。

3. 体长模型

鱼体不是球形的，其散射与声波入射角度有关，因此体长模型比上述二个模型更接近实际。体长模型表示如下。

最大侧方向：

$$\sigma / \lambda^2 = 0.064(L / \lambda)^{2.28} \qquad (5\text{-}9f)$$

背部方向：

$$\sigma / \lambda^2 = 0.041(L / \lambda)^{1.94} \qquad (5\text{-}9g)$$

式中，L 是鱼体长；λ 为声波波长。进一步的研究表明，平均而言，在高频时，如 $1 < L / \lambda < 100$，散射强度与频率无关；低频时，如 $L / \lambda \ll 1$，目标强度正比于 $(L / \lambda)^4$。

5.3　TS 值的实验测量和常见目标的 TS 值

由主动声呐方程可见，无论设计主动声呐，还是合理使用已有的主动声呐，都不可避免地要对被探测目标的目标强度值作出估计。声呐目标的目标强度值，可以通过理论计算求得，也可直接由实验测量得到。实验测量目标的目标强度值时，对于大型目标，应在湖泊或海上进行现场测量；对于小型目标，则可在实验室水池进行测量。

5.3.1　现场测量

在湖泊或海上现场测量目标强度值，容易满足远场条件，能直接得到结果，但环境条件不易控制和重复，且结果有一定的离散性，测量精度欠高。图 5-6 是目标强度现场测量的示意图，其中，A 是指向性脉冲声源，它向被测目标辐射声波；B 是水听器，接收来自目标的回波。由目标强度的定义 $TS = 10\lg\left(\dfrac{I_r}{I_i}\Big|_{r=1}\right)$ 可知，只要测得目标处的入射声强度 I_i 和离目标等效声中心 1m 处的回声强度 $I_r|_{r=1}$，就可方便地得到被测目标的目标强度值。为了提高测量精度，测量应重复多次，取其平均值作为最终测量结果。

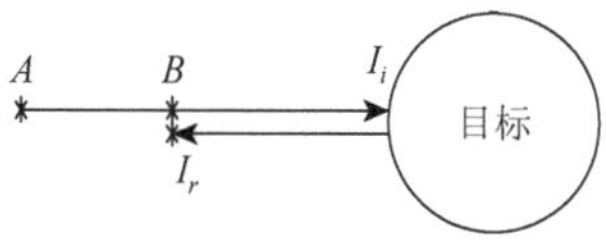

图 5-6　目标强度测量示意图

　　根据声学理论关于远场特性的论述可知，为得到确定、可信的结果，测量应满足远场条件，即目标应位于声源 A 辐射声场的远场区，同样，水听器 B 也应位于目标散射声场的远场区。一般来说，对于较大的目标，其远场距离总是大于 1m 的，因此，在应用定义计算目标强度值时，首先应将在远场测得的回声强度，归算到离目标等效声中心 1m 处，然后代入公式计算该目标的 TS 值。

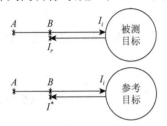

图 5-7　比较法测量目标强度示意图

1. 比较法测量目标强度

　　比较法是一种比较实用的方法，在实际工作中经常被应用。比较法需要一个目标强度为已知的参考目标，图 5-7 为测量示意图。首先测量参考目标的回声强度，设为 I^*。其次，在相同的测量条件下测量被测目标的回声强度，设为 I_r。又设参考目标的目标强度为 TS^*，被测目标的目标强度为 TS，则 TS 等于

$$TS = 10\lg\frac{I_r}{I^*} + TS^* \tag{5-10}$$

　　应用比较法测量目标强度，操作简单，仅需测量回声强度 I_r 和 I^*，计算也不复杂，这些都是比较法的优点。但是，应用比较法测量目标强度，必须有一个目标强度值为已知的参考目标，对于复杂几何形状目标，逼真程度高的参考目标制作比较困难。

2. 直接法测量目标强度

　　大多数声呐目标的目标强度值是用直接法测得的，图 5-8 是这种测量的示意图。

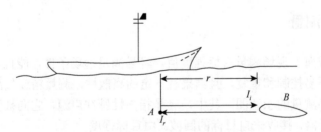

图 5-8　直接法测量目标强度示意图

　　图中，假设 A 是收发合置换能器（这不是必需的，仅是为了讨论方便），B 是被测目标，它与 A 之间的距离 r 满足远场条件。又设声源 A 是指向性脉冲声源，声轴指向被测目标，其声源级为 SL，声源与目标之间的声传播损失为 TL。若在水听器（声源）处测得回声级为 EL，则应有

$$EL = SL - 2TL + TS$$

式中，TS 为被测目标强度值。由回声信号级 EL 的定义知 $EL = 10\lg(I_r / I_0)$，这里 I_0、I_r 分别为参考声强和水听器处回声强度，则可得

$$TS = 10\lg \frac{I_r}{I_0} + 2TL - SL \qquad (5-11)$$

由式（5-11）可知，应用直接法测量目标强度值，需要测量三个物理量：声源级 SL、回声强度 I_r 和传播损失 TL，其中，关键是精确测定传播损失 TL，这往往不太容易，因为这要求精确测量声源与目标之间的距离，并根据现场水文条件确定相应的传播损失值，这对海上现场作业来说，其难度一般是比较大的。虽然直接测量法有着上述不便之处，但它仍不失为一种比较简单的方法，加之它又无须特殊的仪器设备，因而成为一种基本的测量方法。

3. 应答器法测量目标强度

针对直接测量法的缺点，人们提出了一种不需要确定传播损失的测量方法，它应用了一种通常称为应答器的特殊设备，所以习惯上称这种测量方法为应答器法，图 5-9 是这种测量方法的示意图。由图可见，在测量船上，除安装有声源外，还在其附近安装了一个水听器Ⅰ，用以测量目标回声和应答器所辐射的脉冲信号；在待测目标上，安装有水听器Ⅱ和应答器各一个，它们相距 1m。测量中，应答器在接收到声源发射的信号后，也发射声脉冲信号。测量时，声源发射脉冲信号，水听器Ⅱ先后接收声源和应答器所发射的脉冲信号，设它们的声级差为 B（dB），则有

$$B = 应答器源级 - (声源辐射声级 - TL)$$

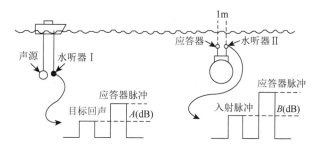

图 5-9　应答器法测量目标强度示意图

另外，水听器Ⅰ接收目标回声信号和应答器的发射信号，设它们的声级差为 A，则

$$A = (应答器源级 - TL) - (声源辐射声级 - 2TL + TS)$$

式中，TL 是声源至目标间的传播损失；TS 是被测目标的目标强度值。于是得到

$$TS = B - A \qquad (5\text{-}12)$$

由此可见，应用应答器法测量目标强度，不需要确定传播损失，这是该方法的一大优点。另外，该方法测量比较简单，不需要做复杂的绝对校准工作。

5.3.2　实验室测量

以上讨论的测量方法，适用于现场测量大型目标，如潜艇、鱼雷、水雷等物体的目标强度值，对于尺寸较小的目标，如潜艇模型、实验室目标等物体，则宜于在实验室水池中进行测量，因为水池中的测量条件远优于现场的测量条件。水池中测量目标强度，一般可采用比较法或直接测量法，但测量应满足以下条件。

（1）满足远场条件。测量应在远场进行，即目标处于声源的远场，水听器处于目标的远场。

（2）满足自由场条件。测量应保证自由场条件得到满足。对于测量条件较好的消声水池而言，这条件总是满足的，但对于非消声水池，由于存在四壁及水面、池底的反射，这些反射声信号有可能和目标回波信号相叠加干涉，从而直接影响测量结果的可信度。对于这种多途干扰，可采用脉冲信号，它是常用的抗多途干扰有效措施。因直达脉冲总是先于反射声到达水听器，所以，可根据水池的长、宽、高尺寸，合理选用脉冲宽度，并适当调整声源、目标、水听器三者之间的位置，使界面反射脉冲和目标回波脉冲在接收时间上前后分开，采集信号时，选用首先到达的回声信号，这样就保证了测量结果的正确性。

（3）合理选取发射信号脉冲宽度。合理选取发射信号脉冲宽度。上面已经提到，选用脉冲宽度，要考虑自由场条件能否得到满足，为抗多途干扰，要求脉冲宽度取得窄一些；另外，人们总希望得到稳态结果，这又要求脉冲宽度不能太窄，应保证一个脉冲宽度内至少包含有十个左右波。所以，选用脉冲宽度时，应兼顾以上两方面的要求。

5.3.3　常见声呐目标的目标强度值

关于各种常见声呐目标的目标强度值，人们已进行了大量的实验测量，一般来说，所得到的结果具有较大的离散性，但即便如此，这些测量还是从统计的意义上给出了规律性的结果。表 5-2[6]所列是常见声呐目标的目标强度标准值，作为水声工程中处理问题时的一般估值，这些结果是很有参考意义的。

表 5-2　常见声呐目标的目标强度标准值　　　　　　　单位：dB

目标	方位	TS		
		小型艇	大型艇，有涂层	大型艇
潜艇	正横	5	10	25
	中间	3	8	15
	艇艏或艇艉	0	5	10
水面舰艇	正横	25		
	非正横	15		
水雷	正横	0		
	偏离正横	$-25 \sim -10$		
鱼雷	随机	-15		
拖曳基阵	正横	0（最大）		
鲸鱼，30m	背脊方向	5		
鲨鱼，10m	背脊方向	-4		
冰山	任意	10（最小）		

5.3.4　简单几何形状物体的目标强度

雷达技术中，对简单几何形状物体的目标强度作了理论研究，得到了理想情况下的目标强度计算公式，这些结果列于表 5-1 中，可作为水声工程的参考。应该指出，在雷达技术中，以上结果适用于金属导体，它对应于声学中的刚体，但声呐目标的内部结构一般比较复杂，往往不满足刚性条件。此外，声呐目标也很难做到固定不动。这些条件决定了由表 5-1 所列公式得到的值仅是一种近似值。然而，作为一种估计，这些公式在实际工作中是十分有用的，尤其是那些几何形状虽不规则但又与表 5-1 中所列的某种物体十分相似时，在估计其目标强度值时，可应用表中相应的公式进行计算。表 5-1 还有一个重要应用，当目标的几何形状十分复杂时，可将其分解成若干个简单几何形状子目标，每个子目标的目标强度值可由表 5-1 得到，则将子目标目标强度值合成，就得到复杂形状目标的目标强度值。

5.3.5　目标 TS 值的降低

对于有些水下目标，降低其目标强度值有着非常重要的意义。例如，主动声呐探测水下目标，若该目标的目标强度值降低 6dB，其他条件不变，则声呐探测到该目标的距离将变为原来的 7/10，甚至更小。由此可见，降低目标强度值，能降低敌方探测声呐的探测距离，有效提高己方目标的安全性。

1. 低频条件下目标强度值的降低

在低频条件下，声波波长大于目标的所有尺寸，可采用技术措施来降低目标强度值，如在目标表面覆盖消声被覆等，但一般而言，工程实现难度很大，也收不到预期效果。考虑到体积大的目标，其回声也就强这一事实，可以通过减小目标的体积，来降低目标强度值。

2. 高频条件下目标强度值的降低

高频条件下，可以应用多种技术来降低目标强度值，具体如下。

（1）改变目标几何形状。

首先，应该使目标的两个主曲率半径都达到最小，尽量避免平板或圆柱面，因为它们会产生强的镜反射。其次，目标表面，包括边缘应该是光滑的，没有棱角突起，尤其不能有空洞、腔开口等不规则性结构，以尽可能减小散射声。

（2）表面覆盖消声被覆。

在目标表面覆盖消声被覆，可以衰减到达目标表面的入射声，及目标表面产生的反射回声，从而达到降低目标强度值的目的（兼有降低辐射噪声效果），这是当前应用最多的一种技术。消声被覆按其消声机理分为黏滞吸收被覆、渐变被覆和相消被覆等类型。黏滞吸收被覆通过黏滞过程，将入射声能转化成热能；渐变被覆由损耗材料尖劈或锥体构成，它不适用于声呐目标；相消被覆是由声学软、硬材料交替分层组成的，它对声波的反射具有相反的相位，因此理论上不产生目标回波，但仅在垂直入射时才有这种效果，其他方向上效果很小，甚至没有效果。

（3）主动抵消。

在目标上对入射声进行监听，并据此复制一个信号，使它与入射声大小相等相位相反，则它与入射声的叠加，能使回声信号强度显著下降。对于大型目标，这种方法的工程实现难度较大。

（4）采用薄调谐材料[6]。

薄调谐材料可以看作一种声吸收器，它有一个按一定模式挖空的橡胶层，并在层上再覆盖一层相同厚度的外层。声波入射至层上时，激发产生共振，入射声能被有效吸收，从而降低回波能量，起到降低目标强度的作用。

5.4　目标回声信号

　　由声学理论可知，声波在传播途中遇到障碍物时，会在物体表面激发起次级声源，它们向周围介质中辐射次级声波，习惯上将这些次级声波统称为散射波。散射波中，返回声源方向的那部分波，又称为目标（障碍物）回波。事实上，在声学理论中，常把大目标（目标的线度远大于声波波长）前方（声波"照射"方）的次级波称为反射波，而把目标后面几何影区内的次级波称为绕射波；对于小目标（目标的线度远小于声波波长），它向空间各方向辐射的次级波则称为散射波，这时，反射过程是次要的；对于线度大小可以与声波波长相比拟的目标，反射过程、绕射过程和散射过程都将起作用，这时的散射波则由这些过程辐射的次级波所组成。另外，在声学中，也有人将近场的次级波称为衍射波，远场的次级波称为散射波。其实，从波动理论来看，它们都是次级波，本质上并无差别，本书中将它们统称为散射波。

　　声波在传播途中遇到介质特性发生变化的目标时，就会发生反射和散射，产生反射波和散射波，总称散射波。散射波沿着空间各个方向传播，其中，返回声源方向的那部分散射波，称为反向回波。先前的主动声呐，一般都使用收发合置换能器阵，因而反向回波受到较多关注，近些年来，多基地声呐因其优良的性能而受到重视，因此，其他方向上的回波特性也引起了人们的研究兴趣。

　　目标反向回波是返回声源方向的那部分散射波，它也是入射波与目标相互作用后才产生的，在此过程中，有关目标本身的某些特征信息也会被调制在回波上，人们对回波进行分析处理后，将目标的特征信息提取出来，再辅以某些先验知识，就有可能实现目标检测和分类识别。例如，利用运动目标的多普勒信息，便可确定目标的运动要素，声学多普勒计程仪就是根据此原理测量水下目标运动距离的。由此可见，研究目标回波的特性，在工程上具有重要的实际应用价值。

5.4.1　回声信号的形成

　　通常，声呐目标在线度大小上总是有限的，所以，当声波投射到它们表面时，上面提到的反射、绕射和散射过程均可能发生。但是在不同的场合，往往只有其中的一两种过程是主要的，其余的过程则是次要的。这里需要特别说明，对于弹性目标，入射声波会透射进目标内部，激发起内部的声场，引起目标共振，从而向周围介质中辐射声波，它也是回声信号的组成部分。

1. 镜反射回声信号

对于曲率半径大于波长的目标，回声基本上由镜反射过程所产生。声波投射到大曲率半径目标表面时，在与入射声垂直的点（或面）上会产生镜反射回声，而与垂直入射点相邻的那些目标表面，则产生相干反射回声，它们和目标上不规则处产生的散射信号叠加，组成目标回声信号。在这些组成信号中，镜反射信号总是最强的，而且最先到达，其波形是入射波形的重复，两者高度相关。对潜艇和水雷等目标来说，其正横方向上的回声主要是镜反射声。有关镜反射回声的一些特征，请读者参考文献[7]。

2. 目标表面上不规则散射信号

目标表面上的不规则性，诸如棱角、边缘和小的凸起物等，其曲率半径一般小于声波波长，声波投射到这些表面上时，就会发生不规则散射，这时散射成为主要过程。这种散射信号也是目标回声的组成部分，但一般情况下，它总小于镜反射信号。大多数声呐目标表面都有这种不规则性，所以，声呐目标的回声中，总包含了这种不规则散射信号。

3. 目标的再辐射信号

原则上，常见的声呐目标都是弹性物体，入射声波会透射进入目标内部，激发起内部声场，形成驻波场，从而，目标的某些固有振动模式将会被激发起来，这些振动会向周围介质中辐射声波，这种波称为再辐射波，它也是目标回声的组成部分。图 5-10 所示为窄脉冲声信号入射到光滑铝球上后，所接收到的回波脉冲串，其中第一个脉冲为镜反射回波，尾随的那些脉冲，就是目标的再辐射波。因为这种再辐射波不遵循反射定律，所以也称为"非镜反射回波"。一般地说，"非镜反射回波"提高了目标强度值，其贡献与方位角、被激发振动模式的阻尼常数等有关。

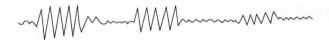

图 5-10　来自铝球目标的回波脉冲串

应当指出，再辐射波的激发，受到多种因素的影响，如目标的几何形状、组成材料的力学参数、它与入射声波的相对位置、入射声波频率、入射声波脉冲宽度等，都会对再辐射波的激发产生影响。有关再辐射波物理本质的详细讨论，已超出本书的研究范围，这里不作介绍。

4. 回音廊式回声信号

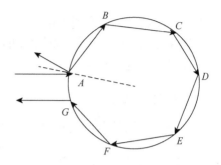

图 5-11 所示为回音廊式回声的传播途径，投射到目标表面上点 A 的声波，除产生镜反射波以外，还按折射定律产生折射波透射到目标内部。折射波在目标内部传播，在点 B，C，…上同样产生反射和折射，到达点 G 时，折射波恰好在返回声源的方向上，这种波也是回波的一部分。根据这种波的产生机理，形象地称其为回音廊式回波。

图 5-11　回音廊式回声传播途径

5.4.2　回波信号的一般特征

回声是目标和入射声波互相作用后产生的，是一个复杂的物理过程。回声信号的特征，取决于目标的几何形状、组成材料、它与入射声波的相对位置、入射声波频率和脉冲宽度等多种因素，它们的综合作用，导致回声信号特征的复杂性。这里，不对回声信号的特征作详尽讨论，仅给出它的一般特征。

1. 多普勒频移

运动目标的多普勒效应是一种常见物理现象。设入射波频率为 f，目标与声源之间的距离变化率为 V，则回声频率 f_r 为

$$f_r = f\frac{c+V}{c-V} \tag{5-13a}$$

注意到 c 是海水中的声速，总有 $c \gg V$，考虑到目标运动可能是接近声源，也可能是远离声源，于是有

$$f_r = f + \Delta f \tag{5-13b}$$

$$\Delta f = \pm\frac{2V}{c}f \tag{5-13c}$$

式中，Δf 是回波频率与发射声波频率之间的差值，称为多普勒频移。式中正负号的选择是当目标接近声源时，取正号，反之则取负号。

多普勒频移是多普勒测速的理论基础，由式（5-13c）可知，只要测出 Δf，就可结合 f、c 的值求得 V 值。例如，已测得回波频移为 2000Hz，并已知声呐工作频率为 100kHz，$c = 1500\text{m/s}$，则根据式（5-13c）可知，目标是以 15m/s 的相对速度趋近声源。

根据多普勒效应制造的测速仪器称为多普勒测速仪，它能给出目标相对于大

地的运动速度。迄今所应用的水下目标测速设备中，多普勒测速仪是唯一能测量对地速度的仪器。多普勒测速仪的另一个优点是，其测量精度远优于其他水下测速仪器，可达 5mm/s。

2. 脉冲展宽

通常，回波脉冲宽度都宽于入射脉冲，这是因为目标回声是由整个目标表面上的反射体和散射体所产生的，物体的整个表面对回波都有贡献，但由于传播路径不同，目标表面不同部分产生的回波到达接收点的时间将有先有后，它们的叠加就加宽了回声信号的脉冲宽度。图 5-12 中，一束平面波以掠射角 θ 入射到长为 L 的目标上，很明显，在收发合置条件下，回波脉冲将比入射脉冲拖长，其

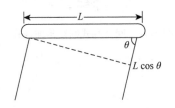

图 5-12　回声信号脉宽为 $2L\cos\theta/c$

值 $\Delta\tau$ 等于

$$\Delta\tau = \frac{2L\cos\theta}{c} \tag{5-14}$$

式中，c 为介质中的声速。

在入射声为窄脉冲信号，而目标又是由许多散射体组成的复杂形状目标时，回声脉冲的拉长就更加明显。当然，如果回声的主要过程是镜反射，回声展宽就不明显，这种拉长就可以忽略。例如，对于潜艇目标来说，在正横方向，回波展宽仅为 10ms 左右，而在艏艉线方位，这种展宽则可达 100ms。

3. 包络的不规则性

回声的包络是不规则的，特别是当镜反射不起主要作用时更是如此，这是因为镜反射不起主要作用时，目标上的各散射体所散射的声波是由干涉叠加造成的。例如，当发射信号为正弦填充脉冲时，其回波包络就可能变得很不规则，不再具有发射脉冲所具有的那些特征。另外，在目标的回声中，还可能有个别的强脉冲，它们来自目标上那些能产生镜反射的部位，例如，潜艇上的指挥台就能产生这种强回声，它与散射声波互相叠加，进一步改变回声的包络形状。

4. 调制效应

在具有螺旋桨推进器的目标尾部，它所产生的回声幅度，会出现周期性的变化，这是由螺旋桨周期性旋转，目标的散射截面产生周期性变化所致。另一个产生调制的因素是由运动着的船体与其尾流产生的两种回声相互间的干涉导致调制效应。

5.4.3　回声信号的亮点模型

近些年来，由于工程上的需要，汤渭霖提出了目标回声的亮点模型[8]，用来描述声散射机理及回声信号组成。这种模型是在入射声为高频、限带信号条件下，总结理论和实验研究结果得出的。这种回声信号亮点模型，在工程上具有一定的应用价值，如估计复杂几何形状目标的 TS 值，又如在理论上模拟目标回声信号等。

1. 两类亮点

亮点原本是光学中的概念，用它描述光滑凸面上产生强反射信号的那块面积，实际就是第一个菲涅耳区。因亮点概念直观、形象，水声学中引用它表示反（散）射信号的发出点，即反（散）射信号是由它发出的，也称其为亮点。在高频条件下，目标回声信号主要由几何类回波和弹性再辐射回波组成，它们产生回声的机理不同，因此便有了几何亮点和弹性亮点两类亮点。几何亮点指镜反射点和产生散射信号的不规则处，它们是确实存在的。弹性亮点是指目标的弹性再辐射波，是目标受激振动所辐射的波，是一种物理过程，并不存在明确可分辨的物理亮点，它仅是一种假想的亮点。

2. 回声信号亮点模型

在假设目标特性是线性时不变的条件下，可借用网络理论来描述回声产生过程。将目标看成四端网络，其传递函数为 $H(\boldsymbol{r}, \omega)$，入射平面波 $p_i(\boldsymbol{r}, \omega)$ 为网络输入，回声信号 $p_b(\boldsymbol{r}, \omega)$ 为网络输出，则应有

$$p_b(\boldsymbol{r}, \omega) = \frac{\mathrm{e}^{jkr}}{r}\, p_i(\boldsymbol{r}, \omega)\, H(\boldsymbol{r}, \omega) \tag{5-15a}$$

或

$$H(\boldsymbol{r}, \omega) = \frac{p_b(\boldsymbol{r}, \omega)}{p_i(\boldsymbol{r}, \omega)}\, r\mathrm{e}^{-jkr} \tag{5-15b}$$

式中，r 是距离；ω 是声波频率；波数 $k = \omega / c$，c 是声速。于是目标强度 TS 为

$$\mathrm{TS} = 10\lg |H(\boldsymbol{r}, \omega)|^2 \tag{5-15c}$$

根据目标声散射的理论和实验研究结果，传递函数可表示为

$$H(\boldsymbol{r}, \omega) = A(\boldsymbol{r}, \omega)\mathrm{e}^{j\omega\tau}\mathrm{e}^{j\phi} \tag{5-15d}$$

式中，$A(\boldsymbol{r}, \omega)$ 是目标表面局部幅度反射因子；ϕ 是目标表面形成回声时所产生的相位跳变；τ 为延时，由该亮点相对于某设定参考点的声程差 d 决定，$\tau = 2d / c$。参数 A、ϕ、τ 分别是频率和入射角的函数，它们决定了传递函数 H 的特性。

在高频和有限带宽条件下，复杂几何形状目标的回波，可看成由组成该目标的子目标的回波叠加组成，根据线性叠加原理，得总的传递函数 H 为

$$H(\boldsymbol{r},\omega) = \sum_{i=1}^{N} A_i(\boldsymbol{r},\omega) \mathrm{e}^{j\omega\tau_i} \mathrm{e}^{j\phi_i} \qquad (5\text{-}15\mathrm{e})$$

相应的目标强度值如下。

相干叠加时：

$$\mathrm{TS} = 10 \lg \left| \sum_{i=1}^{N} A_i(\boldsymbol{r},\omega) \mathrm{e}^{j\omega\tau_i} \mathrm{e}^{j\phi_i} \right|^2 \qquad (5\text{-}15\mathrm{f})$$

非相干叠加时：

$$\mathrm{TS} = 10 \lg \left(\sum_{i=1}^{N} \left| A_i(\boldsymbol{r},\omega) \right|^2 \right) \qquad (5\text{-}15\mathrm{g})$$

式中，N 为子目标数目。

3. 回声信号波形预报

利用亮点模型可以预报回声信号的波形。设入射声信号是带限脉冲信号，载频为 ω_c，包络为 $p_0(t)$，则回声信号表示为

$$p(t) = p_0(t) \mathrm{e}^{j\omega_c t} \qquad (5\text{-}15\mathrm{h})$$

又设 $p_0(t)$ 的谱为 $P_0(\omega)$，则 $p(t)$ 的谱为 $P_0(\omega - \omega_c)$。由式（5-15a）得回声信号为

$$P_b(\boldsymbol{r},\omega) = \frac{\mathrm{e}^{jkr}}{r} \sum_{i=1}^{N} A_i(\boldsymbol{r},\omega) \mathrm{e}^{j\omega\tau_i} \mathrm{e}^{j\phi_i} P_0(\omega - \omega_c) \qquad (5\text{-}15\mathrm{i})$$

式（5-15i）进行反变换得

$$p_b(t) = \frac{\mathrm{e}^{jkr}}{r} \sum_{i=1}^{N} A_i(\boldsymbol{r},\omega) p_0(t - \tau_i) \mathrm{e}^{-j\omega_c(t-\tau_i)} \mathrm{e}^{j\phi_i} \qquad (5\text{-}15\mathrm{j})$$

式（5-15j）就是回声信号的波形表达式，只要得到每个亮点的参数 A_i, τ_i, ϕ_i，就可给出回声信号的波形。

5.5　刚性球体的散射声场

前面几节讨论了声呐目标的目标强度值、特征和实验测量等内容，以下几节将通过理论计算来分析目标散射声场的物理特性。这种理论分析，也能给出目标的目标强度值，但更重要的是它从理论上给出声散射的物理本质及其规律特性，揭示出实验结果的理论内涵，使人们从机理上更深入理解目标的声散射现象。

常见声呐目标的几何形状虽然是因物而异，各不相同，但总体来说，它们或者接近于球形或者接近于柱形，所以，在做理论分析时，为了数学处理上的方便，

通常将它们近似看作球体或圆柱体。这种近似处理，往往使数学运算大大简化，而得到的结果也基本适用于实际的声呐目标。本节的讨论，除介绍散射问题的一种理论处理方法外，还给出了一些有用的结论，表明了声散射现象的一些基本规律。

5.5.1　刚性光滑不动球体的散射声场

所谓刚性，是指球体在入射声波作用下不发生形变，声波也透不到球体内部，因而不会激发起球体内部的声场。所谓不动，是指该球体不参与球体周围的流体介质质点的运动。光滑是指目标表面不是粗糙的，也没有不规则性。

设有半径为 a 的表面光滑刚性不动球，位于无限均匀流体介质中，平面波 $P_0 e^{j(kx-\omega t)}$ 沿 x 轴入射到该球上，现在来计算该球体的散射声场。考虑到球体的对称性，采用球坐标系，坐标原点与球心 O 重合，并取 x 轴的正向与平面波入射方向相一致，如图 5-13 所示。于是，入射平面波可写为

$$P_i = P_0 e^{j(kr\cos\theta-\omega t)} \tag{5-16}$$

式中，P_0 是振幅，为常数；θ 和 r 如图 5-13 所示。为方便，以下将时间因子 $e^{-j\omega t}$ 省略。

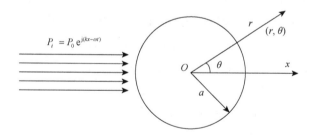

图 5-13　平面波在球面上的散射

1. 波动方程及其解

1）散射声场 p_s 满足的方程

设散射声场为 p_s，它满足球坐标系中的亥姆霍兹方程：

$$\frac{1}{r^2}\frac{\partial}{\partial r}\left(r^2\frac{\partial p_s}{\partial r}\right)+\frac{1}{r^2\sin\theta}\frac{\partial}{\partial\theta}\left(\sin\theta\frac{\partial p_s}{\partial\theta}\right)+\frac{1}{r^2\sin^2\theta}\frac{\partial^2 p_s}{\partial\phi^2}+k^2 p_s=0 \tag{5-17}$$

式中，r、θ 和 ϕ 是球坐标系的坐标变量；$k=\omega/c$ 是波数，等于入射声波圆频率 ω 和球体周围介质中的声速 c 之比。考虑到球体的高度对称性，且入射波又

对 x 轴对称，散射波也应对 x 轴对称，所以，它与变量 ϕ 无关，于是，式（5-17）简化为

$$\frac{1}{r^2}\frac{\partial}{\partial r}\left(r^2\frac{\partial p_s}{\partial r}\right)+\frac{1}{r^2\sin\theta}\frac{\partial}{\partial\theta}\left(\sin\theta\frac{\partial p_s}{\partial\theta}\right)+k^2p_s=0 \tag{5-18}$$

对于球体目标，可应用分离变量法求解式（5-18），设

$$p_s=R(r)\cdot\Theta(\theta) \tag{5-19}$$

式（5-19）中的 $R(r)$ 仅是变量 r 的函数，$\Theta(\theta)$ 则仅是变量 θ 的函数。将式（5-19）代入式（5-18），整理后有

$$\frac{1}{R}\frac{\partial}{\partial r}\left(r^2\frac{\partial R}{\partial r}\right)+k^2r^2=-\frac{1}{\Theta\sin\theta}\frac{\partial}{\partial\theta}\left(\sin\theta\frac{\partial\Theta}{\partial\theta}\right) \tag{5-20}$$

式（5-20）等号左端仅与变量 r 有关，而等号右端也只与变量 θ 有关，要使式（5-20）对任何 θ、r 都能成立，只能是方程两端等于常数，即

$$\frac{1}{\Theta\sin\theta}\frac{\partial}{\partial\theta}\left(\sin\theta\frac{\partial\Theta}{\partial\theta}\right)=-\mu \tag{5-21}$$

$$\frac{1}{R}\frac{\partial}{\partial r}\left(r^2\frac{\partial R}{\partial r}\right)+k^2r^2-\mu=0 \tag{5-22}$$

式中，μ 是分离变量时引入的常数，$\mu=m(m+1),m=0,1,2,\cdots$。

2）函数 $R(r)$ 和 $\Theta(\theta)$ 的解

不难看出，式（5-21）就是勒让德方程，它的解就是熟知的勒让德函数：

$$\Theta_m(\theta)=a_m'P_m(\cos\theta),\quad m=0,1,2,\cdots \tag{5-23}$$

式中，$P_m(\cos\theta)$ 是 m 阶勒让德函数；系数 a_m' 是待定常数。由勒让德方程的性质可知，分离常数 m 必须是自然数，其取值为 0, 1, $\cdots$。

另外，式（5-22）是球贝塞尔方程，它的解是

$$R_m(r)=b_m'h_m^{(1)}(kr)+c_m'h_m^{(2)}(kr),\quad m=0,1,2,\cdots \tag{5-24}$$

式中，b_m' 和 c_m' 是待定常数；$h_m^{(1)}$ 和 $h_m^{(2)}$ 分别是第一类、第二类 m 阶球汉克尔函数。注意到时间因子为 $\mathrm{e}^{-j\omega t}$，由无穷远处辐射条件知，系数 c_m' 应为零（如果时间因子采用 $\mathrm{e}^{j\omega t}$，则应取系数 b_m' 为零）。

综合以上讨论，得到式（5-18）的解为

$$p_s=\sum_{m=0}^{\infty}a_mP_m(\cos\theta)h_m^{(1)}(kr) \tag{5-25}$$

式中，$a_m=a_m'b_m'$ 是待定常数，由边界条件确定。

3）利用边界条件确定待定常数

本例中的球是刚性的，相应的边界条件是球面上介质质点径向振速为零，即

$$u_r\big|_{r=a} = \frac{j}{\rho_0\omega}\frac{\partial p}{\partial r}\bigg|_{r=a} = 0 \tag{5-26}$$

式中，ρ_0 是球体周围介质的密度；p 是介质中的总声压，它等于入射声压 p_i 和散射声压 p_s 之和；u_r 是介质质点振速的径向分量，它为入射波引起的介质质点振速的径向分量 u_{ir} 和散射波引起的介质质点振速的径向分量 u_{sr} 之和，即

$$p = p_i + p_s \tag{5-27}$$

$$u_r = u_{ir} + u_{sr} \tag{5-28}$$

为了能够由边界条件（5-26）得到待定系数 a_m，需要将入射波用勒让德函数和球贝塞尔函数表示，注意到

$$e^{jkr\cos\theta} = \sum_{m=0}^{\infty}(2m+1)j^m j_m(kr)P_m(\cos\theta) \tag{5-29}$$

并将它代入式（5-26）～式（5-28），就可以得到常数 a_m 为

$$a_m = \left[-j^m(2m+1)P_0\frac{\partial}{\partial r}j_m(kr)\Big/\frac{\partial}{\partial r}h_m^{(1)}(kr)\right]_{r=a} \tag{5-30}$$

式中，$j_m(kr)$ 为 m 阶球贝塞尔函数。加入时间因子 $e^{-j\omega t}$ 后，得到散射声压表达式为

$$p_s = \sum_{m=0}^{\infty}-j^m(2m+1)P_0\frac{\dfrac{d}{dka}j_m(ka)}{\dfrac{d}{dka}h_m^{(1)}(ka)}P_m(\cos\theta)h_m^{(1)}(kr)e^{-j\omega t} \tag{5-31}$$

4）散射声场的远场解

虽然式（5-31）给出了散射声场的一般表达式，但人们更关心它的远场特性，这时可应用球汉克尔函数在大宗量条件下的渐近展开式：

$$h_m^{(1)}(kr)\underset{kr\to\infty}{\approx}\frac{1}{kr}e^{j\left(kr-\frac{m+1}{2}\pi\right)} \tag{5-32}$$

将它代入式（5-31），就有

$$p_s = -\frac{P_0}{kr}e^{j(kr-\omega t)}\sum_{m=0}^{\infty}j^m(2m+1)\frac{\dfrac{d}{dka}j_m(ka)}{\dfrac{d}{dka}h_m^{(1)}(ka)}e^{-j\frac{m+1}{2}\pi}P_m(\cos\theta),\quad kr\gg 1 \tag{5-33}$$

若记

$$b_m = j^m(2m+1)\frac{\dfrac{d}{dka}j_m(ka)}{\dfrac{d}{dka}h_m^{(1)}(ka)}\quad\text{及}\quad D(\theta) = \frac{1}{ka}\sum_{m=0}^{\infty}b_m e^{-j\frac{m+1}{2}\pi}P_m(\cos\theta) \tag{5-34}$$

则散射波声压表达式简化为

$$p_s(r,\theta) = -P_0 a \frac{1}{r} D(\theta) e^{j(kr-\omega t)} \tag{5-35}$$

5）散射声的声强和刚球的目标强度

由散射声压表达式（5-35），可以得到刚球散射波的强度为

$$I_s = I_i \frac{a^2}{r^2} |D(\theta)|^2, \quad kr \gg 1 \tag{5-36}$$

式中，$I_i = (P_0^2 / 2c\rho_0)$ 是入射平面波的强度；$|D(\theta)|$ 是表示指向性函数 $D(\theta)$ 的模。由式（5-36）容易得到刚性不动球的目标强度表达式为

$$\text{TS} = 10 \lg(a^2 |D(\theta)|^2) \tag{5-37}$$

式（5-37）是严格求解亥姆霍兹方程得到的结果，是刚性不动球目标强度的精确表达式。

2. 散射声场的空间指向特性

式（5-31）是空间任一点（r,θ）上的散射波声压表达式，它表明了：

（1）散射波振幅正比于入射波振幅；

（2）散射波是各阶球面波的叠加，具有球面波的某些特性，如振幅随距离 $1/r$ 衰减；

（3）散射波在空间的分布是不均匀的，具有明显的指向性，它由指向性函数 $D(\theta)$ 决定；

（4）指向性函数 $D(\theta)$ 是 ka 值的函数，ka 值改变时，散射波在空间的分布也随之而变。

Morse[7]计算了散射声强度的指向性图案随 ka 值的变化，他的部分结果示于图 5-14 中，由图可见，对于平面波入射至刚性球这样高度对称的问题，散射声的空间分布也不是均匀的。在低频时，如 $ka=1$，球的反向散射比较均匀，刚球背面的前向散射波很弱，几乎保留原来的自由场。随着频率的逐渐增高，如 $ka=3$ 和

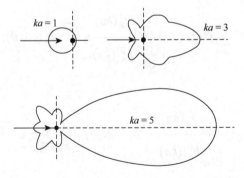

图 5-14　散射波的声强指向性图案随 ka 值的变化

$ka=5$，前向散射声强度越来越强，其空间分布也逐渐变得复杂，指向性图案开始出现旁瓣，且频率越高，旁瓣越多。

5.5.2　刚性不动微小球粒子对平面波的散射

1. 刚性不动小球的声散射

1）刚性不动小球的散射声强度

以上对刚性不动球的声散射问题作了一般性的讨论，以下我们讨论微小球形粒子的散射特性。所谓微小粒子，是指 $ka \ll 1$，即声波频率甚低或粒子半径 a 极小的情况。在 $ka \ll 1$ 的条件下，式（5-33）的每一项随 m 的增大而迅速减小，仅有 $m=0$ 和 $m=1$ 两项起主要作用。作为一种近似解，不妨就取这两项，来考察小球的散射特性。在上述近似下，散射波声压表达式（5-33）简化为

$$p_s \approx -P_0 a \frac{1}{r} \mathrm{e}^{\mathrm{j}(kr-\omega t)} \frac{1}{ka}[b_0 \mathrm{e}^{-\mathrm{j}\frac{\pi}{2}} P_0(\cos\theta) + b_1 \mathrm{e}^{-\mathrm{j}\pi} P_1(\cos\theta)] \tag{5-38}$$

式中，勒让德函数 $P_1(\cos\theta)$、$P_2(\cos\theta)$ 和 b_0、b_1 分别等于

$$P_0(\cos\theta)=1, \qquad P_1(\cos\theta)=\cos\theta$$

$$b_0(ka)=(ka)^3/(3j), \qquad b_1(ka)=(ka)^3/2$$

由此，式（5-38）就成为

$$p_s = \frac{P_0}{kr} \mathrm{e}^{\mathrm{j}(kr-\omega t)} \frac{(ka)^3}{3}\left(1-\frac{3}{2}\cos\theta\right) \tag{5-39}$$

相应的声强及目标强度为

$$I_s(r,\theta) = \frac{I_i}{r^2} \frac{k^4 a^6}{9}\left(1-\frac{3}{2}\cos\theta\right)^2 \tag{5-40a}$$

$$\mathrm{TS} = 10\lg\left[\frac{k^4 a^6}{9}\left(1-\frac{3}{2}\cos\theta\right)^2\right] \tag{5-40b}$$

2）刚性不动小球散射声场的空间指向特性

现考察刚性不动小球散射声场的空间指向特性。先讨论反向散射方向，此时 $\theta=\pi$，则声强及目标强度分别为

$$I_s(r,\theta) = \frac{I_i}{r^2} \frac{25}{36} k^4 a^6 \tag{5-41a}$$

$$\mathrm{TS} = 10\lg\left(\frac{25}{36} k^4 a^6\right) \tag{5-41b}$$

再考虑前向散射方向，此时 $\theta=0$，则

$$I_s(r,\theta) = \frac{I_i}{r^2}\frac{1}{36}k^4a^6 \tag{5-41c}$$

$$\mathrm{TS} = 10\lg\left(\frac{1}{36}k^4a^6\right) \tag{5-41d}$$

可见，两者强度相差达 25 倍，目标强度相差 14dB。这就表明了小球粒子的散射场具有明显的空间指向性。

在空间的其他方位上，因子 $\left(1-\dfrac{3}{2}\cos\theta\right)^2$ 决定了小球粒子散射场的指向特性。

3）刚性不动小球散射声场的频率特性

由式（5-40a）还可看到，散射波强度有着强烈的频率特性，与频率的 4 次方成正比。这一关系首先由瑞利在光学散射理论中提出，并成功地解释了晴空呈现淡蓝色、早晚为桔红色的原因：由于大气分子密度起伏引起分子散射，可见光中的短波散射较强，因此晴空呈现淡蓝色；而在早晚，大气中充满了稠密雾气，它们对光线有吸收效应，这种吸收随频率的增高而增加，所以，可见光的长波部分虽然散射弱，但因它吸收小，穿透力强，因而天空呈现桔红色。

2. 非谐振小球的散射强度

对于一般的非谐振小球，瑞利最早在理论上给出了它的散射强度表达式[9]：

$$I_s(r,\theta) = \frac{I_i}{r^2}k^4a^6\left(\frac{e-1}{3e}-\frac{g-1}{2g+1}\cos\theta\right)^2 \tag{5-41e}$$

式中，I_i、I_s 分别是入射和散射声强度；θ 是入射波和散射波的夹角；r 是球心到观测点的距离；e 和 g 分别是球与周围介质的弹性比和密度比，$e=E_1/E_0, g=\rho_1/\rho_0$，这里下标 1、0 分别表示球体和周围介质的参数；其他量同式（5-40）。对于刚性不动球，有 $e\gg1, g\gg1$，式（5-41e）就化简为

$$I_s(r,\theta) = \frac{I_i}{r^2}k^4a^6\left(\frac{1}{3}-\frac{1}{2}\cos\theta\right)^2 \tag{5-41f}$$

它就是式（5-40a）。

5.6 声波在弹性物体上的散射

5.5 节讨论了刚性物体上的声散射，在那里，入射声波不能透入目标内部，因而，不会激发起内部介质的运动，但对常见声呐目标而言，它们并不满足刚性条件，严格说来，它们应是弹性体或黏弹性体。对于弹性物体，入射声波能透入物体内部，并激发起内部声场，特别是当物体内部声波的波长小于球半径时，内部波动过程开始变得重要，此时将建立起内部的驻波场，并引发物体作简正振动，

物体振动所辐射的声波，也是回声信号的组成部分。由于回声信号组成部分之间的相互干涉，散射波强度会随着频率的变化出现极大、极小的变化。这种散射波强度的频率效应，明显不同于刚性物体。除此之外，弹性物体的散射场还在其他方面表现出与刚性物体散射场的不同，如再辐射波中携带有目标的特征信息。因此，弹性物体的声散射特性，乃是目标检测和分类识别的物理基础，在工程中具有重要应用。

5.6.1　球面声波在弹性球体上的散射

1. 弹性球体上的声散射及入射声表达式

作为 5.5 节研究内容的比较，本节讨论球面波在弹性球体上的散射声场。如图 5-15 所示，设有密度为 ρ、声速为 c 的无限理想流体介质，密度为 ρ_s 的光滑弹性球置于该流体介质中。又设弹性球的半径为 a，由各向同性材料组成，材料的杨氏模量和泊松比分别为 E 和 σ，球体中纵波和横波波速分别为 c_1、c_2，它们和杨氏模量 E 及泊松比 σ 之间的关系为

$$c_1 = \sqrt{\frac{E(1-\sigma)}{\rho_s(1+\sigma)(1-2\sigma)}} \tag{5-42}$$

$$c_2 = \sqrt{\frac{E}{2\rho_s(1+\sigma)}} \tag{5-43}$$

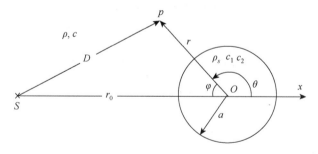

图 5-15　弹性球声散射示意图

设有振幅值为 P_0、圆频率为 ω 的简谐点声源置于 S 处，它距球心的距离为 r_0，现考察空间任意点 P 处的散射声场。以下为方便计，分别用 p、p_i 和 p_s 表示流体介质中的总声场、入射声场和散射声场。显然，入射声和流体介质中的总声场分别为

$$p_i = P_0 \frac{1}{D} e^{j(kD-\omega t)} \tag{5-44}$$

$$p = p_i + p_s \qquad (5\text{-}45)$$

式（5-44）中，$k = \omega / c$ 是流体介质中的波数；D 可表示为

$$D^2 = r^2 + r_0^2 - 2rr_0 \cos\phi \qquad (5\text{-}46)$$

由式（5-42）和式（5-43）可得弹性介质中纵波和横波的波数分别为

$$k_1 = \omega / c_1 \qquad (5\text{-}47)$$

$$k_2 = \omega / c_2 \qquad (5\text{-}48)$$

因目标是球体，可在球坐标系中来计算散射声场。将原点置于球心，并注意到[10]

$$\frac{\mathrm{e}^{\mathrm{j}kD}}{D} = \frac{\mathrm{j}\pi}{2(rr_0)^{\frac{1}{2}}} \sum_{n=0}^{\infty} (2n+1) J_{n+\frac{1}{2}}(kr) H_{n+\frac{1}{2}}^{(1)}(kr_0) P_n(\cos\phi) \qquad (5\text{-}49)$$

式中，$J_{n+\frac{1}{2}}$ 是 $n+\frac{1}{2}$ 阶柱贝塞尔函数；$H_{n+\frac{1}{2}}^{(1)}$ 是第一类 $n+\frac{1}{2}$ 阶柱汉克尔函数；P_n 是勒让德函数。$J_{n+\frac{1}{2}}$ 和 $H_{n+\frac{1}{2}}^{(1)}$ 与球贝塞尔函数 $j_n(kr)$、球汉克尔函数 $h_n^{(1)}(kr)$ 之间有以下关系：

$$j_n(kr) = \left(\frac{\pi}{2kr}\right)^{1/2} J_{n+\frac{1}{2}}(kr) \qquad (5\text{-}50)$$

$$h_n^{(1)}(kr_0) = \left(\frac{\pi}{2kr_0}\right)^{1/2} H_{n+\frac{1}{2}}^{(1)}(kr_0) \qquad (5\text{-}51)$$

另外，勒让德函数可表示为

$$P_n(\cos\phi) = P_n(\cos\theta)(-1)^n \qquad (5\text{-}52)$$

式（5-52）中的 θ 见图5-15。于是，式（5-44）可展开为

$$p_i = \mathrm{j}kP_0 \sum_{n=0}^{\infty} (2n+1)(-1)^n j_n(kr) P_n(\cos\theta) \mathrm{e}^{\mathrm{j}\omega t} \qquad (5\text{-}53)$$

对于高频或 $kr_0 \gg 1$，利用 $h_n^{(1)}$ 的渐近展开式：

$$h_n^{(1)}(kr_0) \underset{kr_0 \to \infty}{=} \frac{1}{kr_0} \mathrm{e}^{\mathrm{j}kr_0} (-\mathrm{j})^{n+1}$$

于是，入射声可表示为

$$p_i = \frac{P_0}{r_0} \mathrm{e}^{\mathrm{j}kr_0} \sum_{n=0}^{\infty} (2n+1) j^n j_n(kr) P_n(\cos\theta) \mathrm{e}^{-\mathrm{j}\omega t} \qquad (5\text{-}54)$$

众所周知，流体介质中的散射声场也应满足波动方程式，由5.5节的讨论可知，流体中的散射声场应具有如下形式：

$$p_s = P_0 \sum_{n=0}^{\infty} c_n h_n^{(1)}(kr) P_n(\cos\theta) \mathrm{e}^{\mathrm{j}\omega t} \qquad (5\text{-}55)$$

式中，c_n 是待定系数，可通过边界条件确定它。

2. 弹性球边界条件和待定系数 c_n

对于理想流体介质中的弹性球，其边界条件为球面上切向应力为零和法向应力连续。为了应用边界条件来求得待定系数 c_n，应在球体内选用介质质点的位移作为场量，并由它导出应变、应力表达式，然后应用边界条件得到 c_n。在球体外，式（5-54）、式（5-55）已给出 p_i 和 p_s 的表达式，由它们就可得到流体中的应力表达式。球体内应变、应力表达式推导比较烦琐，这里不再一一列出，读者如有需要，可参考文献[11]。完成以上工作，应用边界条件得到结果：

$$c_n = k(-1)^n (2n+1) h_n^{(1)}(kr_0) \sin\eta_n \mathrm{e}^{-\mathrm{j}\eta_n} \qquad (5\text{-}56)$$

式中，η_n 满足关系：

$$\tan\eta_n = -[j_n(x) \cdot F_n - xj_n'(x)] / [y_n(x) \cdot F_n - xy_n'(x)] \qquad (5\text{-}57)$$

其中，y_n 是 n 阶球纽曼函数，其导数 $y_n'(x) = \dfrac{\mathrm{d}y_n(x)}{\mathrm{d}x}$；$F_n$ 表示如下：

$$F_n = \frac{\rho}{\rho_s} \frac{x_2^2}{2} \frac{A_n - B_n}{D_n - E_n}$$

$$A_n = x_1 j_n'(x_1) / [x_1 j_n'(x_1) - j_n(x_1)]$$

$$B_n = 2(n^2 + n) j_n(x_2) / [(n^2 + n - 2) j_n(x_2) + x_2^2 j_n''(x_2)]$$

$$D_n = x_1^2 \{ [\sigma/(1-2\sigma)] j_n(x_1) - j_n''(x_1) \} / [x_1 j_n'(x_1) - j_n(x_1)]$$

$$E_n = 2(n^2 + n)[j_n(x_2) - x_2 j_n'(x_2)] / [(n^2 + n - 2) j_n(x_2) + x_2^2 j_n''(x_2)]$$

其中

$$x = ka, \quad x_1 = k_1 a, \quad x_2 = k_2 a, \quad j_n'(x) = \frac{\mathrm{d}}{\mathrm{d}x} j_n(x), \quad j_n''(x) = \frac{\mathrm{d}^2}{\mathrm{d}x^2} j_n(x)$$

3. 弹性球体散射声场表达式

综上所述，可得到散射场表达式：

$$p_s = kP_0 \sum_{n=0}^{\infty} (2n+1) \sin\eta_n (-1)^n h_n^{(1)}(kr_0) h_n^{(1)}(kr) \mathrm{e}^{-\mathrm{j}\eta_n} P_n(\cos\theta) \mathrm{e}^{-\mathrm{j}\omega t} \qquad (5\text{-}58)$$

如果仅考虑收发合置情况下的回波，即 $\theta = \pi$，$r = r_0$，则回波成为

$$p_s = kP_0 \sum_{n=0}^{\infty} (2n+1) \sin\eta_n h_n^{(1)2}(kr_0) \mathrm{e}^{-\mathrm{j}\eta_n} \mathrm{e}^{-\mathrm{j}\omega t} \qquad (5\text{-}59)$$

当 r_0 满足远场条件时，应用 $h_n^{(1)}$ 函数的渐近展开式，得到远场条件下的回波表达式：

$$p_s = \frac{P_0 a}{2r_0^2} \frac{2}{x} \sum_{n=0}^{\infty} (-1)^{n+1} (2n+1) \sin\eta_n \mathrm{e}^{-\mathrm{j}\eta_n} \mathrm{e}^{\mathrm{j}(2kr_0 - \omega t)} \qquad (5\text{-}60)$$

由式（5-60）可见，弹性球散射声场远比刚性球来得复杂，它和球体组成材料的弹性参数、观测点的方位角 θ、频率 ω、球半径 a 等有着密切的关系。

4. 弹性球体散射声场的形态函数

文献[11]讨论了散射声场 p_s 与频率的关系，将式（5-60）改写成如下形式：

$$p_s = (P_0 a / 2r_0^2) f_\infty(x_0, x_1, x_2) e^{j(2kr_0 - \omega t)} \tag{5-61}$$

式中，f_∞ 称为形态函数，它定义为

$$f_\infty = \frac{2}{x} \sum_{n=0}^{\infty} (-1)^{n+1}(2n+1)\sin\eta_n e^{-j\eta_n} \tag{5-62}$$

由式（5-61）、式（5-62）可知，形态函数实为弹性球对入射声波的响应，它是球半径、球材料的力学参数、声波频率等参数的复杂函数。当然，它还和目标的几何形状有关。

文献[11]应用式（5-62），计算了刚性球、自由界面球、钢球和铝球散射声场的形态函数，结果示于图5-16～图5-18中。从图中可以看出，弹性球的散射声场明显不同于自由界面球和刚性球的散射声场。

图5-16给出了刚性球、自由界面球的形态函数随 ka 值的变化，发现刚性球的形态函数 $|f_\infty|$ 随着频率的增高，由低频时小于1振荡着逐渐趋于1，至 $ka \geq 10$ 后，就保持为1，不再变化；表面为自由的球面的形态函数 $|f_\infty|$ 在很低频段大于1，随

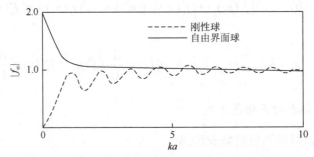

图5-16　刚性球和自由界面球的形态函数随 ka 值的变化曲线

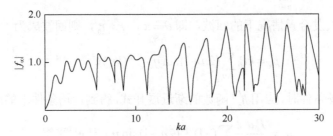

图5-17　钢球的形态函数随 ka 值的变化曲线

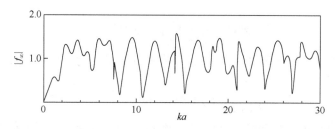

图 5-18　铝球的形态函数随 ka 值的变化曲线

着 ka 的增加，很快降至 1，至 $ka \geqslant 5$ 后，就一直维持在此值上，不再有大的变化。

图 5-17、图 5-18 给出了钢球和铝球的形态函数随 ka 值的变化曲线，它们与图 5-16 所示的刚性球、自由界面球的形态函数有着很大的差异。明显地，钢球和铝球的形态函数随 ka 有明显的极大、极小变化，在小 ka 范围，这种极大、极小变化相对不很剧烈，随 ka 的变大，这种变化就逐渐变得剧烈起来，表现为幅度变化变大，振荡频度变频繁。这就表明，对于弹性物体来说，其散射声场特性强烈依赖于入射声频率。

5.6.2　弹性物体散射声场的一般特征

1. 强烈的频率特性

常见声呐目标几乎都由金属材料构成，其声阻抗与水的声阻抗相差并不太悬殊，所以严格地说，它们不能像在空气中那样将其视为刚体，而应视为弹性物体或黏弹性物体。对于刚体或自由界面目标，散射声场与频率的关系一般不很密切，尤其在高频情况下，当物体尺寸远大于水中的波长时，则散射声场特性几乎不随频率变化，如图 5-16 所示。但对于弹性物体，其散射声场则有着明显的频率特性，尤其当入射声波的脉冲宽度较宽时，散射声强度会随频率作极大、极小急剧变化，如图 5-17、图 5-18 所示。弹性物体散射声场的这一特性，缘于物体的弹性性质。声波入射至弹性物体上，首先产生镜反射和不规则散射回波，同时，入射声波也可能激发起物体的某些共振模态，物体振动而辐射的声波，也是回波组成部分，这几种波的叠加组成总的回波。当入射声波频率改变时，则激发起物体的另一些共振模态，其辐射的声波也随之改变，最终导致散射声场的变化。

下面以弹性球为例，说明弹性物体回声强度随频率急剧起伏的物理机理。为此，应用傅里叶变换，将式（5-44）所示的入射波改写为如下形式：

$$p_i = \frac{P_0 c}{D\sqrt{2\pi}} \int_{-\infty}^{\infty} g(k) \mathrm{e}^{\mathrm{j}(kD-\omega t)} \mathrm{d}k \qquad （5-63）$$

式中，$g(k)$ 是入射波的频谱，它由式（5-64）确定：

$$g(k) = \frac{1}{\sqrt{2\pi}} \int_{-\infty}^{\infty} p_i(k) e^{j(kD - \omega t)} dt \qquad (5\text{-}64)$$

类似地，根据远场回波表达式（5-61），将积分变量变为 $x(ka)$，则回波可表示为

$$p_s = \frac{P_0 c}{2r_0^2 \sqrt{2\pi}} \int_{-\infty}^{\infty} g(x) f_\infty(x, x_1, x_2) e^{j\left(\frac{2xr_0}{a} - \omega t\right)} dx \qquad (5\text{-}65)$$

式（5-65）的被积函数包含了入射波频谱 $g(x)$ 与形态函数 f_∞ 的乘积。上面已经说明，形态函数 f_∞ 随频率作极大、极小的急剧变化；另外，当入射脉冲为长脉冲时，其频谱较窄，所以，当频率稍许变化时，$g(x)$ 位置也有相应的变化，考虑到 $|f_\infty|$ 的振荡特性，乘积 $g(x)|f_\infty|$ 就会产生大的变化，导致回声强度随频率急剧变化，见图 5-19。相反，当入射脉冲为窄脉冲时，其频谱较宽，虽然入射声频率的稍许变化同样引起 $g(x)$ 位置变化，但因 $g(x)$ 是缓变的，它和 $|f_\infty|$ 的乘积不会产生大的改变，所以，回声强度就不会因频率的稍许变化而产生急剧的变化，如图 5-20 所示。

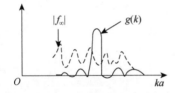 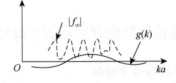

图 5-19　长脉冲入射的 $g(k)$ 和 $|f_\infty|$ 的　　图 5-20　窄脉冲入射的 $g(k)$ 和 $|f_\infty|$ 的

　　　　　相互位置关系　　　　　　　　　　　相互位置关系

2. 回声波形与入射声波脉冲宽度的关系

研究结果表明，对于弹性目标，回声波形受入射声波脉冲宽度和入射声频率的影响是很大的。

1）长脉冲入射时的回声波形

在长脉冲入射情况下，回波波形产生严重畸变，而且频率稍有变化，回声信号的幅度和波形就可能发生大的变化，其强度变化甚至可达 30dB。这是因为在长脉冲入射时，信号入射至物体表面后，不仅产生表面镜反射回波，而且引起物体振动而产生再辐射回波，两者叠加而组成回声信号，由于两者相位不同，相干叠加导致波形畸变和强度的变化。

2）窄脉冲入射时的回声波形

在入射声波为窄脉冲时，接收到的回波是一脉冲串，每个脉冲之间的间隔基本相等，波形与入射脉冲相似，脉冲幅度则逐渐衰减，如图 5-21[11] 所示。这一串脉冲中，第一个是镜反射信号，其后则是物体的弹性再辐射回波。在短脉冲入射

时，物体振动再辐射尚未激起，镜反射回波便已离去，在接收点，这两种波到达时间有先有后，时间上不会重叠，所以接收到的是一脉冲串，其波形与入射脉冲大体相同，不产生大的畸变。

图 5-21　来自 Armco 铁球的回波脉冲串

$ka = 24.5$，每个脉冲包含 5 个波

3. "非镜" 反射

弹性物体的声散射，还有一种有趣的现象，即 "非镜" 反射。Finney[12]在实验中发现，对于浸在水中的弹性薄板，如果声波入射角 θ 满足如下关系：

$$\sin\theta = c / c_R \tag{5-66}$$

则在入射方向上会有较强的反射信号，这种反射不满足镜反射规律，故称为 "非镜" 反射。式（5-66）中，c 是水中声速；c_R 是板中弯曲波速度。

进一步的研究发现，当入射角 θ_1 满足

$$\sin\theta_1 = c / c_1 \tag{5-67}$$

时，同样会发生 "非镜" 反射。式（5-67）中的 c_1 是板中纵波波速。其实，并非只有弹性薄板才能产生 "非镜" 反射，球和圆柱也有 "非镜" 反射现象。如当源信号是很窄的脉冲时，它正入射至球形或柱形目标时，则可以收到多个回波脉冲，它们间隔相等，振幅递减。这种现象是由蠕波[13]引起的，这类表面波被激发后，能部分或整圈地沿散射体表面转圈传播，传播过程中，在切线方向不断辐射能量，导致蠕波能量越来越弱，辐射信号幅度因此而指数衰减，得到一幅度逐渐衰减的脉冲串，如图 5-22 所示。

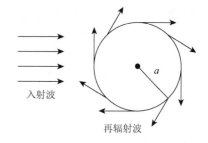

图 5-22　蠕波传播示意图

另外，测量结果表明，所接收到信号串中的脉冲时间间隔，恰好是蠕波绕柱或球传播一周所需的时间，这也间接佐证了这种蠕波的存在。

4. 弹性物体散射声场的空间指向特性

在讨论刚性球的声散射时曾经指出，刚性球的散射声场具有明显的空间指向特性。现在说明，弹性物体散射声场同样也有空间指向特性，且指向性图案更加

复杂。以长柱正横方向的声散射为例，示意图见图 5-23，散射声场的空间指向性见图 5-24[14]，其中图 5-24（a）是铝柱散射声场的空间指向性图案。作为比较，图 5-24（b）所示为刚性柱散射声场的空间指向性图案。

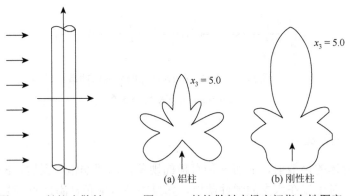

图 5-23　长柱声散射　　　　图 5-24　长柱散射声场空间指向性图案

5.7　壳体目标上的回声信号

在前几节的讨论中，为了数学处理上的方便，都将目标看成由均匀材料组成的实心体，但事实上，实际声呐目标的结构更类似于壳体，如潜艇、水雷、鱼雷等，它们或者本身就是壳体，或者是填充了某种材料的壳体，来自它们的回声信号应携带有壳体或填充材料的某些特性。为使讨论简便，本节以弹性球壳为例，讨论壳体目标回声信号的基本特性。

由于壳体目标结构比较复杂，其回声信号也比实心目标来得复杂，相应地，从理论上计算、分析壳体目标回声信号的特性，也要比实心目标的分析处理复杂得多。限于篇幅，本节将不进行详尽的数学推导，仅作必要的定性讨论，使读者对壳体目标回声信号的特性有一个基本了解。

5.7.1　稳态回波信号

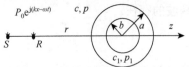

图 5-25　声波在球壳上的散射

设有内、外半径分别为 b、a 的球壳，浸没于无限均匀流体介质中，壳体内部填充有另一种流体介质（也可是真空）。幅值为 P_0、角频率为 ω 的简谐点声源位于 S 处，水听器位于 R 处，它离球心距离为 r，如图 5-25 所示。在以上各项假设条件下，应用分离变量法可得到壳体的散射声场。当考察回声信号的远场解时，外介质中 R 处的反向回波可表示为

$$p_r = \left(\frac{P_0 a}{2r}\right) f_\infty \mathrm{e}^{jk(r-ct)}$$

式中，c、k 分别是外介质中的声速和波数；f_∞ 是 5.6 节中所定义的形态函数，它是壳体材料的弹性参数、密度、球壳内外半径 b、a、球壳两侧流体介质的声学参数及声波频率的复杂函数，其完整的表达式可参见文献[15]。该文献讨论了充水铝、钢球壳和内部为真空的钢球壳的形态函数 f_∞ 随以上各参数的变化，图 5-26～图 5-30 均引自文献[15]。

1. f_∞ 随 ka 值的变化

图 5-26 所示为充水钢球壳回声信号的形态函数 f_∞ 随 ka 值变化的曲线，钢球壳内外半径比 $b/a = 0.8$。由图可见，对壳体目标来说，随着 ka 值的变化，f_∞ 也有剧烈的极大、极小变化，而且，将它与图 5-17 所示的曲线（同种材料钢球的 f_∞ 随 ka 值的变化曲线）比较后可以发现，壳体目标的 f_∞ 随 ka 值的变化比实心球体更为剧烈。

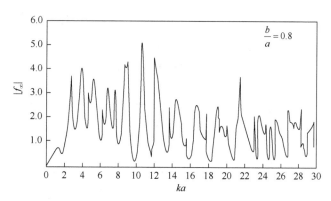

图 5-26　充水钢球壳回声信号的形态函数的模 $|f_\infty|$ 随 ka 值的变化

2. f_∞ 随球壳厚度的变化

计算结果表明，f_∞ 与壳体的厚度有着十分密切的关系，这表现在壳厚变化时，f_∞ 与 ka 值之间关系随之发生明显的变化，图 5-27 所示为充水钢球在比值 b/a 为 0.4 和 0.2 时，f_∞ 随 ka 值的变化曲线。由图可见，厚壳（$b/a = 0.2$）的 f_∞ 和薄壳（$b/a = 0.4$）的 f_∞ 具有一定的相似性，但后者的变化比前者剧烈。随着壳厚的增加，f_∞ 随 ka 的变化有逐渐缓和的趋势，待到 $b/a = 0.2$ 时，图 5-27（b）中的曲线就和实心球的曲线（图 5-17）非常相似。充水铝球壳的结果与此有相同的规律。

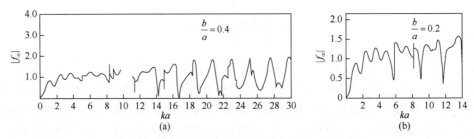

图 5-27　厚度变化时充水钢球的 $|f_\infty|$ 随 ka 值的变化

3. f_∞ 随壳内填充物的变化

图 5-28 是内侧为真空的钢球壳的 f_∞ 随 ka 值的变化曲线，不难看出，当 ka 值大于 10 后，f_∞ 随 ka 值作比较有规则的变化，即使 b/a 值变化时，也是如此。虽然没有研究工作证明以上结果具有普遍性，但至少对钢球是成立的。

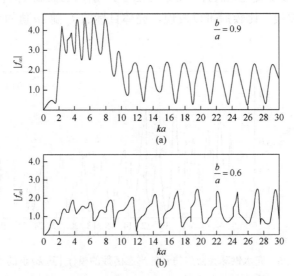

图 5-28　内侧为真空的钢球壳的 $|f_\infty|$ 随 ka 值的变化

4. 壳体目标散射声场的空间指向性特性

和实心球体一样，壳体目标散射声场也具有空间指向特性，图 5-29 就是这种例子，该图示出了内外半径比 $b/a = 0.9$ 的钢球壳，在 $ka = 20.0$ 和 21.1 时的 f_∞ 的空间指向性。由图 5-29 可知，$ka = 20.0$ 和 21.1 分别对应 f_∞ 的极大值和极小值。

5.7.2　短脉冲入射时的回声信号

前面已说明，在入射脉冲宽度不同时，弹性球体的回声波形是不同的，这在

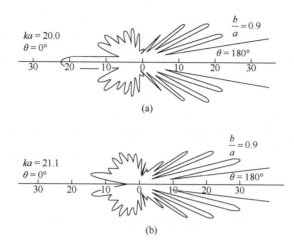

图 5-29　内侧为真空的钢球壳散射声场的空间指向性

球壳也有同样的情况。设有宽度为 $2\Delta t$、中心频率为 ω_0 的脉冲声入射到外半径为 a 的球壳目标上，发现脉冲宽度 Δt 对回声脉冲的结构有明显的影响，当 $\Delta\tau(\Delta\tau=\Delta t\cdot c/a)<1$ 时，脉冲中心频率稍有变化，回声脉冲结构并不因此而产生大的改变；当 $\Delta\tau>1$ 时，情况就不再是这样了，脉冲中心频率的细微变化，都会导致回波脉冲结构的明显改变，这与实心球的情况是一样的。

图 5-30 所示为短脉冲入射时，充水钢球壳（$b/a=0.6$）的回波脉冲波形，图中左侧为入射脉冲波形，图 5-30（a）、（b）、（c）分别是 $\Delta\tau$ 不同时接收到的回波信号。由图可见，在短脉冲入射时，壳体目标的回波也由一串脉冲构成，其中第一个回波脉冲为壳面的镜反射回波，这可从以下两点得到证实：①波形与入射脉冲波形相同；②第一个回波脉冲的传播时间恰好等于声信号从声源传到壳面上镜反射点，再由该点传到接收点一个往返所需的时间。紧跟在第一个脉冲后面的那些回波脉冲，是壳体在入射波激励下作固有振动时所辐射的声脉冲。在小 $\Delta\tau$ 条件下，这些辐射脉冲是各自独立存在的，如图 5-30（a）所示；随着 $\Delta\tau$ 的逐渐变宽，壳体振动所辐射的声脉冲将连成一片，不再是独立的脉冲，如图 5-30（c）所示。进一步的研究还表明，对于薄壳目标，由入射波激励而产生的振动具有薄板弯曲振动的属性，其振幅在外表面为最大，随深度的增加迅速变小，因而又具有表面波的一些特性。

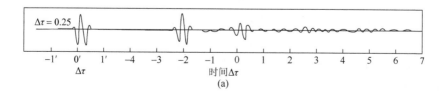

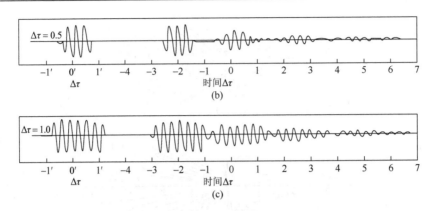

图 5-30　短脉冲入射时充水球壳的回声脉冲

5.8　亥姆霍兹积分方法求解散射声场

众所周知，分离变量法虽然是求解波动方程的重要方法，但它只能应用于那些目标表面能用正交曲线坐标表示的规则形状物体，如球、无限长圆柱等，这就使它的应用受到了很大限制。对于实际的散射问题，物体的几何形状一般不甚规则，不满足分离变量法的应用条件，这时就需要应用数值方法来求解。由于实际工作的需要，人们已研发了多种数值计算方法，但这些方法一般都很烦琐，计算工作量也很大，高频情况尤其如此。但是，在高频条件下，可以应用亥姆霍兹积分方法来求解散射声场，它物理概念清晰，在有些特殊情况下，运算也较为简单。亥姆霍兹积分方法是求解声场问题的另一常用方法，对于规则形状物体，且边界条件又是刚硬边界或自由边界的简单情况，它同分离变量法一样，能给出严格的解析解，对于非规则形状物体，或边界条件比较复杂的情况，则可应用数值积分方法得到数值解，所以，亥姆霍兹积分方法在工程中有着较多的应用。

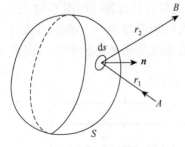

图 5-31　声散射几何关系

5.8.1　亥姆霍兹积分解

设有物体置于无限流体介质中，物体的外表面为封闭凸曲面 S，它的外法线方向为 $\boldsymbol{n}$，另有点声源置于点 A，计算声场中任一点 B 处的散射声场，如图 5-31 所示。

由声学基础知识可知，点 B 散射声场的亥姆霍兹积分解可表示为

$$\phi_s = \frac{-1}{4\pi} \iint_S \left[\frac{1}{r_2} \mathrm{e}^{\mathrm{j}kr_2} \frac{\partial}{\partial n}(\phi_s) - \phi_s \frac{\partial}{\partial n}\left(\frac{\mathrm{e}^{\mathrm{j}kr_2}}{r_2}\right) \right] \mathrm{d}S \qquad (5\text{-}68)$$

式中，k 是波数；ϕ_s 是散射声场势函数；$\dfrac{\mathrm{e}^{\mathrm{j}kr_2}}{r_2}$ 是格林函数；$\dfrac{\partial}{\partial n}$ 是取 S 面的外法向

微分。考察积分式（5-68）发现，被积函数中的 ϕ_s 是待求量，它的法向微分 $\dfrac{\partial}{\partial n}(\phi_s)$

在表面 S 上的取值，也是未知量，所以，式（5-68）一般不能直接求得。下面应
用边界条件，将被积函数中的未知量用已知量来表示，并由积分最终得到散射声
场 ϕ_s 的表达式。

1. 被积函数简化

1）封闭凸曲面 S 是刚性界面

设物体表面 S 是刚性的，则在 S 上应有

$$\left(\frac{\partial \phi_0}{\partial n} + \frac{\partial \phi_s}{\partial n} \right)_S = 0 \qquad (5\text{-}69)$$

式中，ϕ_0 是入射波势函数，它等于

$$\phi_0 = \frac{A}{r_1} \mathrm{e}^{\mathrm{j}kr_1} \qquad (5\text{-}70)$$

其中，A 是一个表示幅值的常数。

2）观察点在目标远场

设观察点在目标远场，在此条件下可求得 $\left(\dfrac{\partial \phi_s}{\partial n} \right)_S$ 和 $\dfrac{\partial}{\partial n}\left(\dfrac{1}{r_2} \mathrm{e}^{\mathrm{j}kr_2} \right)$ 的远场表达

式。由式（5-69）和式（5-70），并考虑远场条件 $kr_1 \gg 1$，可得到

$$\left(\frac{\partial \phi_s}{\partial n} \right)_S \approx -\left[Ak\mathrm{j}\frac{1}{r_1} \mathrm{e}^{\mathrm{j}kr_1} \cos(\boldsymbol{n}, \boldsymbol{r}_1) \right]_S, \quad kr_1 \gg 1 \qquad (5\text{-}71)$$

式中，符号 $(\boldsymbol{n}, \boldsymbol{r}_1)$ 表示矢径 $\boldsymbol{r}_1$ 和法线 $\boldsymbol{n}$ 之间的夹角。

类似地，在条件 $kr_2 \gg 1$ 下，也有

$$\frac{\partial}{\partial n}\left(\frac{1}{r_2} \mathrm{e}^{\mathrm{j}kr_2} \right) \approx \frac{\mathrm{j}k}{r_2} \mathrm{e}^{\mathrm{j}kr_2} \cos(\boldsymbol{n}, \boldsymbol{r}_2), \quad kr_2 \gg 1 \qquad (5\text{-}72)$$

3）刚性物体表面上散射声场等于入射声场

作为一种足够精确的近似，可以认为刚性物体表面上散射声场等于入射声场，
于是有

$$(\phi_s)_S = \left(\frac{A}{r_1} \mathrm{e}^{\mathrm{j}kr_1} \right)_S \qquad (5\text{-}73)$$

2. 散射场的亥姆霍兹积分解

将式（5-71）～式（5-73）代入积分式（5-68），就可得到刚性物体散射场的亥姆霍兹积分解，表示为

$$\phi_s = \frac{\mathrm{j}Ak}{4\pi} \iint_S \frac{1}{r_1 r_2} \mathrm{e}^{jk(r_1+r_2)} [\cos(\boldsymbol{n}, \boldsymbol{r}_1) + \cos(\boldsymbol{n}, \boldsymbol{r}_2)] \mathrm{d}S \qquad (5\text{-}74)$$

如果考虑反向散射，取 $r_1 = r_2 = r$，式（5-74）就成为

$$\phi_s = \frac{\mathrm{j}Ak}{2\pi} \iint_S \frac{1}{r^2} \mathrm{e}^{j2kr} \cos(\boldsymbol{n}, \boldsymbol{r}) \mathrm{d}S \qquad (5\text{-}75)$$

积分式（5-74）和式（5-75）就是物体为刚性时，散射声场的积分解，只要设法将积分求得，就最终求得了散射声场。

5.8.2　菲涅耳半波带近似

1. 原理

在知道物体表面的曲面方程后，积分式（5-74）或式（5-75）所示的积分是可以求解的，但运算非常烦琐，计算量甚大。下面讨论的菲涅耳半波带方法，虽然是一种近似，但可显著减少工作量，因此得到较多的工程应用。

首先，我们注意到积分式（5-74）的物理意义为：物体表面上的各点在入射声波的激励下，作为次级声源辐射出二级次波，接收点上的散射声场即为物体表面上所有二级源辐射的声波在该点的叠加，其结果则取决于这些二级次波的相位 $k(r_1 + r_2)$，可"相消"，也可"相长"。据此，可以仿照光学中的方法、应用菲涅耳半波带方法来求解积分式（5-75）。为方便计，考虑收发合置情况。先在物体表面上寻找出距 B 点最近的 C 点，它距 B 点的距离为 r_0，以 B 点为球心，r_0 为半径作球面，它与物体相切于 C 点，接着跳跃式地增加球面半径，每次增加 $\frac{1}{4}$ 波长，即逐次为 $r_0 + \frac{\lambda}{4}$，$r_0 + \frac{\lambda}{2}$，$r_0 + \frac{3\lambda}{4}$，$\cdots$，这些不同半径的球面把物体表面分割成许多环带 S_1，S_2，S_3，$\cdots$，这些环带称为菲涅耳半波带，见图 5-32。

可以想象，相邻半波带的散射波在 B 点的声程差为 $\frac{\lambda}{2}$，即相位差为 π。所以，如果物体表面上共有 N 个波带，且第 i 个波带的贡献用 ϕ_i 表示，则用求和替代积分式（5-75）后，得总的散射场势函数为

$$\phi_s = \phi_1 - \phi_2 + \phi_3 - \cdots + (-1)^{N-1} \phi_N \qquad (5\text{-}76)$$

式中

$$\phi_i = \frac{\mathrm{j}Ak}{2\pi} \iint_{S_i} \frac{1}{r^2} \mathrm{e}^{\mathrm{j}2kr} \cos(\boldsymbol{n},\boldsymbol{r})\mathrm{d}S, \quad i = 1,2,\cdots \tag{5-77}$$

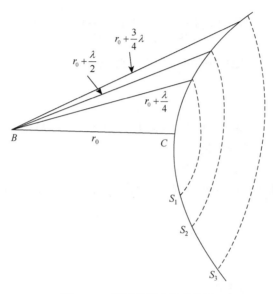

图 5-32　菲涅耳半波带示意图

若考虑的物体比波长大很多，并且物体表面不太弯曲，那么，物体表面上可以划分出很多菲涅耳半波带，而且，相邻波带的 $\frac{1}{r}\cos(\boldsymbol{n},\boldsymbol{r})$ 变化也不大，其面积大小也很接近，在这些条件下，可以认为第 i 个波带产生的反射波的绝对值等于相邻两个波带散射波绝对值的平均值，即

$$\phi_i = \frac{1}{2}(\phi_{i-1} + \phi_{i+1}), \quad i = 2,3,\cdots,N-1 \tag{5-78}$$

将此代入式（5-76），并注意到相邻波带散射波的相位差为 π，则总的散射波势函数就为

$$\phi_s = \phi_1 - \frac{1}{2}(\phi_1 + \phi_3) + \phi_3 - \frac{1}{2}(\phi_3 + \phi_5) + \cdots = \frac{1}{2}[\phi_1 + (-1)^{N-1}\phi_N] \tag{5-79}$$

即总的散射场等于第一个和最后一个菲涅耳半波带所产生的散射场之和的一半。又当物体很大时，最后一个菲涅耳半波带的 $\cos(\boldsymbol{n},\boldsymbol{r}) \to 0$，因而，它的贡献可忽略不计，而第一个菲涅耳半波带的 $\cos(\boldsymbol{n},\boldsymbol{r}) \to 1$，于是总的散射波表达式简化为

$$\phi_s = \frac{\mathrm{j}Ak}{4\pi} \iint_{S_1} \frac{1}{r^2} \mathrm{e}^{\mathrm{j}2kr}\mathrm{d}S \tag{5-80}$$

这就是由菲涅耳半波带法得到的散射波表达式。式（5-80）表明，原本在表

面 S 上的积分被简化为第一个菲涅耳半波带 S_1 上的积分，从而显著简化了计算工作量。第一个菲涅耳半波带 S_1 就是所谓的亮点。

根据目标强度的定义，由式（5-70）和式（5-80）得到目标的 TS 值为

$$TS = 10\lg\left(\frac{I_r}{I_{ru}}\bigg|_{r=1}\right) = 20\lg\left(\frac{1}{2\lambda}\iint_{S_1}e^{j2kr}dS\right) \tag{5-81}$$

式中，I_{ru} 和 I_r 分别为入射声强度和散射声强度。

2. 应用举例

文献[9]应用式（5-81）计算了简单几何形状物体的目标强度值，这里不进行详细的数学推导，直接给出最终结果。

1）任意缓曲面物体的目标强度值

若物体的主曲率半径为 R_1 和 R_2，声源与物体间距离 r，则由式（5-81）可得

$$TS = 10\lg\left[\frac{1}{4}\frac{R_1 R_2}{\left(1+\dfrac{R_1}{r}\right)\left(1+\dfrac{R_2}{r}\right)}\right] \tag{5-82}$$

2）球形物体的目标强度值

如目标为半径 a 的球，则 $R_1 = R_2 = a$，式（5-82）成为

$$TS = 10\lg\left[\frac{1}{4}\frac{a^2}{\left(1+\dfrac{a}{r}\right)^2}\right] \tag{5-83}$$

通常，总有 $r \gg a$，式（5-83）简化为

$$TS = 10\lg\left(\frac{a^2}{4}\right) \tag{5-84}$$

3）旋转椭球的目标强度值

设旋转椭球的长、短轴分别为 b 和 a，分下面两种情况考察该旋转椭球的目标强度值。

（1）声波垂直于长轴入射，此时 $R_1 = \dfrac{b^2}{a}, R_2 = a$，则在 $r \gg a, r \gg b$ 的条件下，由式（5-82）可得

$$TS_{\perp b} = 20\lg\left(\frac{b}{2}\right) \tag{5-85}$$

（2）声波垂直于短轴入射，此时 $R_1 = R_2 = \dfrac{a^2}{b}$，则在 $r \gg a, r \gg b$ 条件下，由式（5-82）可得

$$\mathrm{TS}_{\perp a} = 20\lg\left[\frac{a^2}{2b}\right] \tag{5-86}$$

5.9　声散射逆问题简介

前面几节讨论的声散射问题，是在入射声、目标几何形状、组成材料力学参数和环境条件等已知的条件下求解物体的散射声场，分析散射声场特性，这称为声散射正问题。相反，如果已在空间若干观测点上测得物体散射声场的远场数据，要由这些数据反演出未知物体的几何信息或物理信息，如几何形状、组成材料的声速、密度等参数，这就是声散射逆（反）问题。声散射逆问题是声呐目标分类识别、无损检测、医学成像、地球探测等工程应用的物理基础，在这些实际应用的推动下，声散射逆问题引起了学术界和工程界的浓厚兴趣，取得了丰硕的成果和众多的实际应用。

声散射逆问题的研究内容较多，但主要集中于两个方面：声散射逆问题分析方法和目标特征参数分析、提取。本节仅就这两个问题作简要介绍。

5.9.1　声散射逆问题分析方法研究

声散射逆问题分析，首先，要建立物体声散射数学模型，将拟反演的参数，如目标的几何形状、组成材料的力学参数等量与散射声场结合起来，得到散射声场随这些参数变化的函数关系。其次，利用已测得的目标散射声场数据，结合声散射数学模型，得到以拟反演参数为未知量的方程组，采用非线性最优化方法求解方程组，最终得到拟反演的参数。由于散射逆问题本身的复杂性，该方程组不仅是非线性的，而且还是不确定的，其解也未必是唯一的。求解非线性方程组的最优化方法有很多，如非线性最优化、牛顿迭代法，目前用得比较多的是遗传算法，有兴趣的读者可参考文献[16]。

利用目标散射声场数据，反演目标的几何信息和物理信息，首先要剔除环境因素对散射声信号的干扰。目标的散射声信号，是入射声信号经目标散射后再到达观测点的，这期间，声波在介质中经历了往返传播过程，在这过程中，介质特性，如传播衰减、环境噪声、海洋混响、海底海面反射多途信号等，构成了对目标散射声信号的干扰。为了得到真实、可靠的反演结果，声散射逆问题分析的第一步就应该剔除环境因素对散射声信号的干扰，尽可能得到"纯真"的目标散射

数据。另外，在建立目标声散射数学模型时，也要考虑这种环境因素的干扰，选用对环境因素不敏感的物理量，减少环境因素产生的干扰，提高反演结果的可信度。

　　通常，目标散射声场的空间分布是不均匀的，在同一入射声作用下，各个方位上的散射声场也往往是不同的。为了得到完整的散射声场空间分布信息，应在散射声场的多个点上接收散射声信号，得到"全孔径"数据。原则上，观测点越多，散射声场空间分布信息越完整，也就更能真实地反映散射声场特性，更有利于目标几何、物理信息的反演。但是，要在很多点上测量目标散射声场，在有些领域并不困难，但在水声中，尤其是海上现场测量，难度是很大的，一般不易实现，只能得到"有限孔径"数据。因此，在建立目标声散射数学模型时，也应考虑这方面的因素，既尽可能地减少观测点，又能由"有限孔径"数据得到好的反演结果。

5.9.2　目标特征参数分析和提取

　　目标分类识别，一般有以下几个基本步骤：

　　（1）建立数据库，将已有的先验知识和相关数据整理录入，以备识别判决时应用；

　　（2）采集目标声散射数据，这是声散射逆问题分析的基本数据，它的质量优劣将直接影响反演结果；

　　（3）目标特征参数分析提取，目的是从目标声散射数据中提取出能反映目标某种特性的信息，供分类识别用；

　　（4）目标分类识别判决，根据目标特征参数，结合先验知识，采用适当的决策方法，对目标的某些物理特性作出判决。

　　这些步骤中，目标特征参数分析提取和目标分类识别判决是两个关键步骤，其中，目标分类识别判决更偏重于信号处理，这里将不作讨论，仅对目标特征参数分析提取作简单介绍。

　　目标特征参数，是指能从本质上反映目标某种物理特性的物理量，它蕴含于散射信号。在目标分类识别中，特征参数的选取应以能否正确区分各类目标为主要依据。从目标声散射数据中提取特征参数，是目标分类识别判决的基础，也是提高分类识别质量的关键，这里介绍几种常用目标特征参数分析提取方法。

　　1. 共振散射分析[13]

　　共振散射分析的基本原理是：目标在入射声作用下，它的某些共振模式会被激发，产生振动而辐射声波，它是目标散射信号的组成部分。由振动理论可知，物体的共振模式与物体的几何形状、尺寸大小和组成材料性质密切相关，这些信息蕴含在散射信号中，通过共振散射分析，将目标特征信息提取出来，再结合先验知识，采用适当的决策方法，就可对目标的某些性质作出判别。

文献[17]首先建立了柱形物体共振频率与材料密度，纵、横波速之间的关系，然后利用共振散射分析，得到目标的共振频率，利用已建立的关系，反演出材料纵、横波速和密度值。文献[18]利用理论计算和实验测量得到的物体共振频率，采用聚类分析反演了材料纵、横波速，结果表明，由理论计算共振频率反演材料纵、横波速，相对误差小于 5%；由实验测量共振频率反演材料纵、横波速，相对误差小于 8%。材料密度反演结果误差较大，仅有参考价值。

2. 奇异点展开分析[19]

声呐技术和雷达技术有很多相似处，这里借用雷达技术中的概念，将水下目标视作一个线性网络，设其冲激响应函数为 $h(t)$，入射波和散射波则为网络的输入和输出，分别为 $u(t)$ 和 $v(t)$。如目标是固定不动的，则相应的网络就是时不变的，于是有

$$v(t) = \int_{-\infty}^{\infty} u(t-\tau)h(\tau)\mathrm{d}\tau \qquad (5\text{-}87)$$

对于物理上可实现的网络，u、v、h 均应是实的，而且当 $t<0$ 时，$h(t)=0$，于是，式（5-87）成为

$$v(t) = \int_{0}^{\infty} u(t-\tau)h(\tau)\mathrm{d}\tau \qquad (5\text{-}88)$$

式（5-88）中，入射信号 u 为已知，散射信号 v 可测得，所以求解积分方程（5-88）就可得到冲激响应函数 $h(t)$。

这里应用拉普拉斯变换求解积分方程（5-88）。设 $t=0$ 时，有 $u(t)=0$，$v(t)=0$，方程两边取拉普拉斯变换，得到

$$V(s) = U(s)H(s) \qquad (5\text{-}89)$$

式中

$$V(s) = \int_{0}^{\infty} v(t)\mathrm{e}^{-st}\mathrm{d}t$$

$$U(s) = \int_{0}^{\infty} u(t)\mathrm{e}^{-st}\mathrm{d}t$$

$$H(s) = \int_{0}^{\infty} h(t)\mathrm{e}^{-st}\mathrm{d}t \qquad (5\text{-}90)$$

式（5-90）中的 $H(s)$ 就是网络的传递函数。由式（5-89）得到

$$H(s) = V(s)/U(s)$$

它和 $h(t)$ 满足拉普拉斯变换关系：

$$h(t) = \frac{1}{2\pi j} \int_{\sigma-j\infty}^{\sigma+j\infty} H(s)e^{st}ds \tag{5-91}$$

由式（5-91）可见，只要知道网络的输入和输出，就可得到冲激响应函数 $h(t)$，或传递函数 $H(s)$，它们反映了网络的传输特性，也反映了目标的某些固有特性。

文献[20]应用上述理论研究了雷达目标回波信号特性。该文献由式（5-91）得到

$$h(t) = \sum_{n=1}^{N} r_n e^{P_n t} \tag{5-92}$$

式中，P_n 是 $H(s)$ 在 s 平面上的极点；r_n 是极点 P_n 上的留数；N 是极点数目。式（5-92）表明，冲激响应函数 $h(t)$ 可以表示为一系列阻尼振荡之和，其中，r_n 是振荡的振幅，振荡的频率由极点虚部 $\mathrm{Im}\,P_n$ 确定，振荡的衰减由实部 $\mathrm{Re}\,P_n$ 确定。由此可见，只要求得 r_n 和 P_n，就可得到冲激响应函数 $h(t)$，此即网络（目标）的传递特性，也就是目标的特征参数。文献[21]应用上述方法对水下目标识别进行了探讨。

3. 回声信号亮点分析

在回声信号亮点模型中，将复杂形状目标的回波看成各子目标回波信号的干涉叠加。当用短脉冲入射时，这些亮点在时间上是分开的，它们在时间轴上的结构和亮点的数量，取决于目标几何形状和目标与入射声的相对位置。因此，如果在多个方位上测量目标回声信号，对它们的亮点结构和亮点数量进行联合分析，就可得到目标几何形状信息。

4. 回声信号频域特性分析

声波入射至目标上时，首先发生的是反（散）射过程，产生反（散）射回波。与此同时，声波入射还引发目标做强迫振动和激发目标的固有振动，这两种振动所辐射的声波也是回声信号的组成部分。目标的强迫振动和固有振动特性取决于目标组成材料特性、几何形状等因素，因此，回声信号或多或少带有这些目标信息，它们反映于回声信号频域特性上。由目标回声信号形成过程可知，对回声信号进行时频联合分析，可以得到回声信号动态频谱特性，也可获得目标共振谱，作为目标特征参数，它们可用于目标特性反演[22]。

文献[23]利用散射远场分布的某些傅里叶系数的信息，得到了不可穿透声软边界或可穿透障碍物的边界形状信息。

声散射逆问题研究成果具有重要的应用价值，在有些领域，如医学诊断、无损探伤等，已得到广泛、成功应用，但在水声中，则远未达到这种程度。近几十年来，声散射逆问题研究在水声界得到高度重视，取得了不少成果，这里介绍的只是其中的一部分，读者如有兴趣，可参考相关文献。

习　题

1. 给出目标强度的定义。已知实验测量得到距离目标声中心 1m 处的回波声压振幅是入射波声压振幅的 1/10，求目标的 TS 值。

2. 说明长柱目标 TS 值随测量距离、入射信号脉冲宽度的变化及其原因。

3. 说明潜艇目标 TS 值的特点。

4. 在非消声水池中测量目标 TS 值，已知水池长×宽×深为 50m×30m×10m，目标长 1m，收发换能器为长 0.2m 的水平连续直线阵，工作频率 30kHz，试设计测量布设及信号参数选择。

5. 试说明目标回声信号是如何形成的，具有哪些特点？

6. 比较刚性目标和弹性目标回声信号特点的异同。

7. 说明弹性目标回声信号的波形特点。

8. 半径为 a 的刚性长柱浸没于无限流体介质中，平面波垂直柱轴入射至该柱上，求柱的散射声场。

参 考 文 献

[1]　柏格曼，等. 水声学物理基础（上册）[M]. 邵维文，桂宝康，吴绳武，等，译. 北京：科学出版社，1958：467.

[2]　Urick R J. Principles of Underwater Sound[M]. 3rd ed. Westport：Peninsula Publishing，1983.

[3]　Cushing D H. Measurements of the target strength of fish[J]. Radio and Electronic Engineer，1963，25（4）：299-303.

[4]　Love R H. Dorsal-aspect target strength of individual fish[J]. Journal of the Acoustical Society of America，1971，（49）：816.

[5]　Anderson N R. Oceanic Sound Scattering Prediction[M]. New York：Plenum Press，1977：625.

[6]　Waite A D. 实用声纳工程[M]. 3 版. 王德石，等，译. 北京：电子工业出版社，2004：76-77.

[7]　Morse P M. 振动与声[M]. 振动与声翻译组，译. 北京：科学出版社，1974：351.

[8]　汤渭霖. 声呐目标回波的亮点模型[J]. 声学学报，1994，（19）：92-100.

[9]　汪德昭，尚尔昌. 水声学[M]. 北京：科学出版社，1981：352-367.

[10]　Gradshteyn I S，Ryzhik I M. Table of Integrals，Series[M]. Singapore：Elsevier，1980：980.

[11]　Hickling R. Analysis of echoes from a solid elastic sphere in water[J]. Journal of the Acoustical Society of America，1962，（34）：1582-1592.

[12]　Finney W J. Reflection of sound from submerged plates[J]. Journal of the Acoustical Society of America，1948，20（5）：626-637.

[13]　Flax L，Dragonette L R. Theory of elastic resonance excitation by sound scattering[J]. Journal of the Acoustical Society of America，1978，（63）：723-731.

[14]　Faran J J. Sound scattering by cylinders and spheres[J]. Journal of the Acoustical Society of America，1962，（23）：405-418.

[15]　Hickling R. Analysis of echoes from a hollow metallic sphere in water[J]. Journal of the Acoustical Society of America，1962，36：1124-1137.

[16]　周明，孙树栋. 遗传算法原理及其应用[M]. 北京：国防工业出版社，1996：6.

[17] Batard H，Quentin G. Acoustical resonances of solid elastic cylinders：Parametric study and introduction to the inverse problem[J]. Journal of the Acoustical Society of America，1992，91（2）：581-590.

[18] 刘伯胜，时启猛. 聚类分析方法识别水下目标[J]. 海洋工程，1995，13（4）：31-37.

[19] Felsen L B. Transient Electromagnetic Fields[M]. Berlin：Springer-Verlag，1976：129-179.

[20] 柯有安. 雷达目标识别的进展[J]. 现代雷达，1987（2）：23-27.

[21] 郑肇本，黄曾旸，汪德昭. 用极点方法识别水下目标[J]. 物理学报，1984，（33）：538-546.

[22] Maze G. Acoustic scattering from submerged cylinders. MⅡR Im/Re：Experimental and theoretical study[J]. Journal of the Acoustical Society of America，1991，89（6）：2559-2566.

[23] 尤云祥，缪国平. 阻抗障碍物声散射的反问题[J]. 物理学报，2002，51（2）：270.

第6章　海洋中的混响

在建立声呐方程时，曾经说明，对于主动声呐来说，除受到海洋环境噪声、舰船自噪声等背景噪声的干扰外，还受到混响信号的干扰，而且在很多情况下，混响是主要的背景干扰，是它限制了声呐设备的作用距离。因此，研究海洋混响特性是很有意义的。

混响是一种特殊形式的干扰，它是伴随着声呐发射信号而产生的，所以它和发射信号本身的特性和传播通道的特性有着密切的关系。现在已经明了，混响是存在于海洋中的大量无规散射体，对入射声信号产生的散射波，在接收点叠加而形成的，所以，它是一个随机过程。对混响的研究，主要集中在两个方面：①在早先的工作中，主要从能量观点出发，寻求混响平均强度所遵循的规律，如主动声呐方程中的等效平面波混响级，这方面的工作已取得很多成果，理论研究结果和海上实验数据已相当完备；②混响的统计特性研究。混响是个随机过程，它的概率分布、时空相关特性、空间指向特性、频谱特性等统计性质，受到声呐设计师的极大关注。因此，深入研究混响的统计特性，得到混响的统计规律和有实用价值的数据越来越受到重视。

6.1　海洋混响基本概念

本节首先引入基本假定，以简化下面的讨论；其次根据混响的起因，对混响进行分类；最后从能量角度出发，引入几个反映混响平均规律的物理量，供后续讨论使用。

6.1.1　混响研究的基本假定

混响是一个很复杂的过程，受到多种因素的影响，当对其进行理论讨论时，需要忽略某些次要因素，以突出主要因素，简化讨论的复杂性。在下文的混响讨论中，通常作如下假定。

（1）声线直线传播，传播损失以球面扩展衰减计，必要时可计及海水吸收，其他原因引起的衰减则都不计入。

（2）任一瞬间位于某一面积上或体积内的散射体分布总是随机均匀的，并保持动态平衡，同时每个散射体对混响有相同的贡献。

（3）散射体的数量极多，以致在任一体元内或任一面元上都有大量的散射体。

（4）只考虑散射体的一次散射，不考虑散射体间的多次散射。

（5）入射脉冲时间足够短，以致可以忽略面元或体元尺度范围内的传播效应。

上述假设，只是忽略了一些次要因素，所得到的结果仍具有普遍的指导意义。

6.1.2　海洋混响的分类

海洋中存在着大量的散射体，诸如大大小小的海洋生物、泥沙粒子、气泡、水中温度局部不均匀性所造成的冷热水团等。另外，不平整的海面和海底，既是声波的反射体，也是声波的散射体。所有这些散射体，构成了实际海洋中的不均匀性，形成了介质物理特性的不连续性，因而，当声波投射到这种不均匀介质上时，就会发生散射。这时，一部分入射声能继续按原来的方向传播，而另一部分声能则向四周散射，形成散射声场。海洋中的不均匀性是大量的，它们的散射波在接收点上的总和构成该点上的混响。混响信号紧跟在发射信号之后，听起来，它像一阵长的、随时间衰减的、颤动着的声响。图 6-1[1]所示为实测到的混响的一个例子。如果不存在混响，水听器除接收到爆炸声直达信号和它在海底-海面的反射声信号外，其余就只能是环境干扰，但实测结果表明，在直达信号与海底-海面反射信号之间也存在信号，其声级明显高于环境噪声级，这些就是海水混响信号。

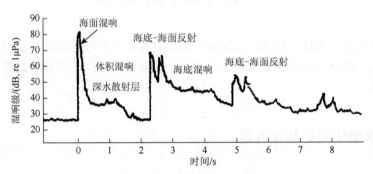

图 6-1　海上实测爆炸声信号

在水深为 1980m 的海中，0.91kg 炸药于 244m 深处爆炸，水听器位于声源附近，深度 41m，滤波器通带 1～2kHz；re 1μPa 表示参考声压

海水中的散射体是各式各样的，其分布各异，有的分布在海水中，有的分布在海底或海面上，它们对声信号的散射也各不相同，自然由它们所产生的混

响场的特性也是不一样的。根据混响形成原因的不同，习惯上将混响分成如下三类。①散射体存在于体积之中或海水本身就是散射体，如海水中的泥沙粒子、海洋生物，海水本身的不均匀性（温度不均匀水团、湍流等）、大的鱼群等，它们引起的混响称为体积混响。②海面的不平整性和波浪产生的海面气泡层对声波的散射所形成的混响称为海面混响。③海底的不平整性、海底表面的粗糙度及其附近的散射体形成的混响称为海底混响。对于后两种混响，因其散射体分布都是二维的，所以又统称为界面混响。图 6-1[1]中已标明了各段混响信号的属性，它们是根据水深、声源和水听器的布设，对接收信号的传播时间进行分析后得出来的。

6.1.3　散射强度

散射强度是表征散射体（面）声散射能力的一个基本物理量，它定义为在参考距离 1m 处，单位面积或单位体积所散射声波强度与入射平面波强度的比，并将其用分贝数表示，即

$$S_{s,V} = 10\lg \frac{I'_{scat}}{I_{inc}} \tag{6-1}$$

式中，$S_{s,V}$ 是体积散射体或界面散射面的散射强度；I_{inc} 是入射平面波声强；I'_{scat} 是单位距离处单位体积或单位面积的散射体所散射声波强度，它是在远场测量后再归算到单位距离处的。可以看出，散射强度和目标强度是两个类似的概念。

在水声工程和理论研究中，散射强度是一个十分有用的量，计算各类混响的等效平面波混响级或进行混响预报时，也都必须用到它。表 6-1 和表 6-2[2]分别给出了海底反向散射强度和海面反向散射强度数据，可作为混响强度估算时的参考。由表中数据可以看出，海底反向散射强度值远高于海面的散射强度值，至于海水中体积混响的散射强度值，一般介于–70～–100dB，远小于海面、海底的散射强度值。

表 6-1　海底反向散射强度

频率 /kHz	不同掠射角（°）的反向散射强度/dB											
	不平整海底				弱不平整海底				平坦海底			
	30	40	50	60	30	40	50	60	30	40	50	60
1	–32	–30	–29	–22	–35	–32	–28	–27	–48	–49	–47	–45
	–34	–32	–28	–26	–40	–40	–40	–40		–50	–45	–37
	–27	–22	–20	–20								

频率/kHz	不同掠射角（°）的反向散射强度/dB											
	不平整海底				弱不平整海底				平坦海底			
	30	40	50	60	30	40	50	60	30	40	50	60
2	−33	−34	−32	−27	−28	−29	−22	−22	−38	−39	−42	−38
	−25	−27	−24	−25		−36	−38	−35	−32	−28	−30	−32
	−26	−25	−24	−24								
3	−28	−28	−26	−23	−27	−22	−19	−17	−34	−29	−30	−28
		−33	−32	−27	−32	−29	−28	−30		−20	−23	−18
	−28	−23	−22	−21								
5	−27	−27	−25	−23	−21	−19	−17	−16	−30	−28	−26	−24
		−32	−28	−25	−28	−27	−23	−21	−26	−28	−25	−17
	−27	−23	−24	−22								
10		−27	−28	−25	−20	−18	−16	−15	−28	−27	−26	−23
			−25				−20				−27	−24
	−27	−23	−24	−23								
18		−18	−20	−19			−7	−6			−20	−18
		−10	−9	−10		−10	−11	−12				

表 6-2　海面反向散射强度

掠射角/(°)	不同频率（kHz）、不同风速的海面反向散射强度/dB							
	0.2	0.5	1	2	5	10	20	50
10	−60	−60	−58	−57	−55	−53	−51	−47
		−51	−51	−50	−46	−42	−38	−30
	−50	−46	−42	−40	−36	−34	−31	−30
20	−52	−53	−52	−52	−51	−50	−48	−46
		−46	−46	−45	−42	−38	−34	−28
	−44	−40	−37	−44	−30	−28	−27	−25
30	−45	−45	−45	−45	−44	−44	−44	−44
		−40	−40	−39	−37	−34	−30	−25
	−37	−34	−31	−29	−27	−28	−24	−23
40	−37	−37	−36	−37	−38	−40	−41	−44
		−35	−35	−34	−31	−29	−26	−22
	−29	−27	−26	−25	−24	−23	−22	−21

续表

掠射角/(°)	不同频率（kHz）、不同风速的海面反向散射强度/dB							
	0.2	0.5	1	2	5	10	20	50
50	−29	−28	−29	−30	−32	−34	−37	−42
		−30	−30	−29	−27	−26	−24	−20
	−21	−21	−20	−20	−20	−20	−20	−19
60	−22	−22	−23	−25	−28	−32	−36	−41
		−22	−22	−23	−22	−21	−20	−18
	−15	−16	−17	−18	−17	−17	−16	

注：表中每个掠射角下的三行数据，分别对应不同风速，其中，第一行为 3.5m/s；第二行为 6～10m/s；第三行为 10～15m/s。

6.1.4　等效平面波混响级

海水中的混响是伴随发射声信号而产生的，由于发射声信号本身的特性和海水中散射体分布等原因，混响声场不是各向同性的，所以，各向同性背景下定义的参数 DI 在这里不再适用。根据混响场的这种特性，在混响为主要背景干扰的情况下，应用等效平面波混响级 RL 替代主动声呐方程中的 NL−DI 项，RL 表示混响干扰的强弱。等效平面波混响级 RL 定义如下：设有水听器接收来自声轴方向的入射平面波，该平面波的强度为 I，水听器输出端的开路电压为 V。如将此水听器放置在混响声场中，声轴对着目标，若在混响场中该水听器输出端的电压也为 V，则此混响场的等效平面波混响级 RL 定义为

$$RL = 10\lg \frac{I}{I_0} \qquad (6\text{-}2)$$

式中，I_0 是参考声强。由式（6-2）可见，等效平面波混响级 RL 度量了在混响是主要的背景干扰情况下混响干扰的大小。应该注意，混响是随时间而衰减的，所以，它对接收信号干扰的大小，则应取声呐信号到达时刻的等效平面波混响级来估计。

6.2　体　积　混　响

海水介质中存在着大量散射体，如海洋生物、湍流、温度不均匀水团等，它们对入射声的散射产生散射信号，这些散射信号在接收点的叠加形成海水体积混响。

6.2.1　对混响有贡献的区域

海洋中存在有大量的散射体，按各自的规律分布在海水介质中，它们距声源和水听器的距离有近有远，入射声"照射"到这些散射体的时刻也有先有后，因

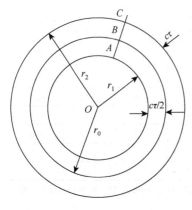

图 6-2　对混响有贡献的区域

而，所有散射波不会都在同一时刻到达水听器。上面已说明，某一时刻的混响乃是在该时刻所有到达水听器的散射波的总和。因此，对某一时刻的混响来说，并非海水中的所有散射体都有贡献，而只有其中的某些部分对该时刻的混响有贡献，下面以体积混响为例，考察对某一时刻的混响有贡献的区域。考虑收发合置情况，并设它们位于 O 点，发射声信号的脉冲宽度为 τ。根据球面扩展假设，该脉冲在海水中形成了一个厚度为 $c\tau$ 的扰动球壳层，它以声速 c 逐渐向外扩张传播。现考察发射脉冲结束后 $t/2$ 时刻的声传播情况，由图 6-2 可知，该扰动球壳的内、外半径分别为

$$r_1 = \frac{tc}{2}, \quad r_2 = \frac{tc}{2} + c\tau \tag{6-3}$$

显然，因球壳层中不同位置的散射体（如 A、B、C 点）离水听器的距离不同，它们的散射波不可能在同一时刻到达水听器。然而可以想见，因脉冲宽度为 τ，所以，脉冲前沿在半径为 $r_0 = ct/2 + c\tau/2$ 的球面上（如 B 点）的散射波和脉冲后沿在半径 $r_1 = ct/2$ 的球面上（如 A 点）的散射波，是在同一时刻传到水听器的。以上考虑的仅是脉冲前、后沿在 B、A 两点上的散射波，事实上，位于 r_1 和 r_0 之间的散射体都和 A、B 点的情况相类似，都会对 t 时刻的混响有贡献。因此，对 t 时刻的混响有贡献的，将是位于 r_0 和 r_1 之间的球壳层内的所有散射体，该壳层的厚度为 $c\tau/2$。由此可以得出结论，对混响有贡献的区域是厚度为 $c\tau/2$ 的球壳层。

这里的推导虽然是针对体积混响的，但其结果也适用于海面、海底混响，只是由宽为 $c\tau/2$ 的圆环取代了厚度为 $c\tau/2$ 的球壳。

6.2.2　体积混响理论

1. 体积混响等效平面波混响级的理论表达式

考虑均匀分布着大量散射体的理想海水介质中，放置有指向性发射器，其辐射声场声强的指向性为 $b^2(\theta,\phi)$，见图 6-3（a）。设单位距离处发射器的轴向声强为 I_b，则它在空间 (θ,ϕ) 方向上的声强就为 $I_b b^2(\theta,\phi)$。考虑 (θ,ϕ) 方向上的 r 处有一体积为 dV 的散射体元，则根据前面的假定，dV 处的入射声强度为 $I_b b^2(\theta,\phi)/r^2$。又根据散射强度的定义，可以得到在返回声源的方向上离 dV 单位距离处的散射声强度为 $[I_b b^2(\theta,\phi)/r^2] \cdot S_V' dV$。这里的 S_V' 是距离产生散射的单位体积 1m 处的反

向散射声强度 I'_{scat} 和入射声强度 I_{inc} 之比：$S'_V = I'_{scat} / I_{inc}$。又根据散射强度 S_V 的定义，有 $S_V = 10\lg S'_V$。这里之所以引入参量 S'_V，仅是为了书写方便。显然，在入射声作用下，由 $\mathrm{d}V$ 产生的返回声源处的散射声强度应为 $I_b b^2(\theta,\phi) S'_V \mathrm{d}V / r^4$，而如果水听器的指向性图案为 $[b'(\theta,\phi)]^2$（若收发换能器合置，则 $b = b'$），则水听器输出端的声强为 $I_b b^2(\theta,\phi)[b'(\theta,\phi)]^2 S'_V \mathrm{d}V / r^4$。因为散射体分布在整个空间中，所以，作用于水听器的总散射声强为每个体元 $\mathrm{d}V$ 的贡献之和。如果单位体积中的散射体足够多，以致可以用积分替代求和，则混响强度为

$$I_{scat} = I_b \int_V \frac{S'_V}{r^4} b^2(\theta,\phi)[b'(\theta,\phi)]^2 \mathrm{d}V \tag{6-4}$$

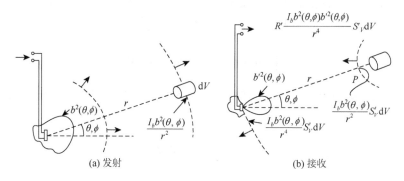

图 6-3　体积散射的几何图

根据先前的假设，每个散射体元有相同的贡献，因而 S'_V 可从积分号中移出。这样，混响强度为

$$I_{scat} = I_b S'_V \int_V \frac{1}{r^4} b^2(\theta,\phi)[b'(\theta,\phi)]^2 \mathrm{d}V \tag{6-5}$$

又根据等效平面波混响级 RL 的定义式（6-2）和式（6-5），并记参考声强为 I_0，于是得到体积混响的等效平面波混响级表达式为

$$\mathrm{RL} = 10\lg\left\{ \frac{I_b}{I_0} S'_V \int_V \frac{1}{r^4} b^2(\theta,\phi)[b'(\theta,\phi)]^2 \mathrm{d}V \right\} \tag{6-6}$$

由式（6-6）可知，完成该式积分，就可得到体积混响的等效平面波混响级。前面已经说明，对体积混响有贡献的体积是厚度为 $c\tau / 2$ 的球壳层，因此，可把 $\mathrm{d}V$ 选成图 6-4 所示的形状，并得到

$$\mathrm{d}V = r^2 \frac{c\tau}{2} \mathrm{d}\Omega \tag{6-7}$$

式中，$\mathrm{d}\Omega$ 是小圆柱横截面对接收点所张的立体角；c 是声速；τ 是脉冲宽度。将式（6-7）代入式（6-5）和式（6-6）后就得到体积混响强度 I_{scat} 和等效平面波混响级：

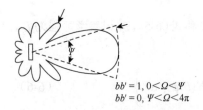

$$I_{\mathrm{scat}} = I_b S_V' \frac{c\tau}{2} \frac{1}{r^2} \int (bb')^2 \mathrm{d}\Omega$$

$$\mathrm{RL} = 10\lg\left[\frac{I_b}{I_0} S_V' \frac{c\tau}{2} \frac{1}{r^2} \int (bb')^2 \mathrm{d}\Omega\right] \quad (6\text{-}8)$$

图 6-4　求体积混响时体元的选取

式中，被积函数 $(bb')^2$ 是发射-接收换能器的组合指向性，通常是一个复杂函数，其积分 $\int (bb')^2 \mathrm{d}\Omega$ 一般不易求得。工程上，设想用一个理想的等效组合指向性图案来替代它。设有立体角 Ψ，它具有如下特性：在该立体角内，相对响应为 1；在 Ψ 之外，响应为零，即

$$\int_0^{4\pi} (bb')^2 \mathrm{d}\Omega = \int_0^{\Psi} 1 \times 1 \mathrm{d}\Omega = \Psi \quad (6\text{-}9)$$

应用式（6-9）所示的理想指向性图案，替代实际组合指向性图案，如图 6-5 所示，就得到

$$I_{\mathrm{scat}} = I_b S_V' \frac{c\tau}{2} \frac{1}{r^2} \Psi \quad (6\text{-}10)$$

$$\mathrm{RL} = 10\lg\left(\frac{I_b}{I_0} S_V' \frac{c\tau}{2} \frac{\Psi}{r^2}\right)$$

或写成

$$\mathrm{RL} = \mathrm{SL} + S_V - 40\lg r + 10\lg\left(\frac{c\tau}{2} r^2 \Psi\right) \quad (6\text{-}11\mathrm{a})$$

式中，$\mathrm{SL} = 10\lg I_b / I_0$，$S_V = 10\lg S_V'$，分别是发射声信号的声源级和体元 $\mathrm{d}V$ 的散射强度；$\frac{c\tau}{2} r^2 \Psi$ 是理想组合指向性条件下，产生混响的体积，式（6-11a）就是体积混响等效平面波混响级的理论表达式。

$bb' = 1,\ 0 < \Omega < \Psi$
$bb' = 0,\ \Psi < \Omega < 4\pi$

图 6-5　实际和等效的指向性图案

若考虑海水中的声传播吸收，并设介质吸收系数为 α，则式（6-11a）改写为

$$\mathrm{RL} = \mathrm{SL} + S_V - 40\lg r + 10\lg\left(\frac{c\tau}{2} r^2 \Psi\right) - 2r\alpha \quad (6\text{-}11\mathrm{b})$$

式（6-10）中的 r 是散射体到水听器之间的距离，它和传播时间 t 之间的关系为 $r = ct / 2$，这里的 t 是发射脉冲结束后到接收体元 $\mathrm{d}V$ 的散射波之间的时间。将 $r = ct / 2$ 代入式（6-10）和式（6-11），就可得到

$$I_{\text{scat}} = I_b S_V' \frac{4}{c^2 t^2} \frac{c\tau}{2} \Psi \qquad (6\text{-}12)$$

$$RL = SL + S_V - 20\lg \frac{ct}{2} + 10\lg\left(\frac{c\tau}{2} \Psi\right) \qquad (6\text{-}13)$$

由式（6-12）可知，体积混响强度 I_{scat} 与发射信号强度 I_b、发射信号的脉冲宽度 τ、发射-接收换能器的组合指向性束宽积 Ψ 等量成正比，与时间 t 的平方成反比，另外它还与散射体元的散射强度有关，它取决于散射体的声学特性。

2. 简单几何形状换能器的等效组合束宽 Ψ 计算公式

对于简单几何形状的换能器，其等效组合束宽 Ψ 可通过计算得到。表 6-3[1] 给出了几种简单几何形状换能器的等效组合束宽 Ψ 的计算公式。对于其他形状的发射-接收换能器组合，则需计算积分 $\int bb' \mathrm{d}\Omega$ 得到组合束宽 Ψ。

表 6-3　等效组合束宽（以对数为单位）

阵	$10\lg\psi$ 相当于 1 立体弧度的分贝值	$10\lg\Phi$ 相当于 1 弧度的分贝值
积分式	$10\lg \int_0^{2\pi} \int_{-\pi/2}^{\pi/2} b^2(\theta,\phi)$ $\cdot [b'(\theta,\phi)]^2 \cos\theta \mathrm{d}\theta \mathrm{d}\phi$	$10\lg \int_0^{2\pi} b^2(0,\phi)[b'(0,\phi)]^2 \mathrm{d}\phi$
置于无限障板中的圆平面阵，半径 $a > 2\lambda$	$20\lg\left(\dfrac{\lambda}{2\pi a}\right) + 7.7$ 或 $20\lg y - 31.6$	$20\lg\left(\dfrac{\lambda}{2\pi a}\right) + 6.9$ 或 $20\lg y - 12.8$
置于无限障板中的矩形阵边 a 是水平的，b 是垂直的，$a,b \gg \lambda$	$10\lg\left(\dfrac{\lambda^2}{4\pi ab}\right) + 7.4$ 或 $10\lg y_a y_b - 31.6$	$10\lg\left(\dfrac{\lambda}{2\pi a}\right) + 9.2$ 或 $20\lg y_a - 12.6$
长为 $l > \lambda$ 的水平线阵	$10\lg\left(\dfrac{\lambda}{2\pi l}\right) + 9.2$ 或 $10\lg y - 12.8$	$10\lg\left(\dfrac{\lambda}{2\pi l}\right) + 9.2$ 或 $10\lg y - 12.8$
无指向性（点状）换能器	$10\lg 4\pi = 11.0$	$10\lg 2\pi = 8.0$

注：y 等于合成的指向性图案或其积中比轴向响应小 6dB 的两个方向之间夹角的一半，以度为单位。也就是说 y 是合成的指向性图案上 $b^2(y)[b'(y)]^2 = 0.25$ 的方向与轴向之间的夹角。至于矩形阵，y_a 和 y_b 分别是在平行于边 a 和 b 的平面上的同上述相应的角。

3. 关于抗混响的设想

混响是主动声呐工作的干扰，甚至是主要干扰，如探测沉底目标时，海底混响就是一种严重的干扰，因此，抗混响就成了水声中的重要研究课题。由上述体积混响的平均规律可以得到抗混响的启示。如果混响是声呐的主要干扰，则可以：①在不影响作用距离的前提下，适当减小发射信号的声功率，这不会导致接收信号信混比下降；②采用指向性尖锐的收、发换能器，以得到窄的组合束宽 Ψ；③发射信号采用窄脉冲，即减小 τ 值，这后两项措施的效果就是尽量减小产生混响的散射体的体积 $(c\tau/2)r^2\Psi$。

6.2.3　深水体积混响源及其特征

为了确定深水体积混响源，人们在深水海域用垂直向下发射的测深仪，对各个深度层上的散射强度值作了测量，用以考察海底反射信号之前的回声强度随时间的变化关系。研究结果表明以下结论。

（1）在海水的某个深度层上，有较强的回声强度，相比之下，其他深度上的回声强度几乎是微不足道的，通常将这个回声强度强的层称为深水散射层（deep scattering layer，DSL）。深水散射层的深度估计在 180～900m，典型深度是 400m。

（2）深水散射层具有一定的厚度，典型厚度则为 90m。

（3）深水散射层的深度不是固定不变的，它具有昼夜迁移规律，白天较深，黑夜较浅，白天或黑夜其深度大体不变，但日出日落时变化剧烈，这种深度上的变化可达几百米之多。根据这种现象，可以作出判断：产生体积混响的散射体是生物性的，它们是存在于海洋中的海洋生物。有人认为，它们很可能是磷虾科动物、乌贼和桡足类动物。相比之下，那些非生物性的散射体，如杂质粒和沙粒、温度不均匀水团、海洋湍流和舰船尾流等，它们的散射对混响的贡献，通常是微不足道的。

（4）在整个深水散射层中，S_v 值是变化的，不是一个常数；若声波频率为 24kHz 左右，则层中的 S_v 值范围为 $-70\sim-80$dB；另外，在 1.6～12kHz 范围内，层中 S_v 值具有频率选择性。这种低频时表现出来的选频特性，很可能是鱼类，特别是含气的鱼鳔所造成的；测量值还表明，在不同深度上，层有不同的共振频率，这反映了深水散射层的多层结构。

（5）散射层存在于全地球的海洋中，是全地球海洋声学和生物学上的有规律的特征。

（6）在深水散射层内，S_v 有较大的值；在层外，S_v 的值一般都很小，且随深度有 5dB/300m 的平均减小率。

（7）也观察了 S_V 随频率的变化，发现在 10kHz 以上频率时，S_V 有 3～5dB/倍频程的增长率。这和刚性小粒子的瑞利 4 次方散射规律（12dB/倍频程）明显不符。这也说明了刚性小粒子等散射体不是体积混响的主要源。

图 6-6[1]是在太平洋的两个海区内，用 24kHz 频率测得的 S_V 随深度的变化曲线，它给出了深水散射层的存在及其昼夜移栖规律，也表明了 S_V 随深度的变化。由图还可看出，体积混响的 S_V 值一般在-70～-100dB。

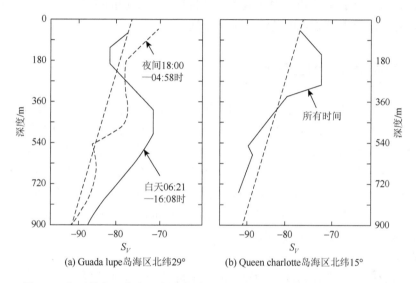

(a) Guada lupe 岛海区北纬29°   (b) Queen charlotte 岛海区北纬15°

图 6-6　太平洋中两个海区内测得的 24kHz 的体积散射强度随深度的变化
虚线是估计的最小值

6.2.4　舰船尾流

航行中的舰船螺旋桨所产生的一条含气泡湍流，称为尾流。尾流在开始时有和船宽一样的宽度，以后逐渐增宽，其厚度在开始时约为船吃水的两倍，远离船后逐渐发生变化。舰船的尾流一般能保持相当长的时间，延伸也很远，直到空气泡上浮水面破裂或溶于水中后才逐渐消失。尾流可以看作一个延伸得很大的目标，但它的回声却具有混响的一些特征。尾流强度 W 是用来描述尾流声散射作用的一个参量，它定义为单位长度尾流的散射强度，是和 S_V 相类似的一个量。尾流强度 W 和舰船类型、航行速度与深度（潜艇）及频率等量有关。根据尾流强度的定义，可以得到来自强度为 W 的尾流上的回声级 EL[1]：

$$EL = SL - 40\lg r + W + 10\lg L \qquad (6-14)$$

式中，SL 是辐射声源级；$L = \phi r$ 是产生回声级的尾流长度，ϕ 是入射声等效平面角束宽，r 是声源到尾流的水平距离。式（6-14）适用于长脉宽情况。

6.3　海水中气泡的声学特性

海面混响是由海面的起伏不平整及波浪产生的小气泡对声波的散射形成的，所以，海面混响的特性和水中气泡的声学特性有着密切的关系，因此，在讨论海面混响之前，首先讨论水中气泡的声学特性。

6.3.1　海面表层内的空气泡

在有风浪的情况下，由于波浪的作用，海水表面会产生大量的气泡，在海表面形成一个气泡层，该层的厚度、层中所含气泡的浓度及层中气泡半径的大小等量，取决于当时的水文气象条件。文献[3]给出了一组在岸边测得的结果，发现水面上的风速由 11m/s 增加到 23m/s 时，半径为 1.25×10^{-2} cm 的气泡浓度由 100 个/m³ 增至 280 个/m³，半径为 1.75×10^{-2} cm 的气泡则由 20 个/m³ 增至 88 个/m³，这结果概略地表明了风速与气泡浓度、气泡半径分布之间的联系。另外，除了波浪破碎在水中产生气泡外，舰船的尾流中也含有大量的气泡，它们在水中能留存很长时间。

海面表层内，半径为 $(1 \sim 1.8) \times 10^{-2}$ cm 的气泡最具有代表性，气泡半径大小分布曲线的最大值通常都位于这个数值范围内。对于这一结果，可以作如下解释：气泡半径大小分布曲线的稳定性及与风浪无关的事实表明，气泡的消失过程（浮起破裂或溶解于水中），决定了气泡半径分布曲线的形状，大的气泡容易浮起破裂而消失，小气泡则由于溶解而很快消失，相对而言，中等大小气泡存留时间最长，因而相应地有最大的浓度。

6.3.2　小气泡对声波的吸收作用

气泡的密度和压缩率与海水大不一样，且具有气腔共振特性，对声波的发射、传播和接收会产生十分重要的影响。例如，小气泡并不属于吸声材料，但当水中含有小气泡群时，声波通过这种气泡群后，将会产生很大的衰减。

在分析气泡的声学特性时，一般将其视为一个空腔，它的存在使介质出现了不连续性，声波在传播途中遇到气泡时，就会产生强烈的散射过程，致使声波通过气泡群后，其强度将会显著减弱，这就是由气泡的散射作用引起的。

气泡在入射声波的作用下，作受迫振动，并作为次级源向周围介质中辐射声能，这过程需要从入射声中"吸取"能量，导致入射声强的衰减。特别当入射声频率与气泡共振频率一致时，激发起气泡共振，气泡大小作极大、极小变化，这需要从入射声中"吸取"一份较大的能量，使声强衰减更快。

气泡在入射声波作用下作受迫振动的过程，不是严格的绝热过程，在气泡压缩、伸张过程中，气泡和周围水介质会产生热传导作用，致使部分声能变成热能而传至周围介质中。另外，由于流体的黏滞作用，气泡振动时，水介质与气泡表面之间的摩擦也使一部分声能变成了热能。以上两种过程，组成了气泡对声波的吸收作用。

气泡的吸收作用、散射作用和受迫振动"吸能"作用，构成了气泡对声波的消声作用，这种消声作用，取决于气泡大小、气泡浓度和声波频率等量。

6.3.3　小气泡的共振频率

小气泡和谐振腔相似，在声波激发下作受迫振动，其形状作周期性变化。如其形变可近似视为均匀，则它就相当于一个弹性元件，其振动机电类比电路如图 6-7 所示。图中各量定义如下。

等效弹性系数：
$$D = \gamma P_0 S_0^2 / V_0$$

辐射声阻：
$$R_s \approx \rho c S_0 (ka)^2$$

共振质量：
$$m_s \approx \rho c S_0 ka / \omega$$

作用于小气泡的总压力：
$$F = P_0 S_0 \tag{6-15}$$

式中，a 为气泡半径；ω 是声波圆频率；$k = \dfrac{\omega}{c}$ 是波数；c 为介质中的声速；ρ 为周围介质的密度；$S_0 = 4\pi a^2$ 是气泡表面积；P_0 是作用于气泡的压力，单位为标准大气压；γ 是气体定压比热和定容比热的比值，对标准状态下的空气来说，$\gamma = 1.41$；$V_0 = \dfrac{4}{3}\pi a^3$ 是小气泡的体积。

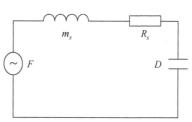

图 6-7　小气泡振动类比电路

由图 6-7 所示的类比电路，可以得到小气泡作受迫振动时的等效机械阻抗 Z_m：

$$Z_m = \rho c S_0 ka \left[ka + \mathrm{j} \left(1 - \frac{3\gamma P_0}{\omega^2 a^2 \rho} \right) \right] \tag{6-16}$$

令式（6-16）中的虚部为零，得到小气泡的谐振频率：

$$f_0 = \frac{1}{2\pi a}\sqrt{\frac{3\gamma P_0}{\rho}} \tag{6-17a}$$

对于水中的气泡，取 $\rho = 1000\ \text{kg/m}^3$，$\gamma = 1.41$，并设气泡在水面附近，则 P_0 为 1 标准大气压，据此可得

$$f_0 = 0.33/a\ (\text{kHz}) \tag{6-17b}$$

式中，a 的单位为 cm。由式（6-17b）可知，半径 a 在 $10^{-2} \sim 10^{-1}$ cm 数量级范围内的气泡，其共振频率为 $33 \sim 3.3$ kHz，而声呐的工作频率恰好在此范围内，所以，半径为 $10^{-2} \sim 10^{-1}$ cm 的气泡对声呐工作影响最大。

如将 P_0 与海水深度联系起来，则深度 d 处的空气泡的共振频率为

$$f_0 = \frac{0.33}{a}\sqrt{1 + 0.1d}\ (\text{kHz}) \tag{6-18}$$

式中，a 和 d 的单位分别为 cm 和 m。

6.3.4　单个气泡的散射截面、吸收截面和消声截面

1. 单个气泡的散射功率和散射截面 σ_s

由图 6-7 不难求得小气泡的散射功率 W_s，它就是消耗在 R_s 上的功率，等于

$$W_s = \frac{(P_0 S_0)^2 R_s}{2|Z_m|^2} = \frac{4\pi a^2 I_{\text{in}}}{(ka)^2 + \left(1 - \dfrac{f_0^2}{f^2}\right)^2} \tag{6-19}$$

式中，$I_{\text{in}} = P_0^2/(2\rho c)$ 是入射声的强度；f 是它的频率。若定义散射截面 $\sigma_s = W_s/I_{\text{in}}$，则可得单个气泡的散射截面 σ_s：

$$\sigma_s = \frac{4\pi a^2}{(ka)^2 + \left(1 - \dfrac{f_0^2}{f^2}\right)^2} \tag{6-20}$$

由式（6-19）和式（6-20）可知，声波频率 f 与 W_s、σ_s 之间有着十分密切的关系，当 $f = f_0$ 时，气泡处于共振状态，此时的散射功率和散射截面达到最大值，分别为

$$(W_s)_{\max} = \frac{I_{\text{in}}\lambda^2}{\pi} \tag{6-21}$$

$$(\sigma_s)_{\max} = \frac{\lambda^2}{\pi} \tag{6-22}$$

　　在早先的研究中，散射功率和散射截面是用气泡振动的阻尼常数 δ 来表示的。根据振动理论可知，气泡作受迫振动时，其阻尼常数 δ 被定义为[1]

$$\delta = \frac{f_2 - f_1}{f_0} \tag{6-23}$$

式中，f_2、f_1 分别为频响曲线半功率点的上、下限频率。对于一个作受迫振动的气泡来说，可以证明 $\delta = ka$。利用以上关系，可以得到用阻尼常数 δ 表示的 W_s 和 σ_s，即

$$W_s = \frac{4\pi a^2 I_{\text{in}}}{\delta^2 + \left(1 - \dfrac{f_0^2}{f^2}\right)^2} \tag{6-24a}$$

$$\sigma_s = \frac{4\pi a^2}{\delta^2 + \left(1 - \dfrac{f_0^2}{f^2}\right)^2} \tag{6-24b}$$

由式（6-24b）得到单个气泡的目标强度 TS 等于

$$\text{TS} = 10\lg \frac{\sigma_s}{4\pi} = 10\lg \frac{a^2}{\delta^2 + \left(1 - \dfrac{f_0^2}{f^2}\right)^2} \tag{6-24c}$$

2. 单个气泡的吸收功率 W_a 和吸收截面 σ_a

　　气泡的吸收功率 W_a 和吸收截面 σ_a 的计算比较复杂，因这时既要考虑热传导损失，又要计及黏滞摩擦损失，这里不作详细推导，直接列出关于 W_a 和 σ_a 的结果，它们是[1]

$$W_a = \frac{4\pi a^2 \left(\dfrac{\delta}{k_0 a} - 1\right) I_{\text{in}}}{\delta^2 + \left(1 - \dfrac{f_0^2}{f^2}\right)^2} \tag{6-25a}$$

$$\sigma_a = \frac{4\pi a^2 \left(\dfrac{\delta}{k_0 a} - 1\right)}{\delta^2 + \left(1 - \dfrac{f_0^2}{f^2}\right)^2} \tag{6-25b}$$

式中，$k_0 = 2\pi f_0 / c$。

3. 单个气泡的消声截面 σ_e

　　前面已经说明，气泡的消声作用是由散射作用和吸收作用构成的，所以，单

个气泡的消声截面应为散射截面与吸收截面之和：

$$\sigma_e = \sigma_s + \sigma_a = \frac{\dfrac{4\pi a^2 \delta}{k_0 a}}{\delta^2 + \left(1 - \dfrac{f_0^2}{f^2}\right)^2} \tag{6-26}$$

由式（6-26）容易看出，当声波频率恰好等于气泡共振频率时，σ_e 取最大值；当频率偏离 f_0 时，σ_e 也就随之减小。

6.3.5 含气泡群水介质中的传播衰减系数

声波在含气泡水介质中传播时，由于气泡的消声作用及水介质本身的吸收，声波的强度将会逐渐衰减。有关水介质的吸收作用，第 2 章中已有详细讨论，不再重复，这里仅就气泡的消声作用所导致的声传播衰减作一些简要的讨论。考察平面波穿过含气泡群水介质时的传播衰减，设每个气泡的消声截面为 σ_e (m^2)，每立方米水介质中含有 n 个气泡。平面声波在传播方向上由 x 传播至 $x + dx$，引起的声强增量为

$$dI = -n\sigma_e I dx$$

式中，I 为 x 处的声强，负号表示声强减小。于是由上式得到

$$I = I(0)e^{-n\sigma_e x}$$

式中，$I(0)$ 为参考点处的声强。当平面波由 x_1 传播至 x_2 时，声强由 I_1 变为 I_2，则介质声吸收引起的传播损失等于

$$TL = 10\lg\frac{I_1}{I_2} = 10\lg e \cdot n\sigma_e (x_2 - x_1) \tag{6-27}$$

定义衰减系数 α 等于

$$\alpha = 10\lg e \cdot n\sigma_e = 4.34n\sigma_e \quad \text{(dB/m)} \tag{6-28a}$$

它是平面波在含气泡水介质中传播单位距离的传播损失。于是传播损失等于

$$TL = \alpha(x_2 - x_1) \tag{6-28b}$$

式（6-28b）是在忽略气泡间的多次散射条件下得到的，所以，它仅适用于气泡浓度不大的情况。

6.3.6 消声截面与气泡分布

通常，气泡群中的气泡大小不一，因此，必须在气泡可能的大小范围内求积，才能得到气泡群的有效截面。设 $n(a)$ 为单位体积中，半径在 a 到 $a + da$ 间的气泡

数目，则有效截面等于

$$\sigma_e = \int_0^\infty n(a)\sigma_e(a)\mathrm{d}a \qquad (6\text{-}29)$$

式中，$\sigma_e(a)$ 是半径为 a 的气泡消声截面；$n(a)$ 是半径为 a 的气泡分布函数。考虑到只有共振频率与声波频率很接近的那些气泡才对 σ_e 有大的贡献，因此，关于 a 的积分只要在一个有限范围内进行。另外，$n(a)$ 随 a 的变化一般并不剧烈，所以可由近似方法求得式（6-29）的值。

6.3.7　含气泡水介质中的声速

介质中的声速是该介质的一个基本声学参数，反映了介质的声学特性，对声波的传播有重大的影响。实验发现，当空气溶解于水中时，声速不会发生变化，即使溶解于水中的空气达到饱和状态时，也仍是这样；但当空气不是溶解于水中，而是以小气泡的形式存在于水中时，水中的声速将会发生很大的变化，即使水中仅有很少量的气泡，也会导致声速的明显减小，除非声波频率远高于水中气泡的共振频率。

当声波频率远小于气泡共振频率时，可以应用混合液体理论来解释含气泡介质中的声速变小现象。设 K、K_a 和 K_w 分别是混合液体、空气和水的压缩率，ρ、ρ_a 和 ρ_w 分别是它们的密度，并设 β 为含气泡水介质中气体的体积分数，且 β 很小。在以上条件下，混合液体的密度 ρ 和压缩率 K 分别为

$$\rho = \beta\rho_a + (1-\beta)\rho_w$$
$$K = \beta K_a + (1-\beta)K_w$$

根据混合液体理论，考虑到 $K_a \gg K_w$、$\rho_a \ll \rho_w$ 及 $\beta \ll 1$，混合液中的声速 v 为

$$v = \left(\frac{1}{\rho K}\right)^{\frac{1}{2}} = \left\{\frac{1}{[\beta\rho_a + (1-\beta)\rho_w]\cdot[\beta K_a + (1-\beta)K_w]}\right\}^{1/2}$$
$$= v_w\left(\frac{1}{1+\beta\dfrac{K_a}{K_w}}\right)^{1/2} = v_w\left(\frac{1}{1+2.5\times10^4\beta}\right)^{1/2} \qquad (6\text{-}30)$$

式中，$v_w = \left(\dfrac{1}{\rho_w K_w}\right)^{1/2}$ 是不含气泡的水中的声速。式（6-30）表明，含气泡水中的声速与气泡的体积分数有十分密切的关系，例如，即使水中的空气体积仅为整个体积的 0.01%，声速也将变为无空气时的 53%，如图 6-8[1]中低频段曲线所示。

含气泡水中的声速，除和空气含量有关外，还和声波频率密切有关，图 6-8 也示出了这种关系。由图可知，当声波频率远低于气泡共振频率时，气泡的存在将使声速明显变小；相反，当声波频率远高于气泡的共振频率时，气泡对声速不产生明显的影响；若声波频率就在气泡共振频率附近，则随着频率的变化，水中

声速将发生剧烈的改变。

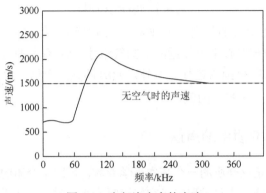

图 6-8　含气泡水中的声速

气泡大小均匀，直径 0.011cm

6.4　海面混响

由于风浪的作用，海面总是处于起伏不平的波动状态，海面的这种不平整性对声波的散射作用，是形成海面混响的重要原因。另外，海面风浪产生大量气泡，在海面附近形成具有一定厚度的气泡层，它对声波的散射是形成海面混响的另一个重要原因。海面混响不同于海水体积混响，它属于界面混响，具有不同于体积混响的机理和特性。

6.4.1　海面混响理论

海面混响成因于海面的不平整性和波浪产生的气泡对声波的散射。由于波浪的搅拌作用，海面附近的气泡实际上分布在具有一定深度（设为 H ）的水层中，所以，对混响有贡献的区域将是高为 H、厚为 $c\tau / 2$ 的球台状球壳，如图 6-9 所示。对于海面混响，也可以像体积混响一样，从理论上得到等效平面波混响级表达式，只是积分体积不再是厚度为 $c\tau / 2$ 的球壳层，而变为图 6-9（a）所示的区域，另外，散射强度也应采用界面散射强度 S_s。

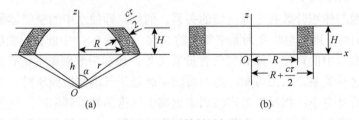

图 6-9　海面散射几何图

设收发合置换能器位于 O 点，它离海面散射层的距离为 h。又设收发换能器的指向性图案分别为 $[b'(\theta,\phi)]^2$ 和 $b^2(\theta,\phi)$，声源在散射层上的投影点到球壳内侧距离为 R，声源到球壳内侧的斜距为 r。在上述各条件下，类似体积混响的理论处理，可以得到海面混响强度 I_{scat}：

$$I_{\text{scat}} = \int I_b S_V' \frac{1}{r^4} b^2(\theta,\phi)[b'(\theta,\phi)]^2 \, \mathrm{d}V \qquad (6\text{-}31)$$

以上积分一般不易解析求得。为简化运算，考虑到只有工作在近海面的声呐设备才可能受到海面混响的严重干扰，因此假设：$R \gg h$，$r \gg h$，$r \gg H$ 及 $\alpha \approx \pi/2$（相应地，b 和 b' 中的 $\theta \approx 0$）。因为散射层厚 H 非常有限，所以无论发射器，还是水听器，它们的垂直指向性在 H 层中的变化应当是不大的，实际上只有水平指向性才起作用。根据以上分析，可认为散射层近似地在换能器指向性图案 $\theta = 0$ 的平面内，如图 6-9(b) 所示，所以选取：

$$\mathrm{d}V = H \frac{c\tau}{2} r \mathrm{d}\phi \qquad (6\text{-}32)$$

将式（6-32）代入式（6-31），得到

$$I_{\text{scat}} = \frac{I_b}{r^4} \frac{c\tau}{2} r H S_V' \int_0^{2\pi} b^2(\theta,\phi)[b'(\theta,\phi)]^2 \, \mathrm{d}V \qquad (6\text{-}33)$$

同体积混响一样，也考虑一个等价的收发组合理想指向性图 Φ，替代实际的发射-接收组合指向性束宽 $\int_0^{2\pi} b^2(0,\phi)[b'(0,\phi)]^2 \mathrm{d}\phi$（图 6-10），该理想指向性图案满足以下条件：在 Φ 内，其响应均匀，为单位值；在 Φ 外，其响应为零，即

$$\int_0^{2\pi} b^2(0,\phi)[b'(0,\phi)]^2 \mathrm{d}\phi = \int_0^{\Phi} 1 \times 1 \mathrm{d}\phi = \Phi \qquad (6\text{-}34)$$

于是，由式（6-33）和式（6-34）得到混响强度的表达式：

$$I_{\text{scat}} = \frac{I_b}{r^4} \frac{c\tau}{2} r H S_V' \Phi \qquad (6\text{-}35)$$

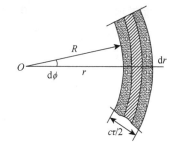

图 6-10 海面混响的散射体元

由式（6-35）可见，海面混响强度正比于发射信号强度、发射信号脉冲宽度、发射-接收换能器组合指向性束宽，并和距离的 3 次方成反比，即 I_{scat} 随时间的 3 次方衰减。根据海面混响强度的这些性质，从中可以得到抗海面混响的有益启示。

根据等效平面波混响级的定义和式（6-35），得到海面混响的等效平面波混响级表达式：

$$\mathrm{RL} = \mathrm{SL} - 40\lg r + S_V + 10\lg H + 10\lg\left(\frac{c\tau}{2} r \Phi\right) \qquad (6\text{-}36)$$

式中，S_V 是体积散射强度，它和界面散射强度 S_s 间有关系：$S_s = 10\lg \int_0^H S_V'(z)\mathrm{d}z$。如果在散射层内 S_V 是均匀的，则 $S_s = S_V + 10\lg H$，所以，等效平面波混响级表示为

$$\mathrm{RL} = \mathrm{SL} - 40\lg r + S_s + 10\lg\left(\frac{c\tau}{2}r\varPhi\right) \tag{6-37a}$$

对简单几何形状换能器，$\varPhi$ 值可在表 6-3 中得到；对复杂几何形状换能器，应由积分 $\int_0^{2\pi} b^2(0,\phi)[b'(0,\phi)]^2\mathrm{d}\phi$ 得到 $\varPhi$ 值。

若考虑海水介质的声吸收，并设吸收系数为 α，则式（6-37a）写为

$$\mathrm{RL} = \mathrm{SL} - 40\lg r + S_s + 10\lg\left(\frac{c\tau}{2}r\varPhi\right) - 2\alpha r \tag{6-37b}$$

6.4.2　海面散射强度

由式（6-37a）可见，计算海面混响的等效平面波混响级，必须知道海面散射强度 S_s，所以长期以来，对于海面混响的研究，实际上归结为对 S_s 的研究，以下是部分研究结果。

1. 海面散射强度 S_s 随风速与掠射角的变化

关于海面散射强度 S_s，目前已有大量的海上实验研究，海上测量结果表明，海面散射强度 S_s 与掠射角、工作频率和海面上的风速有密切关系。图 6-11[4] 给出了 S_s 值随掠射角、风速变化的实测结果，测量是用 60kHz 频率的声波进行的。由图中曲线可以看出，S_s 值和掠射角、风速的关系大体上可以分成三个区域。

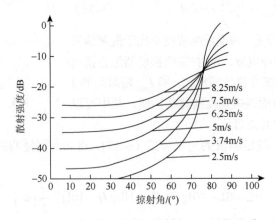

图 6-11　海面散射强度和掠射角、风速的关系

（1）掠射角小于30°，散射强度几乎不随掠射角而变，但随风速增加而增加，其原因是风浪大，散射层气泡密度变大，所以 S_s 值也相应变大。可见，在小掠射角(小于30°)时，气泡散射是主要原因。

（2）掠射角在30°～70°范围，本区域的一个明显特点是随掠射角逐渐变大，散射强度 S_s 值迅速变大。另外，此区域中，散射强度值仍随风速的增长而变大，但散射强度值随风速变大的速率明显变慢，原因是在这个角度范围内，海表面的反向散射成为主要过程。

（3）大掠射角(70°～90°)时，尤其在接近正投射情况下，散射强度值随风速增加反而减小，原因是在大角度下，镜反射成为主要过程，风速变大，海面破碎程度也严重，镜反射面因破碎而变小，其反射贡献也相应变小，从而引起 S_s 变小。

以上结果说明，在不同的掠射角范围内，产生海面混响的机理也有所不同。

2. 海面散射强度值与频率的关系

另外，人们也研究了海面散射强度值与频率的关系，发现在低角度时有强的频率关系，约 3dB/倍频程上升，在接近垂直入射时，上述关系则不出现。

3. 海面散射强度 S_s 的经验公式

Chapman 和 Harris 综合考察了散射强度与频率、风速和掠射角之间的关系，测量时风速从 0kn 变到 30kn，测量频率从 0.4kHz 变到 6.4kHz，得到了计算海面反向散射强度的经验公式[5]：

$$S_s = 3.3\beta \lg \frac{\theta}{30} - 42.4 \lg \beta + 2.6 \qquad (6\text{-}38)$$

式中，$\beta = 158(vf^{1/3})^{-0.58}$，$v$ 是风速（kn）；θ 是掠射角（°）；f 是频率（Hz）。该式综合考虑了风速、掠射角和频率等影响 S_s 的因素。根据式（6-38），在频率为 500Hz、1000Hz、2000Hz 和 4000Hz 条件下，以风速为参数，绘制了 S_s 随掠射角 θ 变化的曲线，结果示于图 6-12 中。由图中结果可以看出，海面散射强度 S_s 比体积散射强度要大出很多，其值介于−20～−60dB。

6.4.3　关于海面散射的理论

由于海洋表面的多变性和复杂性，理论结果和实测数据之间往往存在较大的差异，所以，要建立一个切合实际的海面散射数学模型是比较困难的。利用海面散射强度的实测结果，人们进行了大量理论研究工作，提出了多种理论模型，下面简单介绍三种具有代表性的、直接和 S_s 有关的理论[6]。

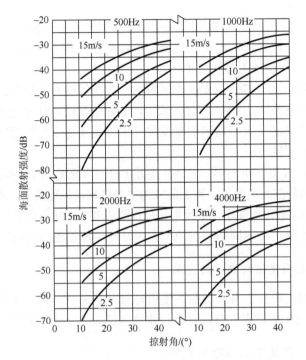

图 6-12　低频海面散射强度随风速和掠射角的变化

1. Eckart 理论

该理论把海面看作随机不平整表面，而海中各点上的混响是海面上的二级源辐射贡献的总和，在上述假定下，得到结果为

$$S_s = -10\lg 8\pi\alpha^2 - 2.17\alpha^{-2}\cot^2\theta \tag{6-39}$$

式中，θ 是掠射角（°）；α^2 是海面波浪斜率的均方值，与风速之间有以下经验公式：

$$\alpha^2 = 0.003 + 5.12\times10^{-3}v$$

其中，v 是风速（m/s）。由式（6-39）得到的结果和式（6-38）在 θ 大于 60° 时的结果符合很好。但是 Eckart 理论没有预示出频率与 S_s 之间的依赖关系。事实上，在 $\theta > 60°$ 时，实测结果也看不出明显的频率关系。

2. 光栅理论

Marsh 等[7-9]提出了另一种理论，其结果为

$$S_s = 10\lg\left[\frac{\tan^4\theta}{32}\frac{\omega^5 A^2(\omega)}{g^2}\right] \tag{6-40}$$

式中，θ 是掠射角；g 是重力加速度；$A^2(\omega)$ 是圆频率为 ω 时海面起伏的功率谱。

如果将海面的作用看作衍射光栅，且假设海面粗糙度中，只有那些能够把声

向声源方向散射回去的波浪或子波才引起散射，于是得到 $A^2(\omega) = 7.4 \times 10^{-3} g^2 \omega^{-5}$，将其代入式（6-40）后可得

$$S_s = -36 + 40 \lg \tan \theta \qquad (6\text{-}41)$$

式（6-41）仅给出了 S_s 与 θ 之间的关系，它不涉及风速和频率，这明显不符合海面散射的实际物理过程，所以，由它给出的结果仅在一定程度上和少量实测数据相符，而与大量测量数据相矛盾。

3. Schulkin 和 Shaffer 理论

如果入射波波长为 λ，海面不平整的平均高度为 h（海面波浪的均方根高度），声波掠射角为 θ，则认为反向散射与比值 $2h \sin \theta / \lambda$ 有关，由此得到

$$S_s = 10 \lg(fh \sin \theta)^{0.99} - 45.3 \qquad (6\text{-}42)$$

式中，f 为频率（Hz）；h 可用风速 v 表示为

$$h = 0.0026 v^{5/2}$$

这里 v 的单位为 kn，h 的单位为 ft，由于海面散射的复杂性及易变性，以上介绍的一些理论，都只在一定的范围内才能解释海上实际测量结果。

6.5 海 底 混 响

海底也是一种具有复杂声学特性的界面，同海面一样，既是声波的有效反射体，也是声波的有效散射体。由于海底的起伏不平整特性、海底表面的粗糙度及存在于海底附近的各种散射体对声波的散射作用，形成了海底混响。

6.5.1 海底混响理论

海底混响也是一种界面混响。海底散射的空间几何关系如图 6-13 所示，接收-发射换能器离海底的高度为 H，它们的声强指向性为 $b^2(\theta,\phi)$ 和 $[b'(\theta,\phi)]^2$。根据实际情况，常可认为 $H \ll r$，所以，$\alpha \approx \pi/2$（$\theta \approx 0$），这就使得反向散射过程与换能器的垂直指向性基本无关，且只与水平方向性有关，故 $b^2(\theta,\phi)$ 和 $[b'(\theta,\phi)]^2$ 简化为 $b^2(0,\phi)$ 和 $[b'(0,\phi)]^2$。类似于体积混响理论处理的推导过程，可以得到海底混响强度：

$$I_{\text{scat}} = \int_A \frac{I_b}{r^4} S_b'(0,\phi) b^2(0,\phi) [b'(0,\phi)]^2 \, \mathrm{d}A \qquad (6\text{-}43)$$

式中，S_b' 是与海底反向散射强度 S_b 有关的一个量，两者的关系为 $S_b = 10 \lg S_b'$，另外，面元 $\mathrm{d}A = r \dfrac{c\tau}{2} \mathrm{d}\phi$，将其代入式（6-43），就有

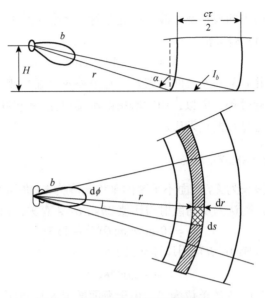

图 6-13　海底混响散射单元的取法

$$I_{\text{scat}} = \frac{I_b}{r^4} r S_b' \frac{c\tau}{2} \int_0^{2\pi} b^2(0,\phi)[b'(0,\phi)]^2 \mathrm{d}\phi \tag{6-44}$$

同海面混响处理一样，设想一个等效的理想收发组合指向性图案，此图案在开角 Φ 内有均匀的单位响应，在此开角外响应为零，即

$$\int_0^{2\pi} b^2(0,\phi)[b'(0,\phi)]^2 \mathrm{d}\phi = \int_0^{\Phi} 1 \times 1 \mathrm{d}\phi = \Phi \tag{6-45}$$

用理想指向图替代实际接收-发射组合指向性后，最终得到混响强度：

$$I_{\text{scat}} = \frac{I_b}{r^4} r S_b' \frac{c\tau}{2} \Phi \tag{6-46}$$

由式（6-46）可见，海底混响强度也与发射信号强度 I_b、发射信号脉冲宽度 τ、接收-发射组合指向性束宽 Φ 等量成正比而与距离（即时间）的 3 次方成反比。

由式（6-46）得到海底混响的等效平面波混响级 RL 的表达式：

$$\text{RL} = \text{SL} - 40\lg r + S_b + 10\lg\left(\frac{c\tau}{2} r \Phi\right) \tag{6-47}$$

若考虑海水介质的声吸收，并设吸收系数为 α，则式（6-47）写为

$$\text{RL} = \text{SL} - 40\lg r + S_b + 10\lg\left(\frac{c\tau}{2} r \Phi\right) - 2r\alpha \tag{6-48}$$

6.5.2　混响强度随时间的衰减

海水中的三类混响，由于机理不同，其特性也有不同，突出表现于随时间衰减

的规律不同。由式（6-12）可知，体积混响强度随时间的平方衰减。对于海面混响和海底混响，在上面的讨论中，被统一视为界面混响，并在俯仰角 $\theta = 0$ 的平面内计算混响强度，由式（6-35）和式（6-46）可知，其强度都随时间的 3 次方衰减。这里指出，文献[10]在更一般的条件下讨论了混响的能量特性，得到体积混响、海面混响和海底混响的能量随时间的衰减规律。

6.5.3　海底散射强度

海底散射强度 S_b 的海上实测数据表明，它的数值受到众多因素的影响，其中主要有海底底质、掠射角和声波频率。下面分别讨论它们对海底散射强度的影响。

1. 散射强度值随海底粗糙度、声波频率的变化

实际测量结果表明，海底散射强度 S_b 和声波频率、海底底质之间有着紧密的依赖关系，它表现为：对于比较平滑的、粗糙度不大的海底（泥浆底或沙底），在很宽的频率范围内，散射强度大约以 3dB/倍频程的变化率随频率而增大，即随频率的 1 次方增长。对于粗糙度大的海底，如岩石、沙和岩石混合海底或贝壳海底，散射强度基本上不随频率而变。对于上述测量结果，可以作如下解释：海底粗糙度影响着海底声散射过程，当粗糙度大于波长时，海底反向散射与频率无关，所以，粗糙度大的海底，散射强度基本上不随频率而变。但当海底粗糙度中有相当一部分小于波长时，散射强度随频率而增大，导致 S_b 变大，这就是比较平滑而粗糙度不大的海底，散射强度随频率而增大的原因。

由实测到的海底散射强度随频率变化的结果，可将海底粗糙度大致分成三类，图 6-14[11]直观地表示了三类海区中，散射强度随海底底质、频率的这种变化关系。

（1）类型 I 为有不大起伏的深海海底平原，其表面粗糙度大体上可以和入射波的波长相比拟，其散射强度随频率而增长，且变化曲线有陡的斜率；

（2）类型 III 地区，多有水下山脉，海底坎坷不平，有大的起伏，在 1～30kHz 频率范围内，测量结果显出无明显的频率关系，这种强粗糙面上的散射问题可用朗伯散射定律描述；

（3）介于以上两者之间的一类海区被称为类型 II，这种海区内观测到介于上述两类海区之间的随入射角和频率的变化关系。

另外，图 6-14 也示出了散射强度随入射角的变化。

2. 散射强度值随海底底质的变化

在高频 24～100kHz 条件下，人们测量了不同海底底质上散射强度值随频率、掠射角的变化，结果示于图 6-15[12]中。由图可以看出，岩石、沙质海底的散射强

度大于淤泥、泥浆海底的散射强度。另外也可看出，随着掠射角变大，海底散射强度也变大。

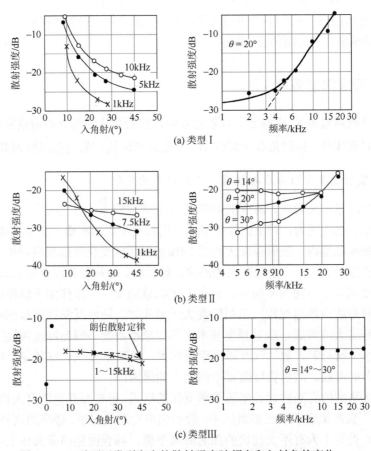

图 6-14　三种不同类型海底的散射强度随频率和入射角的变化

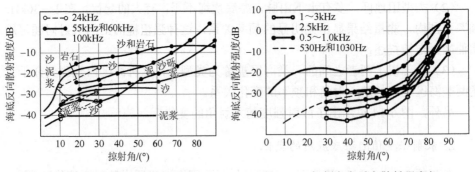

图 6-15　在沿海各个站位上测到的海底反向散射强度　　　图 6-16　低频海底反向散射强度与掠射角的关系

3. 散射强度值随声波掠射角的变化

图 6-16[13]是低频、深海条件下测得的海底散射强度值随声波掠射角的变化曲线，其中的虚线（1030Hz）是由 Mackenzie 测得的，可用函数 $S_b = -28 + 10\lg \sin^2 \theta$ 表示，这就是下面要讨论的朗伯定律的表达式。

最后指出，由上面所引用的实测结果来看，海底散射强度 S_b 值远大于海面散射强度 S_s，更大于体积散射强度 S_V。事实上，对于工作在近海底的主动系统来说，海底混响一般成为主要背景干扰。

6.5.4　关于海底反向散射的理论解释

关于海底反向散射的起因，除了海底的起伏不平整性和海底表面的粗糙度外，还曾考虑过其他过程，例如，海底沉积层内的粒子的散射，总的反向散射是这些粒子作为散射体以沉积层体积混响方式产生的。为此，人们在水槽中对平整的人工模拟海底进行了测量，结果发现，其反向回波远小于天然海底的反向回波，但当模拟海底稍有不平时，反向回波就大为增长，由此可见，产生海底反向散射的主要起因是海底的不平整及表层的粗糙度。

海底对声波的散射作用的本质，是将投射到海底的声能量在空间中进行了重新分配，图 6-17 为这种重新分配的示意图。图中，R' 表示反向回波，R 是镜反射波，Y 是透射波，其他方向上的散射波由图中的曲线所表示，它的大小由曲线上的点与 O 点的连线的长短所表示。由以上的说明可以知道，曲线 A 表征了反射性能较好的平滑海底，而曲线 B 则表征了产生散射的粗糙海底。

光学中，朗伯定律较好地描述了光在粗糙面上的散射过程，它以掠射角作为参量，定量给出了能量的重新分配。这里，借用朗伯定律，定量计算声波在粗糙面上的散射。图 6-18 中，声强为 I_i 的平面入射波以掠射角 θ 投射到粗糙面元 dA 上。朗伯定律指出，这一入射功率将被散射至空间各个方向上，每个方向上散射声强度正比于散射声掠射角的正弦，即

$$I_s = \mu I_i \sin\theta \sin\varphi dA \qquad (6\text{-}49)$$

式中，μ 是比例常数；$I_i \sin\theta dA$ 是入射声能量；φ 是散射波的掠射角。按照散射强度的定义，取 $dA = 1$，则得

$$S_b = 10\lg \mu + 10\lg(\sin\theta \cdot \sin\varphi) \qquad (6\text{-}50)$$

对于反向散射，$\varphi = \pi - \theta$，则

$$S_b = 10\lg \mu + 10\lg(\sin^2 \theta) \qquad (6\text{-}51)$$

这就是由朗伯定律得到的粗糙面上散射强度随角度变化的关系式。

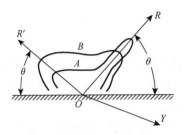
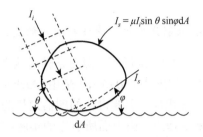

图 6-17　入射声能重新分配示意图　　　　图 6-18　散射面上的朗伯定律

式（6-49）中的比例常数 μ 可通过积分求得。设声能量全部保留在界面上方的半空间而未进入下半空间，则应有 $\mu = 1/\pi$，所以式（6-51）成为

$$S_b = -5 + 10\lg(\sin^2\theta) \qquad\qquad (6-52)$$

在光学中，许多材料上的散射满足朗伯定律，虽然没有一种是严格满足的，但它对于能吸收光、辐射光的材料上的辐射问题特别适用。对于声波，可以认为它对十分粗糙面上的反向散射问题是个良好的描述。

6.6　混响的统计特性

混响是存在于海洋中的大量散射体对声波的散射所形成的，这些散射体在海中的分布是完全无规律的，每个散射体的散射声波的相位也是随机的。所以，作为大量的这种散射波叠加总和的混响，乃是一个随机过程。本节除讨论混响的若干统计特性，如分布函数、起伏率、相关特性等，同时也给出实测混响信号的频率特性，这些特性有助于深入理解海洋中的声混响。

6.6.1　混响的平稳化处理

以上讨论已经指出，海水中混响信号的平均强度是随时间而衰减的，所以它不是平稳的随机过程。为了分析方便，在对混响的统计特性进行研究之前，首先要设法使混响变为平稳随机过程，即进行平稳化处理。为使混响过程平稳化，可设计一个补偿放大器来补平平均强度，使最后输出的混响平均强度不再随时间衰减。经过这样处理后的混响信号，可以当作平稳过程来处理，从而使分析研究工作显著简化。这里需要说明，这种处理方法之所以可行，是因为在补平平均强度时，仅改变了它的平均值，并没有改变混响过程的相对起伏大小，也就是说，混响统计特性并未因平稳化而发生变化。

经过平稳化处理后的混响过程，成为平稳随机过程，可以应用通常描述平稳随机过程的数学方法对其进行分析研究，得到反映混响特性的统计参量。

6.6.2　混响的分布函数及平均起伏率

1. 混响瞬时值的分布函数

先前的讨论已经指出：混响是由大量独立的散射体所产生的散射声在接收点叠加而形成的。假设海洋中散射体是离散分布的，并用 t_i 和 a_i 表示第 i 个散射体产生散射声的时刻和散射声的振幅，又设 $v(t)$ 为发射信号波形，则 t 时刻的混响信号可表示为

$$V(t) = \sum_{i=1}^{n} a_i v(t - t_i) \qquad (6\text{-}53)$$

式中，函数 $v(t - t_i)$ 表示单个散射信号的形状。在下面的讨论中，假设散射声波形和入射声信号的波形保持一致，这是因为发射信号的频谱不太宽，所以可忽略各散射体的散射系数随频率的变化。另外，还假设每个散射波的相位是在 $0\sim2\pi$ 内随机取值的，则根据统计学中的中心极限定理可知，在上述假定条件下，当散射波的数量足够多，即 n 足够大时，式（6-53）所示的混响瞬时值 V 满足正态分布规律，它的概率密度函数为

$$f(V) = \frac{1}{\sqrt{2\pi}\sigma_V} \exp\left(-\frac{V^2}{2\sigma_V^2}\right) \qquad (6\text{-}54)$$

式中，σ_V^2 是瞬时值 V 的方差，即混响的方差。

由于发射信号是准调和信号，所以混响的平均值等于零。

这里需要强调式（6-54）的适用条件：①在所有散射信号中，任何一个信号对其他信号都不占主导地位，即在合成过程中不起明显的作用；②参加合成过程的散射信号数量足够多。

这里还需说明用式（6-53）表示混响信号的合理性。事实上，海洋中的散射体，如气泡、鱼、海洋生物、界面上的粗糙度等不均匀性的有效散射截面，比发射信号在空间所占的距离小得多，有些散射体的截面也小于声波波长。所以，从散射体的可能尺寸考虑，式（6-53）是正确的，且具有足够的精确度。至于海洋介质的温度不均匀性，海面、海底的不平整性的散射，它们一般较大，但可把散射体分为很多小块来研究，每块的大小约等于不均匀性的空间相关区，或者单独研究大散射体的影响。

文献[14]就浅海声道中，宽带信号海底混响的统计特性，提出了概率密度函数可能的四种形式。

（1）Rayleigh 分布：

$$p_x(x) = \frac{2x}{\lambda} e^{-x^2/\lambda}$$

（2）Lognormal 分布：

$$p_x(x) = \frac{\alpha}{\sqrt{2\pi}x}\exp\left(-\frac{\beta + \alpha + \lg x}{2}\right)^2$$

（3）Weibull 分布：

$$p_x(x) = \alpha\beta x^{\beta-1}\exp(-\alpha x^{\beta})$$

（4）K 分布：

$$p_x(x) = \frac{4}{\sqrt{\alpha}\Gamma(\nu)}\left(\frac{x}{\sqrt{\alpha}}\right)^{\nu} K_{\nu-1}\left(\frac{2x}{\sqrt{\alpha}}\right)$$

限于篇幅，以上各式不再展开讨论，有兴趣的读者请查阅文献[14]。

2. 混响振幅的瑞利分布

为讨论混响振幅（混响曲线包络）的分布规律，将混响表示为如下形式：

$$V(t) = E(t)\cos[\omega t + \phi(t)] \tag{6-55}$$

式中，$E(t)$ 是混响的慢变化包络；$\phi(t)$ 是混响信号的相位。可以证明，凡由大量幅值几乎相同，相位在 $0\sim2\pi$ 内均匀分布的信号叠加后得到的和信号，其振幅服从瑞利分布规律，所以，混响振幅分布的概率密度函数具有如下形式：

$$f(E) = \frac{E}{\sigma_V^2}\exp\left(-\frac{E^2}{2\sigma_V^2}\right) \tag{6-56}$$

式中，σ_V^2 是混响 $V(t)$ 的方差。

由式（6-56）可以得到瑞利分布的如下参数。

平均值：

$$\bar{E} = \int_0^{\infty} Ef(E)\mathrm{d}E = \sqrt{\frac{\pi}{2}}\sigma_V \tag{6-57}$$

平均功率（均方值）：

$$\bar{E}^2 = \int_0^{\infty} E^2 f(E)\mathrm{d}E = 2\sigma_V^2 \tag{6-58}$$

混响包络平方 $J = E^2$ 的概率密度 $f(J)$：

$$f(J) = \frac{1}{2\sigma_V^2}\exp\left(-\frac{J}{2\sigma_V^2}\right) \tag{6-59}$$

起伏率：

$$\eta = \left[\frac{\bar{E}^2 - (\bar{E})^2}{(\bar{E})^2}\right]^{1/2}\times 100\% \approx 52\% \tag{6-60}$$

由式（6-60）可以看到，混响过程不仅围绕其平均衰减曲线做随机起伏，而且起伏率还较大，所以，先前讨论的混响平均衰减规律，只是粗糙地描述了混响的平均过程。

大量测量结果表明,单纯的体积混响和海面混响的振幅较好地符合瑞利分布规律;浅海混响的振幅向右偏离瑞利分布,起伏率在 0.3~0.5,低于理论值。对于这种实验和理论不相符合的现象,可作如下解释:如果单位体积内散射体数目不够多,则单位时间内到达接收点的散射声信号数目较少,使得混响的瞬时值不能很好地遵循正态分布,因而振幅分布就要偏离瑞利分布,起伏率也就会低于理论值。另外,接收混响信号时,除了大量的无规散射声参与叠加之外,也可能还有某些个别的特别强的散射分量或有规分量也参与叠加,可以证明,这种情况下的混响信号振幅将遵循广义瑞利分布,这样,实际混响振幅的起伏率要比理论计算值略小些。

6.6.3　混响振幅的分布函数

以上讨论表明,混响振幅服从瑞利分布,但近年来的研究指出,瑞利分布不是混响振幅分布的唯一形式。文献[15]讨论了海面附近低频散射声的统计特性,得到了七种可能的分布形式,表示如下。

(1) Rayleigh 模型:

$$f(r)=\frac{r}{\sigma^2}\exp\left(-\frac{r^2}{2\sigma^2}\right),\quad S(r)=\exp\left(-\frac{r^2}{2\sigma^2}\right)$$

平均值为

$$\sqrt{\pi\sigma^2/2}$$

功率为

$$E(r^2)=2\sigma^2$$

式中, E 是期望值算子。

(2) Rayleigh-mixture 模型:

$$f(r)=\sum_{m=1}^{N}\alpha_m\frac{r}{\sigma_m^2}\exp\left(-\frac{r^2}{2\sigma_m^2}\right),\quad S(r)=\sum_{m=1}^{N}\alpha_m\exp\left(-\frac{r^2}{2\sigma_m^2}\right),\quad \sum_{m=1}^{N}\alpha_m=1$$

平均值为

$$\sum_{m=1}^{N}\alpha_m\sqrt{\pi\sigma_m^2/2}$$

功率为

$$E(r^2)=2\sum_{m=1}^{N}\alpha_m\sigma_m^2$$

(3) Poisson-Rayleigh 模型:

$$f(r)=\sum_{m=0}^{N}\frac{\exp(-\alpha)\alpha^m}{m!}\left(\frac{r}{\sigma_m^2}\right)\exp\left(-\frac{r^2}{2\sigma_m^2}\right)$$

$$S(r) = 1 - \sum_{m=0}^{N} \frac{\exp(-\alpha)\alpha^m}{m!} \left[1 - \exp\left(-\frac{r^2}{2\sigma_m^2} \right) \right]$$

（4）Edgeworrth-Expansion 模型：

$$f(r) = \frac{r}{\sigma^2} \exp(a) \left[1 + \frac{\beta}{8}(a^2 + 4a + 2) + \left(\frac{\beta}{8}\right)^2 \left(\frac{1}{24}a^4 + \frac{2}{3}a^3 + 3a^2 + 4a + 1 \right) \right]$$

$$S(r) = \exp(a) \left\{ 1 + \frac{\beta}{128}a \left[\frac{\beta}{12}a^3 + \beta a^2 + (3\beta+16)a + 2(\beta+16) \right] \right\}$$

式中，$a = -r^2/2\sigma^2$。

（5）Weibull 模型：

$$f(r) = \frac{\beta}{r} \left(\frac{r^2}{2\sigma^2} \right)^{\beta/2} \exp\left[-\left(\frac{r^2}{2\sigma^2} \right)^{\beta/2} \right]$$

$$S(r) = \exp\left[-\left(\frac{r^2}{2\sigma^2} \right)^{\beta/2} \right]$$

（6）K-type 模型：

$$f(r) = \frac{2\varsigma}{\Gamma(\beta)} \left(\frac{r\varsigma}{2} \right)^{\beta} K_{\beta-1}(r\varsigma)$$

$$S(r) = \frac{2}{\Gamma(\beta)} \left(\frac{r\varsigma}{2} \right)^{\beta} K_{\beta}(r\varsigma)$$

（7）Lognormal 模型：

$$f(r) = \frac{1}{r\sqrt{2\pi\sigma^2}} \exp\left[-\frac{(\ln(r/\varsigma))^2}{2\sigma^2} \right]$$

$$S(r) = 1 - \frac{1}{\sqrt{2\pi}} \int_{-\infty}^{\ln(r/\varsigma)/\sigma} \exp(-y^2/2)\mathrm{d}y$$

以上各表达式中，$r \geq 0$，是匹配滤波器的输出幅度；$f(r)$ 是它的概率密度函数；$S(r) = \int_r^{\infty} f(y)\mathrm{d}y = 1 - \int_0^r f(y)\mathrm{d}y$；其余物理量请查阅文献[15]。

6.6.4　混响的相关特性

以上讨论的混响瞬时值的分布、混响振幅的分布规律和振幅起伏率等统计量，从一个角度揭示了混响的统计特性，这些特性对声呐设计师来说，无疑是十分关心的。下面讨论混响的空间相关特性，它也是声呐设计师十分关心的混响统计特性。

人们曾经用在铅垂线上分开的两个水听器研究混响的空间相关性，结果表明，海底混响是高度相干的，而来自深水散射层的混响的相干性则弱得多，至于这两种混响源产生的混响之间的相关性，将随着水听器之间距离的增加和频率的升高而消失。例如，当两个水听器在铅垂方向相距 3m，所用通频带为 1～2kHz 时，用极性相关器测得的相关图上的峰值相关系数表现为：在接近垂直投射的情况下，海底返回声的相关系数值为 0.8，然而，海面或深水散射层的混响相关系数值只有 0.3，甚至更小些。

下面通过图 6-19 对混响的空间相关作简单的理论分析。设水听器之间相距为 l。又设球壳层内的散射体是各自独立的散射源，而且，接收系统中采用了窄带滤波，那么，从散射源发出的散射声被水听器接收后，在水听器的输出端可以看成单频简谐波。由以上的假定可分别写出两个水听器处的散射波声压为

$$V_1(t) = A\sin\omega t \qquad (6\text{-}61a)$$

$$V_2(t) = A\sin\omega\left(t - \frac{D}{c}\right) \qquad (6\text{-}61b)$$

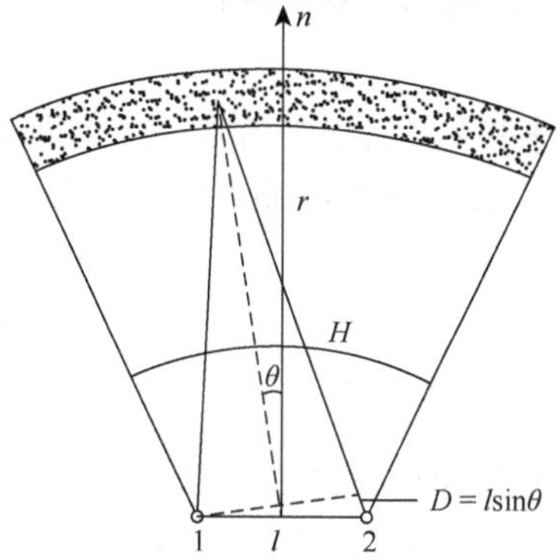

图 6-19　计算混响空间相关的示意图

式中，ω 是声波圆频率；c 是介质中的声速；A 是振幅；D 是散射声传播到两个水听器的程差，且默认了信号的初始相位为零。当散射体到水听器的距离 r 远大于 l 时，则近似地有

$$D \approx l\sin\theta$$

式中，θ 是散射体到两个水听器中心的连线和水听器连线的法线 n 之间的夹角，于是有

$$V_2(t) = A\sin\omega\left(t - \frac{l\sin\theta}{c}\right) \qquad (6\text{-}62)$$

由式（6-61）和式（6-62）可得到 V_1 和 V_2 之间的相关函数 K 为

$$K(\tau) = \lim_{T\to\infty}\frac{1}{T}\int_0^T V_1(t)V_2(t-\tau)\mathrm{d}t \qquad (6\text{-}63)$$

其相关系数 R 为

$$R(\tau) = \frac{\lim_{T\to\infty}\frac{1}{T}\int_0^T V_1(t)V_2(t-\tau)\mathrm{d}t}{\lim_{T\to\infty}\frac{1}{T}\int_0^T V_1^2(t)\mathrm{d}t} \qquad (6\text{-}64)$$

式中，$\tau = D/c$。将式（6-61）和式（6-62）代入式（6-64），并取 $\omega T = \pi$，可得

$$R = \frac{\cos(kl\sin\theta)\lim_{T\to\infty}\frac{1}{T}\int_0^T \sin^2\omega t\,dt}{\lim_{T\to\infty}\frac{1}{T}\int_0^T \sin^2\omega t\,dt}\cos(kl\sin\theta) \qquad (6\text{-}65)$$

式中，$k = \omega/c$ 是波数。

式（6-65）乃是一个散射元所造成的结果，总的结果应考虑所有散射元的作用，所以总效果应有

$$R_{总} = \sum \cos(kl\sin\theta) \qquad (6\text{-}66)$$

设水听器的水平指向性开角为 Θ，并有 $\theta \leqslant \Theta$，则 $\sin\theta \approx \theta$，并用积分替代求和，于是式（6-66）成为

$$R_{总} = \int_{-\theta/2}^{\theta/2} \cos(kl\theta)\mathrm{d}\theta = \frac{\sin\dfrac{\pi l}{\lambda}\Theta}{\dfrac{\pi l}{\lambda}} \qquad (6\text{-}67)$$

式（6-67）表明，混响的空间相关系数表现为随间距 l 振荡衰减的形式（图 6-20）。由式（6-67）可以设想，如声呐工作频率和水平指向性开角为 Θ 已确定，则适当选取水听器之间距离 l，就有可能使 $R_{总}(l) = 0$，从而可达到提高信号混响比（信混比）的效果。文献[3]对混响的相关特性在理论上作了全面的研究，有兴趣的读者可参阅该文献。

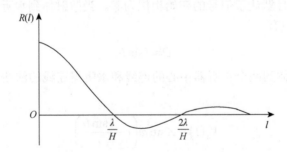

图 6-20　混响空间相关系数随 l 的变化

6.6.5　频率分布

观测表明，正弦填充脉冲声呐的混响在频率上并不和发射频率完全相吻合，而是在频率的两侧都有频移，散开成一频带。这种对中心频率的频移是由安装声呐的舰艇的运动和散射体本身速度的多普勒效应引起的。因为散射体是在不同的方向上运动，其多普勒频移也各不相同，有的是正频移，有的是负频移，所以，总的效果就是中心频率两侧都有一定的展宽。混响频谱展宽的另一个原因是发射脉冲

本身就有一定的频宽。如发射脉冲宽度为 τ，则信号频带宽度近似为 $\Delta f \approx 1/\tau$，位于中心频率两侧。所以，由于发射的是脉冲信号，其本身具有一定的带宽，由发射信号导致的混响也会有相应的带宽。

6.7　混响的预报

混响经常是主动系统工作性能的主要限制，尤其在大功率和低指向性系统中，混响干扰更为严重，所以，在新型主动式声呐设备的设计过程中，必须对系统在所要工作的条件下可能产生的混响级，作出比较切合实际的估计，这就是混响预报。

6.7.1　混响预报的要点

1. 确定设备性能及其环境参数

除需要确知声源-水听器的位置、声源和水听器的指向性外，还要测量分析海区声速的垂直分布，并根据上述数据画出声线图。

2. 确定主要混响干扰的类型

虽然在讨论混响的平均规律时，将海洋中的混响分成了三类，但在实际工作中，这三种混响是同时存在的，不能严格地将它们分开。当然，在某一时刻，这三种混响对设备工作的干扰一般不会同等重要，而是有主有次，这时可舍弃次要的混响，考虑主要的混响。前面分析已得到了声线图，分析声线图可确定主要混响干扰的类型。例如，若海区声速分布为负梯度，则声线折向海底，此时首先接收到的混响是体积混响，随之而来的可能是海底混响；如海区为正声速梯度，声线折向海面，则体积混响之后往往可能是海面混响。

另外，声线图还能指出声束投射到海底、海面时的掠射角，以供计算等效平面波混响级时查找散射强度值时应用。

3. 计算等效平面波混响级

选用合适的等效平面波混响级计算公式，计算相关参数，得到等效平面波混响级值。

4. 近程混响预报

对于近程混响预报，因为可能遇到的混响源比较少，所以情况比较简单，混响的计算也比较方便。计算混响级时，首先确定出混响的种类，然后选择相应的混响级计算公式，并查阅有关的图表曲线，得到必要的参数，例如，查表 6-3 得到所用换能器的组合等效束宽，查阅图 6-15 获得合适的海底散射强度值等，并最终作出混响预报。

5. 远程混响

对于远程混响，由于路径的增多和混响源的增多，计算比较复杂，有可能在某一瞬时同时接收到来自海面、深水散射层和海底的混响。若这三种混响的贡献相差不大，不易作出取舍，则总的混响为这三者之和。因此进行混响预报时，必须在给定的瞬时下，分别计算出各个源的贡献，并将它们叠加起来求得总的混响级。

6. 关于混响的基本假定是否满足

预报海洋混响时，还应当对等效平面波混响级方程式的基本假定给予特别的注意，尤其是假定传播损失为球面扩展衰减，忽略了声影区和会聚区对散射声的影响，所以，如果在个别预报问题中需要计及这些条件，就必须对方程式作相应的修正。

7. 必要时计入海水介质的吸收

另外，在推导三种混响的等效平面波混响级时，没有计及海水介质的吸收损失，如有需要，还应补上这一项：$-40\beta r \lg e$。其中，β 为介质吸收系数，单位为奈培每千米，与通常的吸收系数 α 之间的关系为 $\alpha = 8.68\beta$，所以修正项变为 $-2r\alpha$。

6.7.2　沉底目标探测时的信-混比

工程上，经常需要探测沉底或掩埋目标，这时，海底混响就成为最严重的干扰，信混比 S/R 是混响对接收信号干扰程度的一种相对度量，定义为

$$S/R = 目标回声级 \ EL - 等效平面波混响级 \ RL$$

如被探测目标的目标强度为 TS，探测声呐发射声源级为 SL，探测声呐与被探测目标间的传播损失为 TL，则有

$$EL = SL - 2TL + TS$$

结合海底混响等效平面波混响级表达式（6-47），得到接收信号的信混比为

$$S/R = TS - S_b - 10\lg\left(\frac{c\tau}{2}r\varPhi\right)$$

6.7.3　混响预报举例

设声呐工作频率为 55kHz，声源级为 170dB，发射脉冲宽度为 10ms，接收-发射换能器合置，为 0.3m 长的水平线阵，置于淤泥海底上方 30m 处，求声呐与沉底目标水平距离为 180m 时的海底等效平面波混响级。

解　明显地，所求混响为海底混响，相应的等效平面波混响级为

$$RL = SL - 40 \lg r + S_b + 10 \lg \left(\frac{c\tau}{2} r \Phi \right)$$

为简单计，设介质中声速均匀，$c = 1500\,\mathrm{m/s}$，并忽略介质吸收。根据上述原始数据，计算混响级方程中的有关项如下。

（1）斜距 r 和声线在海底掠射角 θ：

$$r = \sqrt{30^2 + 180^2} = 182.5\,\mathrm{m}, \quad \sin\theta = 30/182.5, \quad \theta = 9.5°$$

（2）海底散射强度 S_b：

由掠射角 θ、淤泥海底及频率 $f = 55\mathrm{kHz}$ 等条件，从图 6-15 的曲线查得 $S_b = -35\,\mathrm{dB}$。

（3）等效波束宽度 Φ：

声呐工作频率为 55kHz，相应的波长为 $\lambda = 0.027\mathrm{m}$，又换能器为长 $l = 0.3$ 的水平线阵，由表 6-3 可得

$$10 \lg \Phi = 10 \lg \left(\frac{\lambda}{2\pi l} \right) + 9.2 = -9.2\mathrm{dB}, \quad \Phi = 0.12 \text{弧度} = 6.9°$$

（4）对混响有贡献的海底散射面积 $A = c\tau r\,\Phi/2$。可算得对混响有贡献的海底散射面积：

$$A = c\tau r\,\Phi/2 = 164.4\mathrm{m}^2, \quad 10 \lg A = 22.16$$

（5）等效平面波混响级 RL：

$$RL = SL - 40 \lg r + S_b + 10 \lg A = 66.75\mathrm{dB}$$

如果被探测目标是半径为 1m 的沉底刚性球，其目标强度 $TS = 10 \lg(1/4) = -6\mathrm{dB}$，则接收阵输出端信号的信混比等于

$$S/R = TS - S_b - 10 \lg \left(\frac{c\tau}{2} r \Phi \right) = 6.8\mathrm{dB}$$

可以看出，本例中的海底混响是相当强的，原因是对混响有贡献的海底散射面积 $A = (c\tau/2)r\Phi = 164.4\mathrm{m}^2$，太大了。为了降低 A 值，可将换能器方向性开角做得尽量尖锐，如 $\Phi = 1°$，则可降低混响级 8.4dB。另外，声脉冲宽度也可适当变窄些，如取 $\tau = 5\mathrm{ms}$，则又可降低混响级 3dB。这两项措施可降低混响级 11.4dB。

6.8 浅海海底混响的理论建模

众所周知，对于工作在浅海的主动声呐，海底混响是一种干扰，严重影响声呐的正常工作。例如，应用主动声呐探测沉底目标，海底混响就是它的主要背景干扰，严重时会由此而发生漏报现象。因此，深入研究浅海海底混响特性，为工程上抗混响提供依据，是很有必要的。本节应用射线声学理论，将作为一个物理过程的浅海海底混响，用数学模型表达出来，以利于从机理上研究海底混响的特性，所得结果也可用于混响的预报。

6.8.1 浅海混响的射线声学模型

1. 射线声学条件下的海底混响理论模型

图 6-21 为路径一混响预报模型示意图，它揭示了海底混响的形成机理。下面将以此为基础，讨论混响的理论建模。为方便计，作如下假设：

（1）海底表面粗糙，起伏不平，海面平整，声强反射系数为 V_s^2，介质中声速为常数 c，介质声吸收暂不考虑；

（2）收发合置换能器位于 S 点，离声源声中心单位距离处的轴向声强为 I_0；

（3）发射换能器和接收换能器的声强指向性函数分别为 $b^2(\theta,\phi)$ 和 $b'^2(\theta,\phi)$；

（4）海底散射强度为 S_b。

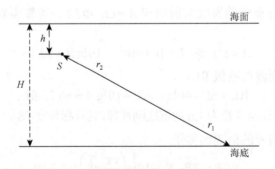

图 6-21　路径一混响预报模型示意图

考虑图 6-21 所示路径的混响，入射波沿路径 r_1 传播，散射波沿 r_1 的相反方向传播，记为 r_2。考虑 (θ_i, ϕ_i) 方向距离 r_1 处的散射面元 $\mathrm{d}A$，其入射波强度为

$$I_0 b^2(\theta_i, \phi_i) / r_1^2$$

式中，θ_i、ϕ_i 分别表示声源处声线的掠射角和方位角。设该散射面元单位面积产生的散射声强与入射声强之比为 S_b'，则散射面的散射强度为

$$S_b = 10\lg S_b'$$

由此得离散射面元声中心单位距离处的散射波强度为

$$I_0 b^2(\theta_i, \phi_i) S_b' \mathrm{d}A / r_1^2$$

根据图 6-21 所示路径，散射波沿着 r_1 的相反方向传播，故散射面处声线的俯仰角 $\theta_s = \theta_i$，方位角 $\phi_s = \phi_i$，则面元 $\mathrm{d}A$ 的声散射形成的混响强度为

$$I_0 b^2(\theta_i, \phi_i) b'^2(\theta_s, \phi_s) S_b' \mathrm{d}A / r_1^4$$

对于水平分层介质，声线不存在水平偏转，方位角的角标可省略。为进一步简化讨论，假设海底不同散射单元的散射信号互不相关，则路径一的混响为图 6-22 所示圆环中各单元散射声强的叠加，因此路径一的混响强度为

$$I_1 = \int I_0 b^2(\theta_i, \phi) b'^2(\theta_s, \phi) S_b' \mathrm{d}A / r_1^4 \tag{6-68}$$

式（6-68）积分区间为一圆环，圆环宽度可用下述方法确定。用 r 表示散射面与收发合置换能器间的水平距离，当发射信号的脉冲宽度为 τ 时，要求圆环内侧和外侧的散射信号到达收发合置换能器的声程差为 $c\tau / 2$，如图 6-23 所示。

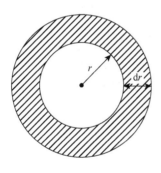

图 6-22　积分区间示意图

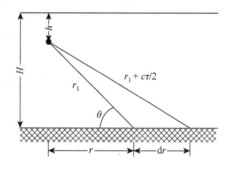

图 6-23　圆环宽度计算示意图

根据图 6-23 中的几何关系有

$$\mathrm{d}r = \sqrt{(r_1 + c\tau / 2)^2 - (H - h)^2} - \sqrt{r_1^2 - (H - h)^2} \tag{6-69}$$

式（6-69）表明，近距离处，对同一时刻混响有贡献的圆环宽度将大于 $c\tau / 2$，随着水平距离的增大，最终趋近于 $c\tau / 2$。

根据图 6-22，圆环的面积微元为

$$\mathrm{d}A = r \mathrm{d}r \mathrm{d}\phi$$

当收发合置换能器较贴近海底时或者考虑远程混响情况，海底入射波与海底混响近乎沿水平方向传播，因此换能器的垂直指向性束宽可以不用考虑，此时假设其水平指向性束宽为 Φ，当海底的散射强度均匀时，完成积分式（6-68）后，得到强度：

$$I_1(t) = I_0 \Phi S_b' r \mathrm{d}r / r_1^4 \tag{6-70}$$

式中，$t = 2r_1 / c$。在远距离处或收发合置换能器非常贴近海底时，式（6-70）就是简化的海底混响模型表达式。同理，由图 6-24～图 6-26，可得路径二、三、四的混响强度：

$$I_2 = \int \frac{V_s^2}{r_1^2 (r_2 + r_3)^2} I_0 b^2(\theta_i, \phi) b'^2(\theta_s, \phi) S_b' \mathrm{d}A$$

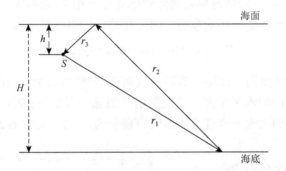

图 6-24　路径二混响预报模型示意图

$$I_3 = \int \frac{V_s^2}{r_3^2 (r_1 + r_2)^2} I_0 b^2(\theta_i, \phi) b'^2(\theta_s, \phi) S_b' \mathrm{d}A$$

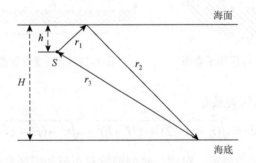

图 6-25　路径三混响预报模型示意图

$$I_4 = \int \frac{V_s^2}{(r_1 + r_2)^2 (r_3 + r_4)^2} I_0 b^2(\theta_i, \phi) b'^2(\theta_s, \phi) S_b' \mathrm{d}A$$

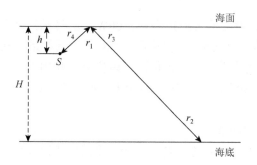

图 6-26　路径四混响预报模型示意图

需要说明的是，在相同的水平距离处，路径二和路径三的圆环宽度相同，但区别于式（6-69），可通过解方程确定。路径四的圆环宽度为

$$dr = \sqrt{(r_1 + r_2 + c\tau/2)^2 - (H+h)^2} - \sqrt{(r_1 + r_2)^2 - (H+h)^2}$$

并且在远距离处，$dr \approx c\tau/2$。

以上讨论求得了四条路径的混响强度 I_1、I_2、I_3 和 I_4，它们经过不同传播路径到达同一接收点，如果它们是同时到达的，则它们就是该接收点上该时刻混响的组成部分。事实上，当换能器在垂直方向无指向性时，类似的传播路径有无穷多条，与此相对应的混响强度的叠加，构成了接收点上总的混响强度，记为 $I(t)$，则

$$I(t) = \sum_{j=1}^{\infty} I_j(t), \quad j = 1, 2, 3, \cdots \tag{6-71}$$

式（6-71）虽然是无穷项求和，但实际上仅有少数几项对求和结果有影响，如路径一、路径二等，那些途经多次海面、海底反射的混响已衰减得很微弱了，它们对求和结果的贡献是微不足道的。

由式（6-71）得到该接收点上该时刻的等效平面波混响级 RL：

$$RL = 10\lg\left(\frac{I}{I_{ref}}\right) \tag{6-72}$$

需要说明的是，上面讨论中，认为声线是直线传播的，几何衰减也仅考虑了球面扩展衰减，因此得到的结果仅适用于介质声速均匀的情况。当声速随着深度发生变化时，声线轨迹将出现弯曲，球面波扩展规律不再适用，需要应用射线声学声强公式来描述。另外，当要计及介质吸收衰减时，由于声线弯曲，其计算也要复杂得多，在此不再一一列出。

2. 海底混响预报举例

收发合置换能器在海面下方 50m 处，其等效联合指向性水平束宽 18°，发射

指向性指数 13dB。换能器发射声功率 100W、信号脉冲宽度 0.1ms、声波频率 20kHz，求路径一的海底混响。计算中取：海面声强反射系数 0.9，海水深度 100m，声速 1500m/s，海底非常粗糙，单位面积单位立体角内的海底散射声功率与入射声强之比 $S' = \mu \sin \alpha_i \sin^n \alpha_s$，其中，$\mu = 0.1$；$n = 1.5$；$\alpha_i$、$\alpha_s$ 为海底处入射波和散射波的掠射角。

解　（1）声源级计算。

由题意知，声源辐射声功率 $P_a = 100\text{W}$，发射指向性指数 13dB，则声源级为

$$\text{SL} = 10\lg P_a + 171 + \text{DI}_T = 204\,\text{dB}$$

（2）圆环宽度计算。

对于路径一的混响，对同一时刻混响有贡献区域的圆环宽度随水平距离的变化如图 6-27 实线所示。可以看出，在近距离处，实际圆环宽度大于 $c\tau / 2$；在远距离处，圆环宽度趋于 $c\tau / 2$。

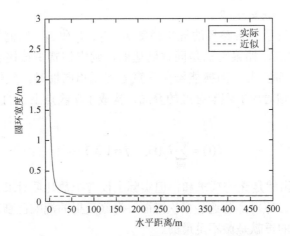

图 6-27　对同一时刻混响有贡献的圆环宽度

（3）混响级计算。

路径一混响级如图 6-28 所示，虚线为圆环宽度用 $c\tau / 2$ 计算得到的混响级，实线为圆环宽度由式（6-69）计算得到的混响级。由图可以看到，达到一定距离后，由于实际圆环宽度趋近于 $c\tau / 2$，所以混响级也逐渐趋于一致。

本例中，路径一混响级超过了 120dB，这是因为水平方向等效波束宽度 18°，显然太宽了，如将等效波束宽度做窄，如 2°，则混响级就会明显降低。可见，将等效波束宽度做窄乃是抗混响的有效措施。

（4）混响时域波形计算。

当求解得到海底某个散射单元 ΔA 的混响强度 ΔI 后，如果视介质的特性阻抗为单位值，则此时刻混响声压的均方根值可表示为

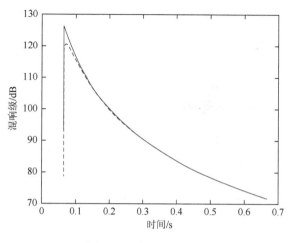

图 6-28　路径一混响级

$$P_{\text{RMS}} = \sqrt{\Delta I}$$

对于路径一的混响，有

$$\Delta I_1 = I_0 b^2(\theta_i, \varphi_i) b'^2(\theta_s, \varphi_s) S_b' \Delta A / r_1^4$$

根据混响的形成过程，某一时刻的混响声压是所有该时刻水听器输出的散射声场声压之和，但不同单元的混响声压的大小是随机的，设其等效声压振幅为 P_1，则

$$P_1 = \sqrt{2\Delta I_1}$$

用 $s(t)$ 表示幅度为 1 的发射信号时域波形，将对混响有贡献的圆环划分成 N 个单元，则 t 时刻的混响声压为

$$r_1(t) = \sum_{i=1}^{N} a_i P_1 s(t - \tau)$$

式中，a_i 为一随机数；τ 为混响信号到达时间，$\tau = 2r_1 / c$。上式即为路径一混响声压时域波形预报数学表达式。

下面对路径一的混响声压时域波形进行仿真。假设 a_i 服从均值为零、方差为 1 的高斯分布，依据海底粗糙度空间相关半径 r_c 将圆环进行划分。当圆环宽度 $\mathrm{d}r < r_c$ 时，每个散射单元的面积取 $r_c \mathrm{d}r$；当 $\mathrm{d}r > r_c$ 时，首先将圆环划分成若干个宽度为 r_c 的子圆环，再对每个子圆环按上述方式进行划分。取 $r_c = 1\text{m}$，仿真得到的路径一混响时域波形如图 6-29 所示。

当获得混响声压时域波形后，便可对混响的统计特性进行分析。前 50ms 混响声压直方图见图 6-30。从图中可见，混响声压的瞬时值服从高斯分布，包络服从瑞利分布，相位服从均匀分布。

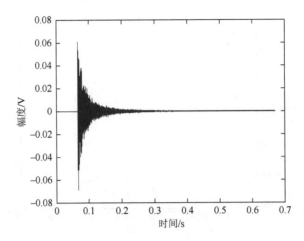

图 6-29　路径一混响时域波形

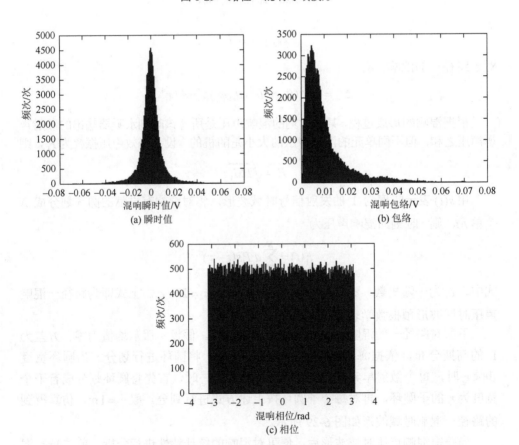

图 6-30　混响声压的统计特性

利用上述方法可预报得到所有路径的混响时域波形，因此海底混响时域波形为

$$r(t) = \sum_{i=1}^{\infty} r_i(t)$$

6.8.2　浅海混响的简正波模型

由 6.8.1 节讨论可知，在均匀介质中，用射线声学方法预报海底混响具有图像直观、计算简便等优点。但射线方法毕竟只是波动声学的一种近似，它固有的局限性必然会限制它在某些环境混响预报中的应用。射线方法的缺点主要表现在如下两个方面。

1. 寻找特征声线过程复杂，计算量大

射线方法中，从声源出发并到达指定位置（收发合置海底混响计算中就是图 6-22 所示圆环上的某一点）的声线称为特征声线。均匀介质中，声线是直线，用几何方法就能确定特征声线，如图 6-21 所示。但在非均匀介质中，声线是空间曲线，将声源关于海面或海底对称寻找特征声线的几何方法不再适用，需通过烦琐的数值计算才能得到特征声线。因此，寻找特征声线过程的计算量是非常大的，在一定程度上影响了射线方法在复杂海洋介质混响预报中的应用。

2. 射线方法对混响的描述是近似的，不够精确

在海洋波导中，声场是由各阶简正波叠加组成的，混响也是由各阶简正波的散射声波叠加组成的。在频散波导中，各阶简正波的相速度各不相同。因此，不同简正波对应的散射区域的宽度也各不相同，导致了各阶简正波对混响贡献的不同。另外，由波动理论可知，在相同的环境条件下，声波频率不同，在介质中激发出的简正波个数也不同。综合以上讨论可知，即使环境条件相同，不同频率声波产生的混响也将是不同的。但是，上述射线声学混响模型并未考虑频率因素。只要环境条件相同，不同频率声波产生的混响却是相同的。由以上分析可知，本书的射线方法在混响预报中未考虑频散现象和混响的频率特性，因此它仅是一种近似处理方法。

与射线方法恰恰相反，简正波方法可以考虑波导的频散效应，可以体现混响的频率特性，适合处理水平分层介质中的混响，对混响的描述是精确的，对低频远程浅海混响的预报是快速的；简正波方法虽然也是数值预报方法，但对于距离无关波导，其预报结果的精度不会随水平距离变化而变化。由于简正波混响建模理论的数学运算十分复杂，详细推导超出本书大纲，在此不做介绍，感兴趣的读者可查阅文献[16]、[17]。下面直接给出浅海混响简正波模型的预报结果，如图 6-31

所示。当把各阶简正波的相速度设为水中声速时，即不考虑波导的频散效应，此时预报得到的海底非相干混响如图 6-31 中实线所示。由图可见，计及频散时的混响级仅在近程处略大于不计频散时的混响级。这是因为各阶简正波的相速度略大于水中声速，导致计及频散后散射区域的宽度略微增大。随着水平距离增大，低阶简正波逐渐起主导作用。由于其相速度更加接近水中声速，圆环宽度趋于一致，两条曲线逐渐重合。图 6-31 的结果说明，在一定条件下，波导的频散效应对混响级的影响也是可忽略的。

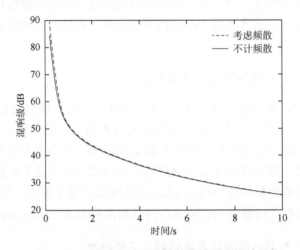

图 6-31　海底非相干混响简正波模型预报结果

　　图 6-31 的数值仿真中，假定海水均匀，深度 100m，声速 1500m/s，密度 $1.0 \times 10^3 kg/m^3$；海底为液态均匀半无限空间，声速 1700m/s，密度 $1.8 \times 10^3 kg/m^3$，声吸收系数 $1dB/\lambda$；取朗伯海底散射模型，$S' = \mu \sin^n \alpha_i \sin^n \alpha_s$，其中，常数 $\mu = 0.002$，$n = 2$；无指向性收发合置换能器的深度 50m，辐射声波频率 50Hz，辐射信号脉冲宽度 0.1s。

习　题

1. 说明海洋混响的产生机理和基本性质。

2. 推导计及海水吸收条件下的体积混响等效平面波混响级，设海水吸收系数为 α。

3. 水中含有小气泡后，其声学特性会发生什么变化？说明水中小气泡对声呐工作的影响。

4. 海洋混响分成几类？说明 S_s、S_b 各自的特性。体积混响源是什么？说明原因。

5. 你认为哪些措施可降低混响干扰，说明机理。

6. 主动声呐对某目标的最大探测距离 2000m，如该声呐声源级提高 10dB，其他参数不变，在主要干扰分别是海洋环境噪声和混响条件下，讨论该声呐探测距离的变化。

7. 设海底为沙砾，声呐工作频率 60kHz，换能器收发合置，是置于无限障板中的圆平面阵，半径 30cm，声呐发射声源级 170dB，脉冲宽度 10ms，换能器离海底 20m，它与目标间的水平距离 100m，水中声速 1500m/s，被探测目标是半径为 1m 的钢球，在钢球沉底和悬浮水中两种情况下，求等效平面波混响级和接收信号的信混比。

参 考 文 献

[1] Urick R J. Principles of Underwater Sound[M]. 3rd ed. Westport：Peninsula Publishing，1983.

[2] 汪德昭，尚尔昌. 水声学[M]. 北京：科学出版社，1981：329-330.

[3] 布列霍夫斯基. 海洋声学[M]. 山东海洋学院海洋物理系，中国科学院声学研究所水声研究室，译. 北京：科学出版社，1983：38.

[4] Urick R J，Hoover R M. Backscattering of sound from the sea surface：Its measurement，causes，and application to the prediction of reverberation levels[J]. Journal of the Acoustical Society of America，1956，（28）：1038.

[5] Chapman R P，Harris J H.Surface backscattering strengths measured with explosive sound sources[J]. Journal of the Acoustical Society of America，1962，（34）：1592.

[6] Eckart C. Scattering of sound from the sea surface[J]. Journal of the Acoustical Society of America，1953，（25）：566.

[7] Marsh H W. Exact solution of wave scattering by irregular surfaces[J]. Journal of the Acoustical Society of America，1961，33（3）：330-333.

[8] Marsh H W，Schulkim M，Kneale S G. Scattering of underwater sound by the sea surface[J]. Journal of the Acoustical Society of America，1961，33（3）：334-340.

[9] Marsh H W. Sound reflection and scattering from the sea surface[J]. Journal of the Acoustical Society of America，1963，35（2）：240-244.

[10] 奥里雪夫斯基. 海洋混响的统计特性[M]. 罗耀杰，等，译. 北京：科学出版社，1977：8-10.

[11] Zhitkovskii Y Y. Relationship between the reflection and scattering of sound by the ocean bottom[J]. Soviet Physics Acoustics，1973，18（4）：445-447.

[12] Mckinney C M，Anderson C D. Measurements of backscattering of sound from the ocean bottom[J]. Journal of the Acoustical Society of America，1964，（36）：158.

[13] Mackenzin K V. Bottom reverberation for 530 and 1030 cps sound in deep water[J]. Journal of the Acoustical Society of America，1961，（33）：1498.

[14] Kevin D L. Statistics of broad-band bottom reverberation predictions in shallow-water waveguides[J]. IEEE of Journal of Oceanic Engineering，2004，29（2）：341.

[15] Fialkowski J M，Gauss R C，Drumheller D M. Measurements and modeling of low-frequency near-surface scattering statistics[J]. IEEE of Journal of Oceanic Engineering，2004，29（2）：197.

[16] Boris K，James L. Fundamentals of Shallow Water Acoustics[M]. New York：Springer，2012：246.

[17] Grigor'ev V A，Kuz'kin V M，Petnikov B G. Low-frequency bottom reverberation in shallow-water ocean regions[J]. Acoustical Physics，2004，（50）：37-43.

第 7 章 水 下 噪 声

噪声,是一种不需要的甚至令人生厌的声音。水下噪声,是存在于水声信道中的、对声呐工作产生干扰的声音,它对声呐系统性能的发挥是十分有害的。

本章讨论的水下噪声,包括海洋环境噪声、目标(舰船、潜艇、鱼雷)辐射噪声和目标(舰船、潜艇、鱼雷)自噪声。这三种噪声对声呐系统有着不同的影响:海洋环境噪声和目标自噪声是声呐系统的主要干扰背景,它干扰系统的正常工作,限制装备性能的发挥。目标辐射噪声,一方面是暴露目标自身的声源,对自身的安全形成威胁,其危害是十分大的;另一方面,目标辐射噪声又是自噪声,对本目标上声呐的工作是一种背景干扰。综上可以看出,水下噪声对舰船的安全和声呐的工作,都是十分有害的。目前无论在理论上或是工程设计上,水中噪声特性研究,特别是目标辐射噪声特性研究,与声呐信号特性研究有着同等重要的意义,减振降噪已成为水声科技的重要研究领域。

7.1 描述噪声的几个基本物理量

从物理学的观点来看,噪声是指强度和频率的变化都是无规的、杂乱无章的声音或信号,它是一个随机量,数学上用随机函数描述它。

7.1.1 噪声是一种随机过程

噪声和一般的信号不同,信号通常用一个确定的时间函数来描述,而噪声却不能用一个确定的时间函数来描述,只能通过长时间的观测来得到它统计意义上的变化规律。作为随机过程的噪声,噪声声压值或置于噪声场中的水听器输出端的噪声电压随时间的变化是无规则的,都是随机量,在统计学中,用随机函数来描述这种随机过程。

1. 随机过程的数字特征

在概率论中,随机变量是用统计方法来描述的,其特性由概率密度、均值、方差等统计量表示,称为随机过程的数字特征。下面以随机量噪声声压 p 为例,给出这些统计量的定义及其特性。设随机量 p 是某一特定时刻 t_1 的噪声声压,

$P(p_1 < p < p_1 + \Delta p_1)$ 是随机量 p 取值落在 p_1 和 $p_1 + \Delta p_1$ 之间的概率，则概率密度函数定义为

$$\Phi(p_1, t) = \lim_{\Delta p_1 \to 0} \frac{P(p_1 < p < p_1 + \Delta p_1)}{\Delta p_1} \tag{7-1}$$

Φ 称为概率密度，它是全部 $p(t_1)$ 可能的取值中，落在 p_1 和 $p_1 + \Delta p_1$ 之间的总次数与 Δp_1 的比率在 $\Delta p_1 \to 0$ 时的极限。另外，把 Φ 的积分

$$P(p_1 < p < p_1 + \Delta p_1, t_1) = \int_{p_1}^{p_1 + \Delta p_1} \Phi(p, t) \mathrm{d}p \tag{7-2}$$

称为概率分布函数或概率分布。

如果一个随机过程经过时间平移后，其统计特性保持不变，例如，t 时刻的概率密度函数 $\Phi(p_1, t)$ 和 $\tau + t$ 时刻的概率密度函数 $\Phi(p_1, t + \tau)$ 相等，即

$$\Phi(p_1, t) = \Phi(p_1, t + \tau) \tag{7-3}$$

则称这种随机过程为平稳随机过程。由此可以得到结论：平稳随机过程的概率密度函数与时间是无关的，即

$$\Phi(p_1, t) = \Phi(p_1) \tag{7-4}$$

在水声学中，考虑到噪声在短时间内往往是平稳的，所以为了方便处理，通常把水中噪声近似视为平稳随机过程。

如果噪声声压的概率密度函数可以表示为

$$\Phi(p) = \frac{1}{\sigma\sqrt{2\pi}} \mathrm{e}^{-\frac{(p-a)^2}{2\sigma^2}} \tag{7-5}$$

则此分布为高斯分布，相应的噪声称为高斯噪声。式中，a 和 σ^2 分别是随机量 p 的数学期望和方差，它们定义为

$$a = \langle p \rangle = \int_{-\infty}^{\infty} p\Phi(p)\mathrm{d}p \tag{7-6a}$$

$$\sigma^2 = \langle (p-a)^2 \rangle = \int_{-\infty}^{\infty} \Phi(p)(p-a)^2 \mathrm{d}p \tag{7-6b}$$

在水下噪声的研究中，也是为处理上的方便，经常将某些干扰噪声假定为高斯噪声。

2. 随机量的相关函数和功率谱密度函数

在噪声的研究中，除了概率密度函数、数学期望和方差等量外，噪声的相关函数或功率谱，也是表征噪声统计特性的重要统计量。由随机过程理论可知，噪声自相关函数和功率谱密度函数互为傅里叶变换。

设 $p(t)$ 是随机量，它的自相关函数被定义为

$$R(\tau) = \lim_{T \to \infty} \frac{1}{2T} \int_{-T}^{T} p(t)p(t-\tau)\mathrm{d}t \tag{7-7}$$

则功率谱密度函数为

$$S(\omega) = \int_{-\infty}^{\infty} R(\tau) e^{-j\omega\tau} d\tau \tag{7-8}$$

如果某种噪声的功率谱在频域上是均匀的，则称这种噪声为白噪声。

3. 噪声声压有效值

噪声声压是随机量，不能用确定的数学函数描述，但噪声声压有效值 p_e 是有明确定义的，它和确定信号的有效值概念一样，也是从强度出发来定义的，它等于介质特性阻抗为单位值时平均声强 $\bar{I}$ 的平方根。假设噪声的平均值（数学期望）a 等于零，介质阻抗为单位值，则它的方差便给出平均声强：

$$\bar{I} = \sigma^2 = \int_{-\infty}^{\infty} p^2 \Phi(p) dp \tag{7-9}$$

或用时间平均来表示：

$$\bar{I} = \sigma^2 = \lim_{T\to\infty} \frac{1}{T} \int_{-T/2}^{T/2} p^2(t) dt \tag{7-10}$$

由此得到噪声声压有效值：

$$p_e = \sqrt{\bar{I}} = \sqrt{\lim_{T\to\infty} \frac{1}{T} \int_{-T/2}^{T/2} p^2(t) dt} \tag{7-11}$$

用式（7-11）计算 p_e 时，测量时间 T 应取得足够长。

7.1.2 噪声的频谱分析

一个确知信号，只要满足傅里叶变换条件，总可以通过傅里叶变换，将此信号从时域函数变换到频域上，得到它的频谱密度函数。时域函数给出信号随时间的变化特性，频域函数反映信号的频率特性，两者从不同的角度反映了信号特性。由于以上原因，在确知信号的分析处理中，傅里叶变换是一种常用的重要方法。但对于噪声随机信号来说，如噪声声压，它是一个随机量，与时间量之间不存在确定的关系，所以，噪声声压幅值的频谱分析是没有意义的。但是随机过程的功率谱函数是一个确定的统计量，它反映了该过程的各频率分量的平均强度，本节所指的噪声频谱分析，就是这种意义上的噪声强度的频率特性。

1. 线谱信号

根据信号频谱曲线的形状，可将它分为线谱和连续谱两类。从数学上看，一个信号若能用傅里叶级数来表示，这信号的频谱就是线谱。在物理上，如果信号通过图 7-1 所示的测量系统，其结果如图 7-2 所示，得到离散频率上的若干谱线，那么，就说这信号是线谱信号，图 7-2 中，$f_1, f_2, \cdots$ 为频率，$I_1, I_2, \cdots$ 和 $P_1, P_2, \cdots$ 为

对应频率上的平均功率和声压有效值。水声中经常遇到的周期信号或准周期信号
就是线谱信号。

图 7-1　频谱测量系统示意图

2. 连续谱信号

在实际中，还能遇到另一类信号，它们的频谱分析是用傅里叶变换来表示的，
其频谱曲线如图 7-3 中的曲线所示，频谱曲线是频率的连续函数，则称其为连续
谱信号。

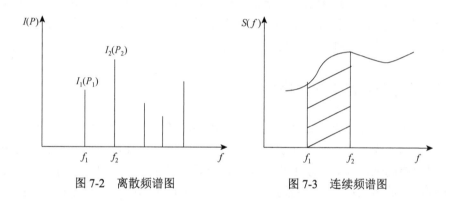

图 7-2　离散频谱图　　　　　　　　图 7-3　连续频谱图

信号的连续谱线具有如下特性：设在中心频率为 $f_1, f_2, \cdots, f_n$ 处取窄带
$\Delta f_1, \Delta f_2, \cdots, \Delta f_n$，相应地测出各频带内的平均声强 $\Delta I_1, \Delta I_2, \cdots, \Delta I_n$，令

$$Z_1 = \frac{\Delta I_1}{\Delta f_1}, Z_2 = \frac{\Delta I_2}{\Delta f_2}, \cdots, Z_n = \frac{\Delta I_n}{\Delta f_n} \qquad (7\text{-}12)$$

式中，$Z_1, Z_2, \cdots, Z_n$ 就是声强的平均频谱密度。通常将 $\Delta f \to 0$ 时的极限称为声强的
频谱密度函数 $S(f)$：

$$S(f) = \lim_{\Delta f_n \to 0} \frac{\Delta I_n}{\Delta f_n} = \frac{\mathrm{d}I}{\mathrm{d}f} \qquad (7\text{-}13)$$

由 $S(f)$ 可画出 $S(f) \sim f$ 曲线，因为存在式（7-13）所示的极限，所以，该曲线一
定是连续的。实际工作中遇到的瞬态非周期信号的频谱就是这种连续谱。

由式（7-13）可以得到

$$I = \int_{f_1}^{f_2} S(f)\mathrm{d}f \qquad (7\text{-}14)$$

式中，f_1、f_2 是任取的两个频率；I 则为带宽 $\Delta f = f_2 - f_1$ 内的总声强。由式（7-14）可知，若 $f_2 \to f_1$，则 $I \to 0$，可见连续谱中，某一确定频率分量上的声强贡献是无限小的，但因连续谱的频率分量有无限多个，总的累加起来，就得到一个有限的声强值。

前面章节定义海洋环境噪声级 $NL = 10\lg(I_N / I_0)$，这里的 I_N 是水听器工作带宽内的噪声总声强，如在水听器工作带宽内，噪声谱 $S(f)$ 和水听器响应都是均匀的，则由式（7-14）得

$$I_N = S\Delta f \tag{7-15}$$

式中，Δf 是水听器工作带宽。将式（7-15）代入 NL 的定义式，就得到

$$NL = 10\lg\Delta f + 10\lg\frac{S}{I_0} \tag{7-16}$$

以上简单讨论了连续谱和线谱的特性，对于水下噪声来说，由于它是多种噪声源的综合效应，每种噪声源的频率特性不尽相同，所以，实际的水下噪声可能是线谱，也可能是连续谱，最可能是这两种谱的叠加。

7.1.3　水下噪声的指向性特性

在工程上，往往为着处理上的方便，将海洋环境噪声看作是各向同性的。但实际上，由于噪声源在海水介质中具有某种空间分布，且各种噪声源辐射的噪声本身具有指向性，因此，水下噪声是具有空间指向性的。例如，作为海洋环境噪声组成部分的风浪噪声，它是海面辐射噪声，来自于海面，具有垂直指向性；而从远处传来的噪声，如远处航行船只的辐射噪声，来自远处航行船只，因此具有水平指向性。

7.2　海洋环境噪声

海洋环境噪声，也称自然噪声，是水声信道中的一种干扰背景。在声呐方程中，海洋环境噪声是作为干扰出现的，对声呐的工作是一种干扰，其量级用环境噪声级 NL 表示。众所周知，当利用声呐方程对声呐作用距离进行预报时，需要对参数 NL 的值作出估计；另外，在声呐信号处理方案的设计中，从抗干扰的角度出发，除了要知道代表平均能量的 NL 值外，还要求深入掌握噪声场的时空统计特性，利用噪声与信号场在时空统计特性方面的差异，设计信号处理方案，从而提高设备的抗干扰能力。所有这些，都依赖于人们对噪声的深入了解，因此，对噪声场的研究与对信号场的研究，具有同等的重要性。

7.2.1 深海中的环境噪声源

近年来，人们广泛采用海底深水水听器，在 1Hz～100kHz 的频段内对深海噪声进行了测量研究，显著扩展了对深海噪声源及其特性的认识。研究结果表明：①在如此宽的频率范围内，噪声源是多种多样的，环境噪声是这些源的综合效应；②环境噪声在不同的频率部分有不同的特性，说明各种噪声源的发声机理并不相同；③环境噪声与环境条件，如风速等自然条件密切相关，自然条件的变化，引起各部分谱线的形状也相应发生变化。这就说明，海洋环境噪声，是多种噪声源共同作用的结果，对应谱线的不同部分，是这些源中的某个或某几个起着主要作用，其余源的作用则是次要的。

1. 潮汐和波浪的海水静压力效应

海洋潮汐会引起海水静压力变化，因此，会在压力谱中频率为 1 或 2 周/日处产生线谱分量。值得注意的是，潮汐产生的压力变化的量级是十分巨大的，可以算得：0.3m 水头的等效压力可达 $3 \times 10^3 \text{Pa}$。幸好其频率远低于水声设备的工作频率，才不致对声呐的工作形成干扰。

海面波浪也是在海洋内部引起海水静压力变化的原因，它也是一种低频干扰。研究结果表明，海面波浪引起的海水静压力变化，其幅度随深度的增加和表面波浪的减小而迅速降低。所以在深水区域，这种干扰的影响并不严重，但在浅海区域，深度还不足以完全消除传到海底水听器上的、波浪的压力效应，这时海面波浪就有可能成为压敏水听器的一种低频噪声源。

2. 地震扰动

地球的地壳运动也可能是海洋中低频噪声的重要原因。有一种微震几乎是连续的，它具有约 1/7Hz 的准周期性，引起地球表层有 10^{-4}cm 量级的垂直振幅。如将这种扰动假设为正弦形扰动，则它在海中产生的压力 p 为

$$p = 2\pi f \rho c a \qquad (7\text{-}17)$$

式中，f 是频率；ρ 是海水密度；c 是海水中声速；a 为振幅。若取 $f = 1/7 \text{ Hz}$，$a = 10^{-4} \text{ cm}$，则算得 $p = 1 \times 10^6 \text{ μPa}$，此结果与在低于 1Hz 频率上测得的自然噪声的声压级大致相等。由此可以推断，微震扰动或者地壳通常的运动，看来是非常低频率的海洋噪声主要源，当然，单次大地震和远处火山爆发等间歇地震源，无疑也是深海低频噪声来源。

3. 海洋湍流

海洋中或大或小的无规则随机水流形成的湍流，能够以多种方式产生噪

声，它们也是海洋环境噪声的组成部分。海洋湍流产生噪声的机理如下。

（1）湍流会使水听器、电缆等颤动或作响，产生噪声，但这是一种自噪声，不是自然噪声的一部分。

（2）运动引起的压力变化会向外辐射，在湍流以外的海水中产生噪声。研究结果表明，这种噪声被证明为四极子源，随距离迅速衰减，波及范围非常有限。因而这种辐射噪声对环境噪声的贡献是不重要的。

（3）湍流区内部压力变化的声效应。如压敏水听器位于湍流区内，它就可接收到湍流引起的、变化着的动态压力。Wenz[1]研究了这种压力的特性，指出可以根据湍流尺寸来估算压力的大小。设海流的湍流分量为 u，则由它产生的动压力为 ρu^2，ρ 是流体密度。设海流为 0.5m/s，湍流分量为海流的 5%，则 $u = 0.025$m/s，相应的湍流动压力等于 $6.25 \times 10^5 \mu$Pa，达 116dB。Wenz 根据湍流理论和实验关系推导得到三种稳定流速值 u 的湍流压力谱的估算，结果示于图 7-4，其中由 $u = 0.02$m/s 的环境海洋湍流所估算的谱，与 1～20Hz 频率范围内所观测到的噪声谱相当符合。因此，尽管没有直接观测数据作证明，但可以推断深海洋流的湍流可能是另一种低频噪声源。

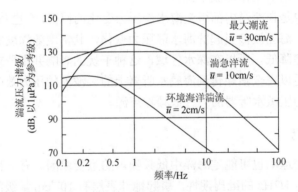

图 7-4　Wenz 从理论推导的海洋湍流产生的压力

4. 波浪非线性作用引起的低频噪声

上面已经说明，海面波浪运动产生的压力随深度增加迅速变小，直至消失。但是理论证明，两个反方向传播的行波波浪相遇时，它们有可能相互作用形成驻波，由此而产生的压力，在所有深度上都是一样的，并不随深度增加而变小，其频率是形成它的海面波浪频率的两倍。这个过程已作过多次验证，Marsh[2]发现，由该理论得到的噪声级与浅海、深海观测到的数据符合很好。根据这一事实，再注意到 Kuo[3]比较成功预估噪声场指向性的理论，可以推测，这种波浪非线性作用很可能是海面波浪产生低频噪声的机理之一。

5. 远处航船噪声

在几十赫兹到几百赫兹范围内，远处航行中的船只是主要噪声源。大量测量结果表明：

（1）在上述频率范围内，自然噪声与风和天气无关，且到达深水水听器的噪声来自水平方向；

（2）在 50～500Hz 范围内，测量结果表明，船只密集海区的自然噪声量级，高于船只稀少海区的测量值；

（3）在 50～500Hz 频段，观测到的自然噪声谱有一段突起，或者一段高的平坦部分，与船舶的辐射噪声谱的极大值相当符合。

以上结果可以表明，频率在 50～500Hz 十倍频率范围内，远处航行中的船只是主要的噪声源，这些船只离水听器可能有数十千米，甚至上百千米。

6. 风成噪声（海面波浪噪声）

海面粗糙度是更高频段自然噪声的噪声源。测量结果表明，在 500～25000Hz 频率范围内，自然噪声级与海况有直接的关系，而且噪声级与测量水听器所在地的风速直接相关。Knudsen 等最先对 100～25000Hz 的海洋环境噪声作了总结，得到了著名的 Knudsen 谱曲线[4]，如图 7-5 所示。图 7-5 中，引用了海况作为参数，但事实上，要精确估计海况是比较困难的。已有的资料指出，噪声与风速的相关性比与海况的相关性更好。

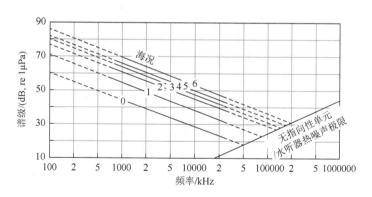

图 7-5　Knudsen 海洋环境噪声谱

虽然粗糙海面作为一种噪声源是事实，但其机理人们迄今仍不十分明了，例如，在有碎裂的白浪与浪花的海况下，必然会产生水下噪声，然而，当海况从 0 级变到 2 级时，并不存在白浪和浪花，而自然噪声级却迅速地增加，这就说明，除白浪和浪花外，还存在另一些目前尚不清楚的噪声过程。

7. 热噪声

1952 年，Mellen 从理论上指出，海洋分子的热噪声限制了水听器的高频灵敏度。可以认为，在海洋这样的大体积中，自由度数目同缩小模型中自由度数目一样，且每个自由度平均能量都为 kT（k 为玻尔兹曼常量，T 为热力学温度），Mellen 由此推算了水中分子热噪声的等效平面波压力，它在指向性指数为 DI、效率为 E（用分贝表示）的水听器上产生的等效热噪声谱级为[5]

$$NL = -15 + 20\lg f - DI - 10\lg E \qquad (7\text{-}18)$$

式中，f 是频率，以 kHz 计，此噪声以 6dB/倍频程的斜率随频率增加。

7.2.2 深海环境噪声谱

以上讨论了深海环境噪声的各种源，20 世纪 40 年代后期，Knudsen 将它们综合起来，得到了 Knudsen 噪声谱级图，见图 7-5。到 60 年代，经进一步的分析总结，Wenz 提出了环境噪声的 Wenz 谱级图[1]，如图 7-6 所示。在一般情况下，它比较细致地描绘了环境噪声的普遍规律性，被认为是目前最具代表性的深海噪声谱曲线。

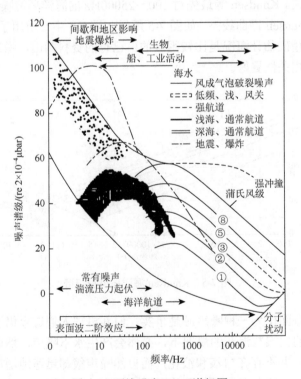

图 7-6　环境噪声 Wenz 谱级图

图 7-7 是深海环境噪声谱的一个例子。谱由不同斜率的五部分组成，反映了噪声源的多样性。对于图 7-7 所示曲线的五个部分，可以简单解释如下。

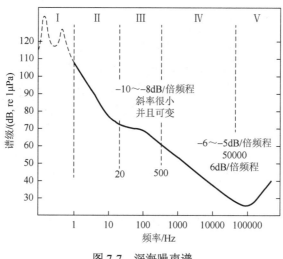

图 7-7 深海噪声谱

（1）频段 I，1Hz 以下，对这段谱至今还不是很了解。估计噪声来源于海水静压力效应（潮汐或波浪），或是地球内部的地震扰动等过程。

（2）频段 II，谱斜率为−10～−8dB/倍频程，与风速仅有很微弱的关系，最可能的噪声源是海洋湍流。

（3）频段 III，此频段内，噪声谱基本是平的，远处行船是主要噪声源。

（4）频段 IV，谱斜率为−6～−5dB/倍频程，噪声源是离测量点不远的粗糙海面。

（5）频段 V，海水介质分子热运动噪声，谱线斜率为 6dB/倍频程。

工程上，为预报海洋环境噪声级，往往需要用不同参数表示的典型自然噪声谱级，图 7-8[6]就是为此而设计的，图中画出了不同航运和风速条件下的噪声谱曲线，使用时，选择适当的航运和风速条件的曲线，和相邻频段的曲线连接起来，就可近似地得到任何地方、任何时间的自然噪声谱。航运频繁曲线适用于大西洋航线，航运稀少曲线适用于远离行船处。

7.2.3 自然噪声的间歇源及自然噪声的变化特性

海洋中的自然噪声源，除了以上已经提到的那些，还有一类被称为间歇源的噪声源，它们是一种暂时存在的噪声源，如能发声的海洋生物、降雨等。另外，噪声源和声传播条件的多变性，导致了自然噪声的易变性。

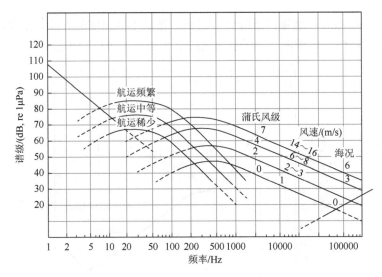

图 7-8　深海平均自然噪声谱

1. 海洋生物噪声

海洋中能发声的生物大体分成三类：甲壳类、鱼类和海生哺乳类。甲壳类中，最主要的是虾群发出的嘈杂声，其中尤其是螯虾，它们的螯经常相互碰击而发出噪声，频率为 500～2000Hz；鱼类中，有一种石首鱼，生活在切萨皮克湾和美国东岸海域，它们能像啄木鸟啄树上空洞一般，发出间断噪声；海生哺乳类中，鲸和海豚用喉管喷气，从而产生噪声，海豚还会在不同的生活形态下发出调频的啸声。总之，在海中听到的、特殊的鸣声基本上都是海洋生物发出的噪声。

2. 降雨噪声

降雨显然会提高自然噪声级，其增加的程度与降雨率有关，甚至还可能与整个降雨面积有关。有人曾进行过测量：下暴雨时，在 5～10kHz 频段，谱级几乎增加了 30dB，在 2 级海况条件下，即使是平稳地降雨，在 19.5kHz 上，噪声级也提高了 10dB，达到了 6 级海况下的值。Heindsman 等[7]对降雨噪声进行了实际测量，图 7-9 就是他们在长岛海峡东端海深为 36m 海域测得的降雨自然噪声谱，虚线是和测量数据的风速相应且无雨时的噪声谱。由图可以看到，在 1～10kHz 频段，暴雨的噪声谱近于白噪声，而在 10kHz 处，暴雨下的噪声级超过无雨时 18dB。

Franz[8]由空气中单个水滴降落至水面产生的噪声的理论和实验研究结果，推导了以海中可能发生的降雨率为参数的雨噪声谱的估计值，结果示于图 7-10，虚线是风力 2 级且无雨时的深海噪声谱。显然，这些理论值和图 7-9 所示的测量值是大致相符的，谱线形状也较相似。

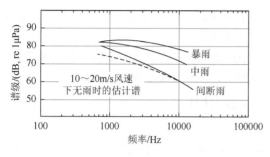

图 7-9 长岛海峡观测到的雨噪声谱

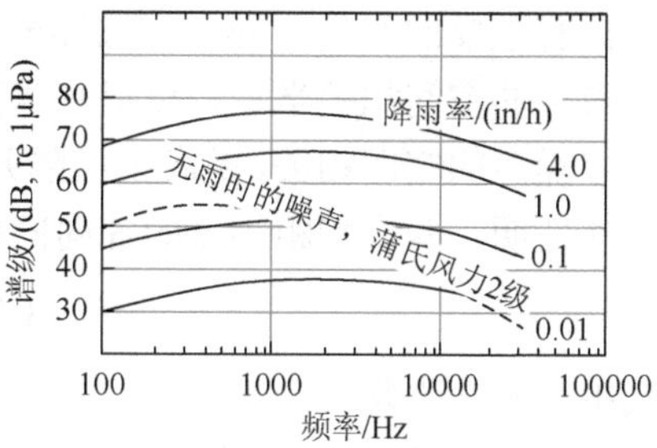

图 7-10 不同降雨率的雨噪声的理论谱

1in = 2.54cm

3. 自然噪声的易变性

实际测量结果表明，和许多水声参量一样，自然噪声有明显的易变性。容易理解，这是由噪声源的易变性引起的，如风速、降雨量、航行船只数量等因素总处于不断的变化中。另一个原因是传播条件的改变，影响了来自远处噪声源的声传播，从而也改变了噪声强度，例如，Walkinshaw 用海底水听器在百慕大群岛和巴哈马群岛观测了四年，结果表明，冬季的自然噪声级比夏季高 7dB，其原因是冬季的声传播条件优于夏季。

7.2.4 海洋环境噪声的振幅分布和空间相关

1. 海洋环境噪声的振幅分布

统计学中的中心极限定理指出，在非常宽的条件下，N 个统计独立的随机变量之和的分布，在 $N \to \infty$ 的极限情况下，趋于高斯分布。海洋环境噪声是由大量噪声源的辐射噪声叠加所组成的，噪声源之间互不相关，所以，它的振幅分布应是高斯型的。深海和浅海的测量结果表明，在一般深度上，振幅分布确实是高斯型的，但在近海面，如水听器置于水面附近，自然噪声分布比高斯型尖，这是由于噪声源数量 N 不够大。

由于海洋环境噪声源的多变特性，海洋环境噪声在短时间内虽然可认为是平稳的，但在较长时间内，它则是非平稳的。

2. 海洋环境噪声的空间相关性

噪声的空间相关性是反映噪声特性的又一统计量，它对声呐站接收基阵的设计具有重要的意义。为了降低环境噪声的干扰，基阵阵元之间的距离，应大于环境噪声的空间相关半径，以提高基阵输出端的信噪比。

噪声的空间相关，是海中相隔开的水听器接收到的噪声的乘积对时间的平均。容易证明，两个相距为 d 的各向同性单频噪声的相关系数为

$$\rho(d) = \sin kd / (kd) \qquad\qquad (7\text{-}19)$$

式中，k 是波数。

Cron 和 Sherman[9]假设噪声源分布在无限平面上，每个源的指向性为 $\cos^m \theta$，在此条件下研究了噪声场的相关系数，$m = 2$ 时的结果示于图 7-11 中，见图中的粗实线。细实线表示单频各向同性噪声空间相关系数。由图可以看出：①无论水平方向或垂直方向，相关系数随间距 d 作衰减振荡，曲线和各向同性的单频噪声场具有相同的形状；②水平方向和垂直方向上，相关系数的首个零点分别位于 d/λ 为 0.8 和 0.9 附近；③Cron 和 Sherman 用海底垂直阵在 400~1000Hz 频段内测量到的噪声相关性，同 $m = 2$ 时的理论值非常一致，这就说明，海面粗糙度形成的噪声场具有近于 $\cos^2 \theta$ 的指向特性。

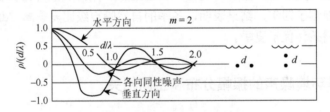

图 7-11　单频噪声空间相关系数

3. 相关时延与噪声源

如把两个分开的水听器的输出信号进行相关分析，则相关峰位置的延时值表示了信号到达这两个水听器的时差，相关峰的幅值、形状表示了这两个信号的相关特性。Urick[10]在百慕大群岛附近的深海进行了测量，水听器以不同间距垂直布放于海底。将水听器的输出信号进行相关分析，得到深海环境噪声相关峰随风速、水听器垂直间距的变化曲线，测量结果示于图 7-12。水平标度是相对时延，上面水听器对下面水听器的时延为正。由图中可以看到，在低风速时（图中左列），相关图在 0 时延处有相关峰，水听器间距增大，峰值仍存在，且还在 0 时延附近，表示信号是同时到达的；在高风速时（图中右列），相关峰随水听器

间距增大而变小（相关性变弱），并向右移动，时延随之变大，说明信号是先后
到达的。以上结果表明，在低风速时，噪声源是远处的行船和风暴，噪声从水
平方向到达水听器，因而几乎无时延；在高风速时，海面噪声成为主要噪声源，
噪声来自海面，不会同时到达垂直分开的水听器，所以时延不为零，且随着水
听器间距增大，时延也变大，相关图峰值变小，表示相关性随水听器间距增大
而变弱。

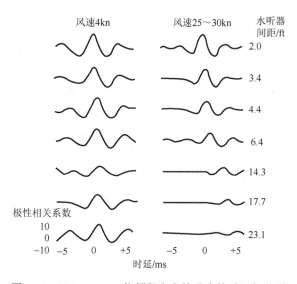

图 7-12　200～400Hz 倍频程内自然噪声的时延相关图

7.2.5　深海环境噪声的指向性

关于深海环境噪声的指向性，虽然人们在不久前对它的了解还不太多，但
随着信号处理技术的进步和深海水底水听器阵列的使用，已经可以得到重复性
良好的深海海底自然噪声的指向性图案，图 7-13 就是 Axelrod 等[11]在 112Hz 和
1414Hz 频率上的测量结果，该图是自然噪声的极坐标图，是将到达海底水听器
的单位立体角内的声强 $I_N(\theta)$ 作为角度 θ 的函数画出的。显然，在 112Hz 频率上，
由水平方向到达水听器的噪声强于垂直方向，其差值随风力的增加而变小。在
1414Hz 频率上，来自上面的噪声强于水平方向，其差随风力的增大而增大。这
里的结果表明，深海自然噪声具有指向性，它说明了以下事实，低频噪声来自
很远处，主要通过水平途径到达水听器；高频噪声则主要来自水听器正上方的
海面上。进一步的研究表明，海面辐射噪声有近乎 $\cos^2\theta$ 的指向性，这同 Cron
和 Sherman 的研究结果是一致的。

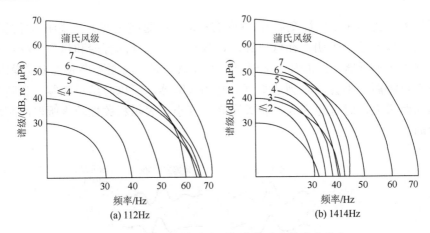

图 7-13　布放于海底的水听器接收噪声的强度分布

7.2.6　浅海环境噪声平均功率谱预报经验公式

由于海洋环境噪声源众多，作用机理复杂，不易用精确的数学表达式对其进行预测，只能通过大量的实测数据，得到典型曲线或经验预测公式，利用它们对环境噪声作出预报。

1. 浅海环境噪声经验公式

关于浅海环境噪声，主要由行船及工业噪声、风成噪声和生物噪声混合而成，这种混合情况随时间、地点而变。由于环境噪声这种时空变化性，难以用一个"全能"的数学模型来精确描述它，很多情况下是根据实测环境噪声，归纳总结经验公式来近似地描述它。以下是文献[12]提供的浅海环境噪声平均功率谱 $S(f)$ 的经验公式。

一级风：$\qquad\qquad S(f) = -14.2 \lg f + 96.3 \text{dB}$

二级风：$\qquad\qquad S(f) = -14.4 \lg f + 97.8 \text{dB}$

三级风：$\qquad\qquad S(f) = -13.1 \lg f + 98.3 \text{dB}$

四级风：$\qquad\qquad S(f) = -13.1 \lg f + 100.6 \text{dB}$ $\qquad$ （7-20a）

五级风：$\qquad\qquad S(f) = -12.8 \lg f + 103.1 \text{dB}$

六级风：$\qquad\qquad S(f) = -13.0 \lg f + 107.2 \text{dB}$

七级风：$\qquad\qquad S(f) = -14.4 \lg f + 114.9 \text{dB}$

2. Piggott 环境噪声谱级经验预报公式

式（7-20a）给出了以风速为参数的浅海环境噪声经验公式，文献[13]根据大量的实验数据，研究总结出了以风速和频率为自变量的浅海环境噪声谱级预报公式：

$$L(f,u) = A(f) + 20n(f)\lg u \qquad (7\text{-}20b)$$

式中，$L(f,u)$ 是噪声谱级 (re 1μbar [①])；f 为噪声频率（Hz），u 为风速（mi[②]/h），A 和 n 为由频率、季节、传播条件等因素决定的系数。

3. 用海况表示的浅海噪声谱级

还有一种浅海噪声谱级经验公式，是用海况表示的，其形式为

$$\text{NL}(f) = 10\lg f^{-1.7} + 6S + 55 \qquad (7\text{-}20c)$$

式中，NL 为噪声谱级；S 为海况等级[③]。

7.3　航船噪声理论模型

环境噪声源是多种多样的，其中航船噪声和风成噪声对声呐工作的影响最大。长期以来，人们对这两种噪声进行了大量的实验测量和理论研究，得到了很多实测噪声数据，并建立了多种噪声理论模型，下面将简要介绍这两种噪声的理论模型，并给出典型性实测数据。限于篇幅，以下介绍的噪声理论模型，均未展开讨论，有兴趣的读者请参阅有关文献。

7.3.1　航船噪声影响范围

航行中的舰船，推进器和各种机械都在工作，它们产生的振动通过船体向水中辐射声波，称其为舰船辐射噪声。舰船辐射噪声主要分布在低频范围，如 10～500Hz 频段内，对传播十分有利，因此可在远处被接收到。但是如果距离太远，经过远距离的传播衰减，它对水听器处的环境噪声的贡献就变得很小，被该处的环境噪声所掩盖，因而可忽略不计。大量资料表明，吨位大、航速高的船只，其最大辐射噪声级比环境噪声级高出 100dB 左右。考虑声传播损失，估计只有 100km 以内航行的船只对环境噪声会有明显贡献，更远距离上航行的船只对环境噪声的贡献可忽略不计。另外，近距离航行的船只，其作用不宜计入环境噪声，应是被动检测和被动识别问题。所谓近距离，一般理解为 10km 左右。因此，对于航船噪声，可仅考虑 10～100km 范围内的航行船只对环境噪声的贡献。

7.3.2　航船噪声理论建模要素

由于航行的船只的高流动性和其他不确定因素，要建立航船噪声的精确

---

① re 1μbar 表示参考声压为 1μbar。
② 英里，1mi = 1.609km。
③ 详见刘孟庵主编的《水声工程》（浙江科学技术出版社，2002）72 页。

理论模型是不现实的，迄今所得到的航船噪声模型，都是在理想条件下的统计平均结果。

航船噪声是不同地理位置上的所有船只辐射噪声的叠加，所以，理论建模首先要知道单独一艘船的声源级、船只密度和船只至水听器间的声传播损失等数据，这就是航船噪声理论建模的三个要素。

1. 航船噪声源级模型

1）Ross 模型[14]

第二次世界大战期间，Ross 对货船的源级进行了测量，得到了用航速和船只尺度表示的航船噪声源谱级：

$$L = 175 + 60\lg(v/25) + 10\lg(B/4) \tag{7-21}$$

式中，B 是螺旋桨叶数；v 是桨叶端速度（m/s）。

1985 年，Scrimger 和 Heitmeyer[15]使用拖曳阵对热那亚港内的 50 艘船在 70～700Hz 频率范围内进行源级测量。声传播损失由抛物方程得出，结果示于图 7-14，图中实线为 50 艘船的平均值，虚线是式（7-21）的预报值，它高出平均值约 4dB。明显地，由于船型不同，50 艘船的源级是很离散的，如图 7-14 中阴影部分所示。

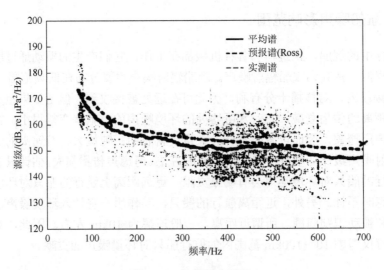

图 7-14　航船噪声源级

2）RANDI-2 模型[16]

在 RANDI-2 模型中，单独一艘船的平均声源级被表示为航速 v、船长 L 和频率 f 的函数：

$$SL = S_v(f) + 60\lg(v/12) + 20\lg(L/300) \tag{7-22}$$

在最新的建模研究中，$S_v(f)$ 从图 7-14 的平均曲线得到。在应用船只密度数据，即每块区域中的船只数量时，RANDI-2 模型认为只有一艘船位于该区域中心，其源级用一个合适的权因子 Dc 加权，即式（7-22）中的 S_v 应变为 $S_v \times Dc$，并对全部区域求和。

式（7-21）、式（7-22）和图 7-14 是针对货船的研究结果。文献[6]对军舰的声源级进行了研究，给出了军舰的声源级模型：

$$SL = 60\lg v + 9\lg T - 20\lg f + 20\lg D + 35 \qquad (7\text{-}23)$$

式中，v 为航速（kn）；T 为排水量（t）；f 为频率（kHz）；D 为距离（yd）。式（7-23）与客船、军舰和运输船在 5kHz 频率上的测量值相符，有 5.5dB 的标准差。需要说明，式（7-23）不适用于货船、油船。

3）船舶噪声的平均声源级

表 7-1 给出了一些船舶噪声的平均声源级[17]（距离 10m 处，声压谱级 re 1μPa²/Hz）。

表 7-1 船舶噪声的平均声源级

频率	货船	客船	战舰	巡洋舰	驱逐舰	猎潜舰
	10 n mile/h	15 n mile/h	20 n mile/h	20 n mile/h	20 n mile/h	15 n mile/h
100Hz	133dB	143dB	157dB	150dB	144dB	138dB
300Hz	123dB	133dB	147dB	140dB	134dB	128dB
1kHz	112dB	122dB	136dB	129dB	123dB	117dB
3kHz	102dB	112dB	126dB	119dB	113dB	107dB
5kHz	98dB	108dB	122dB	115dB	109dB	103dB
10kHz	92dB	102dB	116dB	109dB	103dB	97dB
25kHz	84dB	94dB	108dB	101dB	95dB	89dB

2. 船只密度

船只密度数据可以通过航测得到。在航船噪声测试期间，航测提供了每艘船的精确位置，输入船只位置分布和它们的航线后，通过求和得到接收处的航船噪声。

另一种得到船只分布数据的方法为 HITS（historical temporal shipping）[18]，它通过船只航行模型计算出船只密度。这种方法的船位精度用来计算传播损失较粗糙。

文献[19]的方法有较高的船位精度，达到（1/6～1/30）度。表 7-2[16]是地中海典型的船只密度数据。

表 7-2　地中海典型的航船密度

船只密度	船只数/(100n mile^2)
高	0.6～1.3
中	0.2～0.6
低	<0.2

注：1 n mile = 1852m。

3. 传播损失

计算声传播损失的常用方法有射线方法、简正波方法、抛物方程等，可根据现场条件选用合适的方法。

7.3.3　航船噪声理论模型

假设在感兴趣的区域内，有 M 条航线。在第 i 条航线上，平均有 N_i 艘船只航行，其中第 j 艘船只距水听器距离 d_{ij}，其源级为 NL_{ij}，则它在水听器所在处的声级为

$$NL_{ij} - TL_{ij}$$

式中，TL_{ij} 是与距离 d_{ij} 有关的传播损失。应用叠加原理，得到第 i 条航线上所有船只对环境噪声的贡献（声级）：

$$NL_i = 10 \lg \sum_{j=1}^{N_i} 10^{0.1(NL_{ij} - TL_{ij})} \tag{7-24a}$$

于是可得到 M 条航线上所有船只对水听器处环境噪声的总贡献（声级）：

$$NL = 10 \lg \sum_{i=1}^{M} \sum_{j=1}^{N_i} 10^{0.1(NL_{ij} - TL_{ij})} \tag{7-24b}$$

式（7-24b）仅考虑了航线上航行船只的贡献，不在航线上船只的贡献未计及。另外，上述模型过于简单，理论与实际情况有较大差距，它给出的值与实测数据之间有一定的偏差，因此仅有参考意义。

7.3.4　航船噪声的实测平均谱级

图 7-15[20]是航船噪声的实测平均谱级，它是由 Donald 研究得到的，是近 20 年来有价值的航船噪声谱数据。它应用了 40 个独立的谱，每个都是 2 年中的平均值，最小平均周期为一周。图中 6 条曲线自下而上表示了近年来航船噪声的变化，曲线 E-F 间的噪声级（15～20 年前，太平洋海域的噪声水平），已上升至

曲线 *C-D* 间的噪声级水平。在形成曲线 *C-D* 的时间内，噪声水平又上升至曲线
A-B 范围。

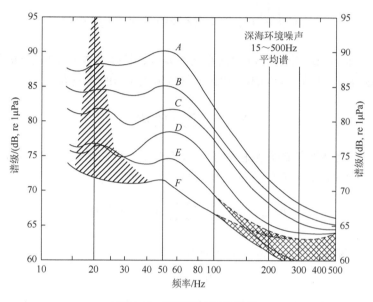

图 7-15　航船噪声平均谱级

7.3.5　航船噪声的空间指向性模型

1. RANDI-2 模型

航船噪声的空间指向性，取决于航行中的船只的数量和它们相对于水听器的
距离和方位、声传播损失及它随距离、方位的变化等因素。声传播损失可用简正
波方法、射线方法或抛物方程，结合水文条件计算得到。由 RANDI-2 模型[16]得
到航船噪声水平指向性表达式为

$$H(\theta) = 10 \lg \left[\sum_{s=1}^{n_s} 10^{(\mathrm{SL}_s - \mathrm{TL}_s(r_s, \theta))} \right] \qquad (7\text{-}25)$$

式中，n_s 是船只数量；r_s、θ 是第 s 艘船的距离和方位角；SL_s、$\mathrm{TL}_s(r_s, \theta)$ 是该
船的源级和声传播损失，以 dB 计。

2. 波束噪声的指向性模型[16]

波束噪声，指的是接收器为阵列时所接收到的噪声，即水听器阵的波束与各
噪声源的卷积。利用每个阵元的复数声压输出可以得到任意形状阵的输出，
SUPERSNAP 简正波模型[21]被用来计算必要的输入数据，如随深度变化的衰减系

数和简正波振幅等。设声源位于 (r,θ) 处，深为 Z_s 的阵的第 i 个水听器输出的 m 阶简正波的复声压 $P_{i,s,m}$ 可用 RANDI-2 模型得到：

$$P_{i,s,m} = \sqrt{\frac{2\pi}{k_m r_i}} U_m(Z_s) U_m(Z_i) \exp(ik_m r_i - \alpha_m r_i - \pi i/4) \tag{7-26}$$

式中，k_m、α_m、U_m 分别是 m 阶简正波的波数、衰减系数和振幅-深度变化因子；$r_i = r - id\cos\theta_s$，d 是阵元间隔。由此得接收阵对 s 船的响应为

$$AR_m = S_s \sum_{i=1}^{N} W_i(\theta_s) P_{i,s,m} \tag{7-27}$$

式中，$W_i(\theta_s)$ 是水听器的复数权因子，它是方位角 θ_s 的函数；N 是水听器总数；S_s 是船 s 的源级。对所有的船只求和，得到总的贡献为

$$T_{inc} = 10\lg\left[\sum_s S_s \sum_m \left(\sum_i W_i P_{i,s,m}\right)^2\right](dB) \tag{7-28}$$

利用 RANDI-2 模型，得到噪声场水平指向性为

$$H(\theta) = 10\lg(S_s P_1) \tag{7-29}$$

式中，P_1 是某个水听器处的声压，这个水听器可以是阵的第一个水听器，也可以是阵的中间水听器。

7.4 风成噪声理论模型

风成噪声又称波浪噪声，它是风作用下，海面波浪运动产生的噪声，其本质是分布于海表面的大量噪声源的辐射噪声在接收点的叠加。因此，对于风成噪声的建模研究，归结为声源特性和声传播特性研究。关于海面噪声源，通常认为它具有指向性 $\cos^m\theta$，$m=1,2$。当 $m=1$ 时，海面噪声源就是偶极源；海面噪声源的强度则是风速和频率等参数的函数。至于声传播特性，实际上是研究平面分布噪声源所产生的声波，在非均匀海水介质中的传播特性。

7.4.1 风成噪声声源级模型

研究风成噪声和测量阵对风成噪声的响应，都需要用到风成噪声声源级 SL。SL 被定义为单位面积海面产生的噪声源级，它取决于风速与频率，与位置无关。目前有两种方法给出 SL 值，一种是 Wilson 经验公式，另一种是 Kuperman 等的方法，由实验测量得到 SL 值。

1. Wilson 风成噪声源级模型

Wilson 模型[22]是经验模型，它适用频率 50～1000Hz，风速 10～30kn，它包含的风速因子称为白帽指数。白帽指数 $R(v)$ 指海表面被白帽覆盖的百分比，由式（7-30）决定：

$$R(v) = \begin{cases} 0, & 0 \leq v < 9 \\ v^3/1749.6 - v^2/81.00 + 1.5v/4.32, & 9 \leq v \leq 30 \\ R(30)(v/30)^{1.5}, & v > 30 \end{cases} \quad (7\text{-}30)$$

式中，v 是风速（kn），当 v 从 10kn 增加至 30kn 时，R 从 2.8%增至 14.7%。应用白帽指数，Wilson 给出了作为频率 f 和白帽指数 R 函数的风成噪声源级模型：

$$\text{SL}(f,v) = cR(v)S(f) \quad (7\text{-}31)$$

式中，常数 c 满足

$$10\lg c = 66.187(\text{dB, re } 1\mu\text{Pa})$$

频率因子 S 为

$$S(f) = 0.03537 f^{1/2}$$

频率 f 的单位是 Hz。以上结果是在面源为偶极源条件下得到的，如将声源视作单极源，位于海面下 z 深度处，则其声源级 SL_m 为

$$\text{SL}_m = \text{SL}(v,f,z=0)/(2kz)^2 \quad (7\text{-}32)$$

式中，k 是波数。

表 7-3 是由 Wilson 模型给出的偶极源辐射噪声源级。

表 7-3　Wilson 模型给出的风成噪声源级[偶极源辐射，dB，re $1\mu\text{Pa}^2/(\text{Hz}\cdot\text{m}^2)$]

风速/kn	频率/Hz					
	10	20	50	100	500	1000
10	47.0	47.0	49.0	50.0	49.0	48.0
20	59.0	59.5	61.5	62.7	61.7	61.7
30	64.4	65.0	68.1	69.0	66.5	65.0
40	69.5	70.5	72.0	71.5	69.5	68.0
50	73.0	74.0	75.0	73.5	70.9	69.4
60	75.0	76.0	76.2	74.7	72.3	70.6

2. Kuperman/Ferla 源级模型

本模型由实测环境噪声级通过传播损失修正得到源级。在地中海浅水海域

测得了环境噪声，频率范围为 400Hz～3.2kHz，并采用 K/I 模型[23]（$m=1$ 对应于偶极源指向性），修正传播效应后得到源级，结果示于图 7-16 中（其中，400Hz 以下频段结果中可能包含有远方航船噪声）。作为比较，图 7-16（b）中还给出了三个频率上的 Wilson 模型结果（虚线所示）。由图 7-16（b）可见，在 30kn 风速条件下，两者符合良好；在 10kn 风速处，符合程度最差；风速 20kn 时，两者偏差 2～3dB。

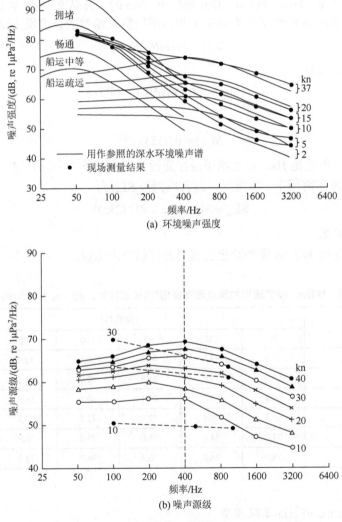

图 7-16 Kuperman 和 Ferla 给出的环境噪声强度和噪声源级

7.4.2 风成噪声级模型

利用以上结果，文献[16]给出风成噪声级表达式：

$$绝对声级(dB, re\ 1\mu Pa^2/Hz) = SL(Wilson) + K/I \quad (7\text{-}33)$$

Kuperman/Ferla 源级模型提供了延伸至 1kHz 以上频率的数据。只要针对环境条件采用相应的源级和校核图 7-16（a）所给出的噪声级 Kuperman/Ferla 模型中的两条曲线可用于校准任意选定的噪声模型。根据图 7-16（b），得到 800Hz、1600Hz 和 3200Hz 三个频率在不同风速下的源级，结果列于表 7-4 中。

表 7-4 由 Kuperman/Ferla 源级模型得到的源级

风速/kn	源级/(dB, re $1\mu Pa^2$/Hz)		
	800Hz	1600Hz	3200Hz
10	51.4	46.2	43.5
20	58.4	54.0	50.0
30	64.3	59.7	55.1

7.4.3 风成噪声指向性理论模型

风成噪声是由分布在海面上的噪声源引起的，这些噪声源都有各自的空间指向性，因而风成噪声也具有指向性[16]。

1. Cron/Sherman（C/S）模型

早期的研究假设噪声源分布在海面层中，噪声源具有 $\cos^m\theta$ 形式的辐射指向性。通常，$m=1$ 或 2，前者相应于偶极源。这里的 θ 是以垂直向下为零度计的俯仰角。对于声传播，模型仅考虑直线传播，因此相关系数仅与水听器间距 d 有关，与它的绝对深度值无关。于是得到复垂直相关函数：

$$m=1时, C_{il} = 2\sin(kd)/(kd) + 2[\cos(kd)-1]/(kd)^2$$
$$- 2j[\cos(kd)/(kd) - \sin(kd)/(kd)^2] \quad (7\text{-}34a)$$

$$m=2时, C_{il} = 4\sin(kd)/(kd) + 12\cos(kd)/(kd)^2 - 24\sin(kd)/(kd)^3$$
$$- 24[\cos(kd)-1]/(kd)^4 - 4j[\cos(kd)/kd - 3\sin(kd)/(kd)^2$$
$$- 6\cos(kd)/(kd)^3 + 6\sin(kd)/(kd)^4] \quad (7\text{-}34b)$$

式中，k 是波数；d 是水听器垂直间距；i、l 是阵元序号。

2. Chapman 模型

Chapman 改进了 C/S 模型，考虑了声传播效应和海底反射过程，得到作为俯仰角 θ 函数的噪声强度指向性函数：

$$I(\theta) = \begin{cases} I_0(\theta)\dfrac{1}{1-V(\theta)}, & \theta > 0 \\ I_0(\theta)V(\theta)\dfrac{1}{1-V(\theta)}, & \theta < 0 \end{cases} \tag{7-35}$$

式中，$V(\theta)$ 是平面波在海底上的强度反射系数；$I_0(\theta) = I_0^* S(\theta)/(2\pi\sin\theta)$，$S(\theta)$ 是源的指向性函数，I_0^* 是单位面积海面的源强度。

3. Buckingham 模型

Buckingham 应用离散简正波模式推导了等声速低衰减浅海声道中的噪声垂直相关系数和阵增益。低衰减假设允许不计简正波连续谱，因此，该模型仅在离散简正波范畴成立。Buckingham 表示了水中准均匀区域的存在性，那里垂直方向上两个水听器间的相关系数取决于水听器间隔 $z_i - z_l$，与深度绝对值无关，于是它们间的相关系数 C_{il} 为

$$C_{il} = \pi N A^2 z_0 \{\sin[(M+1/2)(z_i - z_l)]\sin(z_i - z_l)/2 - 1\}/\Delta \tag{7-36}$$

式中，M 是简正波数目；z_i、z_l 是水听器深度；z_0 是声源层深度；N 是单位面积上源的数量；A 是常数；Δ 是反映简正波衰减的一个量。

4. Plaisant 模型

Plaisant 应用射线理论处理声源到接收处的传播问题，并考虑了海水吸收、海底损失、变化的声速剖面等因素，得到了噪声强度随俯仰角、水听器之间的互相关函数变化的表达式。对于 $m=1$ 的偶极源，在 500Hz 以上频段，它的结果与测量值符合良好。该模型得到的相关系数仅与水听器间距有关，与它们的绝对值无关。

5. Kuperman/Ingenito（K/I）模型

K/I 模型完整处理了风成噪声的传播，既考虑了离散模式，也考虑了连续模式。声源层视为无限大，恰好位于海面下（层深 $z < \lambda/4$，λ 是波长），这就表明，海面就是指向性噪声源层。当声源指向性与阵指向性之间具有确定的关系时，如声压指向性有形式 $\cos^m \alpha$，则声源相关函数为

$$N(\rho) = \begin{cases} 2^m m! J_m(k\rho) / (k\rho)^m, & m > 1 \\ 2\sigma(\rho) / k^2 \cdot \rho, & m = 1 \end{cases} \qquad (7\text{-}37)$$

式中，ρ 是面上源间距离；$J_m(k\rho)$ 是 m 阶贝塞尔函数。

6. CANARY 模型

CANARY 模型是近期发展起来的用于快速计算噪声随深度的变化、垂直指向性和阵响应的程序。它应用射线理论，考虑了变化的声速剖面、海底反射系数和海水的吸收。在射线处理中，多途效应可通过求和来解决，因此该方法可扩展用于距离有关环境和非均匀源分布情况。

7.4.4 风成噪声的理论结果和高风速条件下的测量结果比较

下面是风成噪声的理论结果和高风速条件下测量结果的比较，比较内容是垂直和水平阵响应，结果如下。

1. 垂直阵响应

1985 年，人们在撒丁岛以西的浅水海域进行了噪声测量，测量条件为高风速（22kn），低速航船噪声。人们将特殊站位上的 K/I 模型结果与垂直阵实测结果进行了比较，K/I 模型中使用的声速分布取自实测值，海底参数是估计的。图 7-17[16]给出了 400Hz 时垂直阵响应的理论模型与测量结果的

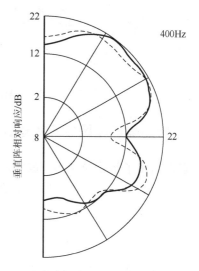

图 7-17　垂直阵响应的理论模型-测量结果比较

比较，图中实线为测量结果，由 32 元垂直阵得到，虚线是 $m = 1$ 的 K/I 模型结果。

2. 水平阵响应[16]

将 K/I 模型给出的水下阵响应结果与船只稀疏海域拖曳阵响应进行了比较。取不同的权系数，应用 WIT 算法得到拖阵测量噪声的指向性。结果表明，在 300Hz 以上频段，基本上无指向性，并在向北方向有很低的噪声级，这组数据体现了向南的阵权重，使得端向环境噪声被抑制。理论模型应用 540m 深海域的声速剖面，海底参数来自 BLUG，结果示于图 7-18。图 7-18（a）所示为频率 750Hz，指向性

指数 $m = 1$BLUG 数据库，其中实线表示水平阵对噪声场连续谱的响应，虚线则是对离散谱的响应。图中箭头表示向北的权重。结果表明，声传播模式、海底底质和海面粗糙度对水平响应有非常重要的影响。将噪声场的离散部分和连续部分结合起来，得到的结果示于图 7-18（b），由它可以看出，由实线表示的理论结果和由虚线表示的测量结果符合良好（图中给出的级已由一个因子归一化，不是绝对值）。

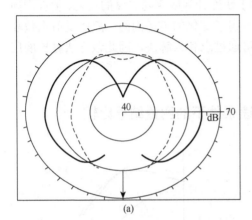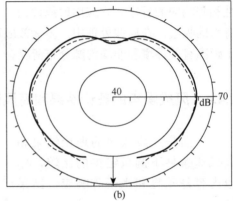

图 7-18　水平阵响应的理论模型-测量结果比较

7.4.5　航船噪声和风成噪声理论模型小结

前面给出了航船噪声和风成噪声的理论模型，为方便阅读，以下列表给出航船噪声、风成噪声和海洋环境噪声的理论模型，简要说明模型的适用条件、输出结果及其出处。

1. 噪声的理论模型简表[16]

航船噪声和风成噪声模型及其输出结果如表 7-5 所示。

表 7-5　航船噪声和风成噪声模型及其输出结果

风成噪声模型	海洋环境	输出结果			
		噪声级	相关函数	垂直指向性	阵响应
Cron/Sherman	理想等声速/无限深	√	√		
Chapman	等声速/一层海底	√	√	√	
Buckingham	等声速/低衰减信道	√	√	√	
Plaisant	变声速剖面/作为掠射角函数的海底损失	√	√	√	√

风成噪声模型	海洋环境	输出结果			
		噪声级	相关函数	垂直指向性	阵响应
K/I 波动理论	变声速剖面/对两层海底	√	√		√
（RANDI-2 和 DASES）	需海底声学数据				
CANARY 射线理论	变声速剖面/海底、海面吸收损失	√	√	√	√
航船噪声		噪声级（绝对值）		水平指向性	阵响应
RANDI-2	变声速剖面/海底参数/距离、航向	√		√	√任意阵
RANDI-3		√		√	√
Marrett	简单传播损失/航向	√		√	

注：√ 表示有该项结果输出。

2. 海洋环境噪声理论模型简表[16]

长期以来，水声界对海洋环境噪声理论模型作了大量的研究工作，表 7-6 是现有噪声模型的汇总表，它按环境噪声模型和波束噪声统计模型分类排列，并给出了相应的出处，表中数字与注释条目相对应。

表 7-6　海洋环境噪声模型汇总表

环境噪声模型	波束噪声统计模型	
	解析法	模拟法
AMBENT	BBN shipping noise	BEAMPL
ANDES	BTL	DSBN
CANARY	USI array noise	NABTAM
CNOISE	Sonobuoy noise	
DANES		
DINAMO		
DUNES		
FANM		
Normal mode ambient noise		
RANDI-I/II/III		

环境噪声模型的注释如下。

（1）AMBENT 计算呈圆柱对称波束的环境噪声级，该波束由均匀分布的海面辐射源产生。这里用 NISSM 计算传播效应。AMBENT 的目的是确定风、雨或风雨的噪声级。

（2）ANDES（4.2 版本）用于浅海环境噪声建模，包括航运密度和声速数据库。另外，能反映由风速和传播损失场中离散声源运动引起的噪声指向性的起伏变化。

（3）CANARY 是基于声线的环境噪声和噪声相干模型，用于评估距离和方位有关的环境下的声呐性能。CANARY 模型将噪声源看成面分布而不是点源（也可参见 DINAMO 模型）。

（4）CNOISE 模型用于预报航运引起的环境噪声。这里与距离有关的传播损失必须由外部产生。

（5）DANES 模型产生噪声级和航运噪声和风成噪声的水平指向性估计。

（6）DINAMO 模型模拟三维噪声指向性和实际声呐阵性能。DINAMO 模型与 CANARY 模型的联系比较紧密，CANARY 模型主要用于科学研究。DINAMO 模型直接对噪声场指向性和声呐换能器阵指向性之积做空间立体角积分，而 CANARY 模型首先计算声呐阵的相关矩阵，然后将这些项相加得到声呐阵响应。

（7）DUNES 模型估计频率上的全向、垂直、水平和三维指向性噪声。这个模型包括高纬度和坡度增强的风成噪声效应。模型重点在自然环境噪声的计算。因此，航运噪声的贡献被外在加入，并不依靠庞大的航运数据库。

（8）FANM 模型用简单（距离无关）的海洋环境和航运及风速数据库预测接收端的环境噪声。

（9）Normal mode ambient noise 模型计算随深度变化的相对噪声级，以及任意两点的噪声场相关情况。采用声场的简正波模型来计算。

（10）RAND-I/II/III 模型的最早版本是 RAND-I，它计算和显示频率范围为 10Hz～10kHz 环境噪声场的垂直和水平指向性。RAND-II 模型在 SACLANTCEN 模型的基础上构建，用于解释浅海环境噪声的特殊机理。RAND-III 模型（3.1 版本）用于频率范围从低频到中频、浅海与深海的环境噪声级和指向性预报。可用有限元方法或分段抛物方程模型计算变化环境中的航运噪声。局部风成噪声可以用距离无关的理论来计算，如 Kuperman-Ingenito 方法，也包括离散简正波方法和连续谱方法。关于海洋环境信息的建立是基于美国海军数据库和历史数据库的。3.3 版本是对 3.1 版本的改进，使其应用于浅海环境测量和估计信息加入该模型中。

波束噪声统计模型的注释如下。

解析法：

（1）BBN shipping noise 模型使用声源级数据计算波束噪声能量包络的概率密度函数。

（2）BTL 模型对低频水平波束系统提供航运噪声的统计学描述。

（3）USI array noise 模型估计波束噪声的集平均以及时间平均的一维统计概率密度函数。

（4）Sonobuoy noise 模型服务于声呐浮标的应用。它既考虑了航运噪声的时间相关，也考虑了分布式传感器平均强度的空间相关。

模拟法：

（1）BEAMPL 模型计算用户指定波束的随机环境噪声时间序列，该模型考虑了指定路线舰船统计运动规律。

（2）DSBN 模型通过水面舰船、传播损失和接收端等子模型产生波束噪声的时间序列。

（3）NABTAM 模型计算水听器线列阵对风-海面交互作用、水面舰船以及指定目标舰船所产生的冲激响应。

7.5　舰船和鱼雷的辐射噪声

舰船、潜艇和鱼雷所辐射的噪声，是被动声呐系统赖以探测、分类识别和跟踪目标的信号源，被动声呐方程中的声源级 SL 就是用来度量这种辐射噪声的。

研究舰船辐射噪声，总结其特点和规律有着重大的意义，这可从辐射噪声对舰船的危害看出。首先，辐射噪声破坏了舰船，特别是潜艇的隐蔽性，为对方的水声探测器材提供了搜索、探测和跟踪的信息。噪声的这种危害对潜艇几乎是致命的。其次，舰船辐射噪声有可能引爆某些水中兵器，如装有声引信的水雷、鱼雷，从而对自身的安全形成巨大威胁。最后，舰船辐射的噪声对本舰的水声观通作业造成严重干扰，导致“耳目”失灵，甚至使其无法工作。以上分析充分表明了舰船辐射噪声的危害性，它成了威胁舰船自身安全和影响其战斗力的一个重要因素。

另外，水下声制导兵器和声引信武器又是根据这种辐射噪声进行跟踪和实施攻击的，因此，舰船辐射噪声特性又是水中兵器研制的重要依据。

舰船、鱼雷辐射噪声几乎是集各种噪声之大成，其明显的特点是声源繁多、集中，噪声强度大，频谱成分复杂。目前，随着舰船技术的发展，舰船排水量和动力系统功率越来越大，航速也日益提高，辐射噪声也将进一步增大。另外，由于电子技术的进步，水声观通器材的作用距离越来越远，精度越来越高。这些进步，对舰船自身安全构成了越来越大的威胁。针对这种情况，加大对舰船辐射噪声的研究力度，采取各种减振降噪措施，尽可能地降低辐射噪声，乃是船舶工业和科研部门的当务之急。

7.5.1　舰船辐射噪声的声源级和噪声谱

舰船、潜艇和鱼雷在航行或作业时，推进器和各种机械都在工作，它们产生的振动通过船体向水中辐射声波，这就是舰船辐射噪声。被动声呐方程中的声源级 SL 就是用来描述这种辐射噪声强弱的一个参数，它定义为水听器声轴方向上离源等效声中心 1m 处的声强与参考声强之比的分贝数。事实上，辐射噪声声源级总是在离舰船一定距离处测得的，声场具有远场辐射特性。在远场测得噪声级后，再修正传播损失，归算到离源等效声中心 1m 处，再由式（7-38a）得到辐射噪声源的声源级 SL：

$$SL = 10\lg\frac{I_N}{I_0} \qquad\qquad (7\text{-}38a)$$

式中，I_N 是换能器工作带宽 Δf 内距噪声源声中心 1m 处的噪声声强；I_0 是参考声强。

如果在换能器工作带宽 Δf 内换能器的响应是均匀的，则可得到 1Hz 频带内的源级等于

$$SL(f) = 10\lg\frac{I_N}{I_0\Delta f} \qquad\qquad (7\text{-}38b)$$

式中，$SL(f)$ 称为辐射噪声源的谱级，在工程上被经常应用。

舰船、潜艇、鱼雷的辐射噪声是众多噪声源的综合效应，这些噪声源有推进器、转动和往复式机械、各种泵等，它们产生噪声的机理各不相同，因此，辐射噪声的谱线形状也比较复杂。众所周知，噪声谱有两种基本类型：一种是单频噪声，它的谱线为线谱，如图 7-19（a）所示；另一种是连续谱，噪声谱是频率的连续函数，如图 7-19（b）所示。然而，就舰船辐射噪声而言，在很大的频率范围内，实际的噪声由上述两类噪声混合而成，其谱线表现为线谱和连续谱的叠加，如图 7-19（c）所示。

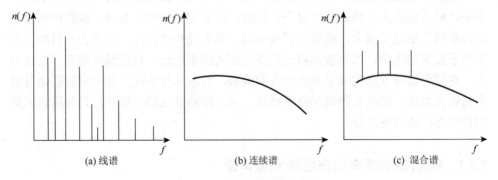

图 7-19　辐射噪声谱示意图

7.5.2 舰船辐射噪声源及其一般特性

大量舰船辐射噪声资料表明,舰船辐射噪声源基本分为三大类:机械噪声、螺旋桨噪声和水动力噪声,详见表 7-7。

表 7-7 辐射噪声源一览表

机械噪声: 主机(柴油机、主电动机、减速器) 辅机(发电机、泵、空调设备)
螺旋桨噪声: 螺旋桨上或其附近的空化 螺旋桨引发的船壳共振
水动力噪声: 水流辐射噪声 空腔、板和附件的共振 在支柱和附件上的空化

1. 机械噪声

机械噪声指的是航行或作业舰船上的各种机械的振动,通过船体向水中辐射而形成的噪声。根据舰上各种机械产生噪声的机理,又可将机械噪声分成如下五类。

(1)不平衡的旋转部件,如不圆的轴或电机电枢等工作时产生的噪声。

(2)重复的不连续性,如齿轮、电枢槽、涡轮机叶片等工作时产生的噪声。

(3)往复部件,如往复式内燃机汽缸中的爆炸等产生的噪声。

(4)泵、管道、阀门中流体的空化和湍流,凝汽器排气等流体动力噪声。

(5)轴承和轴颈上的机械摩擦产生的摩擦噪声。

由于各种机械运动形式不同,它们所产生的水下辐射噪声的性质也就不同。一般地说,不平衡的旋转部件、重复不连续性的工作部件和往复部件所产生的噪声大多为线谱噪声,其主要成分是振动基频及它的谐波分量。而各种管道、泵中流体的空化、湍流、排气以及轴承、轴颈上的机械摩擦等所产生的噪声属于连续谱噪声。如结构部件被激起共振,还应叠加相应的共振线谱。以上三种噪声,组成了舰船机械噪声,并决定了其频谱是强线谱和弱连续谱的叠加。由于这类噪声与舰船航行状态及机械工作状态密切有关,所以,这类噪声的频谱结构比较复杂,而且还是多变的。

机械噪声是舰船辐射噪声低频段的主要成分。

2. 螺旋桨噪声

螺旋桨也是机械设备,但其产生噪声的机理和所产生噪声的频谱不同于上述的机械噪声。螺旋桨噪声是由旋转着的螺旋桨与流体相互作用所产生的噪声,它由螺旋桨空化噪声、唱声和叶片速率谱噪声组成,这三种噪声产生的机理不同,其特性也不同。

1)空化噪声

螺旋桨在水中旋转时,当转速达到一定值时,叶片尖端和表面上会产生负压区,如负压达到足够高,就会产生气泡,这种现象称为空化。空化产生的气泡破裂时会发出尖的声脉冲，大量气泡破裂产生的噪声是一种很响的咝咝声，即所谓的空化噪声。这种噪声往往是舰船辐射噪声高频段的主要部分。

因为空化噪声是由大量大小不等的气泡随机破裂引起的，所以空化噪声是连续谱，它随频率、航速和螺旋桨深度的变化而变化，典型曲线如图 7-20 所示。在高频段，它的谱级随着频率的增高大约以 6dB/倍频程的斜率下降；在低频段则随频率的增高而增高（在实际测量中，低频段的这种变化往往被其他噪声所掩盖）。因此，谱线形成一个峰，这个峰通常在 100～1000Hz 十倍频率范围内，而且随航速和螺旋桨深度而变化，图 7-20 中的箭头表示了这种规律。由图可知，当航速增加和螺旋桨深度变浅时，谱峰向低频端移动，这是因为在高航速和浅深度情况下，容易产生大的空化气泡，因而产生大量低频噪声，使谱峰向低频端移动。又因气泡较大，其强度也就高于高频段噪声。

空化现象只在舰船达到一定航速时才产生，此时，船的高频辐射噪声突然增大，这个航速称为舰船临界航速。第二次世界大战时，曾对航行在潜望镜深度的潜艇进行过测量，图 7-21[17]示出了螺旋桨空化噪声与航速间的依赖关系。由图可知，临界航速在 3～5kn。航速低于临界航速时，此时基本上不出现空化现象，因此空化噪声级很低，一旦航速增大至临界航速，空化就骤然发生，空化噪声级急剧增大，增值可达 20～50dB；航速继续增大时，由于空化已很充分，基本达到了饱和，所以，噪声仅以 1.5～2.0dB/kn 的斜率缓慢增长，并渐趋平稳。这就是图 7-21 中的曲线呈 S 形的原因。

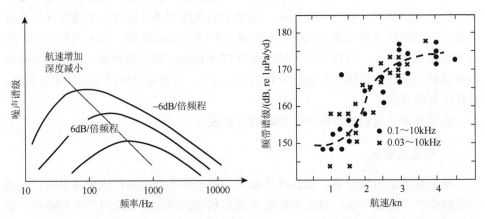

图 7-20　空化噪声谱随航速和深度的变化　　图 7-21　潜望镜深度潜艇的宽带辐射噪声

由于空化还和静压力有关，静压力越大越不容易空化。所以，临界航速还和潜艇的航行深度有关，这表现为航行深度增加时，临界航速也相应地提高。

除航速和深度外，还有很多因素影响螺旋桨辐射噪声。如损坏的螺旋桨比未损坏的螺旋桨产生的噪声大，船只加速中或转向时比正常运转时的噪声大。此外，海流激励使螺旋桨叶片作受迫振动，特别是共振时，将会产生强烈的噪声。

这里需要说明，水面舰艇的螺旋桨空化噪声与航速的关系不呈 S 形，噪声级随航速是渐增的，但其关系变得很复杂。

2）唱声

螺旋桨噪声的另一主要成分是唱声，它是由于涡流扩散激励螺旋桨叶片共振而产生的，是 100～1000Hz 频率范围内的低频强线谱。螺旋桨设计中，是不允许产生唱声的，但工业部门制造的舰船，仍不免少数船只在某些工况下会产生唱声。

3）叶片速率谱噪声

螺旋桨工作于紊流环境中，叶片旋转时周期切割流体而产生的低频系列线谱噪声，称为叶片速率谱噪声，其频率在 1～100Hz 范围内，满足如下关系：

$$f_m = mns \qquad (7\text{-}39)$$

式中，n 是螺旋桨叶片数；s 是螺旋桨转速（r/s）；m 是谐波次数；f_m 是相应的频率（Hz），它是潜艇低频段 1～100Hz 噪声的主要成分。这种频谱特性常被声呐系统用作识别目标和估计目标速度的依据。

4）螺旋桨噪声在水平面内的指向性

螺旋桨噪声在不同方向上的辐射是不均匀的，在环绕船的水平面内有指向性。测量结果表明，舰船艏艉线方向比正横方向辐射的噪声小，这可能是由于船体的遮挡（对船艏）和尾流的影响（对船艉）。通常，在与舰船艏艉线方向呈 30° 角度内，指向性图案有凹进部分，船艏方向比船艉方向凹进略多些，约为数分贝。

3. 水动力噪声

水动力噪声是船体与海流有相对运动时，船体表面产生的噪声，是水流动力作用于舰船的结果。水动力噪声的机理如下。

（1）水流冲击会激励舰船部分壳体振动，也可能激励某些结构产生共振，如前面提到的螺旋桨叶片的共振，甚至还可能引起壳体上某些凹穴腔体的共鸣产生辐射噪声。

（2）由湍流附面层产生的流动噪声也是一种水动力噪声，称为流噪声。这是黏滞流体的特性，即使在无凹穴或光顺的物体上也会产生噪声。

（3）航行舰船的船艏、船艉的拍浪声、船上主要循环水系统的进水口和排水口处发出的噪声也属于水动力噪声。

水动力噪声是一种无规则噪声。按布洛欣采夫（Blokhintsev）的理论，其噪声强度 I_W 主要与航速有关，可表示为

$$I_W = kv^n \qquad\qquad (7\text{-}40)$$

式中，k 是常数；v 是航速；n 是与船只水下线型等因素有关的一个量。

一般情况下，舰船水动力噪声在强度上往往被机械噪声和螺旋桨噪声所掩盖。但在特殊情况下，如当结构部件或空腔被激励成强烈线谱噪声的谐振源时，水动力噪声有可能出现在线谱范围内，成为主要噪声源。

7.5.3　辐射噪声源概要

1. 三类辐射噪声的强度

上面提到的三大类辐射噪声源中，机械噪声和螺旋桨噪声在多数情况下是主要的辐射噪声，至于这两种噪声中哪种更重要，则取决于频率、航速和深度。图 7-22 表示的是两种航速下潜艇的噪声谱，图 7-22（a）是低航速下的谱，图 7-22（b）则是高航速下的谱。在图 7-22（a）中，空化噪声刚开始出现，谱的低频端主要为机械噪声和螺旋桨叶片速率谱线，随着频率增高，这些谱线不规则地降低。有时，也可能在连续谱背景上叠加一条或一组高频谱线，它们是由螺旋桨叶片被激共振产生的，如船上装有噪声大的减速器，它也可能是这种强线谱的源。

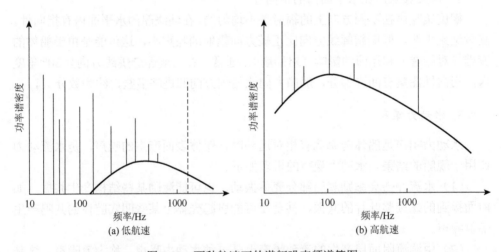

图 7-22　两种航速下的潜艇噪声频谱简图

在图 7-22（b）中，因潜艇航速较高，此时已出现空化，螺旋桨噪声显著增强，谱线的峰向低频端移动，其中某些谱线的声级因此变大，但恒速运转的机械产生的谱线噪声并不变化，不受航速增加的影响。由图可见，在高航速时，螺旋桨空化噪声的连续谱更为重要，掩盖了很多线谱。

另外，在航速一定时，因静压力的作用，螺旋桨噪声随深度增加而减小；在深度一定时，则随航速增加而增加。

综上所述，对给定的航速和深度，存在一个临界频率，低于此频率时，谱的主要成分是船的机械和螺旋桨的线谱，高于此频率时，谱的主要成分则是螺旋桨空化的连续噪声谱。对于通常的舰船和潜艇，临界频率在 100～1000Hz，这取决于船的种类、航速和深度。鱼雷由于其机械的运转速度比较高，临界频率相应也较高，线谱也移向高频端。

2. 舰船辐射噪声的指向性[24]

舰船辐射噪声是具有指向性的，图 7-23 所示为同一水平面内，沿船一周所测得的辐射噪声分布曲线，它明显不是均匀的，船艏和船艉方向上要小一些，前者是因为船体对螺旋桨噪声的屏蔽，后者则是由尾流的屏蔽所造成。

3. 舰船辐射噪声沿船长的分布[24]

图 7-24 中，给出了舰船辐射噪声沿船长的分布，图中航速 $v_1 < v_2 < v_3 < v_4$。对于图 7-24 可作如下解释：航速不大时（如 v_1），船中部有极大值，此时主机等产生的机械噪声是辐射噪声的主要成分。随着航速增加（如 v_2），艉部出现第二个极大值，这时，螺旋桨噪声成了主要成分。航速再增加（如 v_3），艏部出现极大值，这是航速达到一定值时，艏部击浪和绕流水动力噪声增大的结果。

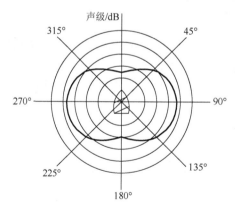

图 7-23　舰船辐射噪声指向性统计特性

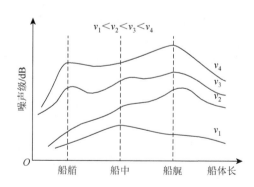

图 7-24　辐射噪声沿船长的分布特性

4. 舰船辐射噪声的通过特性[24]

舰船辐射噪声的通过特性，是舰船沿一定航向通过无方向性水听器时，辐射噪声的变化特性，如图 7-25 所示。此时的声压幅值表示为

$$P_r = P_0 \left(\frac{H}{r} \right)^{\beta} \tag{7-41}$$

式中，P_0 是舰船在正横距离上的声压级；H 为水听器布放深度；r 是舰船与水听器间的距离，$r = \sqrt{x^2 + y^2 + H^2}$，$x$、$y$ 是舰船水平坐标，见图 7-25；β 是系数，取值为 1.3~1.7，一般可取 1.5。

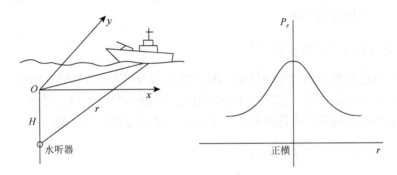

图 7-25　舰船通过特性示意图

　　舰船辐射噪声的通过特性，对声引信兵器的设计具有重要的意义。

7.5.4　舰船、潜艇、鱼雷的辐射噪声级

　　1. 二战时期几种舰船的典型辐射噪声级

　　舰船辐射噪声信息被列为极高级机密，尤其是潜艇和鱼雷的辐射噪声。表 7-1 给出了六类舰船的平均辐射噪声声源级，作为比较，表 7-8[6]给出了二战时期几种舰船的典型辐射噪声谱级（以 dB 为单位，以 $1\mu Pa$ 为参考级，1Hz 带宽内，折算到 1m 处）。

表 7-8　几种舰船的典型声源级

舰船	航速/(m/s)	频率/Hz						
		100	300	1000	3000	5000	10000	25000
货船	5	151	141	130	120	116	110	102
客船	7.5	161	151	140	130	126	120	112
战舰	10	175	165	154	144	140	134	126
巡洋舰	10	168	158	147	137	133	127	119
驱逐舰	10	162	152	141	131	127	121	113
猎潜舰	7.5	156	146	135	125	121	115	107

2. 水面舰船辐射噪声声源级

（1）水面舰船辐射噪声随航速变化的曲线[6]。

图 7-26（a）给出了几种水面舰船在 5kHz 频率上的平均谱级随航速变化的曲线，图 7-26（b）是相对谱级曲线，并指出了每种船个别测量值偏离曲线的标准偏差（用 dB 表示）。

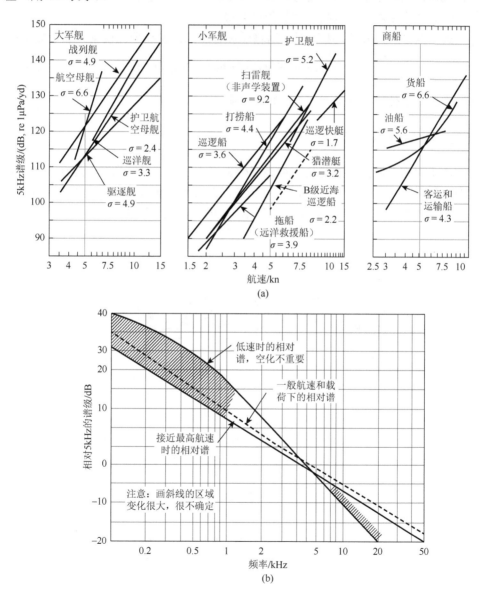

图 7-26　几种水面舰船的平均辐射噪声谱级

（2）大型军舰、油船和货船的平均辐射噪声声源级[6]：

$$SL = 51 \lg v + 15 \lg T - 20 \lg f + 20 \lg D - 13.5 \qquad (7\text{-}42)$$

式中，v 为螺旋桨叶尖速度（ft/s）；T 为排水吨位（t）；f 为频率（kHz）；D 为距离（yd）。用式（7-42）算得的 SL 值与个别测量值有 5.4dB 的标准偏差。注意，该公式仅在螺旋桨空化是主要噪声源的 1kHz 以上频率才适用。

（3）大型军船、运输船和客船的声源级。

式（7-43）给出了大型军船、运输船和客船的声源级理论模型，表示如下：

$$SL = 60 \lg v + 9 \lg T - 20 \lg f + 20 \lg D + 35 \qquad (7\text{-}43)$$

有关本公式的使用，详见式（7-23）的说明。

3. 潜艇辐射噪声谱级[6]

由于保密的原因，潜艇噪声声源级数据很少发表，仅有几艘潜艇在少数工作状态下的资料。图 7-27 是二战时三艘美国潜艇在潜望镜深度（至龙骨约 17m）和在海面时的平均谱。图 7-28 是一艘英国潜艇的谱，它的谱级较高。

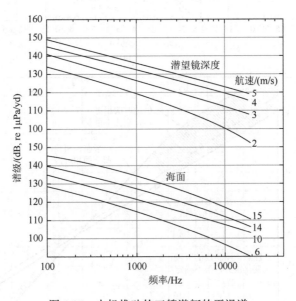

图 7-27　电机推动的三艘潜艇的平滑谱

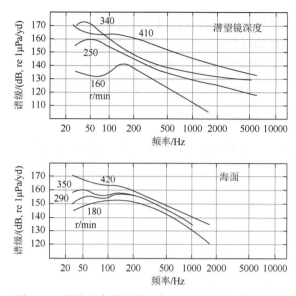

图 7-28　某潜艇在潜望镜深度和海面上的辐射噪声谱

4. 鱼雷[6]

图 7-29 是数种鱼雷的辐射噪声谱级与航速的关系,测量用的是宽频带接收系统。曲线 A 表示几种美国鱼雷的最高测量值;曲线 B 表示日本 91 号鱼雷,30kn;曲线 C 表示美国 13 号鱼雷,30kn;曲线 D 表示美国 14 号鱼雷,45kn;曲线 E 表示英国Ⅷ号鱼雷,37kn;曲线 F 表示美国 18 号鱼雷,30kn;曲线 G 表示美国 13 号鱼雷,33kn;曲线 H 表示英国Ⅷ号鱼雷,20kn。

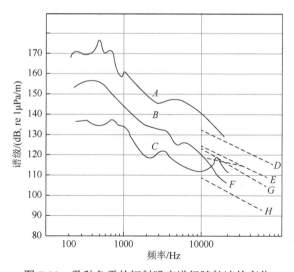

图 7-29　数种鱼雷的辐射噪声谱级随航速的变化

需要说明，表 7-8 中所列数据及以上有关经验公式，均取于二战时的文献，战后由于近代反潜战的发展，以及舰船噪声抑制日益受到重视，在舰船设计和施工建造中采取了很多减振降噪措施，因而，辐射噪声谱级水平普遍低于表列数据，表中数据只反映二战时舰船辐射噪声的水平，现今已不具代表性。

5. 声呐目标辐射噪声谱

图 7-30[25]给出了具有代表性的声呐目标辐射噪声谱曲线。

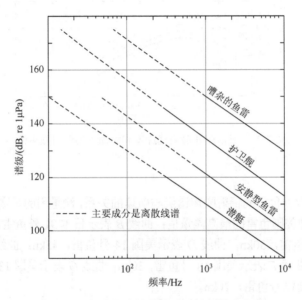

图 7-30　具有代表性的声呐目标辐射噪声谱

7.5.5　辐射噪声的测量

舰船辐射噪声的测量，是让被测船只航行通过远处的测量水听器来实现的。按测量水听器、测量设施的布放情况的不同，可分为固定站和活动站两种方式。固定站也称岸站，是在合适的海区布放水听器阵，并用电缆和岸上测试中心连接。活动站是把测量设施安装在专用的测量船上，在预定的测量海区，测量船双锚定位，并布放测量水听器阵。水听器阵的形式，视被测对象而定：测量潜艇和鱼雷的辐射噪声，应在深海进行，海深应超过 60m，水听器阵可垂直地挂成一串；测量水面舰船的辐射噪声，可在浅海进行，但海深也应超过 30m，水听器可在海底排成一线，见图 7-31。测量时，被测船按规定的航向、航速及工作状态，在适当的距离处通过水听器阵，固定在岸上或测量船上的测量设备进行测量和数据处理，直至得出最终测量结果。

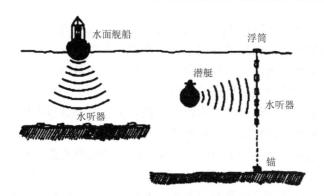

图 7-31　用于测量辐射噪声的水听器布设

　　辐射噪声通常以 1Hz 带宽内的谱级表示，但水听器和其他测量、分析设备总是有一定带宽的，因而，必须将测量结果折算至 1Hz 带宽内，对于具有连续平坦谱的白噪声，这种折算特别简单，如果测量仪器的工作带宽为 W、在此带宽内的噪声级为 BL，则 1Hz 带宽内的谱级就是 $BL-10\lg W$。另外，如果频带的中心频率是该频带上、下限的几何平均值，且谱是 -6 dB/倍频程斜率的连续谱，归算也可按上述方法进行。然而，对被测频带内含有一个或几个强线谱的噪声，以上的归算方法不再适用。

　　测量通常是在远场进行的，所以，还应将它归算到离源等效声中心 1m 处，这种归算一般采用球面扩展规律进行。实测结果表明，用球面规律在近距离内表达舰船噪声随距离的变化，具有较好的精度，即使在浅海低频情况下也是如此。

　　为了进行上述的距离修正工作，必须精确知道水听器与被测舰船之间的距离和方位。水面舰船和潜艇潜望镜状态航行时，可用六分仪、激光测距仪或雷达测量距离。激光测距仪和雷达测距较为准确，六分仪相对来说误差较大。潜艇水下航行时，准确的测距比较困难，一般采用应答器定位或直接用测量船上的主动声呐设备来测定。

　　测量舰船辐射噪声，应在"安静"的环境中进行，采取各种措施，将自噪声、环境噪声和其他干扰的影响降至最低。

　　为了对舰船辐射噪声的各种源进行仔细深入的研究，还需要对所测噪声确定出主要的噪声源，这就需要在实验测量时有意识地改变被测船的工作状态，然后，通过对测量结果的分析，确定出相应的主噪声源及其特性。

7.6　舰船、潜艇和鱼雷的自噪声

　　舰船、鱼雷的自噪声通常指的是舰船、鱼雷的辐射噪声，它是舰船、鱼雷自身装备的声呐或制导系统所不需要的声音，它对本舰声呐或鱼雷制导系统构成了一种特殊的背景干扰，在声呐方程中表现为干扰噪声级 NL 项。上述舰船自噪声的定义表明，舰船、鱼雷的自噪声是舰船、鱼雷上各种声源发出的，对本船（和本鱼雷）的声呐设备的工作形成干扰的声音。

自噪声和辐射噪声的声源基本相同，但它们在声呐方程中所起的作用却是不一样的：①辐射噪声是被动声呐系统的信号源，在声呐方程中是参数 SL 项；自噪声是本船发出的、对本船上声呐系统工作的一种特殊背景干扰，它在声呐方程中是参数 NL；②自噪声到达水听器的路径很多，而且是可变的，这些路径对装在运动船体上的水听器所接收到噪声的大小和种类起重要作用；③自噪声属于近场噪声，而辐射噪声是远场噪声，两者性质不同，特性也不同。

7.6.1 舰船自噪声源及其一般特性

同辐射噪声一样，机械噪声、螺旋桨噪声和水动力噪声也是舰船自噪声的三种主要声源。由于辐射噪声和自噪声在属性、传播路径及对声呐设备工作影响等方面的不同，这三种源在自噪声中所起的作用，也不同于它们各自在辐射噪声中所起的作用，例如，水动力噪声，从辐射噪声的角度来看，它往往被机械噪声和螺旋桨噪声所掩盖，仅在特殊情况下，如结构部件或空腔被激励成强烈线谱噪声的谐振源时，水动力噪声才有可能出现一条或几条强线谱，成为重要的噪声源；但从自噪声的角度来看，水动力噪声，特别是流噪声，对声呐设备工作的影响会变得十分严重，以致人们必须采取特殊措施，尽可能抑制它的干扰，以改善本舰水声观通器材的工作背景。

1. 机械噪声和螺旋桨噪声

机械噪声和螺旋桨噪声都是自噪声的主要声源。船舶机械产生的自噪声基本上是整个噪声低频段的单频分量。因为机械噪声多数是舰船的恒速辅机产生的，所以，它和其他噪声不同，与航速几乎无关。因此，在低速航行时，其他各类噪声强度很低，舰船的辅机就是主要的自噪声源。另外，舰船减速、转向时，舵机、减速设备等工作时产生的噪声，也是一种自噪声。螺旋桨噪声虽然在辐射噪声中占有重要的位置，但在自噪声中，仅在舰船航速较高，高频、浅海和艇艉方向等条件下，它才成为主要的自噪声源。

2. 水动力噪声

1）水动力噪声机理

水动力噪声是指所有由水流流过水听器、水听器支座和船体外部结构所形成的噪声，诸如水流的湍流附面层在水听器表面上产生的湍流压力，流引起的船体振动及作响，附件周围的空化和远处流中旋涡辐射的噪声等。因为水动力噪声源距水听器很近，随速度的增长也很快，所以，在螺旋桨空化不大时，它是高航速下自噪声的基本噪声源。

产生自噪声的另一种过程是海水波浪冲击船身。由于声呐站的水下声学部分一般安装在舰艇附近，所以这种噪声以波浪拍击舰艇时最为严重，尤其是舰船加速时，这种噪声的影响就更大，甚至可能伴随空化噪声而成为声呐系统的严重干扰背景。

航行中的水听器与水的摩擦及撞击，也会产生噪声。如在远处测量这些噪声，其绝对值与其他辐射噪声相比，其影响一般是可以忽略的，但由于它发生在水听器表面或近处，所以，它往往就成为主要的自噪声源。为了减少这种流噪声的干扰，必须把声呐站的水下声学部分安装在流线型的导流罩内，以降低水流的直接撞击和防止空化噪声的产生。

2）流噪声

水动力噪声的一种特殊类型称为流噪声[6]，它在自噪声中起的作用比在辐射噪声中起的作用更为重要。

流噪声是在船的其他水动力噪声源已考虑到或消除后，所剩余下来的那部分噪声，它是由水听器附近的湍流附面层中的湍流，作用在水听器表面上的压力形成的。图 7-32 中，A 为刚性平板，其上方有层流流过，则在板和层流间会形成湍流和湍流附面层，附面层中的压力起伏作用于压敏水听器表面上，水听器输出端由此产生起伏的噪声电压。严格来说，这种起伏压力不是真正的声，是一种假声。

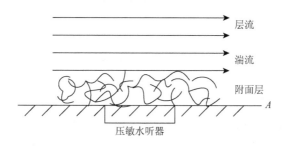

层流

湍流

附面层

A

压敏水听器

图 7-32 湍流附面层示意图

（1）流噪声的谱。

流噪声的功率谱在低频时平坦，高频部分以 f^{-3}（即以每倍频程 $-9\ \mathrm{dB}$ 的斜率）迅速下降，平坦部分与倾斜部分间的过渡频率 f_0 为

$$f_0 = u_0 / \delta \tag{7-44}$$

式中，u_0 是自由流的流速；δ 是附面层厚度。

（2）压力起伏的均方根值 p_{rms}。

湍流在边界面上产生的均方根压力与自由流的动压力之比为

$$\frac{p_{rms}}{\frac{1}{2}\rho u_0^2}=3\times10^{-3}\alpha \qquad (7\text{-}45)$$

式中，ρ 是流体密度；α 是一个常数，称为 Kraichman 常数，取值范围为 0.6～4，中心值在 1 左右，在任一组数据中，尽管流速在大范围内变化，但 α 总为一个常数。

（3）流噪声随自由流速度的变化。

在频率低于过渡频率 f_0 时，流噪声谱级和 u_0 的 3 次方成正比；当频率比 f_0 大得多时，流噪声谱级和 u_0 的 6 次方成正比，即若 u_0 增加一倍，谱级将增加 18dB。

（4）流噪声与界面粗糙度。

实验结果表明，从流噪声角度考虑，界面并不要求光学上的光滑，只要粗糙度不超过湍流附面层，也不影响湍流，就可视为"光滑"的，如频率为 24kHz 时，粗糙表面的高度 $h=0.06/u'$（u' 为流速，单位为 kn，h 单位为 in），由它产生的流噪声和完全光滑界面产生的流噪声是相等的。

（5）湍流压力的相关性。

若 d 是相关两点间距离，f 为频率，u_c 是"对流速度"，它略小于自由流速 u_0，为 $0.6u_0$～$1.0u_0$，定义 Strouhal 数 $s=fd/u_c$，则湍流压力的相关性如下。

d 平行于流向：

$$相关系数\ \rho_L(s)=e^{-0.7|s|}$$

d 垂直于流向：

$$相关系数\ \rho_T(s)=e^{-5|s|} \qquad (7\text{-}46)$$

3. 自噪声随航速的变化及指向特性

综合以上讨论可以看到，舰船自噪声与船的航速有十分密切的关系，图 7-33 形象地指出了这种关系。一般来说，在舰船航速很低时，水听器受到的干扰主要来自海洋环境噪声。当航速低于 5m/s 时，噪声主要是机械振动产生，它的频谱往往是不连续的，带宽一般很窄；航速在 5～10m/s 时，船壳、导流罩附近的水动力噪声成为主要噪声源；当航速大于 10m/s 时，主要噪声源为螺旋桨空化噪声和船壳等粗糙表面的空化噪声，它是频带很宽的连续谱。另外，从频率特性来看，在低频端，机械噪声占谱的主要地位；在高频端，水动力噪声和螺旋桨噪声成为主要噪声源。

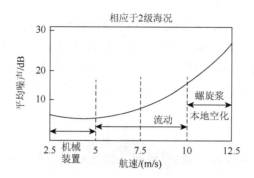

图 7-33　舰船自噪声特性

自噪声源在舰船上的位置，以及自噪声本身的近场特性等，形成了舰船自噪声的一种重要特性——明显的指向性。图 7-34 是这种指向性的理想描述，其大致规律为在左右舷各 110°的范围内，自噪声比较均匀，舰艉方向达到最大值。所以，自噪声测量通常取自噪声方向性图 210°范围内的平均噪声级。

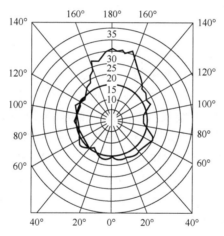

图 7-34　典型的自噪声方向性图

图中角度表示方位角

7.6.2　自噪声的传播路径

自噪声是一种近场噪声，与辐射噪声相比，它的传播路径复杂而多变，图 7-35 就是自噪声传播路径的示意图，其中的 A、B、C、D 四条路径都是自噪声的可能传播路径。首先，由机器、螺旋桨轴及螺旋桨本身所产生的振动，通过船体途径 A，传到导流罩附近，引起导流罩壁及水听器阵安装支架及基座的振动；其次，螺旋桨噪声经由水中直接路径 B，由船艉传到船艏附近的水听器；然后，如水中存在某种反射体或散射体，它们又恰好位于舰船附近，则路径 C 也是自噪声的传播途径之一；最后，螺旋桨噪声经由海底反射路径 D 到达水听器附近。可以想见，这些路径就是浅海航行水面舰船上自噪声的主要传播途径。另外，当潜艇和鱼雷在很浅的深度航行时，和 D 类似的海面反射、散射路径同样是主要传播路径。

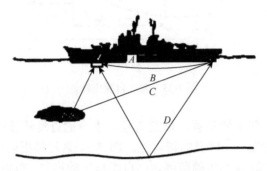

图 7-35　水面舰船自噪声的路径

7.6.3　舰船自噪声级

为了对舰船自噪声建立数量级概念和工作上的方便，这里给出某些舰船的自噪声级数据。应该说明，这些参考数据也取自二战时的测量结果。

不同航速下，美国及英国二战时期的驱逐舰在 25kHz 频率上的等效各向同性自噪声谱级见图 7-36[6]。曲线表示出自噪声强度随航速的 6 次方增加，这和理论上预计的流噪声随航速的变化相符合。虚线是流噪声随速度变化的理论曲线。美国 PC 和 SC 级小型战舰及英国 DE 型船和护卫舰在 25kHz 频率上的等效各向同性自噪声谱级见图 7-37[6]。图 7-36 和图 7-37 中，A 和 A' 表示 6 级和 3 级海况下的深海自然噪声级。可以看出，小型舰船等效各向同性自噪声级随航速递增的速率来得更快。这是由于小型舰船的螺旋桨空化噪声是主要的噪声源，而它离水听器的距离又比较近。以上两条曲线是舰船向前航行，导流罩内的指向性换能器也是对着向前方向时所得到的。如将换能器指向舰艉，得到的噪声级将较高，尤其对于小型舰船。

图 7-38[6] 表示不同状态下潜艇平均自噪声谱级。图 7-38（a）是潜艇航速为 1m/s 时的频谱，三条曲线分别是在嘈杂、正常运行和安静环境状态下测得的，在高频端，它接近于深海的自然噪声级，但随着频率的降低，由于机械噪声的影响，上升得较快。图 7-38（b）所示为自噪声级与航速的关系。自噪声级随航速特别迅速地增长，表明了在航速增加时螺旋桨空化的影响。

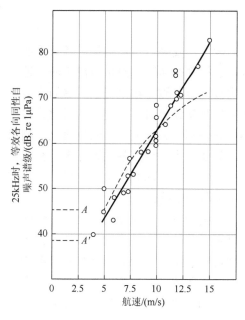

图 7-36 驱逐舰等效各向同性自噪声谱级

图 7-37 美国 PC 和 SC 级战舰及英国 DE 型船和护卫舰的等效各向同性自噪声谱级

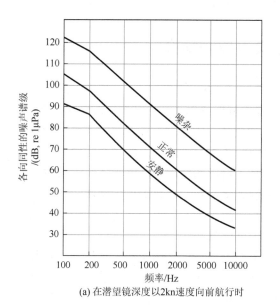

(a) 在潜望镜深度以2kn速度向前航行时

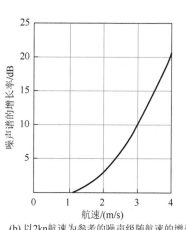

(b) 以2kn航速为参考的噪声级随航速的增长率

图 7-38 潜艇平均自噪声谱级

7.6.4　舰船自噪声的测量

测量各类舰船的自噪声特性，对于声呐设计、安装以及声呐使用具有重要的意义，但是，由于各种声源相互交错、传播途径复杂多变、测量点离声源很近、声场不稳定等原因，准确测量自噪声一般比较困难，测量结果受水听器的安装位置、安装方式及其指向性的影响很大，在安置测量设施时，需要周密考虑这些因素。例如，可把测量水听器安装在声呐换能器基阵（或导流罩）的位置上，测出自噪声的特性并分析其对声呐工作的影响。又如，为了分辨各主要噪声源在舰船自噪声中的作用，可将测量水听器安装在被测声源附近的壳体上，也可使用指向性很尖的水听器，总之，要尽量减小其他噪声源的影响。

如果使用指向性水听器测量舰船自噪声，则所测结果在使用上是不方便的。为了能将不同的测量值进行比较，并使之可用于其他指向性声呐，应该把自噪声级表示为等效各向同性声级。等效各向同性自噪声级，是用无指向性水听器的测量结果所表示的舰船自噪声级。设有无指向性水听器，其灵敏度等于测量自噪声所用的指向性换能器的轴向灵敏度，又设用指向性水听器测得的声级是 NL^*，则等效各向同性噪声级 NL 为

$$NL = NL^* + DI$$

式中，DI 是换能器的指向性指数；NL 是声呐方程中的背景干扰项。

7.7　舰船噪声控制简介

在介绍噪声控制方法之前，先来考察两个实际例子。例一，某型水声综合站以被动方式进行搜索，当目标艇的辐射噪声降低 6dB 后，该站的探测距离由 22km 降为 11km。例二，某综合站探测某目标，如装载该综合站的舰船自噪声降低 10dB，则在自噪声为主要干扰，且其他条件不变时，该综合站的作用距离变为原来的 3.16 倍。可见，降低舰船噪声，一方面，提高了自己的隐蔽性，缩小了对方水中兵器的有效作用范围；另一方面，又可提高舰载水声观通器材的作用距离，在战斗中做到先敌发现，及时采取回避措施或组织对敌攻击，取得战斗的主动权。以上两个例子，充分说明了降低舰船辐射噪声的重要意义。

通常的噪声控制技术，按照控制对象的不同，可采用主动式和被动式两种不同的噪声控制方法。主动式噪声控制方法又称积极的噪声控制方法，它的控制对象是声源，采取减振降噪措施，抑制和减低声源的噪声，以此降低舰船噪声强度，其可能的措施有：改进机械设计，采用合理的机械结构；改革工艺和操作方法；提高加工精度和装配质量等。被动式噪声控制方法又称消极的噪声控制方法，它

是在噪声传播的通道和传播介质上采取措施,从而达到降低舰船噪声的目的。舰船被动式噪声控制技术包括隔振、隔声、动力吸振、阻尼消振、敷设消声瓦等。这些技术,只要使用合理,通常都能取得良好的效果。被动噪声控制技术,不需要外界能源,易于实现,经济性与可靠性也好,但低频情况下效果欠佳。

7.7.1　舰船减振降噪的总体声学设计

舰船减振降噪的第一步工作,就是进行总体声学设计。总体声学设计,就是根据舰船的噪声指标,结合舰船的实际情况如吨位、航速、线型、尺度,以及减振降噪技术已有水平和应用情况,制定舰船噪声控制方案。该方案是噪声治理设计、施工、效果检验评估的依据。舰船总体声学设计贯穿于舰船总体设计全过程,两者协调同步进行。

舰船总体声学设计的基本内容包括如下。

(1)根据舰船的战技指标,舰船的基本参数、舰船总噪声级要求,结合已达到的减振降噪技术水平及其实际应用情况,对舰船相关部位进行噪声指标分配。

(2)各部位根据分配的噪声指标和国内现有的技术储备,设计出切实可行的噪声控制技术方案,最终形成整船的噪声控制方案,并在此基础上对整船噪声性能进行预报评估。

(3)随着总体设计的不断深入,噪声控制方案逐步细化,由此提出各项具体的噪声控制措施和尚需研究的专项课题。

(4)按技术设计阶段确定的减振降噪项目进行施工设计,形成施工图纸和施工文件,并在舰船施工阶段严格执行。

(5)编制检验减振降噪效果的系泊、航行试验大纲,明确试验方法、降噪效果评估等内容。

舰船总体声学设计,是舰船减振降噪的重要组成部分,实践表明,舰船的噪声控制水平,很大程度上取决于总体声学设计的水平。因此,为了达到总体规定的舰船噪声指标,从方案论证、施工建造、系泊、航行试验直至交付使用的各个阶段,都应严格按总体声学设计执行。

7.7.2　舰船机械噪声的控制

机械噪声是舰船上的机械设备运转所产生的振动沿支撑基座、管路系统、空气和船体传递并向水中辐射的噪声。机械噪声的主要噪声源有主机、辅机、油泵、水泵、进排风管道,核动力潜艇的主要噪声源是齿轮变速箱和循环水泵等。这些机械产生噪声的机理不同,所产生的噪声场特性也不同,因此噪声控制应根据具

体情况采用相应的措施，才能收到预期效果。对于舰船机械噪声控制，常用的措
施包括如下。

1. 隔声处理

　　用隔声结构将噪声源与受声者隔开，如图 7-39 所示。由图可知，噪声源辐射
的声波会在隔声结构上发生反射、折射和透射过程，其结果是仅有部分声能进入
受声者空间，这部分能量的多少，取决于隔声结构的隔声性能。可见，因为隔声
结构的存在，受声者空间成为一个相对安静的空间。

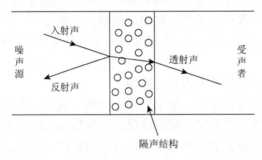

图 7-39　隔声处理原理图

　　工程上运用的隔声结构多种多样，最简单的如隔声门、窗、壁等，它们又有
单层、双层和多层之分。隔声装置有隔声屏、隔声罩和隔声屋，其中，隔声屏是
板架结构，隔声罩和隔声屋则是封闭式的隔声结构，隔声罩将噪声源封闭在罩内，
隔声屋则是将噪声源隔离于屋的外面。表 7-9[26] 是三种复合隔声结构构造示意图
和它们的隔声量数据，图 7-40 和图 7-41 分别是隔声罩和隔声屋的构造示意图。
表 7-9 中的隔声量定义为

$$隔声量 = 10\lg\frac{入射声强度}{透射声强度}$$

其值越大，隔声性能越好。

表 7-9　三种复合隔声结构构造图及其隔声量

复合隔声结构（钢）	隔声量/dB						平均隔声量 $\overline{TL}$/dB
	中心频率 f						
	125Hz	250Hz	500Hz	1000Hz	2000Hz	4000Hz	
6mm厚钢板 超细玻璃棉50mm 空腔50mm 层压板9mm	30	39	45	48	47	49	45.9

续表

复合隔声结构（钢）	隔声量/dB						平均隔声量 $\overline{TL}$/dB
	中心频率 f						
	125Hz	250Hz	500Hz	1000Hz	2000Hz	4000Hz	
6mm厚钢板 / 超细玻璃棉50mm / 空腔30mm / 4mm钢板 / 空腔30mm / 装饰板1.5mm	44	47	50	52	63	77	69.4
8mm厚钢板 / 岩棉50mm / 空腔50mm / 岩棉板10mm （日本1980年测试值）	43	47	52	54	56	57	53.6

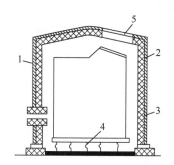

图 7-40　隔声罩基本构造

1-钢板；2-吸声材料；3-穿孔护面板；4-减振器；5-观察窗

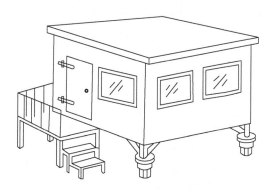

图 7-41　机舱内隔声屋构造示意图

2. 隔振处理

在机器设备与船体结构的基座之间，安装由弹簧或弹性衬垫材料组成的弹性支座，或减振器，变原来的刚性连接为弹性连接，由于支座受力后会发生弹性形变，它减弱了机器设备对基础的冲击力，基础产生的振动就会相应减小，从而减小辐射噪声。

　　图 7-42～图 7-45[26] 分别是设备的安装与隔振示意图、空气弹簧的构造示意图、几种橡胶隔振垫的形状图和多种金属隔振器示意图。

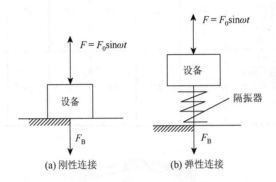

图 7-42　设备的安装与隔振示意图

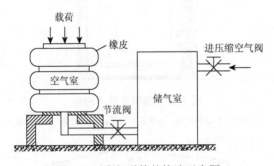

图 7-43　空气弹簧的构造示意图

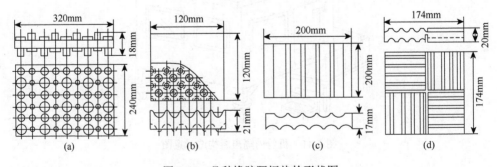

图 7-44　几种橡胶隔振垫的形状图

　　（a）圆凸台，两面交叉排列——WJ 型、TG 型、GD 型；（b）半球形板状块体——JD1 型；
　（c）圆弧形肋条双面配置——XD-2 型；（d）肋条方块交叉配置——SD 型

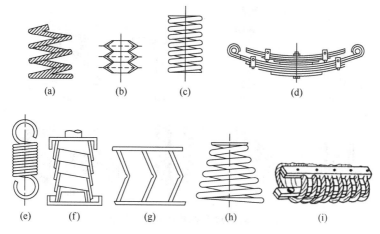

图 7-45 各种金属隔振器示意图

（a）钢丝绳螺旋弹簧；（b）碟形弹簧；（c）螺旋柱簧；（d）板簧；（e）拉簧；（f）螺旋板簧；
（g）折板簧；（h）螺旋锥簧；（i）不锈钢钢丝绳弹簧

3. 敷设阻尼材料

阻尼材料是一种能将部分固体机械振动能量转变为热能耗散掉的材料，如高分子黏弹性材料、软橡胶、沥青等，如将它们粘贴或喷涂在金属薄板上，则当此金属板受激产生振动时，阻尼层也随之振动，由于阻尼层内部摩擦阻力很大，振动能量不断转化为热能而耗散掉，从而使金属薄板的振动幅度和噪声辐射随之变小。根据以上原理，对船上振动较大的区域、噪声控制要求高的舱壁、甲板、机舱壁板、天花板，航母飞行甲板背面，潜艇螺旋桨附近的船壳板内侧等场所，均应作阻尼处理。

图 7-46[26]是阻尼层的结构形式示意图，图 7-47 是常用的阻尼结构示意图，图 7-48 和图 7-49 分别是角钢阻尼隔振结构和有隔离层自由阻尼结构示意图。

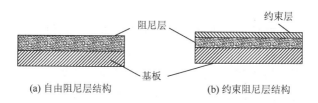

(a) 自由阻尼层结构   (b) 约束阻尼层结构

图 7-46 阻尼层的结构形式示意图

4. 吸声处理

在舰船舱室噪声控制中，使用吸声材料和吸声结构是降噪的主要措施之一，其中吸声材料有优良的高频吸声性能，吸声结构则在低频段吸声性能良好，但吸

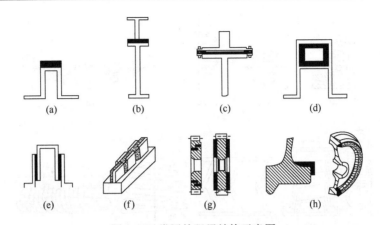

图 7-47　常用的阻尼结构示意图

（a）～（f）薄板结构的阻尼处理；（g）齿轮的阻尼结构；（h）车轮的阻尼结构

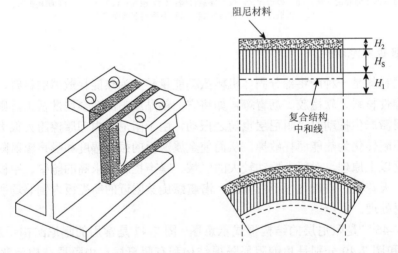

图 7-48　角钢阻尼隔振结构示意图　　图 7-49　有隔离层自由阻尼结构示意图

声频段较窄且频率选择性强。吸声降噪的工作原理是：声波入射至材料层上，就会产生反射和透射，其结果是将入射声能分成三部分，即反射声能、透射声能和被材料吸收的声能，后者被转变为其他形式的能量，如热能，透过材料的透射声能如若不返回入射声空间，也被视为吸收。上述三部分能量所占入射声能量的比重与入射声波的入射角有关，因此材料的吸声效果也与声波入射角有关。一般舰船舱室内的声场由直达声和混响声两部分组成，其中混响声能在室中是均匀分布的，直达声则是有"方向"性的，因此吸声处理只有在混响声占主导地位的区域才有效。

　　舰船减振降噪工程中最为广泛应用的是多孔吸声材料，它又可分为如下。

（1）无机纤维材料，如玻璃丝、玻璃棉、岩棉、矿渣棉及制品。

（2）泡沫材料，主要有泡沫塑料和泡沫玻璃。

另有用棉、麻等植物纤维及木质、竹质纤维等制成的吸声材料，称为有机吸声材料，因它不能防火、防蛀和防潮，被禁止在船上使用。

图 7-50[26]和图 7-51 分别是吸声尖劈和穿孔薄板吸声结构示意图，表 7-10[26]是多孔吸声材料填充穿孔板结构示意图及其吸声系数。

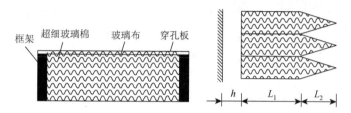

图 7-50 吸声尖劈结构示意图

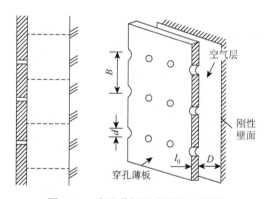

图 7-51 穿孔薄板吸声结构示意图

表 7-10 多孔吸声材料填充穿孔板背后的吸声系数

符号	结构形式	各倍频程中心频率的吸声系数 α_0					
		125Hz	250Hz	500Hz	1000Hz	2000Hz	4000Hz
1	钢舱壁 穿孔胶合板$t=6$mm （孔径$d=6$mm，间距$B=42$mm）空气层厚50mm 矿渣棉毡，厚50mm	0.36	0.59	0.49	0.62	0.52	0.38
2	钢舱壁 穿孔胶合板，厚$t=5$mm （孔径$d=5$mm，孔距$B=15$mm）空气层厚125mm 超细玻璃棉厚25mm	0.15	0.57	0.78	0.62	0.57	0.33

续表

符号	结构形式	各倍频程中心频率的吸声系数 α_0					
		125Hz	250Hz	500Hz	1000Hz	2000Hz	4000Hz
3	钢舱壁 穿孔胶合板，厚$t=5mm$（孔径$d=5mm$，孔距$B=15mm$）空气层厚50mm 超细玻璃棉，厚50mm	0.22	0.85	0.99	0.89	0.50	0.44
4	钢舱壁 穿孔石棉板（孔径$d=6mm$，孔距$B=20mm$）空气层厚50mm 超细玻璃棉，厚50mm	0.29	0.57	0.94	0.90	0.70	0.48

5. 消声器降噪

安装消声器可以有效降低进排气、通风管道中产生的噪声，而又允许气流顺利通过。消声器分为抗式消声器和阻式消声器两类。抗式消声器通过流通截面积变化，在突变处反射一部分入射声能来降低噪声，而阻式消声器是通过吸收一部分入射声能并将其转化为摩擦能来降低噪声的。

消声器种类较多，表 7-11[26]所列为常用消声器分类表，图 7-52[26]是部分消声器种类示意图，图 7-53 所示为排进风管道应用的管道消声器示意图。

表 7-11　常用消声器的分类表

类型与原理	形式	消声性能	主要用途
阻性消声器（吸声）	片式、直管式、蜂窝式、列管式、折板式、声流式、弯头式、百叶式、迷宫式、盘式、圆环式、室式	中高频	通风空调系统管道、机房进排风口、空气动力设备进排风口
抗性消声器（阻抗失配）	扩张式	低中频	空压机、柴油机、汽车或摩托车发动机等以低中频噪声为主的设备排气消声
	共振腔式	低频	
	微穿孔板式	宽频带	
	无源干涉式	低中频	
	有源干涉式	低中频	
阻抗复合型消声器	阻性及共振复合式、阻性及扩张复合式、抗性及微穿孔板复合式、喷雾式等	宽频带	各类宽频带噪声源
喷注耗散型消声器（减压扩散）	小孔喷注式、多孔扩散式、节流减压式	宽频带	各类排气放空噪声

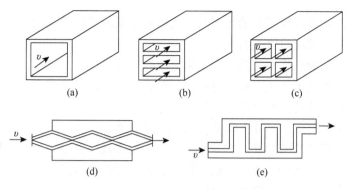

图 7-52 部分消声器类型示意图

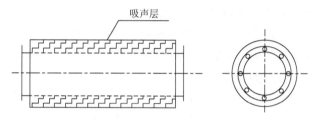

图 7-53 管道消声器示意图

6. 应用浮筏技术降低设备噪声

应用浮筏技术降低主、辅机和其他设备的噪声，属于隔振降噪的一种应用，已经在舰船尤其潜艇得到广泛应用，并取得非常理想的效果。图 7-54[27]是潜艇上典型的设备浮筏装置模型图。

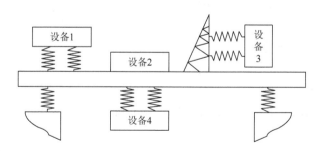

图 7-54 潜艇上典型的设备浮筏装置模型图

7.7.3 螺旋桨的减振降噪

螺旋桨振动噪声是由作用于螺旋桨的不均匀进流的激励而造成的，因此改善船艉伴流分布，改善艉流场的均匀性，可以有明显的减振降噪的效果。对于螺旋桨的减振降噪，常用的措施如下。

（1）优化螺旋桨桨型，提高不发生空泡的转速范围。

根据舰船的技术性能指标，进行螺旋桨模型试验，优化桨型，提高不发生空泡的转速范围，使其在整个转速范围不产生空泡。

（2）采用低转速、多叶大侧斜、大直径螺旋桨。

采用这种形式的螺旋桨，其效果为：可大幅度减小激振力；降低螺旋桨作用在轴承上的负荷；形成空泡时，螺旋桨产生的压力冲量是随桨叶数增加而减小的，并能使该压力保持在一个较低的量级上。

（3）采用高阻尼合金材料制造的螺旋桨。

控制螺旋桨唱声的有效办法是增加桨叶的阻尼、减小振动或改变螺旋桨的固有频率，避免发生共振。采用高阻尼合金材料制造的螺旋桨，由于材料阻尼性能好，具有较好的减振效果，可较好地消除螺旋桨旋转时产生的唱声。

（4）改良船体艉部的线型。

使船体艉部有良好的线型，尤其是潜艇，要使艉部与螺旋桨成为同轴回转体，从而改善艉部伴流，降低叶片上的压力，推迟"空化"的发生。

（5）敷设阻尼材料。

在船体内部合适部位敷设阻尼材料。阻尼材料在产生形变时，能将部分振动能转化为摩擦热能，从而起到减振降噪的作用。

（6）螺旋桨外面安装导流管[28]。

在螺旋桨外安装一导流管，该管与螺旋桨保持同心。导流管起的作用是平稳伴流分布，使螺旋桨的一大部分负荷转移到导流管上，从而减小螺旋桨轴承负荷和空泡的产生，从而起到减振降噪的作用。

7.7.4　降低水动力噪声

水动力噪声是不规则的、起伏的水流流过运动船体时产生的噪声，它对舰船辐射噪声的贡献比较小，但对艇艏声呐部位的自噪声有一定的影响。控制水动力噪声的措施包括如下。

（1）改进舰船船体线型。对于水面舰艇，主要是水下部分的线型要好，并保持船体光滑；对于潜艇，整个线型要好，艇的长宽比要适当。艇的外形最好呈水滴形、过渡水滴形或拉长了的水滴形。

（2）减少艇体上不必要的开孔和突出物。

（3）水下声学部分安装于导流罩内。

上述讨论的隔声、吸声、隔振、阻尼和消声等都是噪声控制的方法，是舰船减振降噪的有效措施，但不是唯一措施。在设计舰船的减振降噪措施时，应对噪声源的分布，噪声传播途径、噪声强度、声场特性及降噪要求等因素作全面考虑，采取有针对性的措施，综合应用隔声、隔振、消声、吸声、阻尼材料等降噪措施，才能取得理想的降噪效果。

习　　题

1. 写出海洋环境噪声的基本性质。

2. 比较辐射噪声和自噪声的异同。

3. 写出螺旋桨噪声的产生机理和螺旋桨噪声的特性。

4. 什么是流噪声，写出它的性质。如何降低流噪声？

5. 已知海洋环境噪声谱级为90dB，设备工作带宽为500Hz，求环境噪声级。

6. 一个灵敏度为−190dB（re 1V/µPa）的水听器，其中心频率为1000Hz，带宽为100Hz，将其置于4级海况的海洋中，求水听器输出端开路电压。

7. 假设噪声场在200Hz上的谱级为160dB，高于200Hz时，以斜率−3dB/oct①下降，求200Hz以上频带内的总噪声级。

8. 开阔水域中扫雷舰拖拽一宽带噪声源，声源谱级160dB，被扫音响水雷对200～300Hz的噪声敏感，环境噪声谱级90dB，接收机检测阈10dB，声波球面扩展，海水吸收系数 α（dB/m），给出作用距离表达式。

参 考 文 献

[1]　Wenz G M. Acoustic ambient noise in the ocean：Spectra and sources[J]. Journal of the Acoustical Society of America，1962，（34）：1936.

[2]　Marsh H W. Origin of the Knudsen spectra[J]. Journal of the Acoustical Society of America，1963，（35）：409.

[3]　Kuo E. Deep sea noise due to surface motion[J]. Journal of the Acoustical Society of America，1968，（43）：1017.

[4]　Knudsen V O，Alford R S，Emling J W. Underwater ambient noise[J]. Journal of Marine Research，1948，（7）：410.

[5]　Mellen R H. Thermal-noise limit in the detection of underwater acoustic signals[J]. Journal of the Acoustical Society of America，1952，（24）：478.

[6]　Urick R J. Principles of Underwater Sound[M]. 3rd ed. Westport：Peninsula Publishing，1983.

[7]　Heindsman T E，Smith R H，Arneson A D. Effect of rain upon underwater noise levels[J]. Journal of the Acoustical Society of America，1955，（27）：378.

[8]　Franz G J. Splashes as sources of sound in liquids[J]. Journal of the Acoustical Society of America，1959，（31）：1080.

[9]　Cron B F，Sherman C H. Spatial—correlation functions for various noise models[J]. Journal of the Acoustical Society of America，1962，（34）：1732.

---

① −3dB/oct 表示每倍频程下降 3dB。

[10]　Urick R J. Correlative properties of ambient noise at bermuda[J]. Journal of the Acoustical Society of America，1966，（40）：1108.

[11]　Axelrod E H，Schoomer B A，von Winkle W A. Vertical directionality of ambient noise in the deep ocean at a site near bermuda[J]. Journal of the Acoustical Society of America，1965，（37）：77.

[12]　叶平贤，龚沈光. 舰船物理场[M]. 北京：兵器工业出版社，1992：162-197.

[13]　Piggot C L. Ambient sea noise at low frequencies in shallow water of the scotian shelf [J]. Journal of the Acoustical Society of America，1964，（36）：2152-2163.

[14]　Ross D. Mechanics of Underwater Noise[M]. Amsterdam：Elsevier，1976：277.

[15]　Scrimger P，Heitmeyer R M. Acoustic source level measurements for variety of merchant ships[J]. Journal of the Acoustical Society of America，1991，（89）：691-699.

[16]　Hamson R M. The modelling of ambient noise due to shipping and wind sources in complex environments[J]. Applied Acoustics，1997，51（3）：251-287.

[17]　马大猷，沈嶵. 声学手册（修订版）[M]. 北京：科学出版社，2004：484-486.

[18]　Solomon L，Bames A，Lunsford C. Historical Temporal Shipping [M]. Arlington：Planning Systems Inc.，1978.

[19]　Scrimger P，Heitmeyer R M. Acoustic source-level measurements for a variety of merchant ships[J]. Journal of the Acoustical Society of America，1990，89（2）：691-699.

[20]　Donald R. Ship sources of ambient noise[J]. IEEE Journal of Oceanic Engineering，2005，30（2）：258.

[21]　Ensen J F，Ferla M. SNAP-The SACLANTCEN Normal Mode Acoustic Propagation Model[M]. La Spezia：SACLANT Undersea Research Centre，1979.

[22]　Wilson J H. Wind-generated noise modeling[J]. Journal of the Acoustical Society of America，1983，（73）：211-216.

[23]　Kuperman W A，Ingenito F. Spatial correlation of surface generated noise in a stratified ocean[J]. Journal of the Acoustical Society of America，1980，（67）：1988-1996.

[24]　粟有鼎. 舰船的磁防护和声防护[M]. 北京：国防工业出版社，1985：237-238.

[25]　Waite A D. 实用声纳工程[M]. 3 版. 王德石，等，译. 北京：电子工业出版社，2004：120.

[26]　陈小剑. 舰船噪声控制技术[M]. 上海：上海交通大学出版社，2013.

[27]　李天宝，王明辛，王学武，等. 舰船声隐身技术[M]. 哈尔滨：哈尔滨工程大学出版社，2012.

[28]　张平，于金虎. 船舶减振降噪措施简析[J]. 江苏船舶，2010，27（3）：1-4.

第8章　声传播起伏

　　第3、4章讨论了声信号在确定介质中的传播问题。确定介质，指的是介质特性不随时间而变，它随空间的变化可用函数表示，例如，把海面看成平整的自由界面，则界面上的声压为零，声波在界面上的反射遵循镜反射规律，界面上不产生散射声，理想海面的这些性质，可以用数学函数精确表示；又如，虽然认为海水声速是不均匀的，但它具有确定的分层结构，声速 c 是深度 z 的确定性函数，等等。但实际海洋并非如此，以上仅是理想的海洋环境模型。例如，实际海面是随机不平整的，在对入射声波产生镜反射的同时，还会把入射声散射到其他方向上；又如，海水中任何一点的声速不仅是深度的函数，而且是随机变化的，当声波在这种介质中传播时，在声波发生折射的同时，也将不断地产生散射，造成声能在空间各方向上的再分配；另外，海洋中还存在许多其他随机因素，也会引起声波的散射。这些随机的散射声波叠加至声呐信号上，造成了声呐接收信号幅度和相位的随机起伏。本章将讨论介质参数随机变化引起的声传播起伏问题。

8.1　海水介质温度随机不均匀性和声传播起伏

　　海水中存在大量小尺度随机不均匀性，如海水湍流引起的温度不均匀水团、内波的随机扰动等，它们对声波的无规散射，将会引起声传播的随机起伏。

8.1.1　海水介质的随机不均匀性及声传播起伏率

　　先前的讨论中，将声速认为是坐标的确定性函数 $c = c(z)$，因而，折射率 $n = c(z)/c_0$ 描述了声速的确定性相对变化。这里 c_0 是某个确定深度上的声速值或平均声速。当研究声波在这种介质中的传播时，对于不同的 $n(z)$，可导出与之相应的确定性声场。但实际上，介质参数是随机变化的，声速和折射率都具一定的随机性，如果用灵敏的温度计在同一深度、不同位置上测量水的温度，能观测到几千分之一到几十分之一摄氏度的微小温度起伏，由此会引起相应的声速起伏。理论研究中，通常用折射率的均方偏差 $\overline{\mu^2}$ 描述这种随机性质，定义：

$$\overline{\mu^2} = \overline{\left(\frac{\Delta c}{c_0}\right)^2} \qquad (8\text{-}1)$$

式中，c_0 是平均声速；$\overline{(\Delta c)^2}$ 是声速偏差的平方平均值（即声速均方偏差）。

1. 声速相对均方偏差 $\overline{\mu^2}$

海水折射率起伏主要是由海中湍流或水团的温度起伏而引起的，早在 1948 年，Urick 和 Searfoss[1]利用潜艇在两个不同深度上测量了海中温度微结构，结果示于图 8-1 中。其中，图 8-1（a）为表面混合层深度上（约 5m）温度随水平距离的变化，图 8-1（b）为主跃层深度上（约 50m）的温度随水平距离的变化，图 8-1（c）是 Liebermann[2]于 1950 年在 50m 深度上的测量结果。

通过温度测量，得到所有测量路径上的水团尺寸 a 和声速相对变化量 μ 的数值，以下是 Urick 等和 Liebermann 的测量结果。

（1）Urick 等的测量结果：在 6～7m 深度上，$\overline{\mu^2} = 8 \times 10^{-10}$，不均匀性的平均尺寸 $a \approx 500\text{cm}$。

（2）Liebermann 的测量结果：在约 50m 深度上，$\overline{\mu^2} = 5 \times 10^{-9}$，$a \approx 60\text{cm}$。

在主跃层中，图 8-1（b）所示的较大和较长的起伏可能是由海中内波所引起的。

一般来说，海中声速相对均方偏差 μ^2 不是各向同性的。

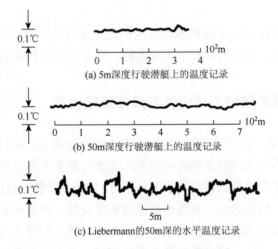

图 8-1　海中温度微结构实测数据

2. 温度不均匀性的相关特性

Liebermann[2]从温度记录求得了不均匀性的空间相关函数 $R(\rho)$，它随两点间距离 ρ 的变化示于图 8-2。由图可见，$R(\rho)$ 随两点间距离 ρ 很快单调下降，说明温度的变化不含有显著的周期成分。若把 $R(\rho)$ 下降到起始值 $R(0)$ 的 $1/e$ 的距离 ρ 定义为不均匀性的平均尺寸 a，则从图 8-2 中可求得 $a\approx60\text{cm}$。由图 8-2 可以看出，测量点与理论曲线 $R(\rho)=\mathrm{e}^{-\rho/60}$ 吻合较好。

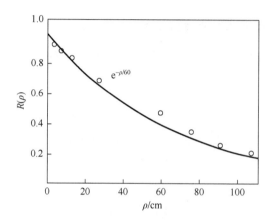

图 8-2　由一次温度记录算得的自相关函数

Liebermann 指出，不均匀性的空间相关函数可表示为指数形式：

$$R(\rho)=\mathrm{e}^{-|\rho|/a} \tag{8-2}$$

式（8-2）给出的结果与实测值符合良好，是对温度起伏的合理近似。但在 $\rho=0$ 时，$\mathrm{d}R/\mathrm{d}\rho\neq0$，说明温度是跳跃变化的，这在物理上是不可能的。为了克服这一不足，许多学者采用高斯函数表示不均匀性的空间相关特性：

$$R(\rho)=\mathrm{e}^{-\rho^2/a^2} \tag{8-3}$$

高斯函数在物理上是连续光滑的，克服了式（8-2）在 $\rho=0$ 时 $\mathrm{d}R/\mathrm{d}\rho\neq0$ 的不连续性，但是，当 ρ 取大值时，式（8-3）的值与实验结果不太吻合。

Comstock[3]指出，在实际介质中，起伏的区域尺度不会都是同样大小的，即不均匀性尺寸 a 不应该是同一个值，其本身应该符合一定的分布 $p(a)$。当 $p(a)$ 满足瑞利分布时：

$$p(a)=\frac{2a}{a_0^2}\mathrm{e}^{-a^2/a_0^2},\quad a>0 \tag{8-4a}$$

可以求得温度起伏的相关函数等于

$$R(\rho) = \left(\frac{|\rho|}{a_0} \right) K_1 \left(\frac{|\rho|}{a_0} \right) \tag{8-4b}$$

式中，K_1 是一阶虚宗量汉克尔函数。当 $\rho = 0$ 时，式（8-4b）满足 $dR / d\rho = 0$；在 ρ 取值很大时，其结果接近于指数型相关系数式（8-2），由此可以推断，式（8-4b）代表的 $R(\rho)$ 更为合理。这里 a_0 为某一常数，当式（8-4b）的结果接近于指数型相关系数式（8-2）时，a_0 即为 Liebermann 给出的不均匀性平均尺寸，也称不均匀性的相关半径，由此可得 $a_0 = 60\text{cm}$。

3. 温度不均匀性产生的声传播起伏

通常，声传播起伏用振幅起伏率 V 表示，它定义为

$$V = \left[\frac{\overline{P^2} - \overline{P}^2}{\overline{P}^2} \right]^{1/2}$$

式中，P 是短脉冲时的声压振幅。文献[4]给出了 V 的理论表达式。

（1）高频近距离，即 $r \ll ka^2$ 条件下：

$$\begin{cases} V = \left(\frac{4}{15} \pi^{1/2} \frac{\mu^2 r^3}{a^3} \right)^{1/2} \\ V \propto r^{3/2} \end{cases} \tag{8-5a}$$

可见在高频、近距离条件下，振幅起伏率 V 与距离 r 的 3/2 次方成正比，此时产生起伏的主要原因是不均匀水团的发散和声聚焦。

（2）低频远距离，即 $r \gg ka^2$ 条件下：

$$\begin{cases} V = \left(\frac{\sqrt{\pi}}{2} \mu^2 k^2 ar \right)^{1/2} \\ V \propto r^{1/2} \end{cases} \tag{8-5b}$$

即在低频远距离条件下，振幅起伏率 V 与距离 r 的 1/2 次方成正比，此时产生起伏的主要原因是不均匀水团的前向散射。

以上关于起伏率 V 随距离 r 的变化关系，在水声学、大气中的电磁波和声传播实验中被反复得到验证。

8.2　介质中随机不均匀性的声散射引起的声传播起伏

在海水中，除了声速是随机变量外，海水介质密度也是位置的随机函数，这些随机不均匀性对声波的散射是引起声传播起伏的原因之一。

8.2.1 随机不均匀介质中散射波满足的方程

可以证明，第 3 章中导出的式（3-7）：

$$\nabla^2 p - \frac{1}{c^2}\frac{\partial^2 p}{\partial t^2} - \frac{1}{\rho}\nabla p \cdot \nabla \rho = 0$$

在随机不均匀介质中仍然适用。但是按照 Beranek 提供的数据，在水介质中，声速起伏比密度起伏大许多，因而，可以忽略由于密度起伏引起的声散射，于是声压满足

$$\frac{1}{c^2}\frac{\partial^2 p}{\partial t^2} - \nabla^2 p = 0 \tag{8-6}$$

式（8-6）为通常的波动方程，但是这里的 p、c 都是随机函数。求解式（8-6），就可得到随机不均匀介质中的声压函数。解析求解式（8-6）一般是很困难的，但在海水是弱不均匀介质时，可用近似方法——Born 微扰法来求解。

设声速 c 由随机变化部分 Δc 和平均值 c_0 组成，$c = c_0 + \Delta c$，且 $|\Delta c| << c_0$，则代入式（8-6）后得

$$\nabla^2 p - \frac{1}{c_0^2}\left(1 - \frac{2\Delta c}{c_0}\right)\frac{\partial^2 p}{\partial t^2} = 0 \tag{8-7}$$

类似地，也假设声压 p 由随机变化部分 p_1 和确定性部分 p_0 两部分组成，且随机变化部分远小于确定性部分，则有

$$p = p_0 + p_1, \quad |p_1| << |p_0| \tag{8-8}$$

把式（8-8）代入式（8-7），得到

$$\nabla^2 p_0 + \nabla^2 p_1 - \frac{1}{c_0^2}\left(1 - \frac{2\Delta c}{c_0}\right)\left[\frac{\partial^2 p_0}{\partial t^2} + \frac{\partial^2 p_1}{\partial t^2}\right] = 0$$

式中，p_0 是声压 p 的确定性部分，满足下列波动方程：

$$\nabla^2 p_0 - \frac{1}{c_0^2}\frac{\partial^2 p_0}{\partial t^2} = 0$$

把上两式相减，得到 p_1 满足的方程为

$$\nabla^2 p_1 - \frac{1}{c_0^2}\frac{\partial^2 p_1}{\partial t^2} = -\frac{2\Delta c}{c_0^3}\frac{\partial^2 (p_0 + p_1)}{\partial t^2}$$

在微扰假定下，$|p_1| << |p_0|$，则上式右端中因子 $\dfrac{\partial^2 p_1}{\partial t^2}$ 可略去，于是得到

$$\nabla^2 p_1 - \frac{1}{c_0^2}\frac{\partial^2 p_1}{\partial t^2} = -\frac{2\Delta c}{c_0^3}\frac{\partial^2 p_0}{\partial t^2} \tag{8-9}$$

若引入变量 Q，使它满足 $4\pi Q = (2\Delta c / c_0^3)\dfrac{\partial^2 p_0}{\partial t^2}$，则式（8-9）可以写为

$$\nabla^2 p_1 - \frac{1}{c_0^2}\frac{\partial^2 p_1}{\partial t^2} = -4\pi Q \tag{8-10}$$

式（8-10）是一个有源波动方程，可应用以下方法求得其解。把 p_0 看成原波，在原波 p_0 作用下，不均匀介质的每一个体元均为散射波 p_1 的源头，因而，Q 即为散射波 p_1 的源强密度。在均匀介质中，$\Delta c = 0, Q = 0$，所以 $p_1 = 0$，即不产生散射波。

令入射波沿 x 轴传播，若原波用入射平面波来表示，即

$$p_0 = \mathrm{e}^{\mathrm{j}(\omega t - kx)}, \quad k = \omega / c_0 \tag{8-11}$$

则

$$4\pi Q = -\frac{2k^2\Delta c}{c_0}\mathrm{e}^{\mathrm{j}(\omega t - kx)}$$

$$\nabla^2 p_1 + k^2 p_1 = \frac{2k^2\Delta c}{c_0}\mathrm{e}^{\mathrm{j}(\omega t - kx)} \tag{8-12}$$

式（8-12）是散射波 p_1 所满足的微分方程，它是在把声压的确定性部分 p_0 用入射平面波式（8-11）表示条件下得到的。实际上，由于不断散射，确定性部分声压 p_0 将逐渐衰减，即 Q 应该随传播距离增加而衰减，这与平面波假设并不严格相符，因而，上述方法只有在微扰条件下才近似正确。

8.2.2　随机不均匀介质中的散射声波

由数理方程可知，非齐次方程（8-12）的解为

$$p_1 = -\frac{1}{4\pi}\int_V \left(2k^2\frac{\Delta c}{c_0}\mathrm{e}^{-\mathrm{j}k\xi}\right)\frac{\mathrm{e}^{-\mathrm{j}kr}}{r}\mathrm{d}V \tag{8-13}$$

由于 $\mu = \pm(\Delta c/c_0)$，式（8-13）也可写为

$$p_1 = \frac{k^2}{2\pi}\int_V \mu(\xi,\eta,\zeta)\frac{\mathrm{e}^{-\mathrm{j}k(r+\xi)}}{r}\mathrm{d}V \tag{8-14}$$

式（8-13）和式（8-14）是用声速相对起伏的体积分表示的散射声压，积分范围应该包含产生散射波 p_1 的不均匀介质体积。假定介质不均匀性仅限于边长为 L 的正方体内，如图 8-3 所示。设正方体中心位于坐标原点 O，R 为原点 O 到观察点 (x,y,z) 的距离，r 为散射点 (ξ,η,ζ) 到观察点 (x,y,z) 的距离，则有

$$R = \sqrt{x^2 + y^2 + z^2}$$

$$r = \sqrt{(x-\xi)^2 + (y-\eta)^2 + (z-\zeta)^2} \tag{8-15}$$

图 8-3 中，n_1 为散射方向；n 是入射波方向（现为 x 轴的正向）；r' 是坐标原点到散射点的矢径，则

$$r = \left(R^2 + (r')^2 - 2\boldsymbol{R} \cdot \boldsymbol{r}'\right)^{\frac{1}{2}}$$

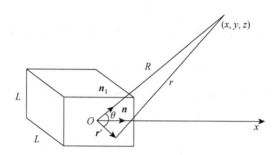

图 8-3 不均匀正方体产生的散射示意图

如果正方体线度 L 远大于不均匀性的相关半径 a，即 $L >> a$，且距离 r（或 R）远大于线度 L，即满足夫琅禾费区的远场条件，有 $kL^2 / R << 1$，则 r 近似等于 $r \approx R - \boldsymbol{n}_1 \cdot \boldsymbol{r}'$，代入式（8-13）可以得到

$$p_1 = \frac{k^2}{2\pi R} \mathrm{e}^{-jkR} \int_V \frac{\Delta c}{c_0} \mathrm{e}^{-jk(n-n_1)\cdot r'} \mathrm{d}V \tag{8-16}$$

或者写为

$$p_1 = \frac{k^2}{2\pi R} \int_V \mu(\xi,\eta,\zeta) \mathrm{e}^{-jk(n-n_1)\cdot r'} \mathrm{d}V \tag{8-17}$$

由此可求得散射波强度：

$$\overline{|p_1|^2} = \frac{k^4}{4\pi^2 R^2} \int_V \int_V \frac{1}{c_0^2} \overline{\Delta c_1 \Delta c_2} \mathrm{e}^{-jk(n-n_1)\cdot(r_1-r_2)} \mathrm{d}V_1 \mathrm{d}V_2 \tag{8-18a}$$

式中，等号右端只有 Δc 是随机变量，因而只需对 Δc 求平均。对于平稳随机过程，系统的平均可以用时间的平均代替。考虑到 Δc 是由温度起伏 ΔT 引起的，$\Delta c \approx (\partial c / \partial T)_{p_0} \Delta T$，则

$$\frac{1}{c_0^2} \cdot \overline{\Delta c_1 \Delta c_2} = \frac{1}{c_0^2} \left(\frac{\partial c}{\partial T}\right)_{p_0}^2 \cdot \overline{\Delta T_1 \Delta T_2} = \frac{1}{c_0^2} \left(\frac{\partial c}{\partial T}\right)_{p_0}^2 \overline{(\Delta T)^2} R(\rho) \tag{8-18b}$$

式中，$\overline{\Delta T_1 \Delta T_2}$ 为温度起伏的时间平均，它可以用温度均方偏差 $\overline{(\Delta T)^2}$ 和其相关系数 $R(\rho)$ 之乘积来表示；ρ 为两散射点间矢径，$\boldsymbol{\rho} = \boldsymbol{r}_1' - \boldsymbol{r}_2' = (\xi_1 - \xi_2)\boldsymbol{i} + (\eta_1 - \eta_2)\boldsymbol{j} + (\zeta_1 - \zeta_2)\boldsymbol{k}$，这里 $\boldsymbol{i}$、$\boldsymbol{j}$ 和 $\boldsymbol{k}$ 为三坐标轴方向的单位矢径。由于折射率均方偏差 $\overline{\mu^2} = \overline{(\Delta c / c)^2} = (1/c_0^2)(\partial c / \partial T)_{p_0}^2 \overline{(\Delta T)^2}$，结合式（8-18b），得到

$$\frac{1}{c_0^2}\overline{\Delta c_1 \Delta c_2} = \overline{\mu^2}R(\rho)$$

在相关系数 $R(\rho)$ 只与相对坐标 $r_1' - r_2'$ 有关时，式（8-18a）的双重积分简化为

$$\overline{|p_1|^2} = \frac{k^4\overline{\mu^2}V}{4\pi^2 R^2}\int_V R(\rho)\mathrm{e}^{-\mathrm{j}k(n-n_1)\rho}\mathrm{d}V \qquad (8-19)$$

式（8-19）是用介质不均匀性空间相关系数的体积分表示的散射声强度。由图 8-3 可以得出

$$|k(n-n_1)| = 2k\sin(\theta/2)$$

对于均匀各向同性介质，$R(\rho) = R(\rho)$。在球坐标中，积分体元 $\mathrm{d}V = \rho^2\sin\alpha\mathrm{d}\alpha\mathrm{d}\phi\mathrm{d}\rho$，并记 $|k(n-n_1)| = 2k\sin(\theta/2) = \beta$，于是，式（8-19）表示的积分等于

$$\int_V R(\rho)\mathrm{e}^{-\mathrm{j}k(n-n_1)\rho}\mathrm{d}V = \int_0^\infty\int_0^\pi\int_0^{2\pi} R(\rho)\mathrm{e}^{-\mathrm{j}\beta\rho\cos\alpha}\rho^2\mathrm{d}\rho\sin\alpha\mathrm{d}\alpha\mathrm{d}\phi$$

若相关系数 $R(\rho)$ 为已知，便可由上式求得散射声强度 $\overline{|p_1|^2}$。当相关系数 $R(\rho)$ 分别为指数型和高斯型时，则可得如下结论。

（1）指数型相关系数 $R(\rho) = \mathrm{e}^{-\rho/a}$，积分后得

$$\overline{|p_1|^2} = \frac{2k^4 a^3\overline{\mu^2}V}{\pi R[1 + 4k^2 a^2\sin^2(\theta/2)]} \qquad (8-20)$$

（2）高斯型相关系数 $R(\rho) = \mathrm{e}^{-\rho^2/a^2}$，积分后得

$$\overline{|p_1|^2} = \frac{k^4 a^3\overline{\mu^2}V}{4\sqrt{\pi}R^2}\mathrm{e}^{-k^2 a^2\sin^2(\theta/2)} \qquad (8-21)$$

式中，V 为立方体体积；θ 为入射波方向 n 和散射波方向 n_1 之间的夹角。由式（8-20）和式（8-21）可知，散射声强度 $\overline{|p_1|^2}$ 与 θ 有关，表明散射声在空间不是均匀分布的，因而，声波在海水介质中传播时，将引起声能在空间各方向上的重新分配。

8.2.3 散射波的指向特性

从式（8-20）和式（8-21）还可以看出以下几点。

（1）当 $ka \ll 1$，即波长 $\lambda \gg a$ 时，由因子 $\mathrm{e}^{-k^2 a^2\sin^2(\theta/2)}$ 可以看出，介质不均匀性为小尺度时，散射强度 $\overline{|p_1|^2}$ 基本与散射方向 θ 无关，形成各向同性的散射特性。

（2）当 $ka \gg 1$，即波长 $\lambda \ll a$ 时，介质不均匀性为大尺度时，$\overline{|p_1|^2}$ 随 $\left(ka\sin\dfrac{\theta}{2}\right)^2$ 增加而迅速减小，即 $\overline{|p_1|^2}$ 随 θ 增加迅速减小。大部分散射能量集中在 $\theta \sim \dfrac{1}{ka}$ 范围内，形成指向性的散射特性。

8.2.4　随机不均匀介质中的声传播起伏

如上所述，介质中总声场由原波和散射波叠加组成，散射波使总声场产生起伏，因而，介质的随机不均匀起伏导致了声传播的起伏。下面使用 Rytov 微扰方法，讨论介质起伏与声传播起伏的关系。

1. 由 Rytov 微扰方法得到的声波起伏

设有平面波：

$$p_0 = A_0 e^{j(\omega t - kx)} \qquad (8\text{-}22)$$

沿 x 轴从左半空间（$x<0$）向右半空间（$x>0$）传播，见图 8-4。$x<0$ 的左半空间为均匀介质，$x>0$ 的右半空间为随机不均匀介质，考察右半空间内的声传播起伏。

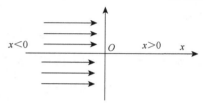

图 8-4　平面波向随机不均匀右半空间传播

把右半空间内的声压写成如下形式：

$$p = A(\boldsymbol{r}) e^{j[\omega t - S(\boldsymbol{r})]} \qquad (8\text{-}23)$$

式中，$A(\boldsymbol{r})$ 和 $S(\boldsymbol{r})$ 分别表示观察点上的声压振幅和相位，为未知函数。如果把声压 p 写成另一表示式：

$$p = A_0 e^{j[\omega t - \psi(\boldsymbol{r})]} \qquad (8\text{-}24)$$

令式（8-23）和式（8-24）相等，则必然有

$$\psi(\boldsymbol{r}) = S(\boldsymbol{r}) + j\ln[A(\boldsymbol{r}) / A_0] \qquad (8\text{-}25)$$

可见，函数 $\psi(\boldsymbol{r})$ 的实部和虚部分别表示了声压的相位和振幅比的对数值。若能求出函数 $\psi(\boldsymbol{r})$，则声压的相位和振幅的起伏变化就不难确定。式（8-24）就是 Rytov 采用的声压表示式。把式（8-24）代入波动方程（8-6）中，得到

$$(\nabla \psi)^2 + j\nabla^2 \psi = (\omega / c)^2 = n^2 k^2 \qquad (8\text{-}26)$$

式中，$n = c_0 / c$；$k = \omega / c_0$。在零级近似下，$\psi = \psi_0$，它应该满足均匀介质（$n=1$）的波动方程，于是有

$$(\nabla \psi_0)^2 + j\nabla^2 \psi_0 = k^2 \qquad (8\text{-}27)$$

令函数 ψ 等于零级近似下的 ψ_0 和非均匀介质中附加量 ψ' 的线性叠加，即 $\psi = \psi_0 + \psi'$，并考虑到 $n = 1 + \mu$，则由式（8-26）和式（8-27）求得

$$2(\nabla \psi_0 \nabla \psi') + j\nabla^2 \psi' = 2\mu k^2 + [\mu^2 k^2 - (\nabla \psi')^2]$$

当 $\psi' \ll 1$ 时，上式右端方括号内的量均为高阶小量，可忽略，则上式近似等于

$$2(\nabla \psi_0 \nabla \psi') + j\nabla^2 \psi' = 2\mu k^2 \qquad (8\text{-}28)$$

对于沿 x 方向入射的平面波，从式（8-22）可以看出 $\psi_0 = kx$。令 $\psi' = \mathrm{e}^{\mathrm{j}kx}W$，把 ψ_0 和 ψ' 代入式（8-28）中得到

$$\nabla^2 W + k^2 W = -\mathrm{j}2\mu k^2 \mathrm{e}^{-\mathrm{j}kx} \tag{8-29}$$

式（8-29）与式（8-12）一样，是非齐次波动方程，其解为

$$W = \frac{\mathrm{j}k^2}{2\pi}\int_V \frac{1}{r}\mathrm{e}^{-\mathrm{j}k(\xi+r)}\mu(\xi,\eta,\zeta)\mathrm{d}V$$

于是求得

$$\psi' = -\frac{\mathrm{j}k^2}{2\pi}\int_V \frac{1}{r}\mathrm{e}^{-\mathrm{j}k[r-(x-\xi)]}\mu(\xi,\eta,\zeta)\mathrm{d}V \tag{8-30}$$

式中，$r = \sqrt{(x-\xi)^2 + (y-\eta)^2 + (z-\zeta)^2}$，为散射点 (ξ,η,ζ) 到观察点 (x,y,z) 的距离，因为

$$\psi'(r) = \psi(r) - \psi_0 + \mathrm{j}\ln[A(r)/A_0] \tag{8-31}$$

式（8-30）和式（8-31）两边的实部和虚部应该分别相等，于是求得

$$\Delta\phi = S(r) - \psi_0 = \frac{k^2}{2\pi}\int_V \frac{\sin k[r-(x-\xi)]}{r}\mu(\xi,\eta,\zeta)\mathrm{d}V \tag{8-32}$$

$$B = \ln\left[\frac{A(r)}{A_0}\right] = \frac{k^2}{2\pi}\int_V \frac{\cos k[r-(x-\xi)]}{r}\mu(\xi,\eta,\zeta)\mathrm{d}V \tag{8-33}$$

式中，$\Delta\phi$ 为相位起伏；B 为相对振幅起伏。因为振幅 $A(r) = A_0 + \Delta A$，且有 $|\Delta A| << A_0$，近似有 $\ln[A(r)/A_0] \approx \Delta A/A_0$，因而式（8-33）即为相对振幅起伏 $\Delta A/A_0$。式（8-32）和式（8-33）是平面波入射情况下，使用 Rytov 微扰方法[忽略 $(\nabla\psi')^2$ 项]得到的相位起伏和相对振幅起伏公式。Rytov 微扰方法同样要求 $|\psi'| << 1$，与 Born 微扰的近似条件没有原则差别。

2. 振幅、相位的起伏率

从式（8-32）和式（8-33）可以看出，相位起伏 $\Delta\phi$、相对振幅起伏 B 与折射率起伏 μ 一样，是空间和时间的随机函数。起伏率是指随机函数的均方起伏值。振幅起伏率等于相对振幅起伏的平方平均值，即 $\overline{B^2} = \overline{(\Delta A/A_0)^2}$，相位起伏率等于相位起伏的平方平均值 $\overline{(\Delta\phi)^2}$。

声散射的理论指出，当不均匀性尺寸比波长大许多时（$ka >> 1$），散射声强有尖锐的指向性，散射集中于前向角度 $\theta = 1/(ka)$ 的范围内。如图 8-5 所示，当接收点位于圆锥体顶点 $(L,0,0)$ 时，散射声的贡献主要来自圆锥体内的各个散射点。式（8-32）和式（8-33）中的三个积分变量 ξ、η、ζ 中，ξ 从 0 变化到 L，而积分变量 η 和 ζ 的变化范围则要比 ξ 小很多。在圆锥体内的各散射点，离接收点的距离 r 近似有

$$r = \sqrt{(L-\xi)^2 + \eta^2 + \zeta^2} \approx L - \xi + \frac{\eta^2 + \zeta^2}{2(L-\xi)} \tag{8-34}$$

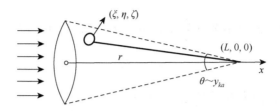

图 8-5　指向性散射形成的圆锥体散射区

把 r 代入式（8-32）和式（8-33），对于高斯型相关系数 $R(\rho)=\mathrm{e}^{-\rho^2/a^2}$ ，可以求得[5]

$$\overline{(\Delta\phi)^2}=\frac{\sqrt{\pi}}{2}\overline{\mu^2}k^2aL\left(1+\frac{1}{D}\arctan D\right) \qquad (8-35)$$

$$\overline{B^2}=\frac{\sqrt{\pi}}{2}\overline{\mu^2}k^2aL\left(1-\frac{1}{D}\arctan D\right) \qquad (8-36)$$

式中， $D=\dfrac{4L}{ka^2}$ ，称为波参数，它直接影响振幅起伏的平方平均值 $\overline{B^2}$ 和相位起伏的平方平均值 $\overline{(\Delta\phi)^2}$ ，以下是 D 取特殊值时的 $\overline{B^2}$ 和 $\overline{(\Delta\phi)^2}$ 。

（1）当 $D\gg1$ ，此时式（8-35）中圆括号内第二项可以忽略，则得到

$$\overline{(\Delta\phi)^2}=\overline{B^2}=\frac{\sqrt{\pi}}{2}\overline{\mu^2}k^2aL \qquad (8-37)$$

（2）当 $D\ll1$ ，取近似 $\dfrac{1}{D}\arctan D\approx1-\dfrac{D^2}{3}+\cdots$ ，则得到

$$\overline{(\Delta\phi)^2}=\sqrt{\pi}\,\overline{\mu^2}k^2aL \qquad (8-38)$$

$$\overline{B^2}=\frac{8}{3}\sqrt{\pi}\,\overline{\mu^2}\frac{L^3}{a^3} \qquad (8-39)$$

与散射声强的情况一样，以上结果是在平面波入射情况下获得的。

3. 起伏率变化的物理解释

1）振幅起伏率 $\overline{B^2}$ 随距离 L 的变化

由式（8-37）和式（8-39）可知，波参数 D 不同，振幅起伏率 $\overline{B^2}$ 随距离 L 的变化规律也不同。波参数 $D=\dfrac{4L}{ka^2}$ ，它实际上等于散射区的第一个菲涅耳半波带尺寸 l 与不均匀介质相关半径 a 比值的平方。图 8-6 为菲涅耳半波带的示意图。当空间散射区的大小等于第一个菲涅

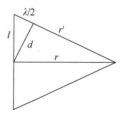

图 8-6　菲涅耳半波带散射的示意图

耳半波带尺寸l时，应满足关系$\dfrac{\lambda}{2} : l = d : r$，如$r >> l$，则有$d \approx l$，于是有

$$l^2 = \frac{r\pi}{k}$$

于是得到半波带尺寸l与相关半径a之比为

$$\frac{l}{a} = \frac{1}{a}\sqrt{\frac{r\pi}{k}}, \quad \left(\frac{l}{a}\right)^2 = \frac{r\pi}{ka^2} \approx \frac{4L}{ka^2} = D$$

由此可以看出以下几点。

（1）当$D << 1$时，散射区域尚不足形成一个半波带，距离L增加时，处于同一不均匀水团中的散射区域使得其散射一致性加强，因而振幅起伏率$\overline{B^2}$随L增长比较快，有$\overline{B^2} \sim L^3$，如式（8-39）所示。

（2）当$D >> 1$时，半波带的大小比不均匀性尺寸大许多，在同一个半波带中包含很多个不均匀水团，一些水团$\mu > 0$，另一些水团$\mu < 0$。当L增加时，不均匀水团数目增加，但是其散射的一致性并未显著增长，因而，振幅起伏率$\overline{B^2}$随L增长较慢，其规律为$\overline{B^2} \sim L$。

2）相位起伏率$\overline{(\Delta\phi)^2}$随距离$L$的变化

相位起伏率$\overline{(\Delta\phi)^2}$与传播时间的起伏有关，而传播时间起伏又与不均匀水团数目有关，其关系比较复杂，不易用数学表达式表示，但当距离增加时，水团数目也相应增加。因而，相位起伏率也随距离L增加。

3）实验结果

Stone 和 Mintzer[6]在水槽中分别做了起伏率$\overline{B^2}$随距离变化的模拟实验，结果如图 8-7 所示。图中，纵坐标为$\sqrt{\overline{B^2}}$的百分值，横坐标为距离L。实验结果表明，$\sqrt{\overline{B^2}}$随L的变化规律与理论结果基本相符。

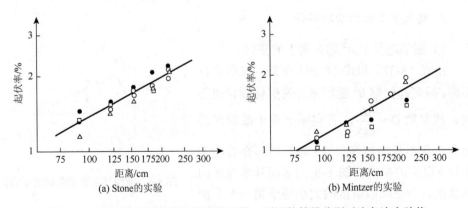

图 8-7　起伏率为源到接收器距离的函数，不同的符号分别对应各次实验值

4. 起伏的空间相关特性

以上讨论了振幅和相位起伏平方平均值的特性，它们是针对同一接收点的信号起伏来说的，下面讨论不同接收点上，起伏量之间的空间相关函数。

1）纵向相关函数

仍假设入射平面波沿 x 方向传播。设有两个水听器分别位于 $(L_1,0,0)$ 点和 $(L_2,0,0)$ 点处，即两水听器放置在沿声传播的方向上，两点之间的距离 $\Delta L = L_2 - L_1$，如图 8-8 所示。根据式（8-32），可以定出两点上各自的相位起伏，分别设为 $\Delta\phi_1$ 和 $\Delta\phi_2$，其相关函数即等于 $\Delta\phi_1$ 和 $\Delta\phi_2$ 乘积的平均值 $\overline{\Delta\phi_1 \cdot \Delta\phi_2}$，该值的大小说明这两点上信号相位起伏相关联的紧密程度。

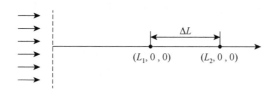

图 8-8　求纵向相关函数时两接收点的位置

当介质折射率起伏为高斯型相关函数时，在 $D \gg 1$ 条件下，可求得

$$\overline{\Delta\phi_1\Delta\phi_2} = \frac{1}{2}\overline{\mu^2}k^2 L_1 \int_{-\infty}^{\infty} \frac{\mathrm{e}^{-\xi^2/a^3}\mathrm{d}\xi}{1 + 4\dfrac{(\Delta L)^2 - 2\xi\Delta L + \xi^2}{k^2 a^4}} \qquad (8\text{-}40)$$

关于振幅起伏平方平均值，可以证明，它等于相位起伏平方平均值：

$$\overline{B_1 B_2} = \overline{\Delta\phi_1\Delta\phi_2} \qquad (8\text{-}41)$$

式（8-40）中，ΔL 是两接收点纵向间隔；$\xi = \xi_1 - \xi_2$ 为两散射点 ξ_1 和 ξ_2 的纵向间距。一般情况下，总有 $ka \gg 1$，因此可在此条件下来考察 ΔL 取不同值时的纵向相关函数。

（1）$ka \gg 1$ 和 $\Delta L \leqslant a$，此时式（8-40）变为

$$\overline{B_1 B_2} = \overline{\Delta\phi_1\Delta\phi_2} = \frac{1}{2}\overline{\mu^2}k^2 L_1 \int_{-\infty}^{\infty} \mathrm{e}^{-\xi/a^3}\mathrm{d}\xi = \frac{\sqrt{\pi}}{2}\overline{\mu^2}k^2 a L_1 \qquad (8\text{-}42)$$

式（8-42）的值与 $D \gg 1$ 时的起伏率 $\overline{(\Delta\phi)^2}$ 和 $\overline{B^2}$ 相等，见式（8-37）。这说明当纵向两点间隔 ΔL 与相关半径 a 的量级相当时，起伏的纵向相关函数与其中一点上的起伏率相等，即两点处起伏变化完全相关。

（2）当 $ka \gg 1$ 和 $\Delta L \gg a$ 时，由式（8-40）可得

$$\overline{B_1B_2} = \overline{\Delta\phi_1\Delta\phi_2} = \frac{\sqrt{\pi}\,\overline{\mu^2}\,k^2aL_1}{2\left[1+\left(\dfrac{2\Delta L}{ka^2}\right)^2\right]} \tag{8-43}$$

与式（8-37）所示的 $\overline{B^2}$ 和 $\overline{(\Delta\phi)^2}$ 相比较，可以看出，$\overline{B_1B_2} < \overline{B^2}$，$\overline{\Delta\phi_1\Delta\phi_2} < \overline{(\Delta\phi)^2}$。

为书写方便，以下记纵向相关系数为

$$R_B = \frac{\overline{B_1B_2}}{\overline{B^2}}$$

$$R_{\Delta\phi} = \frac{\overline{\Delta\phi_1\Delta\phi_2}}{\overline{(\Delta\phi)^2}} \tag{8-44}$$

则在 $\Delta L \gg a$ 条件下，由式（8-42）和式（8-43）可得纵向相关系数为

$$R_B = R_{\Delta\phi} = \frac{1}{1+\left(\dfrac{2\Delta L}{ka^2}\right)^2} \tag{8-45}$$

即空间纵向相关系数随两接收点间距 ΔL 的增加而减小。若 $R_B(\Delta L) = R_{\Delta\phi}(\Delta L) = R_B(0)/e$，则此时的 ΔL 称为纵向相关半径 ΔL_0，由式（8-45）求得

$$\Delta L_0 \approx 0.6ka^2 \tag{8-46}$$

因为 $ka \gg 1$，所以 $\Delta L_0 \gg a$，即声传播起伏的纵向相关半径，远大于介质折射率起伏的相关半径。

2）横向相关函数

若两接收点分别位于（$L,0,0$）和（$L,\Delta y,0$）处，两点间距 Δy 与波传播方向垂直，如图 8-9 所示。当折射率起伏为高斯型相关函数时，在 $ka \gg 1$ 的条件下，可得到横向相位相关系数 $R_{\Delta\phi}$ 和横向振幅相关系数 R_B，它们在 D 取不同值时，分别如下。

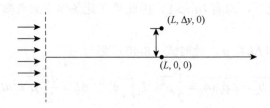

图 8-9　求横向相关函数的两接收点位置

（1）当 $D \ll 1$ 时：

$$R_{\Delta\phi} = \exp[-(\Delta y/a)^2] \tag{8-47a}$$

$$R_B = \exp\left[-\left(\frac{\Delta y}{a}\right)^2\right]\left[1 - 2\left(\frac{\Delta y}{a}\right)^2 + \frac{1}{2}\left(\frac{\Delta y}{a}\right)^4\right] \tag{8-47b}$$

（2）当 $D \gg 1$ 时：

$$R_{\Delta\phi} = \exp\left[-\left(\frac{\Delta y}{a}\right)^2\right] + \frac{1}{D}\left[\frac{\pi}{2} - S_i\left(\frac{1}{D}\frac{(\Delta y)^2}{a^2}\right)\right] \tag{8-48a}$$

$$R_B = \exp\left[-\left(\frac{\Delta y}{a}\right)^2\right] - \frac{1}{D}\left[\frac{\pi}{2} - S_i\left(\frac{1}{D}\frac{(\Delta y)^2}{a^2}\right)\right] \tag{8-48b}$$

式中，函数 $S_i(x) \approx -\dfrac{\cos x}{x} - \dfrac{\sin x}{x^2}$。

图 8-10（a）绘出 $D \ll 1$ 时，$R_{\Delta\phi}$ 和 R_B 随 $\Delta y / a$ 的变化。与折射率起伏的相关系数一样，相位相关系数 $R_{\Delta\phi}$ 也是高斯型的，而振幅相关系数则不是高斯型的，但是其相关半径与折射率起伏的相关半径为同一数量级。

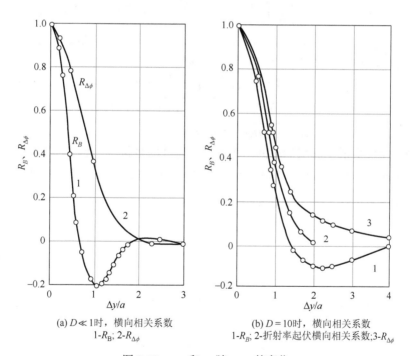

(a) $D \ll 1$ 时，横向相关系数
1-R_B; 2-$R_{\Delta\phi}$

(b) $D = 10$ 时，横向相关系数
1-R_B; 2-折射率起伏横向相关系数; 3-$R_{\Delta\phi}$

图 8-10 $R_{\Delta\phi}$ 和 R_B 随 $\Delta y / a$ 的变化

图 8-10（b）绘出 $D = 10$ 时，$R_{\Delta\phi}$ 和 R_B 随 $\Delta y / a$ 的变化。曲线 2 是折射率起伏的相关系数。从图中看出，曲线 1（R_B）和曲线 3（$R_{\Delta\phi}$）的变化与曲线 2 相似程

度较好，因而，$R_{\Delta\phi}$ 和 R_B 的横向相关半径与介质折射率起伏的相关半径（见曲线 2）的数量级大致相同。可见，纵向相关半径远大于横向相关半径。在声传播途径上，两纵向接收点的接收信号经历相同的不均匀散射体，因而，纵向信号起伏相关联程度大于横向信号起伏相关联程度，这可能是纵向相关半径大于横向相关半径的原因。

5. 起伏的时间相关函数

以上讨论中，假定了介质不均匀性是稳态的，不随时间变化。但由于湍流、热传导、扩散和对流等原因，随机不均匀性不仅是空间位置的函数，也是时间的函数。因而，代表介质随机不均匀性的折射率起伏一般应写为 $\mu(\xi,\eta,\zeta,t)$。对于平波面入射，根据式（8-33），可以写出在时间 t_1 和 t_2 的振幅起伏：

$$B(L,0,0,t_1)=\frac{k^2}{2\pi}\int_0^L\int_{-\infty}^{\infty}\int_{-\infty}^{\infty}\frac{\cos k[r-(x-\xi)]}{r}\mu(\xi,\eta,\zeta,t_1')\mathrm{d}\xi\mathrm{d}\eta\mathrm{d}\zeta$$

$$B(L,0,0,t_2)=\frac{k^2}{2\pi}\int_0^L\int_{-\infty}^{\infty}\int_{-\infty}^{\infty}\frac{\cos k[r-(x-\xi)]}{r}\mu(\xi,\eta,\zeta,t_2')\mathrm{d}\xi\mathrm{d}\eta\mathrm{d}\zeta$$

式中，t_1、t_2 为信号接收时刻；t_1'、t_2' 为 r 距离处的不均匀体散射信号的时刻。令 $\tau=t_1-t_2$，记 $F(\tau)$ 为振幅起伏的时间相关函数，则

$$F(\tau)=\overline{B(L,0,0,t_1)B(L,0,0,t_2)} \tag{8-49}$$

显然，$F(\tau)$ 与折射率的时空相关函数 $\overline{\mu(r_1-t_1')\mu(r_2-t_2')}$ 有关，而

$$\overline{\mu(r_1-t_1')\mu(r_2-t_2')}=\overline{\mu^2}R(r_1-r_2,t_1'-t_2')$$

由于介质折射率起伏的时间相关半径 T 为秒的数量级，而仅当距离差 r_1-r_2 小于或等于 a（μ 的空间相关半径）时，这范围内的散射才对积分有贡献。明显地，时间相关半径 $T\gg\dfrac{a}{c}$，于是近似得

$$t_1'-t_2'\approx t_1-t_2=\tau$$

和

$$R(r_1-r_2,t_1'-t_2')=R(r_1-r_2,\tau)$$

如果介质起伏为各向同性，且时间相关与空间相关之间独立无关，则可把相关系数写为

$$R(r_1-r_2,\tau)=R(\rho)R(\tau) \tag{8-50}$$

把式（8-50）代入式（8-49），积分时 $R(\tau)$ 可提到积分号外，则求得振幅起伏的时间相关函数为

$$F(\tau)=R(\tau)\overline{B^2} \tag{8-51}$$

由于振幅起伏的时间相关系数等于

$$R_B(\tau) = \frac{F(\tau)}{F(0)} = \frac{F(\tau)}{\overline{B^2}}$$

由此可得到非常简单的结果：

$$R_B(\tau) = R(\tau) \tag{8-52}$$

式（8-52）表明，振幅起伏的时间相关系数，等于折射率起伏的时间相关系数。可以证明，相位起伏时间相关系数也与 $R(\tau)$ 相等。当有明显湍流存在时，μ 的相关系数 $R(\tau)$ 不能分离变量，上述简单结论只能近似满足。根据这一简单结果，可以用对介质起伏的时间相关测量来代替对信号起伏的时间相关测量。

8.3　随机界面上的声散射和声传播起伏

8.2 节讨论了由海水介质的随机不均匀性所引起的声散射和传播起伏，它是远距离传播引起声信号起伏的主要原因。实际上，除了海水介质的随机不均匀性会引起声传播起伏外，作为随机界面的海面和海底也会引起声传播起伏。实验结果表明，海面的随机不均匀性声散射及由此引起的声传播起伏，往往是近距离声传播起伏的重要原因。尤其在表面声道中，声波多次经过随机海面散射，海面波浪的随机运动成为表面声道中声传播起伏的主要原因。

8.3.1　瑞利参数

不平界面的不平整程度，理论上通常用瑞利参数来描述。瑞利参数 R 可表示为

$$R = 2k\sigma\cos\theta = 4\pi\sigma\cos\theta / \lambda \tag{8-53}$$

式中，k 为波数；σ 为不平整表面偏离高度的均方根位移；θ 为平面波入射角，如图 8-11 所示。瑞利参数表示了声线在 O 点和 o' 点反射时的附加相移。由式（8-53）可知，R 随比值 σ/λ 增加而增加，另外 R 也随入射角 θ 变小而增加。

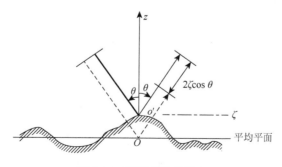

图 8-11　瑞利参数的导出

　　明显地，瑞利参数 R 是用不平整表面的偏离高度与波长的比值表示的，因此，可以用作判断海面不平整程度的依据，下面将会看到，瑞利参数 R 对声波在不平界面上的散射具有重要影响。

8.3.2　海面声散射

　　在经海面散射的声场中，不仅有沿镜反射方向传播的波，还有沿其他方向弥散的散射波，镜反射方向传播的波是接收声场中的相干分量，其振幅与入射波振幅之比定义为平均反射系数。如果海面是平坦的绝对软界面，其平均反射系数等于−1。但是，由于界面不平整，平均反射系数的绝对值总是小于 1，且随瑞利参数 R 的增加而减小。

　　图 8-12 给出了相干参数与瑞利参数之间的关系，不同的均方根波高 σ 所得的实验数据用不同的符号来表示。这里的相干参数是指声强的相干分量与总声强之比；总声强包括相干分量与非相干分量（弥散射波）声强之和。相干参数值在水下声场计算中是很有用的。由图可以看出，相干参数随瑞利参数 R 增加而减小。图 8-12 中的虚线为函数 $\exp(-R^2)$ 随 R 的变化曲线，实线为实验测量值，显然两者符合良好，表明相干参数随瑞利参数 R 以 $\exp(-R^2)$ 规律变化。对于 $R \ll 1$ 情况，相干参数接近 1，表明相干分量声强接近于总声强；如果 $R \gg 1$，相干参数趋于 0，表明相干分量声强是很小的，此时散射场几乎是完全不相干的。在此条件下，散射信号分布在比较宽的角度范围内。海面不平整性的宽角度声散射，使得镜反射信号减弱，其效果是增加了声波的传播衰减。在众多的海面弥漫散射信号中，反向散射信号组成了海面混响，它是主动声呐的一种干扰信号，这在第 6 章中已有介绍。

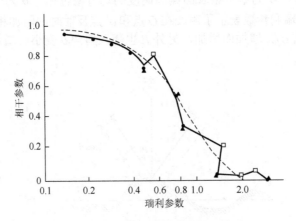

图 8-12　相干参数与瑞利参数的关系

σ：（·）6cm；（▲）10cm；（□）23cm

目前还没有严格求解随机不平整性界面上声波散射的方法，理论上习惯采用两种近似处理方法：一种是小波高、小斜率界面条件下的微扰处理方法；另一种是适用大不平整性界面、但界面变化十分平缓条件下的基尔霍夫近似方法。

8.3.3　振幅起伏和相位起伏

考虑海面为绝对软的不平整界面，把经过海面反射后的总声场 ψ 表示成镜面反射声场（相干部分）ψ_0 和海面随机散射声场 ψ_1 的叠加：

$$\psi = \psi_0 + \psi_1$$

这里，没有计入未经过海面反射的直达声信号，这是采用尖锐的指向性发射时经常遇到的情况。上式也可写为

$$A \mathrm{e}^{-\mathrm{j}\phi} = A_0 \mathrm{e}^{-\mathrm{j}\phi_0} + A_1 \mathrm{e}^{-\mathrm{j}\phi_1} = \psi_0 + \psi_1 \tag{8-54a}$$

式中，A、A_0、A_1 和 ϕ、ϕ_0、ϕ_1 分别为相应信号的振幅和相位。在界面作微小扰动的情况下，$\psi_1 \ll \psi_0$。上式两端除以 $A_0 \mathrm{e}^{-\mathrm{j}\phi_0}$，再取自然对数，并在 $x \ll 1$ 时取近似 $\ln(1+x) \approx x + \cdots$，得到

$$\ln\left(\frac{A}{A_0}\right) - \mathrm{j}(\phi - \phi_0) \approx \frac{A_1}{A_0} \mathrm{e}^{-\mathrm{j}(\phi_1 - \phi_0)} = \frac{\psi_1}{\psi_0} \tag{8-54b}$$

以下记 $A = A_0 + \Delta A$，且 $\Delta A \ll A_0$，则 $\ln(A/A_0) \approx \Delta A / A_0$，将其代入式（8-54b），于是得到振幅起伏 B 和相位起伏 $\Delta\phi$ 分别等于

$$B = \frac{\Delta A}{A_0} = \mathrm{Re}\left(\frac{\psi_1}{\psi_0}\right) \tag{8-55a}$$

$$\Delta\phi = \phi - \phi_0 = \mathrm{Im}\left(\frac{\psi_1}{\psi_0}\right) \tag{8-55b}$$

式中，$\mathrm{Re}(\psi_1/\psi_0)$、$\mathrm{Im}(\psi_1/\psi_0)$ 分别表示取实部和虚部。由于 $\overline{|\psi_1/\psi_0|^2} = \overline{(\Delta A/A_0)^2} + \overline{(\Delta\phi)^2}$，$\overline{(\psi_1/\psi_0)^2} = \overline{(\Delta A/A_0)^2} - \overline{(\Delta\phi)^2} - 2\mathrm{j}\overline{(\Delta A/A_0)\Delta\phi}$，所以，振幅和相位的均方起伏，以及振幅、相位起伏的相关函数分别等于

$$\overline{B^2} = \frac{1}{2}\left[\overline{\left|\frac{\psi_1}{\psi_0}\right|^2} + \mathrm{Re}\overline{\left(\frac{\psi_1}{\psi_0}\right)^2}\right]$$

$$\overline{(\Delta\phi)^2} = \frac{1}{2}\left[\overline{\left|\frac{\psi_1}{\psi_0}\right|^2} - \mathrm{Re}\overline{\left(\frac{\psi_1}{\psi_0}\right)^2}\right] \tag{8-56}$$

$$\overline{B\Delta\phi} = \frac{1}{2}\mathrm{Im}\overline{\left(\frac{\psi_1}{\psi_0}\right)^2}$$

式（8-56）为均方起伏的一般表示式。

文献[7]中利用软表面条件下的 ψ_1 和 ψ_0 表示式，得到了如下结果。

1. 当 $(k\rho_0^2/r)\ll 1$ 时

当观察点位于夫琅禾费远场区内，这时要求满足 $(k\rho_0^2/r)\ll 1$，此处，r 为离观察点的距离，ρ_0 为不平整表面随机起伏的相关半径，得到

$$\mathrm{Re}\overline{\left(\frac{\psi_1}{\psi_0}\right)^2}\ll\overline{\left|\frac{\psi_1}{\psi_0}\right|^2}$$

从而有

$$\begin{cases}\overline{B^2}=\overline{(\Delta\phi)^2}=\dfrac{1}{2}\dfrac{I_s}{I^*}\\[2mm]\overline{B\Delta\phi}=0\end{cases}\qquad(8\text{-}57)$$

式中，I_s 为漫散射声强，$I_s=\overline{\psi_1\psi_1^*}$；$I^*$ 为反射声强，$I^*=\overline{\psi_0\psi_0^*}$。

对于式（8-57）的结果，可以作如下几何解释。在图 8-13 中，总声场 ψ 用振幅等于 A、相位等于 ϕ 的矢量来表示，根据式（8-54），矢量 A 等于有规场 ψ_0 的常矢量 A_0 和起伏场 ψ_1 的矢量 A_1 的合成矢量。当满足条件 $(k\rho_0^2/r)\ll 1$ 时，在夫琅禾费区内有许多独立的不规则散射元，也就是说，随机场 ψ_1 由大量的、独立不相干的散射分量所合成，因而，散射场 ψ_1 符合正态分布律。这意味着矢量 ψ_1 的相位在 $0\sim2\pi$ 范围内作均匀分布，ψ_1 的振幅作瑞利分布，且有 $A_1^2\ll A_0^2$。从图 8-13 还可看出，$(\Delta A/A)\propto\Delta\phi$ 和 $\overline{(\Delta A/A)\cdot\Delta\phi}\approx 0$。

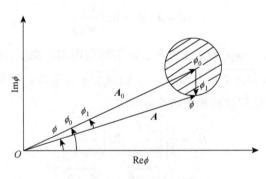

图 8-13　矢量 A 的合成图

2. 当 $k\rho_0\gg 1$ 时

此条件表示，表面相关尺寸 ρ_0 比波长大很多的情况。虽然一般满足 $kr\gg 1$，但远场条件 $(k\rho_0^2/r)\ll 1$ 不一定成立，需要重新计算式（8-56）的均方起伏值。在

不平整表面的相关系数作高斯型 $\exp(-x^2)$ 分布时，文献[8]导出它们的均方起伏值等于

$$\overline{\left(\frac{B^2}{(\Delta\phi)^2}\right)} = 2(k\sigma\sin\alpha)^2\left[1\mp\frac{d}{\sqrt{2(1+d^4)}}\sqrt{\sqrt{1+d^4}+d^2}\right] \quad (8\text{-}58a)$$

$$\overline{B\Delta\phi} = 2(k\sigma\sin\alpha)^2\frac{d}{\sqrt{2(1+d^4)}}\sqrt{\sqrt{1+d^4}-d^2} \quad (8\text{-}58b)$$

式中，$\alpha = \dfrac{\pi}{2} - \theta$ 是声波掠射角；σ 是不平表面偏离平均平面的均方根位移；d 为无量纲参数，它定义为

$$d^2 = \frac{k\rho_x^2\sin^2\alpha}{2r} \quad (8\text{-}59)$$

其中，ρ_x 为不平整表面在 x 方向上的相关半径。将其与讨论介质随机不均匀性时引入的波参数 D 相比较可以看出，d^2 对应于 D 的倒数。因而，d 等于 x 方向上、不平整表面的相关半径 ρ_x 与沿 x 轴的菲涅耳区尺寸之比。海面不平整的相关半径 ρ_x 为几米到几十米的数量级。即使在最简单的高斯分布情况下，振幅、相位起伏随参数 d 的变化仍然十分复杂。图 8-14 中绘出了 $\overline{B^2}/(2k\sigma\sin\alpha)^2$、$\overline{(\Delta\phi)^2}/(2k\sigma\sin\alpha)^2$ 和 $R_{B\Delta\phi}$ 随参数 d 的变化曲线。

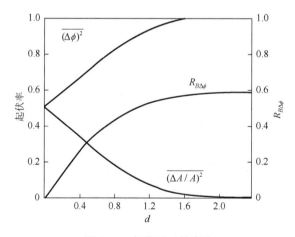

图 8-14　起伏随 d 的变化

由式（8-58a）可知，参数 d 对均方起伏值 $\overline{\left(\dfrac{B^2}{(\Delta\phi)^2}\right)}$ 和 $\overline{B\Delta\phi}$ 有重要影响，在极端情况下有如下结论。

（1）$d \ll 1$ 时，有

$$\overline{\left(\frac{B^2}{(\Delta\phi)^2}\right)} = 2(k\sigma\sin\alpha)^2 \left[1 \mp \frac{d}{\sqrt{2}}\left(1+\frac{d^2}{2}\right)\right] \qquad (8\text{-}60\text{a})$$

$$\overline{B\Delta\phi} = 2(k\sigma\sin\alpha)^2 \frac{d}{\sqrt{2}}\left(1-\frac{d^2}{2}\right) \qquad (8\text{-}60\text{b})$$

$$R_{B\Delta\phi} = \frac{d}{\sqrt{2}}$$

取近似后有

$$\overline{B^2} = \overline{(\Delta\phi)^2} = 2(k\sigma\sin\alpha)^2 = \frac{R^2}{2} \qquad (8\text{-}61)$$

式中，R 为瑞利参数。当 $R<1$ 时，反射波具有镜反射特性，而 $R>1$ 时，反射波具有漫散射特性。在微扰情况下，具有镜反射的特性，散射场由不平整表面上镜反射点附近相当小区域的散射给出，所以，$\overline{B^2}$ 和 $\overline{(\Delta\phi)^2}$ 同散射区域的大小无关，这时振幅起伏与相位起伏不相关，即 $R_{B\Delta\phi} \to 0$。

（2）$d \gg 1$ 时，得到

$$\overline{\left(\frac{B^2}{(\Delta\phi)^2}\right)} = 2(k\sigma\sin\alpha)^2 \left[1 \mp \left(1-\frac{1}{8d^3}\right)\right] \qquad (8\text{-}62\text{a})$$

$$\overline{B\Delta\phi} = (k\sigma\sin\alpha)^2 / d^3 \qquad (8\text{-}62\text{b})$$

$$R_{B\Delta\phi} = \frac{1}{\sqrt{3}} \qquad (8\text{-}62\text{c})$$

由于 $d \gg 1$，近似有

$$\overline{(\Delta\phi)^2} = (2k\sigma\sin\alpha)^2 = R^2 \qquad (8\text{-}63\text{a})$$

$$\overline{B^2} \ll \overline{(\Delta\phi)^2} \qquad (8\text{-}63\text{b})$$

以上结果表明，在上述条件下，振幅起伏远小于相位起伏。

8.4　内波和声传播起伏简介

第 2 章对海洋中的内波作了简要介绍，本节将讨论由内波引起的声传播起伏。海洋内波是在海洋介质内部传播的重力波。考虑介质密度等于 ρ' 和 ρ'' 的两层液体介质，如图 8-15 所示，上层水深 h'，下层水深 h''。在此理想情况下，当分界面处的液体受到强风、潮、流或者空气层中的压力驱动时，体元就产生偏离原来分界面的垂直运动。运动中的液体元受到重力的恢复力作用，发生上下振动，该振动引起的波动沿着两层液体界面传播，即构成了海洋内波。内波是海洋中的一种不均匀性，也是一个随机过程，是引起声传播起伏的一个重要原因。

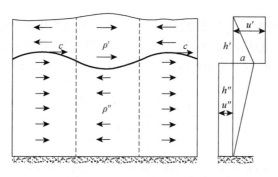

图 8-15 两层液体中的内波

8.4.1 内波简介

1. 内波的传播速度

内波不能存在于均匀液体中，可以传播内波的最简单的模型是双层液体模型（又称 Lamb 模型），由它可求得内波相速度 c 等于[7]

$$c^2 = \frac{(\rho'' - \rho')\dfrac{g}{k}}{\rho'' \coth kh'' + \rho' \coth kh'} \tag{8-64}$$

式中，波数 $k = 2\pi / \lambda$；g 为重力加速度。

在特殊条件下，内波相速度变为如下。

（1）内波波长比下层厚度小很多（$kh'' >> 1$），但比上层厚度大很多（$kh' << 1$），由式（8-64）得

$$c^2 = gh' \frac{\rho'' - \rho'}{\rho'} \tag{8-65a}$$

（2）如果 $\rho'' >> \rho'$，相应于空气和水组成的两层介质，式（8-65a）就简化为

$$c^2 \approx \frac{g}{k} \tanh kh'' \tag{8-65b}$$

①对于浅海，$kh'' << 1$，将 $\tanh kh''$ 展开，并仅取第一项，得 $\tanh kh'' \approx kh''$，则浅海表面波浪的相速度 $c^2 \approx gh''$。

②对于深海，$kh'' > 1$，$\tanh kh'' \approx 1$，则深海表面波浪的相速度 $c^2 = \dfrac{g}{k}$，c 与海深无关。

（3）内波波长 λ 很长时，双层液体模型与实际海洋有一定程度的类似，海洋

表面波浪是两层液体界面内波的特例，海洋内波可以看作海洋表面波浪在不均匀海洋内部的传播。如果内波波长 λ 很长，上下两层液体都可以认为是"浅"的，因而，取近似有 $\coth kh' \approx 1/(kh')$，$\coth kh'' \approx 1/(kh')$，则由式（8-64）得出：

$$c^2 = \frac{gh'h''}{\left(h' + \dfrac{\rho'}{\rho''}h''\right)}\left(1 - \frac{\rho'}{\rho''}\right) \tag{8-66}$$

就海洋的实际情况而言，ρ' 与 ρ'' 相差甚微，于是式（8-66）等于

$$c^2 = \frac{gh'h''}{h' + h''}\left(1 - \frac{\rho'}{\rho''}\right) \tag{8-67}$$

式中，c^2 与浅海表面波浪的相速平方 $c^2 = gh''$ 的形式相似，海洋中典型的 $1 - \rho'/\rho''$ 值小于或等于 0.002，因此，内波相速 c 只是表面波相速的百分之几，可见内波是沿着海洋内部界面缓慢传播的一种重力波。在开阔海洋中，内波的传播速度在数米每秒到数十米每秒的范围内变化，近岸内波传播速度不超过数十厘米每秒。

上面考虑的两层液体模型下的内波，是实际海洋的理想、简化模型。实际海洋不是两层界面的海洋，而是连续分层界面的海洋，因而，内波可以出现在任何深度上，但是，内波经常发生在密度变化大的海水层中。

2. 内波频率

如果把内波的运动近似看作只受地球科氏（Coriolis）惯性力和浮力作用的线性运动过程，则内波运动主要受到惯性频率 ω_i 和 Väisälä 频率 n 两个参数控制。可以证明，内波频率 ω 必介于 ω_i 和 $n(z)$ 之间 [频率 $n(z)$ 是海洋深度 z 的函数]。在海洋中，通常总有 $n(z) > \omega_i$，因此，深海中能有效传播的内波频率 ω 满足 $\omega_i < \omega < n(z)$。

1）惯性频率 ω_i

由于地球的自转运动，地球上运动的物体受到科氏惯性力的作用。容易证明，运动物体的惯性频率 ω_i 为

$$\omega_i = 2\Omega\sin\phi \tag{8-68}$$

式中，Ω 为地球自转角速度 $\left(= \dfrac{\pi}{12}\text{rad/h}\right)$；$\phi$ 为纬度。惯性周期等于 $2\pi/\omega_i$，在两极地区 $\phi = \pi/2$，$\omega_i = 2\pi/12\,\text{rad/h}$（即 1/12 周/小时），惯性周期为 $2\pi/\omega_i = 12\,\text{h}$。在赤道上，$\omega_i$ 等于零，惯性周期趋于无限大。

2）Väisälä 频率

Väisälä 频率是指海洋中液体微元的自由振动频率，它表示海洋介质的分层性质。图 8-16[9]为冬季百慕大群岛附近频率 $n(z)$ 典型的垂直分布。在 200m 深度处，频率 $n_{极大}$ = 5.6 周/小时，它与季节性的表面温度跃变层有关。在 850m 深度处，出现 $n(z)$ 的第二个极大值，与主温跃层有关，可以粗糙地认为 $n(z) = n(0)\mathrm{e}^{z/B}$，即 n 随海深 z 下降，通常取 $B = 1000\,\mathrm{m}$。

8.4.2　内波引起的声传播起伏简介

1. 内波引起低频、远程传播声信号的起伏

早期的声传播起伏研究，主要限于高频、近程和单一传播途径的问题。如前所述，起伏的原因归结为温度微结构（湍流引起的）和界面的随机不均匀性。近年来，对低频、远程的声传播起伏研究表明，它与高频、近程的起伏特性有很大不同。高频、近程的声信号，其振幅起伏与相位起伏具有相同的时间尺度；然而，低频、远程的声信号，在数分钟甚至数小时内，相位相当稳定，

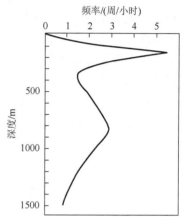

图 8-16　冬季百慕大群岛测得的频率 $n(z)$ 随深度的变化

但振幅起伏很快，如图 8-17 所示。该图表明，振幅起伏（图中振荡剧烈的曲线）与相位起伏（图中变化缓慢的曲线）具有完全不同的时间尺度，这说明高频、近程的起伏机理不同于低频、远程的起伏机理。研究表明，内波对低频、远程传播的声信号起伏具有重要的影响。根据内波场的模型，计算得到的相位起伏与实验结果符合得很好，但是，对于振幅起伏的解释则与实验结果不符，这种差异的机理还有待进一步研究。

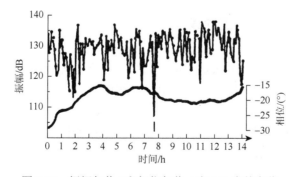

图 8-17　振幅起伏 I 和相位起伏 ϕ 在 14h 内的变化

2. 内波引起的声传播起伏研究

Desaubies[10]根据射线近似方法，计算了信号的相位起伏谱，与 Colb Seamount 的实验结果（46°46′N, 130°47′W）进行了比较，发现相位起伏计算谱与实验测量谱符合甚好，但是，强度的计算结果与起伏的实测结果不符。

我国也开展了海洋内波和声场起伏的实验研究工作，进行了黄海海区尖锐负跃层的浅海内波和声起伏的实验测量，结果表明，声振幅起伏与内波明显有关。

上面简单介绍的是单一传播途径的起伏，对于远距离传播，必须考虑多路信号的叠加，使散射问题转化为统计问题。

内波与声场的相互关系是一个十分重要的研究课题。内波是影响信道特征的重要因素，反之，受内波影响的声场也包含着海洋内波动力过程的信息，因而，声学遥感方法将成为监测海洋动力过程的一种手段。

8.5　声传播起伏对声呐测量精度的影响

增大声呐的探测距离是水声技术的重要研究课题。但从工程应用来看，在增大声呐探测距离的同时，还应尽量提高探测精度，只有探测距离远、测量精度高的声呐才是可实用的声呐。海水和界面的不均匀，导致声信号的多途径传播，从而引起接收信号的不规则变化，如强度和相位产生起伏、波形发生畸变、去相关、频移及频率模糊等，这些现象，对声呐的工件是很不利的，使先进的信号处理技术不能发挥应有的作用，其结果是既限制了声呐的探测距离，也增大了声呐的测量误差。因此，讨论声呐的测向和测距精度与声传播起伏的关系，在工程上是非常有意义的。

8.5.1　信号起伏引起的测向误差

测量声源方向的常用方法是相位测向法。相位测向法是根据测量信号间的相位差来确定目标方向的方法。在平面测向问题中，只需要两只水听器（也称为基元），就可以确定信号的传播方向。图 8-18 中，假设有间隔为 d 的两个基元 A 和 B，它们组成接收基阵。设有平面波信号入射至该接收基阵，入射方向与 AB 垂线的交角为 θ，其几何关系如图 8-18 所示。当接收信号相位无起伏时，两基元收到的信号相位差为

$$\phi_{20} - \phi_{10} = kd\sin\theta$$

式中，k 为波数；ϕ_{20}、ϕ_{10} 分别为两个基元接收信号的相位。可见，只要测得相位 ϕ_{10} 和 ϕ_{20}，或相位差 $\phi_{20}-\phi_{10}$，就能由上式确定信号的入射方向 θ，也就是确定了声源的方位。

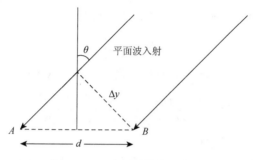

图 8-18　双水听器测向示意图

当接收信号相位有起伏时，基元 A、B 接收信号的相位 ϕ_1 和 ϕ_2 都为随机变量：

$$\phi_1 = \phi_{10} + \Delta\phi_1, \quad \phi_2 = \phi_{20} + \Delta\phi_2$$

则相位差变为

$$\phi_2 - \phi_1 = \phi_{20} - \phi_{10} + (\Delta\phi_2 - \Delta\phi_1) = dk\sin\theta + \Delta\phi$$

式中，$\Delta\phi_1$、$\Delta\phi_2$ 分别为两基元接收信号的相位起伏；$\Delta\phi = \Delta\phi_2 - \Delta\phi_1$ 为由相位起伏引起的相位差起伏（或称相位差测量偏差），它们都是随机变量。理论分析中，随机变量的大小通常用其方差来度量，即

$$\overline{(\Delta\phi)^2} = \overline{(\Delta\phi_1)^2} + \overline{(\Delta\phi_2)^2} - 2\overline{\Delta\phi_1\Delta\phi_2}$$

考虑到基元距离 d 一般远小于声传播距离，可近似认为 $\overline{(\Delta\phi_1)^2} = \overline{(\Delta\phi_2)^2} = \overline{(\Delta\phi_0)^2}$，则有

$$\overline{(\Delta\phi)^2} = 2\overline{(\Delta\phi_0)^2}\left[1 - \frac{\overline{\Delta\phi_1\Delta\phi_2}}{\overline{(\Delta\phi_0)^2}}\right]$$

式中，$\dfrac{\overline{\Delta\phi_1\Delta\phi_2}}{\overline{(\Delta\phi_0)^2}}$ 为相位起伏的相关系数 $R_{\Delta\phi}$，则

$$\overline{(\Delta\phi)^2} = 2\overline{(\Delta\phi_0)^2}(1 - R_{\Delta\phi}) \tag{8-69}$$

可见，相位差起伏方差 $\overline{(\Delta\phi)^2}$ 由相位起伏方差 $\overline{(\Delta\phi_0)^2}$ 和相位起伏相关系数 $R_{\Delta\phi}$ 来决定。

下面，考察由相位差起伏 $\Delta\phi$ 引入的方向角 θ 的偏差 $\Delta\theta$。如接收信号相位无起伏，则

$$\phi_2 - \phi_1 = kd\sin\theta$$

现考虑接收信号相位有起伏的情况，则它必然会引起测向误差，上式等号两边取微分得

$$kd\cos\theta\mathrm{d}\theta = d(\phi_2 - \phi_1)$$

为方便计，用差分替代上式中的微分，并注意到等号右边是相位差的偏差，在这里就是相位差的起伏，$\Delta\phi = \Delta\phi_2 - \Delta\phi_1$，于是可得

$$\Delta\theta = \frac{\Delta\phi}{kd\cos\theta}$$

由此，得到用相位差起伏 $\Delta\phi$ 来估计的声源方向偏差 $\Delta\theta$ 为

$$\overline{(\Delta\theta)^2} = \frac{\overline{(\Delta\phi)^2}}{(kd\cos\theta)^2} = \frac{2\overline{(\Delta\phi_0)^2}(1-R_{\Delta\phi})}{(kd\cos\theta)^2} \tag{8-70}$$

由式（8-70）可以看出以下几点。

（1）当信号从垂线方向 $\theta = 0$ 入射时，由信号相位起伏 $\Delta\phi_0$ 引起的测向误差 $\left[\overline{(\Delta\theta_0)^2}\right]^{\frac{1}{2}}$ 为最小。当信号由基元连线方向 $\theta = \pi/2$ 入射时，信号相位起伏将引入很大的测向误差。事实上，相位法测向仅在 $|\theta| \leqslant 60°$ 条件下适用，对于大 $|\theta|$，其测向误差是较大的，相位测向法不再适用。

（2）加大基元间距 d，可以使测向误差减小，但是，相关系数 $R_{\Delta\phi}$ 也与距离 d 有关，d 增加使 $R_{\Delta\phi}$ 下降，引起测向误差变大，为此，应选取适中的 d 值，使误差 $\Delta\phi$ 为最小。

（3）若考虑介质不均匀性引起的信号相位起伏，当波参数 $D \gg 1$ 时，如式（8-37）所示，其相位起伏方差为

$$\overline{(\Delta\phi_0)^2} = \frac{\sqrt{\pi}}{2}\overline{\mu^2}k^2aL$$

如设横向相关系数为高斯型，即 $R_{\Delta\phi} = \exp[-(\Delta y/a)^2]$。又因 Δy 与波传播方向相垂直，间距 $d = \Delta y$，如图 8-18 所示，则式（8-69）化为

$$\overline{(\Delta\phi_0)^2} = \sqrt{\pi}\overline{\mu^2}k^2aL\left[1 - e^{-\left(\frac{d}{a}\right)^2}\right] \tag{8-71}$$

式中，a 为折射率起伏的空间相关半径。由此可见，$\left[\overline{(\Delta\phi)^2}\right]^{\frac{1}{2}}$（即 $\left[\overline{(\Delta\theta)^2}\right]^{\frac{1}{2}}$）与传播距离 L 的平方根成正比，即定向误差随 $L^{\frac{1}{2}}$ 的增加而增加。

8.5.2　信号起伏引起的测距误差

以上讨论了使用两个接收基元的平面定向误差。实际作业中，除测量目标的方位外，还要求测量目标的距离，这时就需要使用至少三个接收基元，组成三元

接收基阵。在相位测向法中，入射波被视为平面波；用三元阵测距时，入射波应视为球面波，由此可得到距离表达式及距离测量误差。

1. 测距公式

常用的三元等间距直线阵如图 8-19 所示，图中 d 为基元之间的间距，θ 为基线的法线与 R_2 的夹角，图中的 R_1、R_2、R_3 分别代表目标 S 离接收基元 1、2、3 的距离，表示为

$$R_1^2 = d^2 + R_2^2 + 2dR_2 \sin\theta$$

$$R_1 = R_2 \sqrt{1 + \frac{d^2 + 2dR_2 \sin\theta}{R_2^2}}$$

$$R_3^2 = d^2 + R_2^2 - 2dR_2 \sin\theta$$

$$R_3 = R_2 \sqrt{1 + \frac{d^2 - 2dR_2 \sin\theta}{R_2^2}}$$

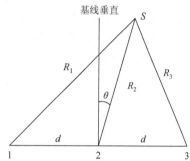

图 8-19　等间距三基元测距示意图

当测量距离 $R_2 \gg d$ 时，利用 $x \ll 1$ 时的展开式 $\sqrt{1+x} \approx 1 + \dfrac{x}{2} - \dfrac{x^2}{8} + \cdots$，忽略三次项及更高次项，近似可得

$$R_2 - R_1 = -d\sin\theta - \frac{d^2}{2R_2}\cos^2\theta$$

$$R_3 - R_2 = -d\sin\theta + \frac{d^2}{2R_2}\cos^2\theta$$

由以上两式相减得到

$$(R_3 - R_2) - (R_2 - R_1) = \frac{d^2}{R_2}\cos^2\theta$$

以下记

$$R_3 - R_2 = c\tau_{32}, \quad R_2 - R_1 = c\tau_{21}$$

式中，c 是声速；τ_{32} 是 S 发出的声信号传到 3 号基元和 2 号基元的时差；τ_{21} 是 2 号基元和 1 号基元接收信号的时差。于是得到

$$R_2 = \frac{d^2 \cos^2\theta}{c(\tau_{32} - \tau_{21})} \tag{8-72a}$$

这就是三元直线阵被动测距中的距离表达式。

式（8-72a）中的 θ 是声源方位角，可用相位测向法求得，也可由时差法得到，它表示为

$$\sin\theta = -\frac{c(\tau_{21} + \tau_{32})}{2d} \tag{8-72b}$$

由此可见，只要测得三基元接收信号的时差，就可由式（8-72a）和式（8-72b）得到声源的距离。工程上，通常应用广义互相关分析或互谱法求得时差 τ_{32}、τ_{21}，具体参考文献[11]。

2. 测距误差

由于声信号起伏和其他原因，时差测量总是有误差的，并由此引起距离测量误差。在被动测距中，很小的时差测量误差，有可能会引起很大的测距误差，因此要求时差测量具有很高的精度，一般要求时差测量误差应在微秒量级。

现考察由时差测量误差引起的测距误差。由式（8-72a）可知，距离 R_2 是时差 τ_{21} 和 τ_{32} 的函数，其增量为

$$\Delta R_2 = \frac{\partial R_2}{\partial \tau_{32}}\Delta \tau_{32} + \frac{\partial R_2}{\partial \tau_{21}}\Delta \tau_{21}$$

式中，$\Delta \tau_{32}$、$\Delta \tau_{21}$ 表示时差 τ_{32}、τ_{21} 的测量误差。由式（8-72a）得到

$$\frac{\partial R_2}{\partial \tau_{32}} = \frac{-R_2}{\tau_{32} - \tau_{21}}$$

$$\frac{\partial R_2}{\partial \tau_{21}} = \frac{R_2}{\tau_{32} - \tau_{21}}$$

于是

$$\Delta R_2 = \frac{R_2}{\tau_{32} - \tau_{21}}(\Delta \tau_{21} - \Delta \tau_{32}) \qquad (8-73)$$

由此得到测距的相对误差为

$$\frac{\Delta R_2}{R_2} = \frac{R_2 c}{d^2 \cos^2 \theta}(\Delta \tau_{21} - \Delta \tau_{32}) \qquad (8-74)$$

从式（8-74）看出，$\Delta R_2 / R_2$ 与距离 R_2 成正比，与基元间距 d 的平方成反比。特别令人关注的是，$\Delta R_2 / R_2$ 与声源本身的方位角 θ 有关，在基元连线的垂直方向上（$\theta = 0$），相对测距误差最小，在直线阵两端方向，测距误差将会变得很大。另外，$\Delta R_2 / R_2$ 还与量 $(\Delta \tau_{21} - \Delta \tau_{32})$ 成正比。

3. 测距相对误差的估算

时差 τ_{21}、τ_{32} 的测量偏差 $\Delta \tau_{21}$、$\Delta \tau_{32}$ 受到多种因素的影响，其中声信号起伏是一个重要因素。对于深海或者平整海底的浅海，声信号的传播起伏主要由海面随机起伏和海水介质参数的随机起伏所引起。海水介质参数的随机起伏，主要是折射率的随机起伏，而折射率（或声速）起伏的影响是累加的，因此，随着传播距离增加，声信号起伏也将逐渐增加。对于不太远的传播距离，折射率起伏的影响较小，比较而言，海水界面的随机不均匀性将是引起声信号起伏的

主要原因。因此，这里仅讨论海面随机起伏引入的时差测量偏差及其引起的测距相对误差。

为简单计，这里仅考虑单频信号，因时差偏差 $\Delta\tau$ 由信号相位差的起伏偏差 $\Delta\phi$ 所引起，一般满足

$$\Delta\phi_{32} = \omega\Delta\tau_{32} = \Delta\phi_3 - \Delta\phi_2$$

$$\Delta\phi_{21} = \omega\Delta\tau_{21} = \Delta\phi_2 - \Delta\phi_1$$

式中，$\Delta\phi_1$、$\Delta\phi_2$、$\Delta\phi_3$ 分别为 1 号、2 号、3 号基元的接收信号相位的起伏量。因而，$\Delta\phi_{32}$、$\Delta\phi_{21}$ 为相位差的起伏偏差，把上两式代入式（8-74）中得

$$\frac{\Delta R_2}{R_2} = \frac{R_2 c}{d^2 \omega \cos^2\theta}(\Delta\phi_{21} - \Delta\phi_{32})$$

$$= \frac{R_2 c}{d^2 \omega \cos^2\theta}(\Delta\phi_3 + \Delta\phi_1 - 2\Delta\phi_2) \qquad (8\text{-}75)$$

另外，相位差起伏的相关函数等于

$$\overline{[\Delta\phi_{21}(t_1) - \Delta\phi_{32}(t_1)][\Delta\phi_{21}(t_2) - \Delta\phi_{32}(t_2)]}$$

$$= \overline{[\Delta\phi_3(t_1) + \Delta\phi_1(t_1) - 2\Delta\phi_2(t_1)][\Delta\phi_3(t_2) + \Delta\phi_1(t_2) - 2\Delta\phi_2(t_2)]} \qquad (8\text{-}76)$$

若各个基元相位偏差的均方值都相等，则有如下结论。

（1）对于同一基元，有

$$\overline{\Delta\phi_1(t_1)\Delta\phi_1(t_2)} = \overline{\Delta\phi_2(t_1)\Delta\phi_2(t_2)} = \overline{\Delta\phi_3(t_1)\Delta\phi_3(t_2)} = \overline{\Delta\phi_0^2}\rho(0, t_1 - t_2)$$

（2）对于不同基元，有

$$\overline{\Delta\phi_i(t_1)\Delta\phi_j(t_2)} = \overline{\Delta\phi_0^2}\rho_{ij}(d, t_1 - t_2)$$

式中，$\overline{\Delta\phi_0^2}$ 为基元接收信号相位起伏方差；$t_1 - t_2$ 为相关时间差；d 为基元间的距离；$\rho(0, t_1 - t_2)$ 为同一接收点相位起伏的时间相关系数；$\rho_{ij}(d, t_1 - t_2)$ 为 i、j 两基元相位起伏的时空互相关系数。

在海面小起伏情况下，海面散射场的时空相关系数近似等于海面起伏的时空相关系数。测量结果表明，海面起伏的时间相关半径，通常为"秒"的量级，它远大于相关时间差 $t_1 - t_2$，因而

$$\rho(0, t_1 - t_2) \approx 1, \quad \rho_{ij}(d, t_1 - t_2) \approx \rho_{ij}(d)$$

式中，$\rho_{ij}(d)$ 为 i 和 j 基元接收信号相位起伏的空间相关系数。如果进一步有各相关系数相等，即 $\rho_{12} = \rho_{23} = \cdots = \rho_0$，由式（8-76）得到

$$\left\{\overline{[\Delta\phi_{21}(t_1) - \Delta\phi_{32}(t_1)][\Delta\phi_{21}(t_2) - \Delta\phi_{32}(t_2)]}\right\}^{\frac{1}{2}} = \left[6\overline{\Delta\phi_0^2}(1 - \rho_0)\right]^{\frac{1}{2}} \qquad (8\text{-}77)$$

式中，ρ_0 的数值与基元间距 d 有关。当海面起伏的空间相关系数为高斯型时，海面反射信号的相关系数也近似为高斯型。若间距 d 大于海面起伏的空间相关半径，则

可假定 $\rho_0 = 0$ ，于是式（8-77）近似等于 $\left(6\overline{\Delta\phi_0^2}\right)^{\frac{1}{2}}$ 。把 $\left(6\overline{\Delta\phi_0^2}\right)^{\frac{1}{2}}$ 作为总相位差起伏的偏差 $\Delta\phi_{21} - \Delta\phi_{32}$ 代入式（8-75）中，求得平面三元直线基阵的测距相对误差为

$$\frac{\Delta R_2}{R_2} = \frac{R_2 c}{\omega d^2 \cos^2\theta}\left(6\overline{\Delta\phi_0^2}\right)^{\frac{1}{2}} \tag{8-78}$$

式中， R_2 为三基元等间距直线阵的中心基元到目标的距离。当 $\theta = 0$ 时，即目标位于三基元连线的垂线方向上时，式（8-78）给出误差的最小值：

$$\left(\frac{\Delta R_2}{R_2}\right)_{\min} = \frac{R_2 c}{\omega d^2}\left(6\overline{\Delta\phi_0^2}\right)^{\frac{1}{2}} \tag{8-79}$$

如进一步估计相对误差值 $\Delta R_2/R_2$ ，则必须确定信号的相位起伏方差 $\overline{\Delta\phi_0^2}$ 。由前面的随机界面声散射理论可知， $\left(\overline{\Delta\phi_0^2}\right)^{1/2}$ 与随机界面的瑞利参数 R 有关，一般认为，它们之间满足如下关系：

$$\frac{R}{2} \leqslant \left(\overline{\Delta\phi_0^2}\right)^{\frac{1}{2}} \ll R \tag{8-80}$$

在低海况和小掠射角条件下， R 一般远小于 1，但即便如此，由于 θ 较大，式（8-78）确定的测距误差仍是较大的。如果减小 d 或降低频率 ω ，则测距误差会变得更大。当然，由于 $\Delta R_2/R_2$ 与 d 的平方成反比，所以在信号场空间相关半径的范围内加大基元之间的距离 d 可以提高测距精度。

习　题

1. 什么是海洋中的声传播起伏？哪些因素会引起声传播起伏，说明机理。
2. 声传播起伏对声呐的工作会造成什么影响，说明原因。
3. 简要说明声传播起伏的规律和特性。
4. 什么是海洋中的内波，它对声传播有什么影响？
5. 分别说明声传播起伏对被动测向、测距的影响，如何减小这种影响？

参考文献

[1] Urick R J, Searfoss C W. The microthermal structure of the ocean near key west [R]. U. S. Naval Research Laboratory，1949.

[2] Liebermann L. Effect of temperature inhomogeneities in the ocean on the propagation of sound[J]. Journal of the Acoustical Society of America，1951，(23)：563.

[3] Comstock C. On the autocorrelation of random inhomogeneities[J]. Journal of the Acoustical Society of America，1964，36（8）：1534-1536.

[4] Mintzer D. Wave propagation in a randomly inhomogeneous medium[J]. Journal of the Acoustical Society of America，1953，(25)：992-1107.

[5]　汪德昭，尚尔昌. 水声学[M]. 北京：科学出版社，1981：397.

[6]　Stone R G，Mintzer D. Range dependence of acoustic fluctuations in a randomly inhomogeneous medium[J]. Journal of the Acoustical Society of America，1962，34（5）：647-653.

[7]　Bass F G，Fuks I M. Wave Scattering from Statistically Rough Surfaces[M]. Oxford：Pergamon Press，1979：131-149.

[8]　上海市物理学会声学工作委员会. 水声学[M]. 上海：上海市科学技术编辑馆，1965：77.

[9]　布列霍夫斯基. 海洋声学[M]. 山东海洋学院海洋物理系，中国科学院声学研究所水声研究室，译. 北京：科学出版社，1983：40-42.

[10]　Desaubies Y. Acoustic—phase fluctuating induced by internal waves in the ocean[J]. Journal of the Acoustical Society of America，1976，（60）：795-800.

[11]　田坦，刘国枝，孙大军. 声呐技术[M]. 哈尔滨：哈尔滨工程大学出版社，2000：145-146.

第9章　水声科技进展简介

迄今为止，在人们所熟知的各种能量形式中，唯有声波能在水中作远距离传播，因此在人类海洋活动中得到重要应用。近几十年来，受军、民领域对水声应用需求的牵引，水声的理论和技术取得了长足的进步，为水声更好地服务于人类注入了新的活力。本章将对水声的新进展择要作简要介绍。

9.1　水声信号处理的匹配场处理技术

20 世纪 70 年代以来，水声信号处理领域的一个重要进展，就是将由海水介质物理特性所确定的介质中声传播特性与传统的信号处理相结合，从而产生了匹配场处理（matched-field processing，MFP）技术。1987 年，Fizell 和 Wales[1]报道了他们在北冰洋水域首次应用匹配场处理方法进行的声源远距离定位实验，取得了良好的效果。该结果受到了业内人士的高度关注，匹配场处理由此逐渐成为水声信号处理领域中的热点研究课题。近年来，匹配场处理在水下目标检测、声源被动定位、海洋环境参数反演等方面的研究，取得了丰硕的成果，成功解决了很多实际问题。目前，匹配场处理已由理论研究、实验验证阶段发展到解决实际问题阶段，当今及今后的很长时间内，人们除致力于匹配场处理的实际应用外，还需解决由此而产生的新问题。

9.1.1　匹配场处理的原理

本节将应用声源被动定位问题作为例子，来讨论匹配场处理的工作原理。在声源被动定位中，接收是线列阵，每个接收元的位置是确知的，同时，信道的物理特性，如海深、海底沉积层中的声速和密度、海水中的声速分布等也是确知的，待求的是声源相对于接收阵的距离、方位和声源深度。在传统的信号处理中，通常采用平面波传播模型，即认为声源辐射的声波以平面波形式投射到接收阵上，如图 9-1 所示。在平面波假设的基础上，经由阵列信号处理，得到声源位置的估计值。对比声源位置的估计值和实际值可以发现，通常两者并不一致，总是存在或大或小的差异，这就表明估计值是有误差的。产生误差的原因，主要是因为采用了平面波传播模型。事实上，由于海水中的声速不均匀性和海面、海底对声波

的反射作用，海水中的实际声传播是十分复杂
的，平面波模型只是理想化的描述，并不能反映
真实的传播特性，在此基础上得到的声源位置估
计值，自然也不能与实际值相一致。

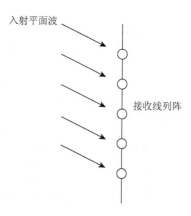

图 9-1　接收线列阵和入射平面波

受上述例子的启发，人们研发了匹配场信号
处理技术，其主要的特点，就是采用了与实际声
传播特性最"靠近"的声传播模型，将信道中的
声传播特性与阵列信号处理紧密结合于一体。在
声源被动定位这个例子中，声源发出的声信号经
由信道传播到达接收阵列处，接收阵对声场进行
空间采样，得到阵列接收信号，以下将其称为测
量场。另外，本例中接收阵的位置是确知的，信道的物理特性也是确知的，所
以如果利用已有的先验知识，给待求的声源位置设定一个预置值，再根据信道
特性选定合适的声传播模型，就可以通过计算得到接收处的声场数据，如声压、
相位等，它们也构成接收阵列信号，以下称其为仿真场。测量场和仿真场都是
由声源发出的信号，经同一信道传播在接收处产生，所不同的只是仿真场中的
声源位置值是预设的，如果此预设值和实际值是一致的，那么，这两个场就会
是一样的；如果这两个场不一样，这就表明声源位置预设值不是它的实际值。
基于以上考虑，在得到测量场和仿真场后，将这两个场进行匹配处理，并在选
定的待求量可能范围内搜索寻优，取得最大匹配值时的预设值就视为声源位置
的估计值。

通过上述声源被动定位这个例子，讨论了匹配场处理的基本原理，需要说明，
匹配场处理除了用于声源被动定位外，还可用于主动定位、海洋环境参数反演和
噪声抑制等领域。

9.1.2　海水信道中的声传播模型

信道声传播模型的合理选用，是匹配场处理的关键，匹配场处理的性能，很
大程度上取决于传播模型的正确性与精确性。海水介质中的声速分布、海底、海
面的声反射特性、海水中的声吸收、海底沉积层中的声速和密度等量，都会对声
传播产生影响，其中声速分布的影响为最大。由于声传播受到上述多种因素的影
响，所以海水中的声传播一般是非常复杂的，通常所说的平面波、柱面波和球面
波模型，仅是为处理方便而引进的一种近似，与实际声传播并不完全吻合。因此，
在选用声传播模型时，首先要确切了解信道的物理特性，并在此基础上选用相应
的传播模型。

海水介质中的声传播特性，是水声物理研究的重要基础课题，已取得了丰硕的成果，作为参考，将目前常用的几种声传播模型及其优缺点列于表 9-1 中。

表 9-1　常用声传播模型及其优缺点

声传播模型	优缺点及适用范围
射线声学模型	是波动理论的近似表达式，理论简洁直观，计算量小 适用于高频、近距离 要求介质特性变化缓慢，在一个波长范围内声波振幅没有大的变化
简正波模型	是波动方程的严格解，计算精度高，给出声场中每个点上的解 适用于低频、远距离传播 要求介质特性严格分层，不存在水平变化，海深不变
抛物方程模型	是波动方程的一种近似解，用抛物方程替代简化的椭圆形波动方程 适用于低频、远距离传播和海水介质特性有水平变化的情况 解算是由初始位置顺次递推的，因此显著简化了计算过程 存在相位误差，且随距离的增加而累积
快速声场模型	在柱坐标系中用分离变量法解波动方程，然后用汉克尔函数渐近展开式的第一项替代汉克尔函数表达式 适用于近场
多路径展开模型	适用于深海中频、高频声传播 是简正波方程的近似解 不能用于海洋环境参数与距离有关的情况 能正确估计焦散区和声影区的声压场

对于上述讨论的五种声传播模型，Etter[2]作了进一步的说明，提出了一种十分有用的分类方案，使之对现有建模方法及其适用范围的判决逻辑实现最优化，详见表 9-2 及其相应说明。

表 9-2　声传播模型应用特性

模型类别	浅海				深海			
	低频		高频		低频		高频	
	RI	RD	RI	RD	RI	RD	RI	RD
射线理论	○	○	◐	●	◐	◐	●	●
简正波	●	◐	◐	○	●	◐	◐	○
多路径展开	○	○	○	○	○	○	●	●
快速场	●	◐	●	○	●	○	◐	○
抛物方程	◐	●	○	○	◐	●	◐	◐

关于表 9-2 的说明：

（1）浅海指声与海底有强交互作用的水深；

（2）选取 500Hz 的界限频率有一定任意性，但它的确反映了这样一个事实，即在 500Hz 以上，许多波动理论模型在计算上都显得非常紧张，而在 500Hz 以下，某些射线理论模型因其限制性假设而在物理上可能变得有问题；

（3）黑圆表示这种建模方法既在物理上是适用的，又在计算上是可行的；

（4）半白半黑圆表示这种建模方法在精度或在执行速度上有某种局限性；

（5）白圆表示这种建模方法既不适用也不可行；

（6）低频＜500Hz，高频＞500Hz；

（7）RI 表示环境与距离无关，RD 表示环境与距离有关。

9.1.3　匹配场处理器

将测量场与仿真场进行相关匹配处理，找到与测量场最接近的仿真场，并将得到这个仿真场的待求参数预设值视作待求参数的估计值，完成这个匹配处理的算法或技术称为匹配处理器。实践表明，很多阵列处理方法及其变形都可用作匹配处理器，其中的许多方法被证明是很有效的。表 9-3 列出了几种常用处理器及其优缺点。

表 9-3　常用匹配处理器及其优缺点

匹配处理器	优缺点
线性处理器	对仿真场的误差和扰动敏感性较低，有较好的稳健性 旁瓣较大，分辨率不高，对声源深度难以分辨 是最常用的匹配场处理器
最小方差处理器	与线性处理器相比，在相同条件下，有很好的抑制旁瓣能力，深度分辨率也有大的提高 对误差和失配敏感，要求传播模型中的参数必须精确 因对失配敏感，常用来反演环境参数
匹配模式处理器	在处理之前对阵数据也进行了模式滤波，去掉了一些对定位不利的模式 要求高信噪比和精确的阵列数据 相位差存在模糊，易引起距离误差

除了上面提到的处理器外，还有最佳不确定场处理器、特征向量处理器、最大熵处理器、近似正交处理器等多种处理器，它们也各有优缺点及适用场合。

9.1.4　匹配场处理中的失配问题

匹配场处理中，构造仿真场时需要知道信道、声源或接收阵的一些参数，如海水中的声速分布、海底声学参数等，并要求它们在检测和定位期间不发生变化。

而实际上，这些参数难以精确知道，有些还是时空变化的。另外，声传播模型也仅是实际物理状态的理想化近似描述。失配是指由环境、系统和模型误差所导致的仿真场的不精确。失配对匹配场处理的性能具有重要的影响。

失配主要有 3 种，即环境失配、统计失配和系统失配，简介如下。

环境失配，由环境模型的不确定性所造成，例如，传播模型中采用的声速分布误差，海底声学参数和海深的不准确等。研究结果表明，环境失配对匹配场处理性能有很大的影响，其中海深失配和海底沉积层中声速失配的影响尤为严重。

统计失配，它与协方差矩阵的估计有关，问题在于：当用于平均的阵数据的样本数少于阵元数时，估计的协方差矩阵有可能是满秩的。即使估计的协方差矩阵是满秩的，有限数目的平均样本也会出现偏置。

系统失配，指接收系统有误差，如接收阵发生倾斜，水听器接收灵敏度和相位发生漂移等，其中匹配场处理对阵倾斜十分敏感，甚至使其失效。因此，阵倾斜的测量和补偿算法就非常必要。

对于匹配场处理对失配的敏感性，通过理论和实验研究，开发出了多种有效的匹配场稳健算法，如聚焦算法[3]、模拟退火算法、似然比匹配场算法、最佳不确定场处理器等。

9.2　海洋声学层析技术

层析技术（tomography）一词来自希腊文，tomo 是"切割""分层"的意思。层析技术首先在 X 射线中得到应用，医学中的 CT（computer tomography）就是层析技术的具体应用。海洋声学层析技术首先是美国科学家 Munk 等[4]于 1979 年提出的。海洋声学层析技术是一种反演技术，通过测量固定的声源和水听器之间声传播时间的扰动，推断出海洋内部的声速、沿声路径的平均海流速度、估计海面谱等，使人们能大面积得到海域中海水状态及其变化的资料，为研究大洋的变异性提供一种有效手段。

海洋声学层析的基本做法，是在海水中相隔几百千米的距离上布设多个声发射接收点，不断接收和发射声信号。声线以不同角度穿透水体，它们携带有传播路径上海水的信息。例如，测得两点间声信号往返时间的平均值，就可得到这两点间的平均声速，再根据声速与温度的关系，进而得到声路径上的海水温度。如果测得两点间声信号往返传播时间的差值，则这差值就反映了这两点连线方向上的海水流速。以上测量通常称为水平层析。另外，在深海中，声线以不同的垂直倾角出发，传播中经过不同深度的水层，到达时间也不同，测量不同出射角声线的传播时间，就可得到不同声线经过水层的温度，这就是所谓的垂直层析。

　　海洋声学层析技术是一种反演技术,自然希望有尽可能多的测量数据,即发射接收点越多,传播路径就越多,得到的信息量也越大,空间分辨率也相应越高。然而在海洋条件下,不可能布设数量很大的接收发射点,而观测区域面积又很大,因此观测网络十分稀疏,通常只能有数十到数百个路径,于是造成未知量数远大于方程数,这时就需要考虑解的唯一性和稳定性。海洋声学家的研究表明,利用已知的海洋介质内部运动规律,作为求解逆问题的约束条件,可以有效减少介质时空变化的自由度,能在最小数量的收发系统下得到最大的空间分辨率。

　　经过 20 余年的努力,针对不同的声参量,人们开发了多种声层析信号处理方法,主要有声线传播时间层析、简正波传播时间层析、峰值匹配层析、简正波相位层析、简正波水平折射层析和匹配场层析等。

9.3　舰船声隐身技术

　　随着科学技术的飞速发展,现代探测设备的探测距离和武器的命中概率取得了大幅度提高,对舰船的生存构成了严重的威胁,也影响了舰船战斗力的发挥。隐形飞机的问世及其在战斗中发挥的作用,引起了人们对舰船隐身的高度重视。舰船隐身是指使舰船本身所具有的、易于被对方探测到因而暴露自己的特征信号发生变化、削弱甚至消除,使舰船不易被发现、跟踪、识别和攻击,从而提高生存力和发挥应有的战斗力。现代舰船的特征信号是多种多样的,它涉及电子、材料、声、光、电、磁和压力等学科,因而舰船隐身必然是综合性科学技术,它包括了雷达隐身、红外隐身、声隐身、电场隐身、磁场隐身、水压场隐身和尾流场隐身等多个方面,其中,雷达隐身、红外隐身和声隐身是目前舰船隐身技术的主要研究方向。限于篇幅,本书仅就舰船声隐身技术作简要的介绍。

9.3.1　舰船声隐身概述

　　先前在舰船的研究、设计中,存在着追求高速性还是安静性的争论,但是时至今日,舰船的研究、设计中突出声隐身性,已成业界共识,舰船尤其是潜艇的安静性已作为重要的技战术指标进行考核。对于潜艇,其水下的隐蔽性是特别重要的,因而各国海军都不遗余力地开展潜艇声隐身研究工作,并取得了明显的效果,图 9-2[5]表明了美国和苏联潜艇总噪声辐射强度的下降趋势。由图可以看出,20 世纪 60 年代初期,美国核潜艇的辐射噪声下降 15~20dB,原因是采用了浮筏技术。苏联的潜艇,在 1960~1975 年,辐射噪声只下降了 5~10dB,而在 1975~1985 年,下降了约 30dB,其原因除应用了浮筏技术外,还加工出了低噪声螺旋桨。另外，从攻击型核潜艇的辐射噪声来看，美国从 1960 年的 160dB 下降到 1985 年的 118dB，而苏联则从 1960 年的 170dB 下降到 1990 年的 130dB。以上虽然仅列出了美、苏两国潜艇辐射噪声的变化趋势，但这种情况具有一定的普遍性。顺便说明，到了 20 世纪末期，大多先进国家的现役潜艇，其辐射噪声级约为 130dB，美、俄的一些先进潜艇，辐射噪声级约在 120dB。

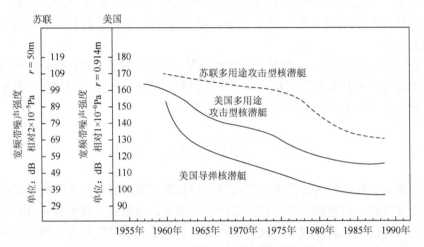

图 9-2　美国和苏联潜艇的总噪声辐射强度

　　以上简要介绍了舰船声隐身近些年来取得的进展，那么什么是舰船声隐身呢？舰船声隐身，是指运用相关的技术，改变舰船的声学特性，削弱甚至消除声特征信号，以此提高自身的隐蔽性，相应地也就提高了自身的生存力和战斗力。这里所说的改变舰船声特征信号，是指：①降低舰船的辐射噪声级和声呐基阵平台处的自噪声级，与此相关的技术有舰船总体声学设计技术、低噪声推进器技术、机械结构噪声控制技术、水动力噪声控制技术、多频谱声学覆盖层技术、舰船声特性测试及声源识别技术；②降低舰船的声目标强度等反射特征，相关技术是舰船型线优化技术、消声瓦设计和应用技术。

9.3.2　降低舰船辐射噪声和自噪声

　　被动声呐是接收对方舰船的辐射噪声来探测发现对方的，因此舰船的辐射噪声级就基本确定了该舰船的隐蔽性，降低舰船辐射噪声也就成了提高自身隐蔽性的最有效途径，例如，被动声呐探测对方舰船，如被探测舰船的辐射噪声级下降 10dB，则在其他条件不变的情况下，被动声呐探测到对方舰船的距离就变为原来的 32%左右。

舰船声呐基阵平台处的干扰噪声，由舰船自噪声和海洋环境噪声组成，它们是声呐接收信号的背景干扰，直接影响声呐的作用距离，如这种背景干扰降低 5dB，则被动声呐的探测距离可增加为原来距离的 1.78 倍，这个例子充分说明了降低背景干扰噪声的重要性。因为这种干扰噪声是由自噪声和海洋环境噪声组成的，所以降低这种背景干扰噪声，也就是要降低自噪声，归根结底，也就是要降低舰船辐射噪声。

关于舰船的减振降噪技术，在 7.7 节已有介绍，这里仅列出几项常用技术，具体如下。

（1）低噪声螺旋桨技术：目的是推迟空泡产生和避免产生唱音，从而降低螺旋桨噪声。

（2）浮筏技术：对主、辅机等设备的振动有良好的隔振效果。

（3）吸声处理：一般用于舰船舱室的噪声控制，它可提供 5～7dB 的降噪量；缺点是低频效果欠佳，适用频带窄，且频率选择性强。

（4）消声器：适用舰船上的强噪声源，如舰船推进主机，进、排气系统。

（5）隔振和阻尼：隔振器适用于强振设备与基座之间，用来阻挡或减弱振动的传递。阻尼减振一般用于振动较大的区域和噪声控制要求高的舱壁、甲板，航母飞行甲板背面，舰船机舱的舱壁、天花板等处。

（6）隔声技术：用隔声结构将噪声源与受声者隔开，阻挡噪声的传播，使透过隔声结构的声能显著减少，在隔声后面形成一个相对安静的声环境。隔声结构有隔声屏、隔声罩和隔声屋等种类。

9.3.3　降低舰船的（声）目标强度

主动声呐通过接收被探测舰船对入射声波的反射声信号而发现目标，被探测舰船对入射声波的"反射本领"称为舰船的目标强度，该值的大小对本舰的安全性有重要影响，例如，舰船目标强度值下降 10dB，则对方主动声呐的探测距离缩短为原来的 60%左右，这就提高了被探测舰船的安全性。

降低舰船目标强度值，可采取两个措施，即改变舰船线型和在外表面敷设消声瓦。对于潜艇来说，由于适航性、快速性和快潜性及内部配置的要求，艇体线型改变的余量不大，在外表面粘贴消声瓦成为降低目标强度的主要措施。

消声瓦是以黏弹性材料为基底、并在其中加入声学结构的吸声阻尼层，其作用是降低舰艇的目标强度和抑制艇体振动，降低辐射噪声。消声瓦应具有很好的透声性，并要求透入瓦中的声能不再从后界面反射回来，因此消声瓦的特性阻抗应与海水特性阻抗相匹配，同时在瓦内设置声学结构，吸收透入瓦内的声能。当前，国外已研制出吸声型、抑振型、隔声型等多种类别的消声瓦，敷设于艇体的不同部位，以取得降低目标强度和降低辐射噪声的双重效果。有资料报道[5]，在 30kHz 频率上，敷设消声瓦可使目标强度降低 15～20dB。

图 9-3[5]是两种不同型消声瓦声学效果的频谱图，可以看出，共振型消声瓦有明显的频率特性，而非共振型则在较宽的频带上有消声效果。

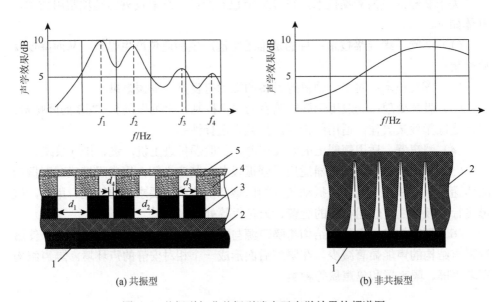

(a) 共振型　　　　　　　　　　　　　　　(b) 非共振型

图 9-3　共振型与非共振型消声瓦声学效果的频谱图

1-钢板；2, 3, 4, 5-弹性材料

d_1, d_2, d_3, d_4 -穿孔的直径；　f_1, f_2, f_3, f_4 -相应的共振频率

图 9-4[6]是消声瓦在潜艇上的敷设示意图。

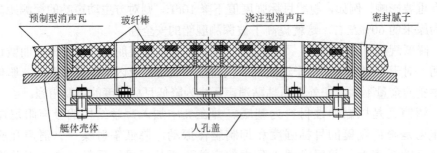

图 9-4　消声瓦敷设示意图

9.3.4　水声对抗

1. 水声对抗的定义

潜艇自噪声是本艇水声探测设备的背景干扰，而本艇的目标强度值则与对方主动声呐的探测距离密切相关。降低潜艇辐射噪声和目标强度值，其效果是减小了对方声呐的探测距离，同时增加了本艇声呐的作用距离。因此，降低潜艇辐射噪声和目标强度，实质上是为了提高自身的生存力而与对方舰艇在声学特性上进行的一种较量，行业内称其为水声对抗。

水声对抗还有另外一种形式，那就是利用各种声学手段，如声诱饵、声干扰器、气幕弹等，使对方的声呐设备不能正常工作，也可使声自导水中兵器失去控制，甚至毁灭，从而达到保护自己消灭敌人的目的。

水声对抗通常分为软杀伤对抗和硬杀伤对抗两种。

2. 软杀伤对抗设备

软杀伤对抗，是指仅使对方探测声呐和攻击鱼雷失效、不能正常工作，但不将其毁坏，其常用设备通常包括如下。

（1）噪声干扰器：发射宽带、大功率噪声信号，对对方声呐和鱼雷上的声学系统形成强烈干扰，从而压制和降低对方声呐和鱼雷对目标的检测性能，使其不能正常工作而丢失目标，从而保护舰船作机动规避脱离危险区。

（2）信号干扰器：通常称为声诱饵或模拟器，发射模拟的目标信号，如模拟回声信号、舰船的辐射噪声、多普勒机动频率特性等，用以制造假目标，诱骗对方鱼雷自导系统和声呐系统，降低其检测、识别真目标的概率，使其产生误判和误跟踪，从而为舰艇规避对方声呐的探测和鱼雷的攻击创造条件。

（3）气幕弹：它是无（声）源干扰器材，由化学发气药剂压制成的弹状物，发射入水后即与海水发生化学作用，产生大量大小不等的气泡，并很快在目标舰艇与来袭鱼雷间形成一道气幕屏障，由于气泡对声波的反射和吸收，仅有部分声能穿过气幕屏障，其效果是使鱼雷的探测能力大为降低。另外，舰船的辐射噪声也因只有部分穿过屏障，从而降低了被检测的概率，使目标舰艇迅速规避对方声呐的探测和鱼雷的攻击。

3. 硬杀伤对抗设备

硬杀伤对抗是指将攻击鱼雷摧毁，设备主要有引爆式声诱饵、火箭助飞水雷及反鱼雷等，它们实际上是诱骗型设备与引爆装置的组合，将对方制导武器诱骗到其附近后，引爆装置自行起爆将其摧毁。

9.4　矢量水听器及其信号处理基础

长期以来，水声中习惯使用对压力变化敏感的传感器检测水中的声压信息，这时，声压信息成为最主要的输入信息。近些年来，水声科技界研发出了新型传感器——矢量水听器，它既能给出声压信息，又给能出振速信息，从标量和矢量两个方面反映声场特性，为更全面、深入理解声场特性提供了重要信息。对信号处理器来说，它的输入信息由单一的声压信息变为声压（标量）和振速（矢量）两种信息，这将有助于取得更好的处理效果。

9.4.1　矢量水听器工作原理

矢量水听器由声压传感器和振速传感器组成，它们分别给出声场中同点、同时的声压信息和振速信息。

矢量水听器中的声压传感器，由数个在空间按一定几何形状布置的传感器（声压传感器、加速度计等）组成，在声场的作用下，它们每个都有输出，对其作相应的处理后，取其平均值，得到传感器几何中心点上的声场声压信息。

声学中，质点振速通过式（9-1）与质点位移 x、质点加速度 a 和声压梯度 ∇p 相联系：

$$x = -\mathrm{j}\frac{v}{\omega}, \quad a = \mathrm{j}\omega v, \quad \nabla p = -\mathrm{j}\omega\rho v \tag{9-1}$$

式中，ω 为声波的频率。因此，可以通过测量质点位移 x、质点加速度 a 和声压梯度 ∇p 等量来得到振速 v。

矢量水听器的振速传感器分成三组，布放于 x、y、z 轴上，每轴上放置两个声压传感器，其间距 d 满足偶极子条件，实际制作时要求 $d < \lambda/10$，至少要保证 $d < \lambda/7$，这里 λ 是波长。对轴上两声压传感器的输出进行差分处理，用它替代微分运算 $\frac{\partial p}{\partial x}$、$\frac{\partial p}{\partial y}$、$\frac{\partial p}{\partial z}$，从而得到三轴向的振速分量 v_x、v_y、v_z。由以上的工作原理可知，三轴向的振速分量将具有偶极子指向性。

9.4.2　介质质点的振速表达式

考察谐和律平面波，其声压表示为

$$p(r,t) = A\mathrm{e}^{\mathrm{j}(\omega t - k\cdot r)} \tag{9-2}$$

式中，r 是矢径；ω 是声波频率；k 是波矢量；A 是平面波声压幅值。结合声压和振速关系式 $v = -\dfrac{1}{\rho}\int \nabla p\, \mathrm{d}t$，可得

$$v = \frac{p}{\rho c}(\boldsymbol{\xi}\cos\theta\cos\phi + \boldsymbol{\eta}\cos\theta\sin\phi + \boldsymbol{\zeta}\sin\theta) \tag{9-3}$$

式中 $\boldsymbol{\xi}$、$\boldsymbol{\eta}$ 和 $\boldsymbol{\zeta}$ 是 x、y、z 三轴向的单位矢量；θ、ϕ 是俯仰角和方位角，分别以水平面和 x 轴为 0°，见图 9-5。由式（9-3）得振速的三个轴向分量为

$$\begin{cases} v_x = \dfrac{p}{\rho c}\cos\theta\cos\phi \\[2mm] v_y = \dfrac{p}{\rho c}\cos\theta\sin\phi \\[2mm] v_z = \dfrac{p}{\rho c}\sin\theta \end{cases} \tag{9-4}$$

由式（9-4）可知，v_x、v_y、v_z 具有偶极子声源的指向特性，如图 9-6 所示。这里特别指出，这种指向特性与频率无关，是"天然"的，它对信号检测是非常有利的。

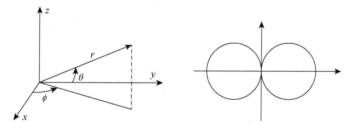

图 9-5　球坐标系与直角坐标系　　图 9-6　振速分量的偶极指向特性

以上讨论虽然是针对平面波的，但因为任何形式声波的远场不大的区域上，都可近似看作平面波，其性质与平面波基本一样，因而以上结果在声波的远场都适用。

9.4.3　无限均匀介质中声压与振速的相关性

由声学基础可知，无限均匀介质中，平面波、球面波和柱面波的声阻抗率表示如下。

平面波：

$$Z = \rho c$$

球面波：

$$Z = \rho c\left[\frac{(kr)^2}{1+(kr)^2} + \mathrm{j}\frac{kr}{1+(kr)^2}\right]$$

柱面波：

$$Z = \mathrm{j}\rho c \frac{J_0(kr) - \mathrm{j}Y_0(kr)}{J_1(kr) - \mathrm{j}Y_1(kr)}$$

J_0 和 J_1 为第一类零阶 Bessel 函数；Y_0 和 Y_1 为第二类零阶 Bessel 函数，由上式可见，一般来说，球面波和柱面波的声阻抗率是个复数，表明声压与振速是不同相的，存在相位差。但同时也可看出，相位差是随着 kr 的变大而逐渐变小的，在远场 $kr \gg 1$，$Z \approx \rho c$。因此可以得出结论，在远场，球面波和柱面波的声阻抗率 Z 近似为实数，表明声压与振速是相关的。

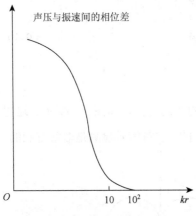

图 9-7 球（柱）面波声压与振速间相位差随 kr 变化示意图

图 9-7 所示为球面波、柱面波声压与振速间相位差随 kr 的变化曲线。由图可以看出，只要 $kr \geqslant 10$，相位差就变得很小了，声压与振速基本上就同相了。

9.4.4 矢量信号的抗各向同性噪声特性

假设声信号在各向同性噪声场中传播，矢量水听器接收此信号，其输出如下。

声压：

$$p(t) = p_s(t) + p_n(t)$$

x 轴振速分量：

$$v_x(t) = v_{xs}(t) + v_{xn}(t)$$

y 轴振速分量：

$$v_y(t) = v_{ys}(t) + v_{yn}(t)$$

z 轴振速分量：

$$v_z(t) = v_{zs}(t) + v_{zn}(t)$$

式中，下标 s 和 n 分别表示信号和噪声；v_x、v_y、v_z 是振速的三个轴向分量。如果噪声源相互独立，均值为零，则 x 方向的平均声强为

$$\begin{aligned} \overline{I_x} &= \overline{p(t)v_x(t)} = \overline{[p_s(t) + p_n(t)][v_{xs}(t) + v_{xn}(t)]} \\ &= \overline{p_s(t)v_{xs}(t)} + \overline{p_s(t)v_{xn}(t)} + \overline{p_n(t)v_{xs}(t)} + \overline{p_n(t)v_{xn}(t)} \\ &= \overline{p_s(t)v_{xs}(t)} \end{aligned} \tag{9-5}$$

类似有

$$\overline{I_y} = \overline{p_s(t)v_{ys}(t)}, \quad \overline{I_z} = \overline{p_s(t)v_{zs}(t)} \tag{9-6}$$

由式（9-5）和式（9-6）可以看出，由矢量水听器的输出 p、v_x、v_y、v_z 得到的

平均声强不含噪声能量，即它具有抗各向同性噪声的能力，这一特性对信号检测是十分有利的。

9.4.5 矢量水听器用于水下目标方位估计

声呐的重要职能之一是探测水下目标，对其进行定位，这就需要确定目标的空间方位。为此，通常需要一个由多个阵元（至少 3 个）组成的接收阵，接收被定位目标的散射声信号（主动声呐）或辐射噪声（被动声呐），由此确定目标空间位置。应用接收阵对目标定位，首先增加了定位设备研制的复杂性。此外，因接收阵一般体积、重量较大，实际使用上，也欠灵活方便。除了上述缺点，用直线阵对被动目标进行定位时，还存在"左右舷模糊"问题，需辅以其他措施，才能得到目标准确位置。应用矢量水听器能同时给出声压和振速两种信息的功能，仅需一个矢量水听器，就能定出目标空间方位，且不会产生"左右舷模糊"。另外，因矢量水听器体积很小，使用灵活方便。

1. 利用振速分量估计目标空间方位

由式（9-4）可得到

$$\phi = \arctan\left(\frac{v_y}{v_x}\right) \tag{9-7}$$

$$\theta = \arctan\left(\frac{v_z}{\sqrt{v_x^2 + v_y^2}}\right) \tag{9-8}$$

式（9-7）和式（9-8）给出了目标的方位角和俯仰角。

2. 平均声强法估计目标空间方位

由式（9-4）～式（9-6）可得到

$$\overline{I_x} = \frac{1}{\rho c}\overline{p(t)^2}\cos\theta\cos\phi$$

$$\overline{I_y} = \frac{1}{\rho c}\overline{p(t)^2}\cos\theta\sin\phi$$

$$\overline{I_z} = \frac{1}{\rho c}\overline{p(t)^2}\sin\theta$$

由上式可得到

$$\phi = \arctan\left(\frac{\overline{I_y}}{\overline{I_x}}\right) \tag{9-9}$$

$$\theta = \arctan\left(\frac{\overline{I_z}}{\sqrt{(\overline{I_x})^2 + (\overline{I_y})^2}}\right) \tag{9-10}$$

式（9-9）、式（9-10）是由平均声强得到的目标方位角和俯仰角。

3. 互谱法估计目标空间方位

首先，对矢量水听器输出的声压和振速分量做互相关运算，得到声压和振速分量的互相关函数：

$$\begin{cases} R_{pv_x}(\tau) = \int_0^T p(t)v_x(t-\tau)\mathrm{d}t = \int_0^T p(t)p(t-\tau)\cos\theta\cos\phi\,\mathrm{d}t \\ R_{pv_y}(\tau) = \int_0^T p(t)v_y(t-\tau)\mathrm{d}t = \int_0^T p(t)p(t-\tau)\cos\theta\sin\phi\,\mathrm{d}t \\ R_{pv_z}(\tau) = \int_0^T p(t)v_z(t-\tau)\mathrm{d}t = \int_0^T p(t)p(t-\tau)\sin\theta\,\mathrm{d}t \end{cases} \tag{9-11}$$

对上述互相关函数进行傅里叶分析，得到它们的互谱函数：

$$\begin{cases} S_{pv_x}(f) = S_{p^2}(f)\cos\theta\cos\phi \\ S_{pv_z}(f) = S_{p^2}(f)\sin\theta \end{cases} \tag{9-12}$$

式中，$S_{p^2}(f)$ 是 $p^2(f)$ 的谱函数，f 是频率。于是，得到目标方位角和俯仰角：

$$\phi = \arctan\left(\frac{S_{pv_y}(f)}{S_{pv_x}(f)}\right) \tag{9-13}$$

$$\theta = \arctan\left(\frac{S_{pv_z}(f)}{\sqrt{S_{pv_x}^2(f) + S_{pv_y}^2(f)}}\right) \tag{9-14}$$

式（9-13）和式（9-14）是由互谱函数得到目标方位角和俯仰角的，它特别适用于线谱目标方位估计。该方法的另一个优点，是具有一定的抗干扰能力。

以上讨论了应用矢量水听器估计目标空间方位，如果同时还得到矢量水听器至目标的距离，则结合目标空间方位，就可得到目标的空间位置，实现对目标的定位。

9.5　三维海洋环境中的声传播

水声学中，海洋环境通常指海面、水体和海底的状态、性质及相关的参数。实际的海洋环境极其复杂，环境参数是空间三维变化的，且还是时变的。从水声学的角度看，三维环境主要包括海水声速、海面和海底的几何参数及声学参数的空间三维变化，其中声速三维变化主要由洋流、内波、涡旋等海洋动力学过程及地理位置引起，而海底地形变化是形成三维声学环境的第二个重要因素。三维变化的海洋环境，给声传播建模及传播规律研究带来极大困难。

本节首先介绍海洋动力学过程及海底地形变化对声传播的影响，并在此基础上简要讨论三维海洋环境中的声传播建模。

9.5.1　海洋动力学过程对声传播的影响

1. 洋流

洋流对声传播的影响表现在两个方面。首先，水体运动使得不同方向的声传播速度不同，导致不同方向上声波传播路径、传播时间各不相同。Sanford 理论分析了一个简单的环境声学模型，海水中声速及流速分布如图 9-8 所示。其中，声速剖面为马尾藻海实测数据，流速剖面为模型数据。除了 250～400m 深的水层外，其余深度上海水流速恒为零。声源布放深度 350m。声波顺流和逆流传播时，计算得到的声线轨迹如图 9-9 所示。从图 9-9 中可以看出，声波顺流和逆流传播时传播路径的明显差异。

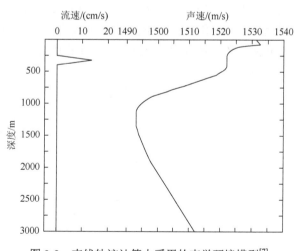

图 9-8　声线轨迹计算中采用的声学环境模型[7]

洋流对声传播的第二个影响表现为声强异常衰减。诸如墨西哥湾暖流和黑潮，它分割了具有不同物理特性的水团。洋流内部海水温度、盐度、密度和声速变化强烈，其边界称为锋区。声波横跨海洋锋区时，声强产生异常衰减。

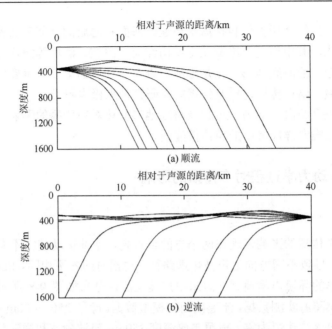

图 9-9　顺流和逆流传播时的声线轨迹[7]

　　图 9-10 为声波横跨墨西哥湾暖流的远距离声传播实验声信号弹投放点示意图。信号弹的三硝基甲苯炸药药量为 0.82kg，深度 244m，投放点覆盖墨西哥湾暖流部分传播路径，见图中圆点。信号弹距离布放在百慕大海底两个深水水听器 600～900km。图中两条黑实线代表湾流的边界。

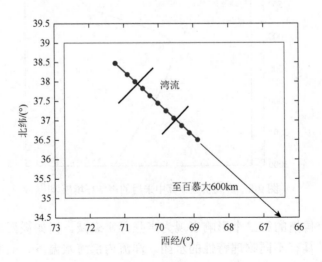

图 9-10　实验中声信号弹投放点示意图

图 9-11 为实验获取的 1/3 倍频程带宽信号的声级。信号中心频率为 50Hz、80Hz 和 160Hz，图中的声级已消除介质声吸收衰减和柱面扩展损失。可以看出，信号弹位于湾流南侧和北侧锋区边缘时，水听器接收信号的声级最低。声源水平距离的小范围变化导致了 6～10dB 接收信号声级的变化。

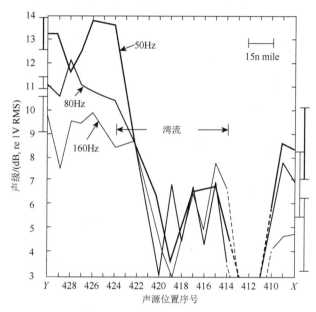

图 9-11　横跨墨西哥湾暖流传播 1/3 倍频程带宽信号的声级随距离的变化[8]

re 1V RMS 表示以均方根电压 1V 为参考

2. 涡漩

在墨西哥湾暖流、黑潮等强烈锋面处，中尺度涡漩频繁可见，在开阔海域中也常有中尺度涡。中尺度涡的参数变化范围极大，直径为 25～500km，水流速度为 30～150cm/s，中心运动速度为 10cm/s。漩涡区域声速极其复杂，朝向涡环中心方向，声速梯度显著增加，见图 9-12。当无指向性点源位于涡环水平中心位置、深度 200m 时，声波通过涡环北侧一半区域后，300m 深度处的声强级见图 9-13。声强级计算中考虑了波阵面扩展、海水声吸收以及海底声泄漏。图中也给出了马尾藻海无涡漩海域的声强级，见图中实线。当声波沿着涡环传播时，由于向下折射声线的增加，信道中等深度的声能被移向深海声道，声强级减小，汇聚区水平长度减小。

相反，在 1000m 深度上，声强级却升高了，见图 9-14 中的虚线，这是深海声道中的声道效应所致。在 300m 接收深度上，第一和第二汇聚区向声源方向移动了 5km，见图 9-13 中的虚线；但在 1000m 深度上，它们分别移动了 20km 和 30km，见图 9-14 中的虚线。涡漩引起了较大的声场扰动。

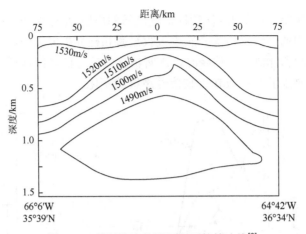

图 9-12　截断湾流的涡环断面的等速线[9]

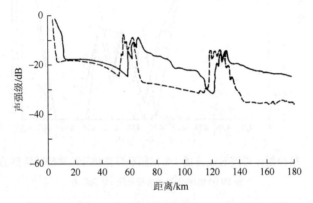

图 9-13　300m 深度上的声强级随水平距离的变化[9]

实线代表无涡旋影响时的信号强度；虚线代表涡旋影响下的信号强度

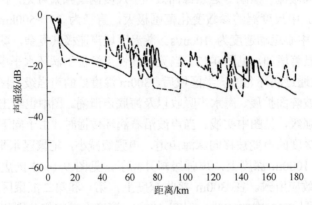

图 9-14　1000m 深度上的声强级随水平距离的变化[9]

实线代表无涡旋影响时的信号强度；虚线代表涡旋影响下的信号强度

3. 内波

内波引起声压振幅和相位起伏。图 9-15 给出了 1318km 处记录的 367Hz 信号幅度和相位的起伏。内波还引起了显著的声波水平折射，改变了声波的传播方向。图 9-16 为内波经过时介质的等温线，图 9-17 为内波中声线的水平偏转角度。

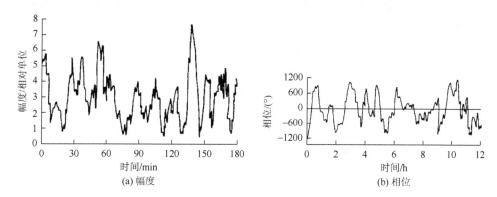

(a) 幅度　　　　　　　　　　　　(b) 相位

图 9-15　1318km 水平距离处 367Hz 信号的幅度和相位起伏[10]

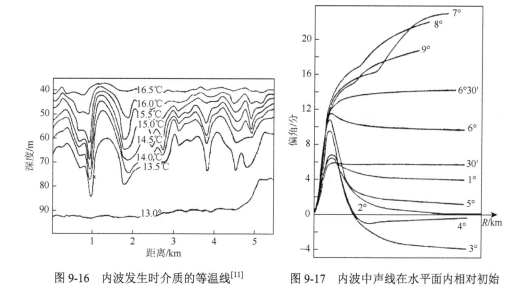

图 9-16　内波发生时介质的等温线[11]　　　图 9-17　内波中声线在水平面内相对初始
　　　　　　　　　　　　　　　　　　　　　　　　方位角的偏角[11]

9.5.2　海底地形对声传播的影响

声波在倾斜海底反射时，海底反射声线与入射声线位于同一平面内，但这个平面一般不会与水平面相垂直。因此，位于该平面内的海底反射声线与入射声线在水平面内的投影不会在同一直线上，分别指向不同的方向，这就表明在水平面内，反射声波在水平方向发生了偏转。图 9-18 给出了绝对硬海底楔形海域环境模型中不同方位角声线的水平偏转。声源水平坐标 (x_0, y_0)，声波波长为声源所在位置水深的 2 倍，海水声速取 1500m/s，$y=0$ 处水深为零。图中曲线上的数字表示声线初始水平方向与 y 轴正向的夹角。海底地形倾斜造成了声波的水平偏转。

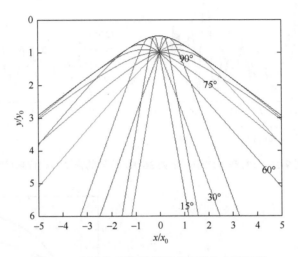

图 9-18　硬底楔形海域模型中声线的水平投影

9.5.3　三维海洋环境中的声传播建模

上面结果定性反映了三维环境中声传播的某些特征。为了精细刻画三维环境中的声传播规律，定量给出声场能量衰减特性与环境参数的联系，则必须通过三维声传播建模来实现。

三维声传播建模，是指在三维海洋环境中，求解满足定解条件的波动方程的解。但环境参数空间三维变化，引起了声场在水平方向的相互耦合，使得波动方程求解变得非常复杂。人们注意到，声速、海底地形的水平变化总体上是缓慢的，因此当考虑的声传播问题的水平尺度有限时，就可以不计水平变化，把三维环境简化为二维的水平分层介质。结果表明，这种二维近似具有良好的精度。而二维问题求解已经比较成熟，因此可通过将三维问题简化为二维问题，最终得到三维问题的解。当然，对于海洋动力学过程引起海水声速快速变化的区域、海沟或海山等海区，三维声传播效应显著，解决此类环境中的声传播问题，则必须利用三维声传播模型。因此，三维声传播建模，仍是实际海洋中声传播研究的核心问题。

关于三维声传播建模研究，科技人员已做了大量工作，也取得了很多成果，下面所列是近年来取得的进展，有兴趣的读者可参阅相关文献。

（1）Lee 等[12]于 1992 年首先提出三维抛物方程 For3D 模型。

（2）随后，在 Lee 等的成果基础上，研究人员改进了方根算子的近似方式，获得了抛物方程求解的新方法，建立了许多三维抛物方程模型，解决了许多经典的三维声传播问题。

（3）2001 年，Brooke 等提出应用于匹配场处理的三维抛物方程声传播模型 PECan[13]。

（4）2003 年，Sturm 等[14]采用高阶有限差分算法，对三维抛物方程模型中的方位量进行处理。

（5）两年之后，Sturm[15]提出三维浅海波导中宽带声脉冲信号传播的数值解法，研究了脉冲声信号在三维 ASA 标准楔形波导和三维高斯海湾的传播。

（6）2012 年，Lin 等[16, 17]提出两个三维抛物方程模型。模型之一采用分裂-步进傅里叶变换求解抛物方程，并使用含交叉项的高阶近似方法处理自由空间方根 Helmholtz 算子；模型之二则采用高阶算子分离方法，得出对三角阵的递推公式。然而由于初始声场设置和边界控制的原因，新模型在处理近距离声场计算角度和远距离声场计算距离方面受到了限制。

（7）针对上述问题，哈尔滨工程大学水声工程学院博士研究生徐传秀基于能量守恒和 Padé 级数近似建立了三维柱坐标系下高阶抛物方程模型，并针对 ASA 标准检验问题，对比验证了模型在处理近场声场的有效性，结果如图 9-19、图 9-20 所示。

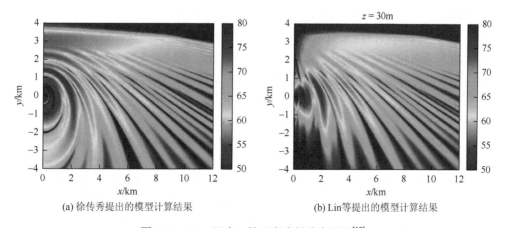

(a) 徐传秀提出的模型计算结果　　　　(b) Lin 等提出的模型计算结果

图 9-19　30m 深度 x 轴正向声场分布对比[18]

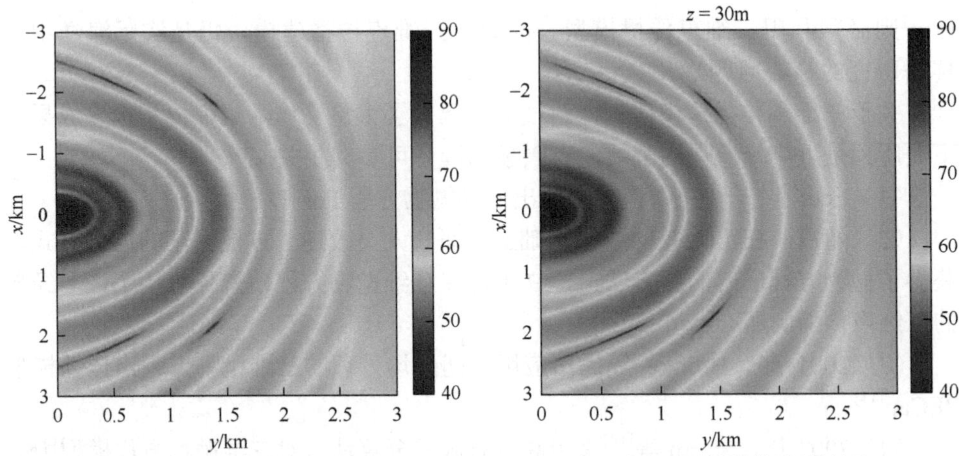

(a) 由文献[18]提出的模型计算结果　　(b) 由文献[19]提出的模型计算结果

图 9-20　30m 深度 y 轴正向声场分布对比

徐传秀[18]提出的模型解决了 Lin 等所建模型的一些问题，但因计算速度使得远程三维声场计算仍然面临挑战，快速有效的三维声传播建模仍是海洋声传播规律研究的前沿问题。

9.6　北极水声学

9.6.1　北极概述

北极地区是指北极圈（北纬 66°34′39″）以北的广大区域，包括整个北冰洋及其岛屿、北美洲、亚洲以及欧洲大陆的北部边缘海、边缘陆地所在的一片区域，总面积约为 2100 万 km^2，其中北冰洋占了超过 2/3 的面积。

北冰洋面积为 1478.8 万 km^2，它被欧洲、亚洲、美洲大陆环抱，1845 年英国伦敦地理学会将其命名为北冰洋。北纬 75°以北，北冰洋大部分海域的海冰是永久性海冰，海冰面积 3 月达到最大，9 月最小，约为冬季的 3/4[20]。

1. 北冰洋海水中的含盐度

北冰洋海水可分为表层水、中层水和底层水。表层水盐度较低，降水、太平洋入流和沿岸径流对形成北冰洋表层低盐特征都有贡献。从夏至冬，表层水盐度由 28.0‰增加到 32.0‰。中层水主要来源于大西洋，大西洋水暖而咸，进入北冰洋后，一边在各个海盆中运移，一边混合增密下沉。北冰洋中层水所在的深度随区域而变，一般以垂向剖面中的温度极大值所在的深度为中层水核心深度。整个北冰洋中层水的核心深度一般在 150~900m,在斯匹次卑尔根群岛以北位于 150m 深度,在加拿大海盆位于 500m 深度。底层水也称为深层水。因冬季陆架水冷却和结冰析盐过程而增密,沿陆坡下沉至深层甚至海底,是形成深层水的主要原因,陆架水卷入大西洋水而混合增密也是一个原因。

2. 北冰洋海水中的盐跃层

盐跃层是北冰洋上层海洋特有的结构。盐跃层是指海洋中垂向盐度变化特别显著的地方。北冰洋盐跃层中较大的盐度差异首先是由表层水和中层水之间的盐度差别造成的,结冰析盐过程导致的高密度水沿陆坡下沉,对北冰洋盐跃层的形成有贡献。

北冰洋盐跃层分为两种,欧亚海盆一侧的盐跃层的特点是盐度垂向变化梯度很大,但温度较均一,接近冰点,所以又被称为冷盐跃层;由于太平洋水的加入,加拿大海盆的盐跃层结构比较复杂,呈现双跃层的结构。

9.6.2　北极环境噪声

声波的传播受到海洋上下界面和海水介质特性的影响,而北冰洋海面常年覆盖有冰层,其声学特性有别于波浪海面,从而导致了独特的声传播特性。本节将对北极环境噪声、冰下声传播和冰下混响作简要讨论。

1. 北极环境噪声的频谱

北极环境噪声的种类有很多种,海冰自身会由于海风、洋流和温度变化而产生噪声,北极的地震和生物活动也可产生噪声。Dyer[21]在 1984 年的文章中指出:北极海洋环境噪声的频谱范围在 1~1000Hz,并在 15Hz 和 300Hz 两个特定的频率附近出现峰值,其中,15Hz 处的峰值是冰脊活动产生的,300Hz 附近的峰值是温度引起的热裂纹产生的。由此可见,北极地区环境噪声主要是冰脊形成噪声和热裂纹噪声。

2. 冰脊形成噪声

浮动的冰层由于风或者是洋流运动作用,相互靠近挤压形成冰脊,在冰脊的形成过程中,冰层之间的碰撞、挤压和摩擦会产生低频噪声[22]。

3. 热裂纹噪声

随着季节的变化,当冰层温度与上下表面的温度差距较大时,就会产生收缩或者膨胀,产生热裂纹。热裂纹是发生在冰层表面的、较为细微的现象,一般发生在夜间温度产生变化的时候,维持时间为 0.05~0.1s。与冰脊形成噪声不同的是,热裂纹噪声的频谱较为平坦,冰脊形成噪声主要在低频范围,如图 9-21 所示。

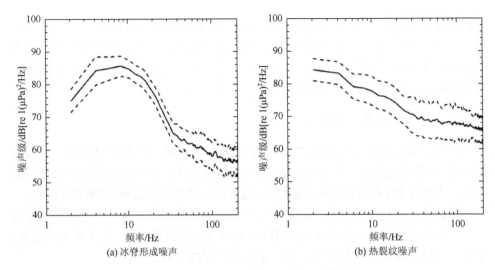

(a) 冰脊形成噪声　　　　　　　　　　　(b) 热裂纹噪声

图 9-21　冰脊形成噪声和热裂纹噪声的频谱

图 9-21（a）中 8Hz 处有一个高峰，然后快速下降，超过 35Hz 后噪声水平缓慢地下降，在 200Hz 处数值为 57dB。图 9-21（b）显示的是持续缓慢地下降，由 2Hz 处峰值 86dB 下降到 200Hz 处 66dB。

4. 雪噪声

北极上空长期存在极地高压，冬季大部分地区盛行东风。特别在安静的冰层区的冬天和春天，雪噪声是主要噪声。风吹动冰盖上的雪粒与冰盖发生摩擦，产生的噪声透过冰层进入水中，为雪噪声。这种噪声的频率在 2Hz～2kHz[23]。

5. 地震噪声

地震噪声是海底地震产生的海底纵波和横波辐射到水中，并在北冰洋冰下水声信道中传播的声波。Keenan 等在距北冰洋中脊的震源 300km 处，通过水听器阵列测量了地震噪声，其噪声频谱峰值主要集中在 5～15Hz 范围[24]。

6. 生物噪声

生物噪声以鲸鱼的噪声为例[25]：鲸鱼噪声的频率在 15～45Hz，持续时间为 1～20s，一般会重复 50～100 次，每次间隔为 1～20s。另有一些动物，如海豹等的噪声，对于北极整体环境噪声的影响是有限的。

7. 冰缘噪声

冰缘噪声是由海浪、海风和涡流与浮冰之间的相互作用产生的，噪声级与海况、海深和主海浪周期等变量有关。冰缘区的噪声级普遍较高，在散冰与海水边界处测得的相对最大噪声级小于在密集冰缘处的测量值。

8. 冰山融化噪声

在形成冰山的水中，存在着大量微小的气泡，冰山形成时由于压力的作用被凝固在冰内，当冰山在海水中融化时，融化面到达气泡时，气泡中受压的气体随即突然释放，发出尖锐的破裂声。在冰山附近投放声呐浮标，测量这种冰山融化噪声，发现这种噪声具有平坦的频谱[26]。

9. 北极环境噪声的区域变化

在北极海域的冰层，大体可分为三类：固定冰盖、漂浮冰和冰边缘地区，三者在冰下噪声环境、噪声指向性、噪声频谱和温度条件等方面都不相同。以加拿大北部的伊丽莎白女王群岛为例[23]，根据该地的冰层条件，可划分为四个区域。

第一个区域的海冰较薄，在 8 月份到 10 月份会融化，这里的主要噪声是风引起的波浪噪声、生物噪声和人类活动的噪声。

第二个区域分两种情况：不融化的常年冰和会融化的初生冰。春季气温上升，噪声以冰吸热破裂为主；夏季存在浮冰，噪声大多是由洋流和海风吹拂导致冰块之间相互碰撞产生；秋季时，噪声为冰的破裂和新产生的冰之间相互挤压为主；冬季时，由于冰层变厚，噪声水平极低。浮冰处在无风和缺少船舶噪声的条件下，噪声水平比开阔海面噪声水平低 10dB。

在冬季，由于冰层变厚，第一和第二区域的噪声普遍较低，而夏季和秋季时噪声较高。

第三个区域覆盖有 40~60m 厚的冰架和 6~10m 厚的冰盖。早春时，温度升高，使沿岸附近冰层破裂产生噪声。

第四个区域则是永久性的冰盖，噪声主要由冰层的断裂、压力脊和剪切脊的形成和洋流海风导致的浮冰之间的碰撞而产生。

第三和第四区域的噪声水平最低的时候是夏季，在冬季的时候噪声水平最高。

9.6.3　冰下声传播

1. 北极海域的半声道波导

北极海域的声道轴位于冰层覆盖的海面或其附近，声波传播时声线会向上折射，在冰层下表面处发生反射，这样反复进行的反射使得声波可远距离传播。图 9-22是北极海域的典型正声速图和对应的声线图，在冰层下面，向上折射的声线与冰层粗糙的下表面反射的声线汇集，形成了独特的传播特性，称为半声道波导。

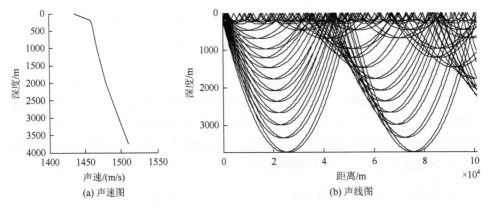

图 9-22　北极海域的声速图和声线图

北极半波导声传播的特点之一是，它类似一个带通滤波器。高频和低频成分衰减很快，前者是因冰层的反射损失所引起，后者是由于甚低频的声波不能有效限制在声道中，在北极海区试验发现，频率为 15～30Hz 的声波传播最佳，在 30Hz 以上，随着频率的升高衰减急剧增加，同样，频率 10Hz 的衰减比 20Hz 要大。

2. 冰层覆盖海域的传播损失

1960～1965 年，在冰层覆盖、正声速梯度分布的北极海域，人们对传播损失作了大量的测量。所有实验都采用爆炸声源，爆炸点距固定的水听器数百千米。Marsh 和 Mellen[27]、Buck 和 Green[28] 以及 Milne[29] 给出了一些测量结果。

1）北极海域传播损失的 Buck 结果

Buck[30] 总结了包括上述实验在内的实验测量，结果如图 9-23 所示。这些曲线表示了北极海域不同频率声波的平均传播损失。图中，虚线表示球面扩展。实验数据相对于平滑曲线的标准偏差表示在各频率的曲线上。由图可以看出，在频率 20Hz 以后，随频率的增加北极海域的传播条件急剧变坏；在距离上，某一距离之前传播比自由场要好，这一距离之后变坏。这一特点是由两种矛盾因素引起的：在近距离及中等距离上，波导作用使传播改善；在远距离上，冰层下表面的不断反射使传播特性变坏。

2）北极的典型声速剖面中存在两个正跃层

2014 年的国际水声会议上，Baggeroer 等[31] 指出北极的典型声速剖面中存在两个正跃层，一个在 40～50m 深度的盐度跃层，另一个是深度在 200～250m 的密度跃层。2014 年我国开展的第六次北极科学考察中，测量了楚科奇海的温盐深数据，其温度、盐度和声速剖面如图 9-24 所示，它在 46m 深度处形成了一个声速峰值，形成了双声道波导。刘崇磊等[32] 通过对传播损失的仿真分析指出，双声道中的表面声道对声源频率和收发深度具有较强的依赖性，声道稳定性较弱；深海

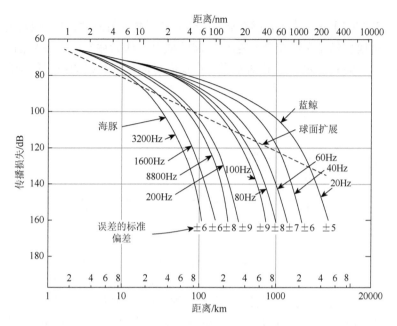

图 9-23　北极海域的平均传播损失

声道稳定性较好，但声波传播具有频率选择特性，在 20Hz 左右时，传播特性较为理想，在远程传播中，深海声道的传播特性优于表面声道。

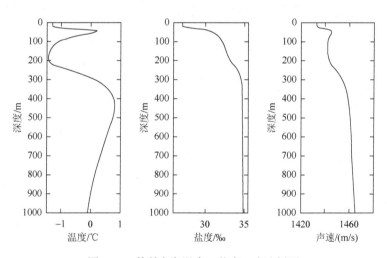

图 9-24　楚科奇海温度、盐度、声速剖面

3. 冰层声反射 BT 模型

对冰下声信道建模时，冰层对声波的反射和散射作用是必须考虑的因素。

Diana 等[33]把冰层作为弹性分层介质，计算了平面波入射时的反射系数，如图 9-25 所示，这种模型忽略了冰层随机起伏引起的散射，认为冰层的上下表面均为水平的光滑表面，因此从水中入射到冰层时声反射可简化为平板的声反射问题。

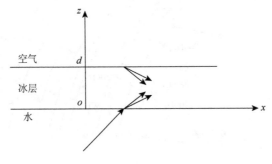

图 9-25　冰层示意图

当平面波从水中入射到冰层下表面时，进入冰层的折射波包含沿 z 轴正方向传播的纵波和横波，折射波在冰层上表面反射后形成沿 z 轴负方向传播的纵波和横波。在冰层上、下界面上分别根据应力和位移连续的边界条件，可得到冰层的反射系数：

$$V = \frac{Z_{ia} - Z_w}{Z_{ia} + Z_w} \qquad (9\text{-}15)$$

式中，　$Z_{ia} = \frac{\mathrm{j}\omega Z_a M_{33} - M_{32}}{\mathrm{j}\omega M_{22} + \omega^2 Z_a M_{23}}$，　$Z_a = \frac{\rho_a c_a}{\cos\theta_a}$，　$M_{ik} = a_{ik} - a_{i1}a_{4k}/a_{41}$，　$i,k = 2,3$；

$Z_w = \frac{\rho_w c_w}{\cos\theta_w}$。具体的公式推导过程和符号含义参见文献[34]。

冰层对其内部传播的声波会有声吸收，关于冰的吸声系数，已有较多的实验室和原位测量数据，采用 Diana 等[33]给出的近似吸声系数公式：

$$\alpha = 0.06f(\mathrm{dB/m}) \qquad (9\text{-}16)$$
$$\beta = 6\alpha(\mathrm{dB/m}) \qquad (9\text{-}17)$$

式中，α、β 分别表示纵波和横波吸声系数。

如果取冰层中的纵波波速为 3500m/s，横波波速为 1600m/s，冰的密度为 910kg/m³；水中的声速为 1460m/s，密度为 1000kg/m³；空气中的声速为 340m/s，密度为 1.29kg/m³。采用式（9-15）即可得到不同频率和不同冰层厚度时的冰层反射系数。

把冰层作为平面层处理可以分析冰层的声吸收对声传播特性的影响，实际冰层界面并非平整界面。Burke 和 Twersky[35]将冰脊描述为刚性椭圆半圆柱，提出了 Burke-Twersky 模型（BT 模型）。冰水界面下的冰脊形状和大小是不规律的，典型的冰脊轮廓如图 9-26 所示，BT 模型将其简化为随机分布的半椭圆刚性体，如图 9-27 所示。图中 $\eta / \xi = \rho$ 的变化范围是 $[0,+\infty]$，冰脊垂直时 $\rho = 0$，半圆形时 $\rho = 1$，平面时 $\rho = \infty$。在 BT 模型下得到反射系数为

$$R = |(1+Z)/(1-Z)|^2 = 1 + 4\mathrm{Re}\{Z/|1-Z|^2\} \tag{9-18}$$

式中

$$Z = [n/(k\cos\theta_0)]A_f \tag{9-19}$$

其中，n 是单位长度上平均散射体的个数；A_f 是散射幅度；θ_0 是入射角；k 是波数。

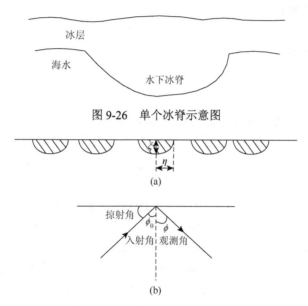

图 9-26　单个冰脊示意图

(a)

(b)

图 9-27　BT 模型冰水界面示意图

在 BT 模型中，用 a 表示图 9-27（a）中半椭圆半长轴的长度，即 $a = \max(\xi, \eta)$。由 BT 模型，根据冰脊尺寸相对声波波长的大小，可以得到如下结论。

（1）冰脊相对声波波长是小尺寸，即 $ka \ll 1$，$\dfrac{2\pi a}{\lambda} \ll 1$，则

$$Z = -\frac{n}{\cos\theta_0}\left\{\frac{\pi^2 k^3}{16}[2\xi^2\eta^2 + \xi^2(\xi+\eta)^2\sin^2\theta_0] + \mathrm{j}\frac{\pi k}{2}[\xi\eta - \xi(\xi+\eta)\sin^2\theta_0]\right\} \tag{9-20}$$

（2）冰脊相对声波波长是大尺寸，即 $ka \gg 1$，$\dfrac{2\pi a}{\lambda} \gg 1$，则

$$Z = -\frac{nl}{\cos\theta_0}\left[\cos(\theta_0 - \gamma) + \frac{\tan\theta_0\sin(2kl\sin\gamma\cos\theta_0)}{2kl}\right]$$

$$+ \frac{n\eta}{2}\left(\frac{\mathrm{j}\pi}{k\xi\cos\theta_0}\right)^{\frac{1}{2}}\mathrm{e}^{-\mathrm{j}2k\xi\cos\theta_0} \tag{9-21}$$

式中

$$\tan \gamma = \rho^{-2} \tan \theta_0$$
$$l^2 = \xi^2 (1 + \rho^4 \cot^2 \theta_0)(1 + \rho^2 \cot^2 \theta_0)^{-1}$$

（9-22）

　　详细的推导过程和符号含义参见文献[35]、[36]，将低频和高频情况下波阻抗的近似公式代入式（9-18），就能够得到对应条件下的反射系数。BT 模型认为相干散射就是平面波在冰界面上的反射，其与入射波的比值即为反射系数，其角度在数值上等于入射角度。

9.6.4　冰下混响

1. 冰下混响概述

　　冰下表面是不规则的粗糙面,会产生强的混响。Mellen 和 Marsh[37]根据 1958～1962 年进行的一系列爆炸声源实验数据，得到了散射强度与冰下表面粗糙度、频率以及掠射角之间的一般规律，而且得到了有冰海面引起的混响级比无冰海面要高 40dB 以上的结论。

　　图 9-28 所示为北冰洋上两个站位处各个季节海面覆盖冰层时，测得的反向散射强度。Milne[38]测量了春季的冰脊（也有将其称为冰堆的），并描述了 4 月末和 5 月初的冰脊是由"大量破碎的和挤压成堆达一年之久的，冰中混杂着碎过又冻结起来的冰沟"组成。Brown[39]曾在 9 月份测量过夏季极地冰的反向散射强度，数值较小，但未对冰层状态加以描述，或许此时冰下表面的轮廓粗糙度较小。

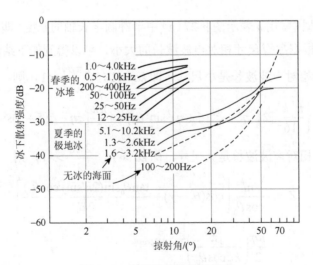

图 9-28　海面冰层的散射强度

图 9-28 中还包括了无冰海面在风速 25kn 时的反向散射曲线。冰下散射的两组数据虽不一致，但都表明散射强度随频率和掠射角的增大而增大。

2. 冰下表面散射建模概述

在冰下表面散射建模方面，除了 BT 模型外，Greene 和 Stokes[40]提出基于粗糙三角脊散射的复合表面理论。三角脊模型假设冰下表面主要由倾斜的冰脊与冰脊之间平坦的区域组成。其中，冰脊是由一堆具有陡峭斜面的碎冰组成，可建模为随机方向的、固定的倾角三角截面的棱柱体，组成冰脊的小块碎冰导致了小范围的粗糙。而冰脊之间被假设为平坦区域，其粗糙度虽然不可忽略，但由于一个小掠射角的声学反向散射可忽略不计，所以可假设为反向散射只发生在冰脊区域。

1987 年，Bishop 等[41]利用浮冰区高频声脉冲的反向散射来估计混响模型，模型使用已测得的二维冰下声剖面数据和几个实证结果来得到关于大型冰下地形特征的几何参数，其中大范围冰下表面、冰下冠状可分为两种类型：变形冰和非变形冰。其中，变形冰可由一年冰脊来建模，非变形冰由平坦的倾斜冰区来建模。小范围冰下表面建模时，其冰脊可假设为一年的冰脊，一年的冰脊可想象为六面的矩形冰块的形式。由此建立了测量高频冰下混响的模型。

1992 年，Hayward 和 Yang 利用 1989 年 4 月挪威格陵兰海的 CEAREX 89 实验数据，对北极地区近程（小于 3km）、中程（不大于 20km）、远程（不大于 200km）的混响模型进行研究。在近程时[42]，对于散射角低于 20°的情况，散射强度的测量结果很好地拟合了 BT 模型计算结果；中程时[43]，可以通过基于垂直阵列的、冰下表面的海底反向散射回波的分离来测量散射强度；远程时[44]，其混响模型是对 Ingenito[45]提出的凸起边界的散射模型的推广，在远程范围，混响强度取决于声源的深度。

习　　题

1. 写出匹配场处理技术的特点。
2. 说明海洋声学层析技术与匹配场处理技术的联系和区别。
3. 舰船声隐身的具体措施有哪些？
4. 说明矢量水听器的技术特点。
5. 海洋环境中三维声场建模的目的是什么？
6. 极地海洋环境的声学特性有哪些？其声传播规律有何特点？

参 考 文 献

[1]　Fizell R G，Wales S C. Source localization in range and depth estimation using ambiguity function mathods[J]. Journal of the Acoustical Society of America，1987，82（2）：606-613.

[2]　Etter P C. 水声建模与仿真[M]. 3 版. 蔡志明，等，译. 北京：电子工业出版社，2005：155-156.

[3]　Baggeroer A B，Kuperman W A，Mikhalevsky P N. An overview of matched field methods in ocean acoustics[J]. IEEE Journal of Oceanic Engineering，1993，18（4）：401-424.

[4]　Munk W，Wunsch C. Ocean acoustic tomography：A scheme for large scale monitoring[J]. Deep-Sea Res，1979，（26A）：123-161.

[5]　朱英富，张国良. 舰船隐身技术[M]. 2 版. 哈尔滨：哈尔滨工程大学出版社，2015：193-332.

[6]　李天宝，王明辛，王学武. 舰船声隐身技术[M]. 哈尔滨：哈尔滨工程大学出版社，2012：190.

[7]　Sanford T B. Observations of strong current shears in the deep ocean and some implications on sound rays[J]. Journal of the Acoustical Society of America，1974，56：1118-1121.

[8]　Levenson C，Doblar K A. Long-range acoustic propagation through the gulf stream[J]. Journal of the Acoustical Society of America，1976，（59）：1134-1141.

[9]　Vastano A C，Owens G E. On the acoustic characteristics of a gulf stream cyclonic ring[J]. Journal of Physical Oceanography，1973，（3）：470-478.

[10]　Stanford G E. Low-frequency fluctuations of a CW signal in the ocean[J]. Journal of the Acoustical Society of America，1974，（55）：968-977.

[11]　布列霍夫斯基. 海洋声学[M]. 山东海洋学院海洋物理系，中国科学院声学研究所水声研究室，译. 北京：科学出版社，1983：67.

[12]　Lee D，Botseas G，Siegmann W L. Examination of three-dimensional effects using a propagation model with azimuth-coupling capability（FOR3D）[J]. Journal of the Acoustical Society of America，1992，91（6）：3192-3202.

[13]　Brooke G H，Thomson D J，Ebbeson G R. PECAN：A Canadian parabolic equation model for underwater sound propagation[J]. Journal of Computational Acoustics，2001，9（1）：69-100.

[14]　Sturm F，Fawcett J A. On the use of higher-order azimuthal schemes in 3-D PE modeling[J]. Journal of the Acoustical Society of America，2003，113（6）：3134-3145.

[15]　Sturm F. Numerical study of broadband sound pulse propagation in three-dimensional oceanic waveguides[J]. Journal of the Acoustical Society of America，2005，117（3）：1058-1079.

[16]　Lin Y T，Duda T F. A higher-order split-step Fourier parabolic-equation sound propagation solution scheme[J]. Journal of the Acoustical Society of America，2012，132（2）：EL61-EL67.

[17]　Lin Y T，Collis J M，Duda T F. A three-dimensional parabolic equation model of sound propagation using higher-order operator splitting and Padé approximants[J]. Journal of the Acoustical Society of America，2012，132（5）：EL364-EL370.

[18]　徐传秀. 基于抛物方程近似的三维声场建模与快速计算方法研究[D]. 哈尔滨：哈尔滨工程大学，2017.

[19]　莫亚枭，朴胜春，张海刚. 水平变化波导中的简正波耦合与能量转移[J]. 物理学报，2014，63（21）：214-302.

[20]　于志刚. 极地海洋[M]. 北京：海洋出版社，2009.

[21]　Dyer I. The song of sea ice and other Arctic Ocean melodies[J]. Arctic Policy and Technology，1984：11-37.

[22]　Greening M V，Zakarauskas P. Modeling Arctic Ambient Noise in the 2～200Hz Band[R]. Quebec：Defence Research Reports，1993.

[23]　Thorleifson J M，Penner A R. Ambient Noise in Canadian Arctic Waters[R]. Quebec：Defense Research Reports，1974.

[24]　Keenan R E，Dyer I. Noise from Arctic Ocean earthquakes[J]. Journal of the Acoustical Society of America，1984，75（3）：819-825.

[25]　Kibblewhite A C，Denham R N，Barnes D J. Unusual low-frequency signals observed in New Zealand waters[J].

Journal of the Acoustical Society of America，1967，41（4）：644-655.

[26]　Urick R J. The noise of melting iceberg[J]. Journal of the Acoustical Society of America，1971，50（49）：337-341.

[27]　Marsh H W，Mellen R H. Underwater sound propagation in the arctic ocean[J]. Journal of the Acoustical Society of America，1963，33（4）：552-563.

[28]　Buck B M，Green C R. Arctic deep-water propagation measurement[J]. Journal of the Acoustical Society of America，1964，36（8）：1526-1533.

[29]　Milne A R. A 90-km sound transmission test in the arctic[J]. Journal of the Acoustical Society of America，1963，35（9）：1459-1461.

[30]　Sater J E. Arctic Drifting Stations[R]. Calgary：Arctic institute of north America，1968.

[31]　Baggeroer A B，Schmidt H. Performance analysis of Arctic tomography using the Cramer Rao bound[J]. Proceeding of International Conference and Exhibition on Underwater Acoustics，2014：790-797.

[32]　刘崇磊，李涛，尹力，等. 北极冰下双声道传播特性研究[J]. 应用声学，2016，35（4）：309-315.

[33]　Diana F M，Suzanne T M. The influence of the physical properties of ice on reflectivity[J]. Journal of the Acoustical Society of America，1985，77（2）：499-507.

[34]　陈文剑，殷敬伟，周焕玲，等. 平面冰层覆盖下水中声传播损失特性分析[J]. 极地研究，2017，29（2）：194-203.

[35]　Burke J E，Twersky V. On scattering of waves by an elliptic cylinder and by a semielliptic protuberance on a ground plane[J]. Journal of the Acoustical Society of America，1964，54（6）：732-744.

[36]　朱广平，殷敬伟，陈文剑，等. 北极典型冰下声信道建模及特性[J]. 声学学报，2017，42（2）：152-158.

[37]　Mellen R H，Marsh W H. Underwater sound reverberation in the Arctic Ocean[J]. Journal of the Acoustical Society of America，1963，35（4）：552-563.

[38]　Milne A R. Underwater backscattering strengths of arctic pack ice[J]. Journal of the Acoustical Society of America，1964，36（8）：1551-1556.

[39]　Brown J R. Reverberation under Arctic Ice[J]. Journal of the Acoustical Society of America，1964，（36）：601-603.

[40]　Greene R R，Stokes A P. A model of acoustic backscatter from Arctic sea ice[J]. Journal of the Acoustical Society of America，1985，78（5）：1699-1701.

[41]　Bishop G C，Ellison W T，Mellberg L E. A simulation model for high-frequency under-ice reverberation[J]. Journal of the Acoustical Society of America，1987，82（11）：275-286.

[42]　Hayward T J，Yang T C. Low-frequency Arctic reverberation I：Measurement of under-ice backscattering strengths from short-range direct-path returns[J]. Journal of the Acoustical Society of America，1993，93（5）：2517-2523.

[43]　Yang T C，Hayward T J. Low-frequency Arctic reverberation III：Measurement of ice and bottom backscattering strengths from medium-range bottom-bounce returns[J]. Journal of the Acoustical Society of America，1993，94（2）：1003-1014.

[44]　Yang T C，Hayward T J. Low-frequency Arctic reverberation II：Modeling of long-range reverberation and comparison with data[J]. Journal of the Acoustical Society of America，1993，93（5）：2524-2534.

[45]　Ingenito F. Scattering from an object in a stratified medium[J]. Journal of the Acoustical Society of America，1987，82（6）：2051-2059.